雑学科学読本

身のまわりのすごい技術大百科

涌井良幸
涌井貞美

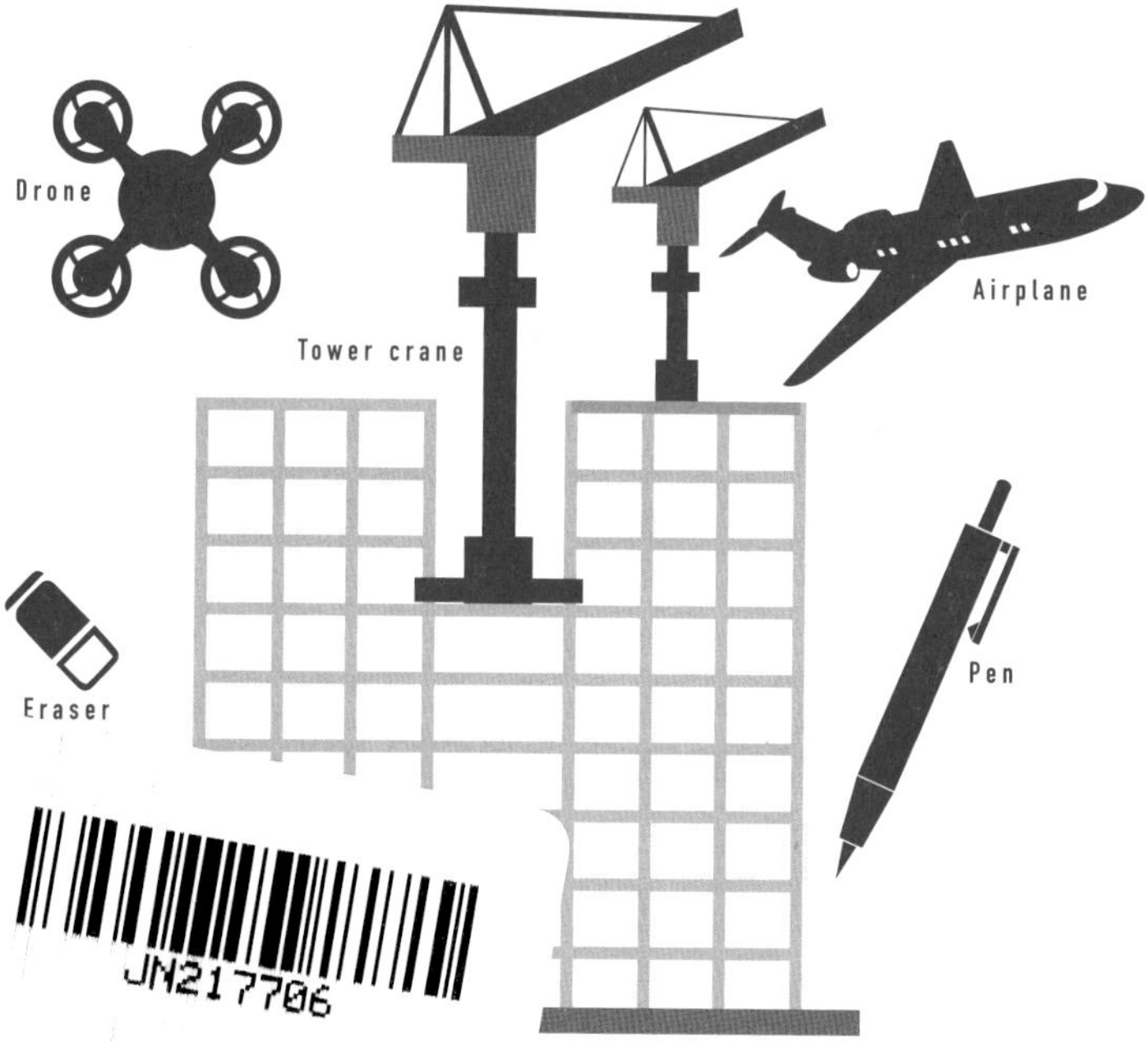

KADOKAWA

はじめに

科学文明の発達した現代において、私たちは多種多様な製品や建造物に囲まれて生活しています。それらの多くは、1世紀前の生活では思いもよらなかったような「モノ」。普段から目にしているため、特に不思議に思うことはないかもしれませんが、そのしくみや製造方法にあらためて思いをめぐらすと、おそらく戸惑ってしまうはずです。

例えば、高層ビルなどを見慣れている今、建築中のビルの屋上でクレーンが動いていても疑問を持つことはありません。でも、ふと「資材を運び上げるクレーンを屋上に上げるのは誰だろう?」と考えると、気になって立ち止まってしまいます。また、プラモデルなどを作るときには瞬間接着剤を当たり前のように使いますが、「そもそもどうして瞬間的にくっつくのだろう?」と考えはじめると、プラモデル作りよりもその疑問のほうに関心が向いてしまいます。

それもそのはず、私たちの身のまわりの多くの「モノ」は、20世紀の科学技術の結晶だからです。特にエレクトロニクスや新素材などに分類される最近の「モノ」は、過去1世紀の研究の集大成であり、難解なのは当然なのです。

本書は、こうした「モノ」の疑問を、図を交えてわかりやすく解説した謎解き本です。ビットコインや5G、ドローン、VR・ARといった、最近ニュースなどでよく見聞きする新しい技術についても取り上げています。図を見ただけでしくみや原理がわかるように工夫しているので、「なぜ?」「どうして?」という疑問がスッキリ解消するはずです。21世紀のエネルギーや環境、情報の問題を考えるとき、人間の創《つく》り出した「モノ」の〝すごい〟しくみを理解することは必要不可欠です。また、知的興味からいっても、「モノ」の理解はたいへん面白いでしょう。本書が、その謎解きに少しでもお役に立てれば幸いです。

涌井 良幸・涌井 貞美

目次

第1章 外で見かけるすごい技術

第2章 身近な家電のすごい技術

044
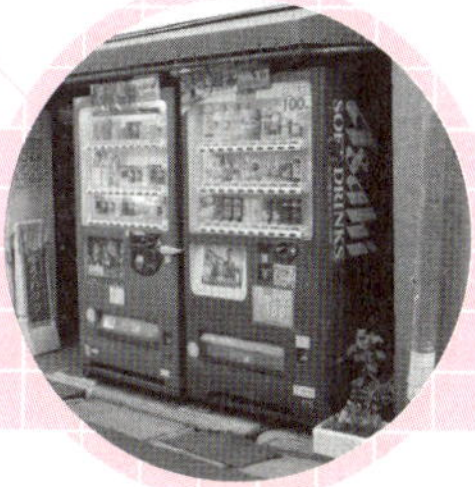

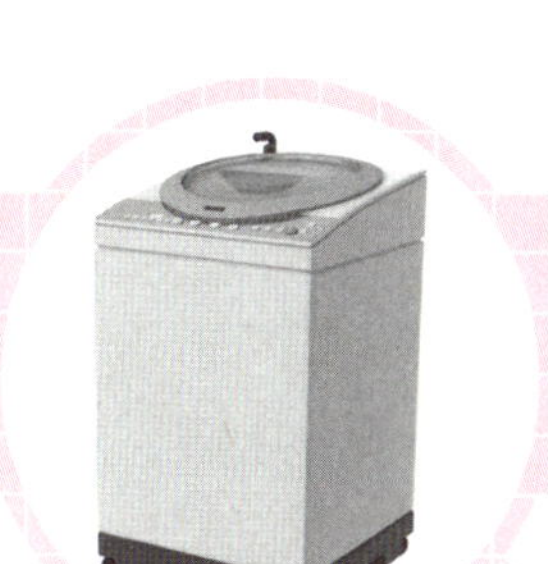
062

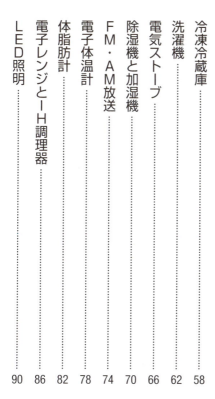

第3章
生活用品のすごい技術

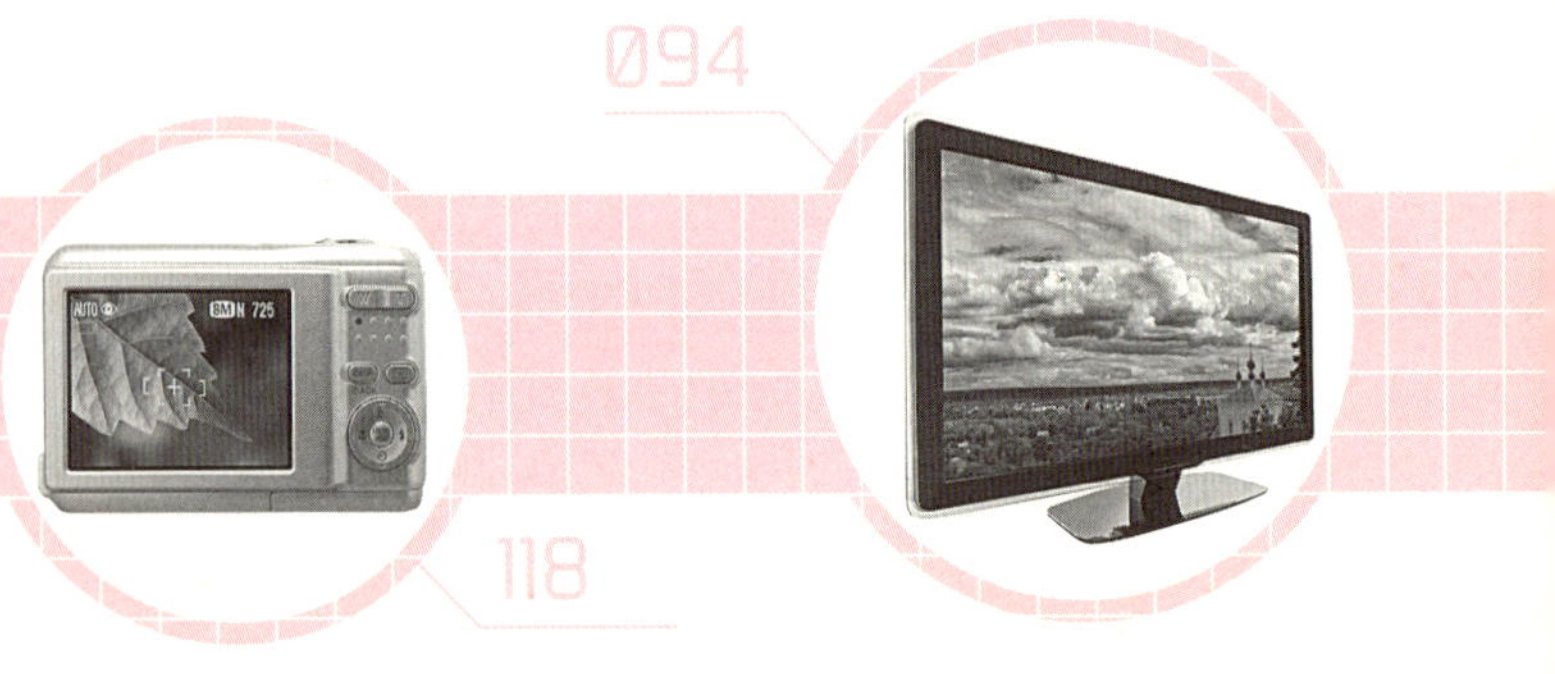

160

176

第4章 乗り物に見るすごい技術

第5章 ハイテクなすごい技術

第6章 便利グッズのすごい技術

第7章 文房具のすごい技術

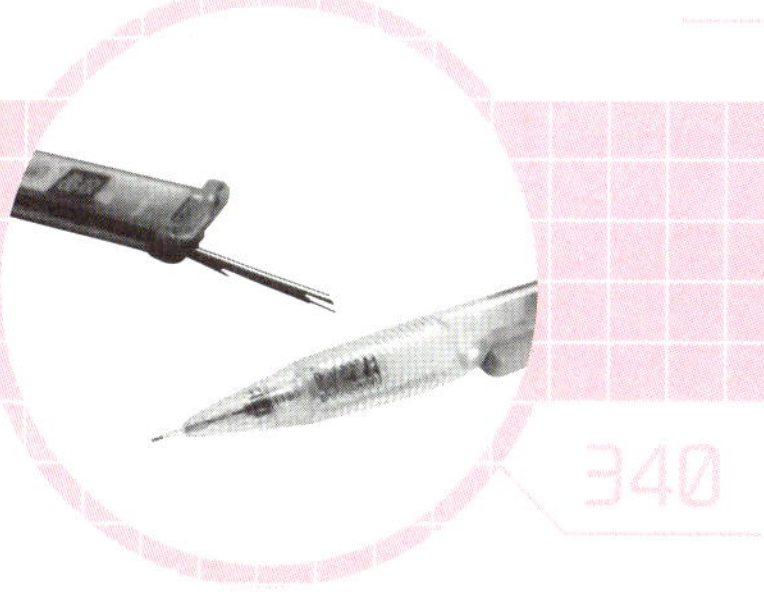

本文デザイン／島田利之（シーツ・デザイン）
本文イラスト・図版／小林哲也
校正／蒼史社
編集協力／岩佐陸生
写真提供（50音順）／旭硝子株式会社（Ｐ２７８）、株式会社コンテック（Ｐ３０４）、株式会社モンベル（Ｐ３００）、株式会社ユニクロ（Ｐ３０８）、抗菌製品技術協議会（Ｐ１５１）、繊維評価技術協議会（Ｐ１５１）、ダイソン株式会社（Ｐ１０６、１９４）ワイヤレスパワーコンソーシアム（Ｐ２５４）、Shutterstock
資料協力

本書は、小社より刊行された文庫『雑学科学読本 身のまわりのモノの技術』『雑学科学読本 身のまわりのモノの技術ｖｏｌ．２』『雑学科学読本 文房具のスゴい技術』をもとに加筆・再構成し、改題の上、新たな一冊に編集し直したものです。

第1章

外で見かける すごい技術

街中や郊外を歩くと、意外に気づかない技術がそこらじゅうで使われている。タワークレーンやエスカレーターなど、外で見かける技術を見てみよう。

Technology 001

タワークレーン

高層ビル建設のいちばん高いところで活躍しているタワークレーン。あのクレーンは誰が、どのように持ち上げるのだろう。

高層ビルの建設工事でいちばん高いところでマメに活躍しているモノがある。**タワークレーン**だ。建築中にいちばん目立つので、工事の見物人の人気者になっている。

タワークレーンは高層ビルの建築に欠かせない。低層のビル建築ならクレーン車で資材を最上階まで届けられるが、高層ビルの建設ではそうはいかないからだ。資材を最上部に持ち上げるには、どうしてもタワークレーンの力が必要なのだ。

ところで、このタワークレーン。見ていると不思議なことが起こる。ビルの成長に合わせて、自分も高い位置にどんどん移動しているのだ。

タワークレーンの一連の工事の流れは、①**組み立て**→②**クライミング**→③**解体**の順で行な

タワークレーンのクライミング

地上で組み立てられたクレーンは、「クライミング」によって尺取虫のように登っていく。つまり、2～4を繰り返すことで、クレーンは上昇していく。

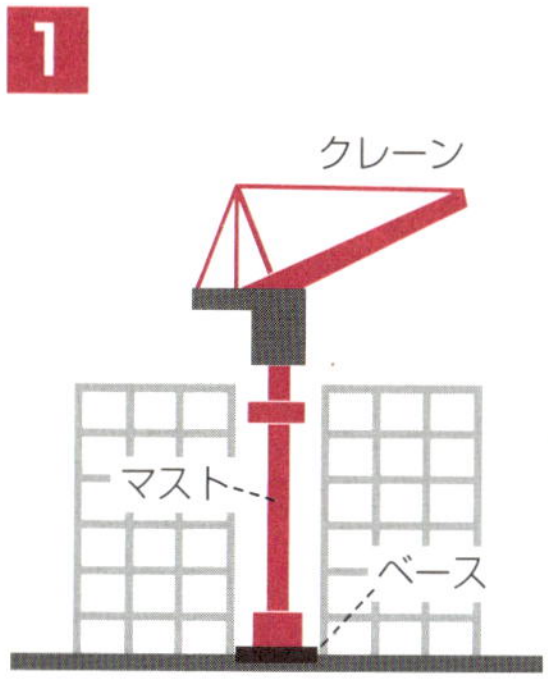

足場を固め、クレーンを組み立て、ビルを造りながら、マストの最上部までクレーンを持ち上げる。

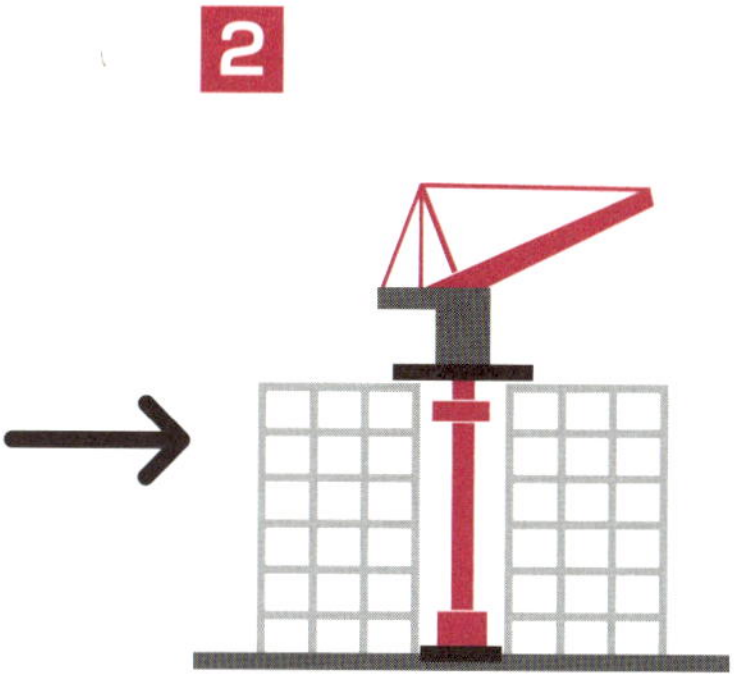

フロアに上部マストを固定する。

ベースをマストごと持ち上げ、フロアに固定する。

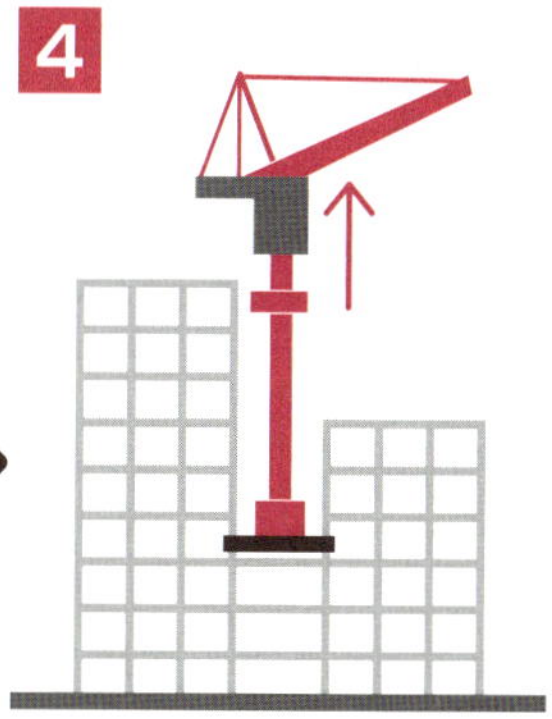

クレーンを再びマストの最上部まで持ち上げる。

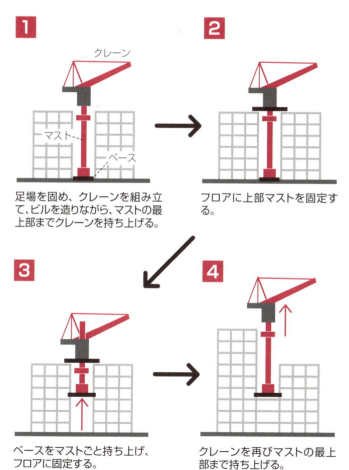

われる。
①の「組み立て」は足場を固める作業である。次の②では、ビルの成長に合わせて、クレーンを尺取虫《しゃくとりむし》のように這《は》い上がらせていく。③の「解体」では、親亀・子亀・孫亀方式で屋上から分解していく。すなわち、ひと回り小さい子クレーンを元の親クレーンの隣に設置し、それで親クレーンを解体する。次に、その子クレーンはさらに小さい孫クレーンを隣に設置して解体するのである。これらを繰り返すことで、御用《ごよう》済みのタワークレーンは地上に下ろされるのだ。最後に残った解体用クレーンは、人力で解体してエレベーターで階下に下ろすことになる。

尺取虫的にタワークレーンがクライミングする方法には、クレーン本体がマストを昇る**マストクライミング**と、工事の進捗《しんちょく》とともに工事中の鉄骨を利用して土台部分を階上に上げる**フロアクライミング**がある。前者は超高層マンションの建築に、後者は超高層のオフィスビルの建築によく利用される。15ページの図はフロアクライミングを示している。

ちなみに、電線の鉄塔を建築する際にもクレーンのクライミングが用いられる。山奥に高い鉄塔が立っている不思議も、これで解決される。

タワークレーンの解体

親クレーンは子クレーン、子クレーンは孫クレーンで解体される。つまり、以下の1～3を繰り返し、最後に4で終了する。

1

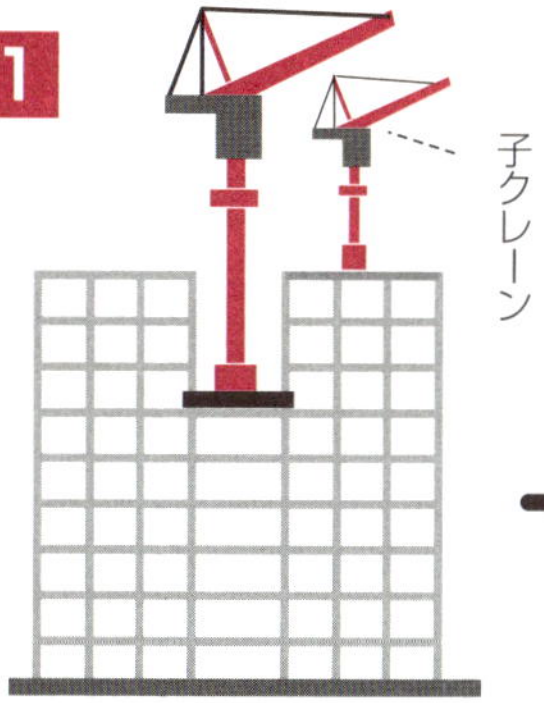

子クレーンを親クレーンの近くに造る。

2

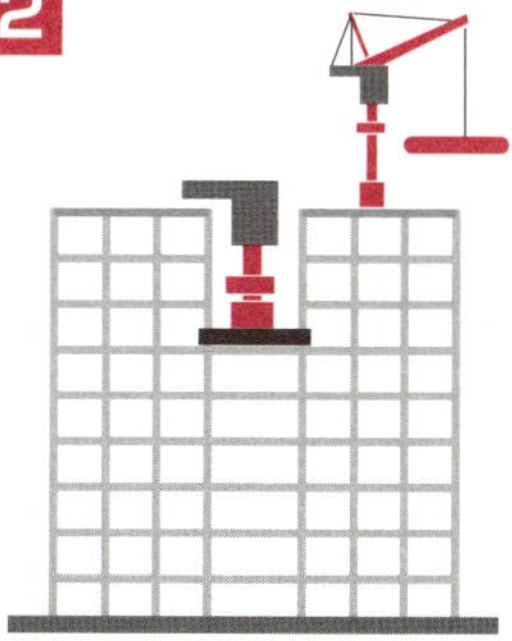

子クレーンで親クレーンを解体する。

3

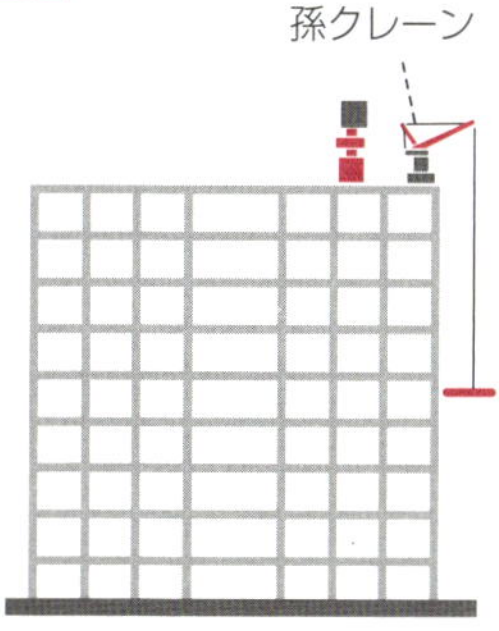

同様に、子クレーンは孫クレーンを造り解体。

4

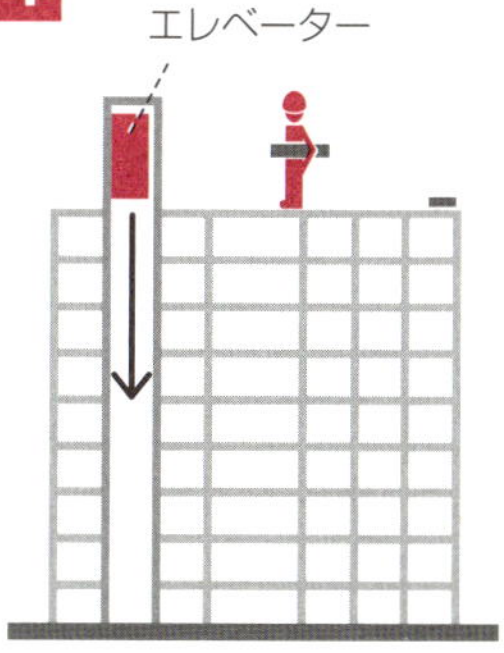

最後は人が解体し、エレベーターで地上に下ろす。

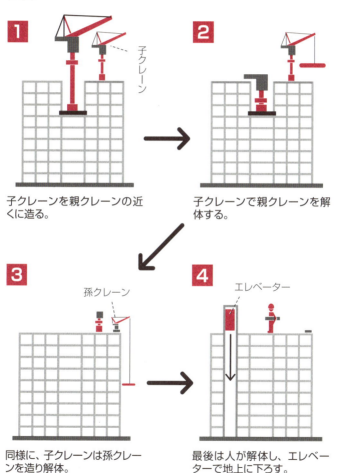

Technology 002

エスカレーター

ビルに欠かせないエスカレーターだが、その構造を見ることはほとんどない。いったいどのようなしくみなのだろう。

エスカレーターとはラテン語のScala（階段）と英語のElevator（エレベーター）を組み合わせて作った言葉である。考案者のシーバーガーが1895年に命名した、その名の通り階段状の昇降《しょうこう》装置である。エスカレーターの利点は搬送《はんそう》能力が高いこと。エレベーターに比べて格段に効率がいい。

エスカレーターは踏段（ステップ）をループ状のチェーンに連結し、モーターで駆動《くどう》するしくみだ。踏段と同時に、手すりも同じスピードで動かす。

街で見られるエスカレーターは傾斜《けいしゃ》角30度の直線タイプが普通だが、これよりも傾斜角を大きくしたものや、途中に平らな踊《おど》り場があるものなど、ユニークなものも登場している。

エスカレーターのしくみ

踏段をループ状のチェーンに連結し、モーターでクルクル回している。手すりも同一のスピードで回す。

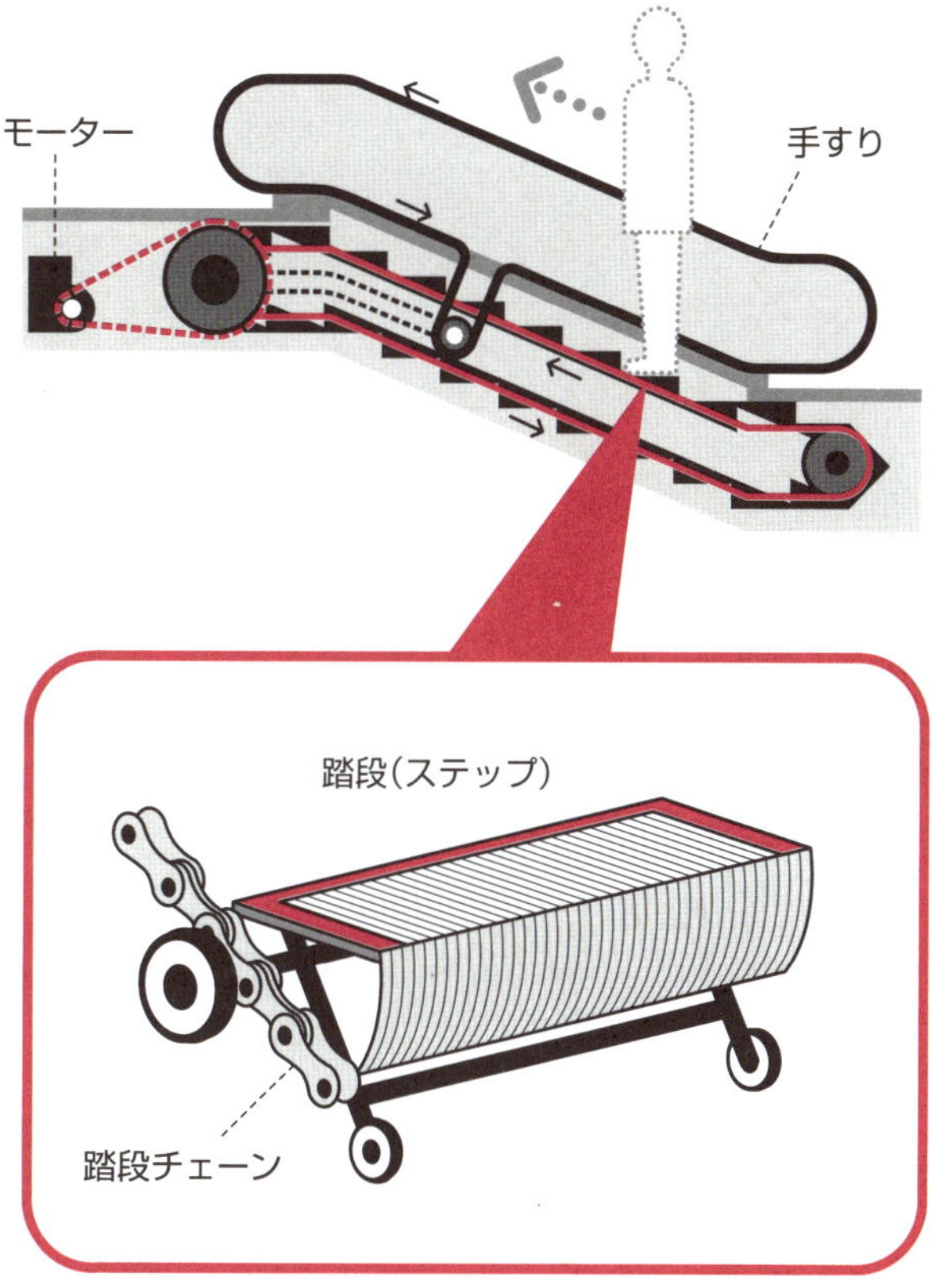

また、傾斜角をなくした「動く歩道」も、エスカレーターとしくみは同様である。

多くのエスカレーターの速度は分速30メートル（時速1・8キロ）である。だが、そのために気の短い人はエスカレーターを駆け上ったり下りたりして、危険である。もちろん、もっと速く動かすことも可能だが、そうすると今度は乗り降りが危険になってしまう。この二つの問題を見事に解決するエスカレーターが最近登場した。三菱電機が実用化にこぎつけた、**変速エスカレーター**または**傾斜部高速エスカレーター**と呼ばれるものだ。

その秘密は踏段の構造にある。通常のエスカレーターでは二つの踏段はチェーンで直線的に連結されている。ところが変速エスカレーターでは、この連結を曲がるようにしたのである。水平時には「Y」の字のような形に、傾斜時にはカタカナの「イ」の字のような形に変形させる。こうすることで、入口と出口のところで、紙がシワになる原理で踏段のスピードが落ち、安全に乗降できるのである。おかげで、傾斜部の移動速度を乗降時の1・5倍にすることが可能になったという。

ちなみに、日本最長のエスカレーターは香川県の遊園地「ニューレオマワールド」にあるもの（2017年12月現在）で、96メートルもあるそうだ。

変速エスカレーターのしくみ

踏段を結ぶ金具が折りたたまれ、あたかも紙にシワができるようなしくみで、昇降口付近で踏段の動きが減速される。

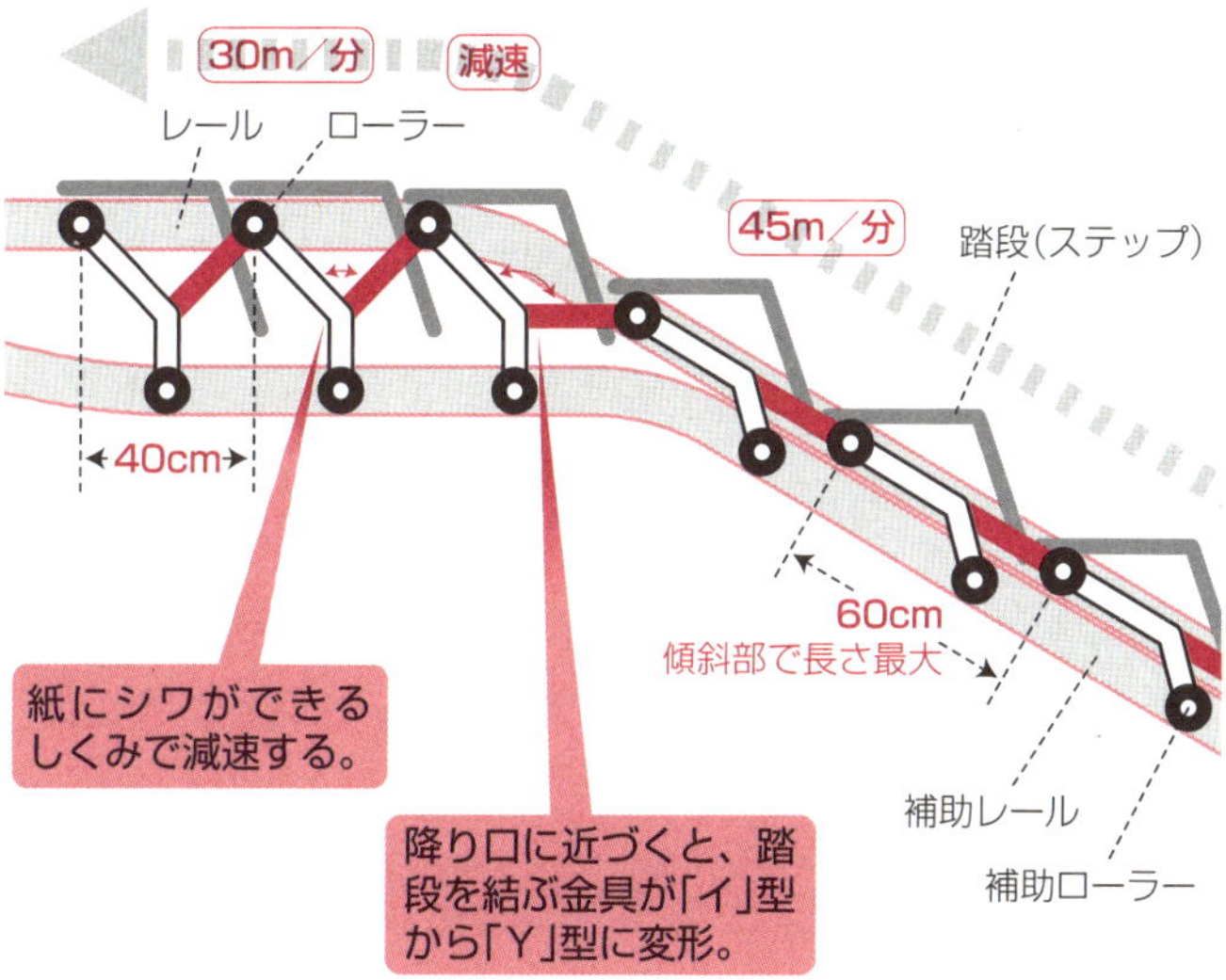

水平移動時

金具は「Y」型をしている。速度は30m／分。

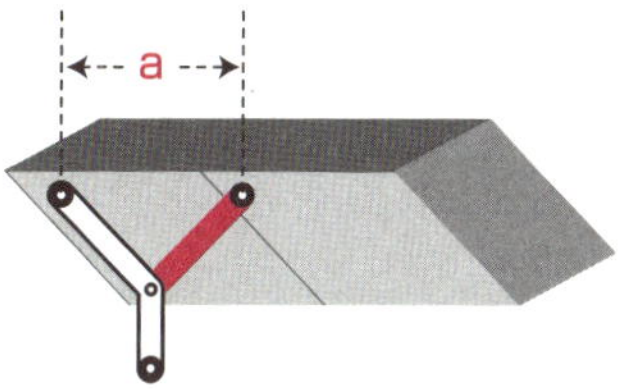

傾斜移動時

金具は「イ」型をしている。速度は水平時の1.5倍の45m／分。

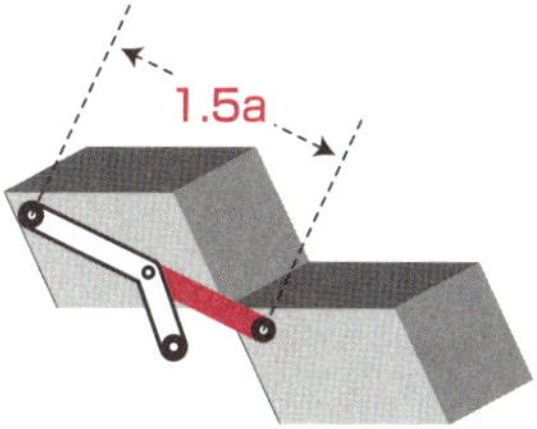

Technology 003

エレベーター

高層ビルになくてはならない乗り物がエレベーター。中をのぞくと、さまざまな工夫が施されている。

11月10日はエレベーターの日である。1890年のこの日に、東京の浅草で日本初の電動式エレベーターを備えた凌雲閣《りょううんかく》がオープンしたことを記念したものだ。

紀元前のローマではエレベーターが使用されていたという記録が残っている。もちろん電動式ではないが、エレベーターの歴史は意外に古い。

現代の電動式エレベーターの多くは**つるべ式**と呼ばれる方式を採用している。人が乗る「かご」と、バランスを取るための「つり合いおもり」がワイヤーロープによって「つるべ式」につながっている方式だ。

この方式の特徴は、かごと「つり合いおもり」をつり合わせているため、モーターにかか

エレベーターの基本方式

エレベーターは高さや用途、スペースなどによっていくつかの方式が使い分けられている。

つるべ式

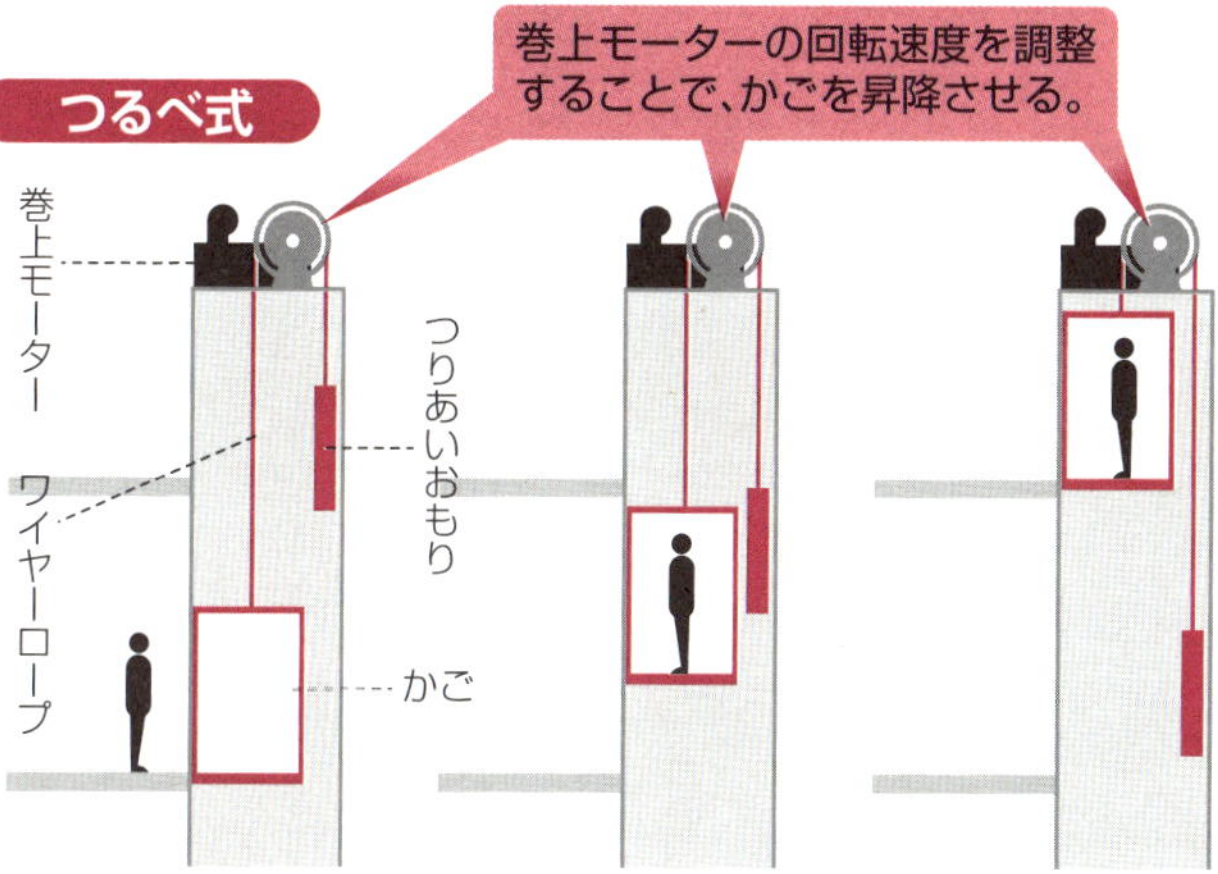

日本の多くのエレベーターがこのしくみ。おもりとつり合いを取るため、省エネでモーターも小さくてすむ。

油圧式

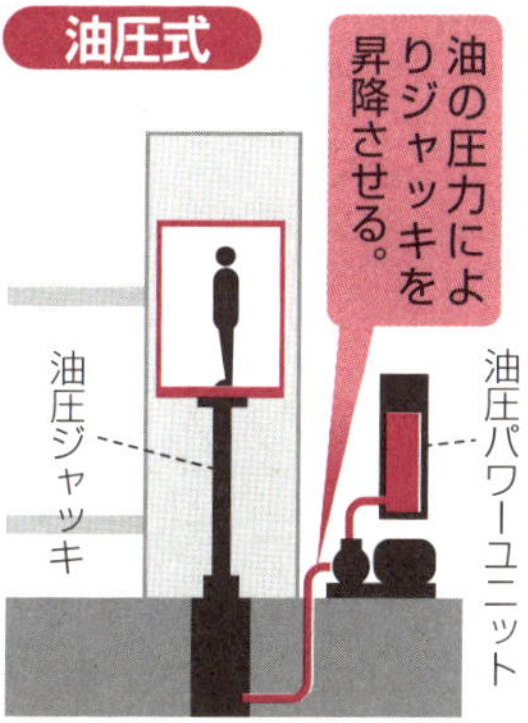

低層階の荷物運搬によく利用される。

巻胴式

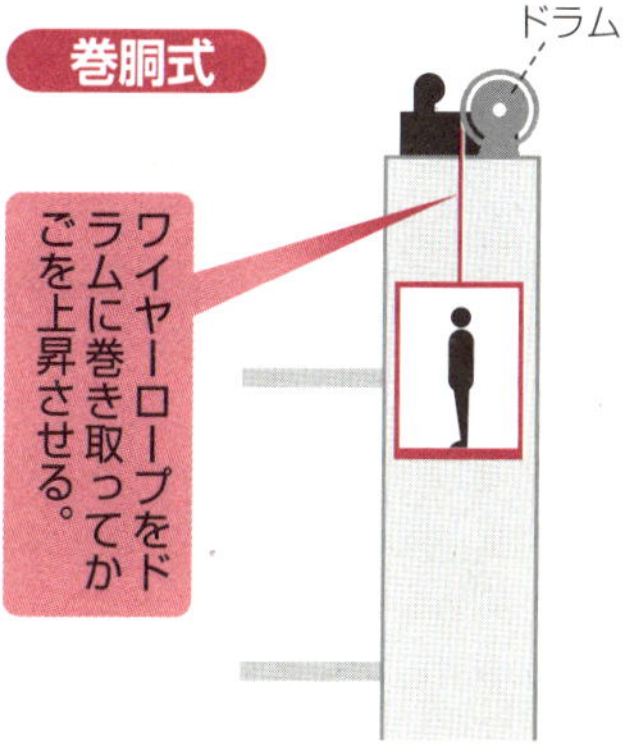

構造が単純なので、低層階小規模向け。

る負荷が半減され、モーターの容量を小さくできることだ。

エレベーターの駆動方式には、その他に、「巻胴式《まきどう》」「油圧式《ゆあつ》」などがあり、高さやスペースなどによって使い分けられている。かごが昇降するイメージは、ケーブルカーを垂直に走らせるのに似ている。取りつけられたローラー（すなわち車輪）にガイドされながら、かごは直立したレールに沿ってロープに引っ張られて移動するのである。

最近のエレベーターは静かで揺れがない。時速70キロを超えるスピードで昇降しながら、床に立てた10円玉が倒れないという。これはコンピューター制御《せいぎょ》のおかげだ。かごに

エレベーターが揺れない秘密

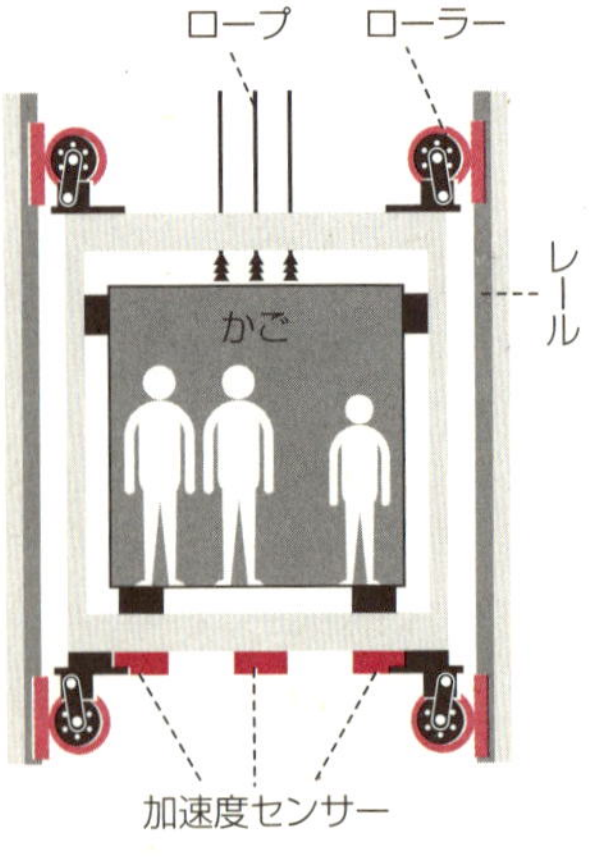

加速度センサーが揺れを検知すると、コンピューターはローラーがレールを押しつける力を制御する。

つけられた加速度センサーが揺れを感知すると、ローラーとレールとの力関係をコンピューターが調整。常にかごの振動を抑えるように保たれているのだ。

コンピューター制御は、待ち時間の縮小にも一役買っている。何台もエレベーターが並んでいるのに、長い時間待たされたという経験をお持ちの人も多いだろうが、新しいビルではそんなことはない。イライラせずに待てるのは1分以内というが、コンピューター制御でそれが実現されている。

また、エレベーターはビルの構造にも影響を与えている。**スカイロビー**構造がその例である。

スカイロビー構造とは?

100 階建てのビルでは、70 台以上のエレベーターが必要だという。これらのエレベーターを効率よく管理するために、各階停まりと直通に分け、途中の階で乗り換える方式がとられている。その乗り換える階を「スカイロビー」という。鉄道の運行に似ている。

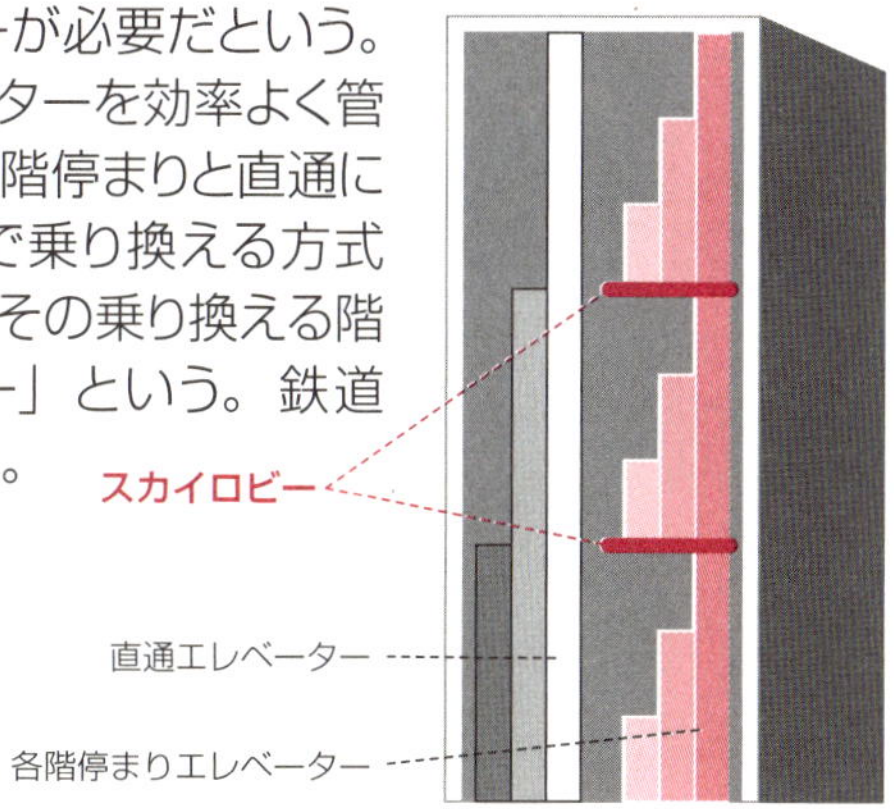

Technology 004

耐震《たいしん》・制震《せいしん》・免震《めんしん》構造

地震列島の日本では、ビルの耐震性が何よりも重要である。近年は、さらに制震、免震へと進化している。

東京の都心には超高層ビルが林立している。地震多発国の日本で大丈夫なのかと心配になるが、備えはなされている。**耐震**、**制震**、**免震**と呼ばれる技術である。１９６３年以前、日本では高さ31メートルを超える高層ビルの建築は法的に許されなかった。しかし、技術の進歩などにより法律が改正され、１００メートルを超えるビルの建築も可能になった。その最初が「霞《かすみ》が関《せき》ビル」である。このビルが日本の高層建築の口火を切ることになる。

霞が関ビル以前のビル建設の地震対策には、**耐震構造**がとられていた。鉄筋コンクリートで柱と壁を強くして地震の揺れに対抗する「剛《ごう》構造」である。しかし、１００メートルを超える高層ビルに適用すると、鉄とコンクリートの量で実用に耐えなくなってしまう。そこで

「揺れ」を吸収する3つの構造

「耐震」「制震」「免震」は、言葉こそ似ているが、そのしくみは大きく異なっている。

A 耐震構造　コスト小

建物の本体で揺れのエネルギーを吸収する。

B 制震構造　コスト中

制震ダンパーと呼ばれる柱が、まず揺れのエネルギーを吸収する。

C 免震構造　コスト大

免震装置を基礎に取りつけ、揺れのエネルギーを吸収する。

A

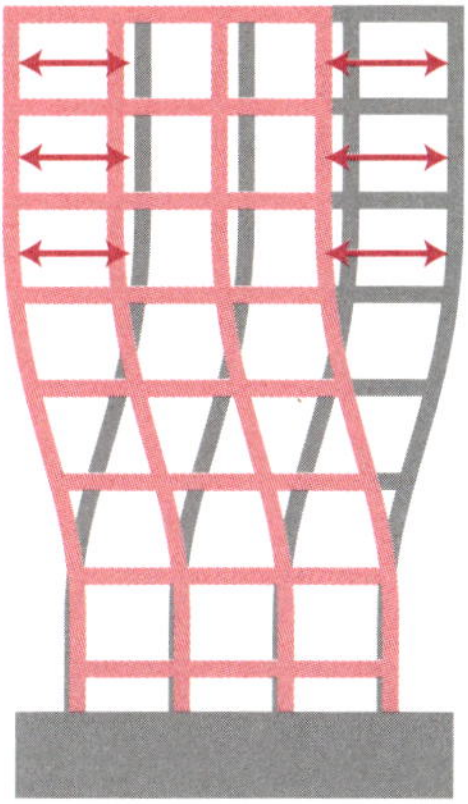

C

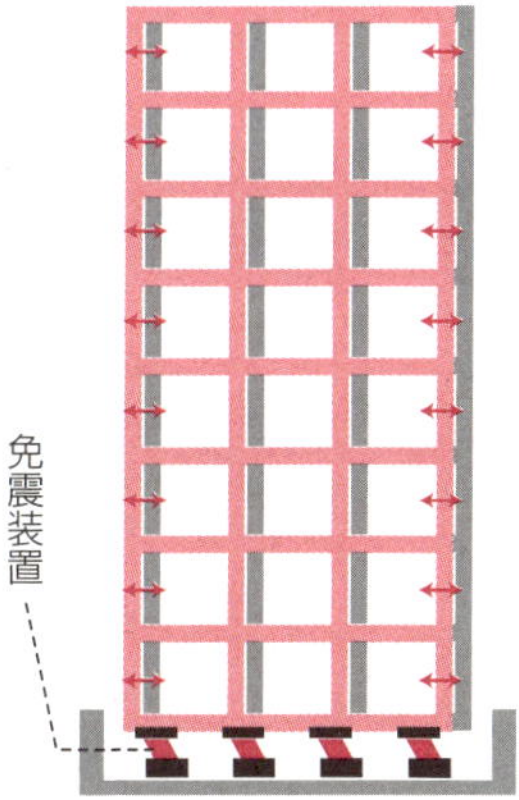

B

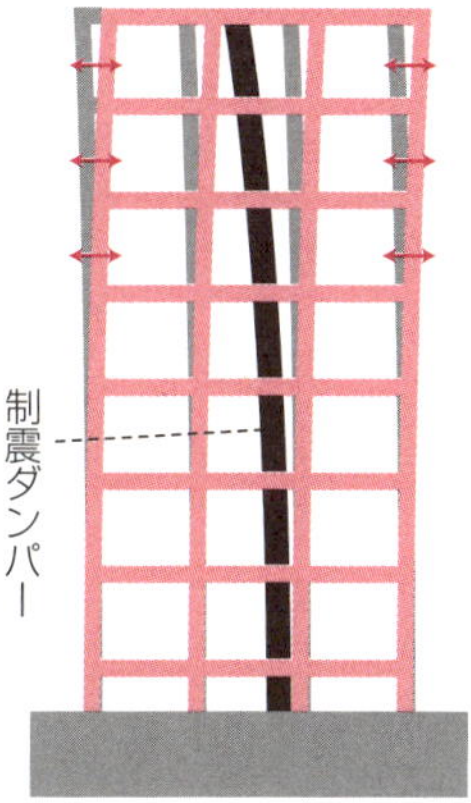

採用されたのが**制震構造**である。地震の揺れに合わせて建物を適度に揺らし、エネルギーを分散・吸収する「柔構造《じゅう》」の建築法だ。

柔構造理論の発想には、古寺にある五重塔の技術が利用されている。関東大震災で多くの建物が倒壊《とうかい》するなか、上野寛永寺《かんえいじ》の五重塔は元の姿を保っていた。それを見た建築学者が構造を調べ、現代に活かしたのである。**心柱《しんばしら》制振**と呼ぶ構造で、2012年竣工《しゅんこう》の東京スカイツリーにも採用されている。

2011年の東日本大震災では、高層ビルが長周期《ちょうしゅうき》振動で大きく揺れ、けが人も出た。これは柔構造の欠点である。ビルは壊れないが、大きく揺れることがあるのだ。現代では、この揺れも抑えようとする技術が開発されている。それが**免震構造**である。

免震構造はゴムなどの変形しやすいものからなる装置の上に建物を構築し、地震エネルギーが建物に伝わりにくくする方法である。これに制震構造を組み合わせることで、地震の揺れを大きく低減させることができる。

耐震、制震、免震のどれが優《すぐ》れているかは場合による。建築目的に合った技術が採用されているのだ。

五重塔を模した東京スカイツリーの構造

五重塔の技術は「心柱制振」として現代に活かされている。
その代表が 2012 年竣工の東京スカイツリーだ。

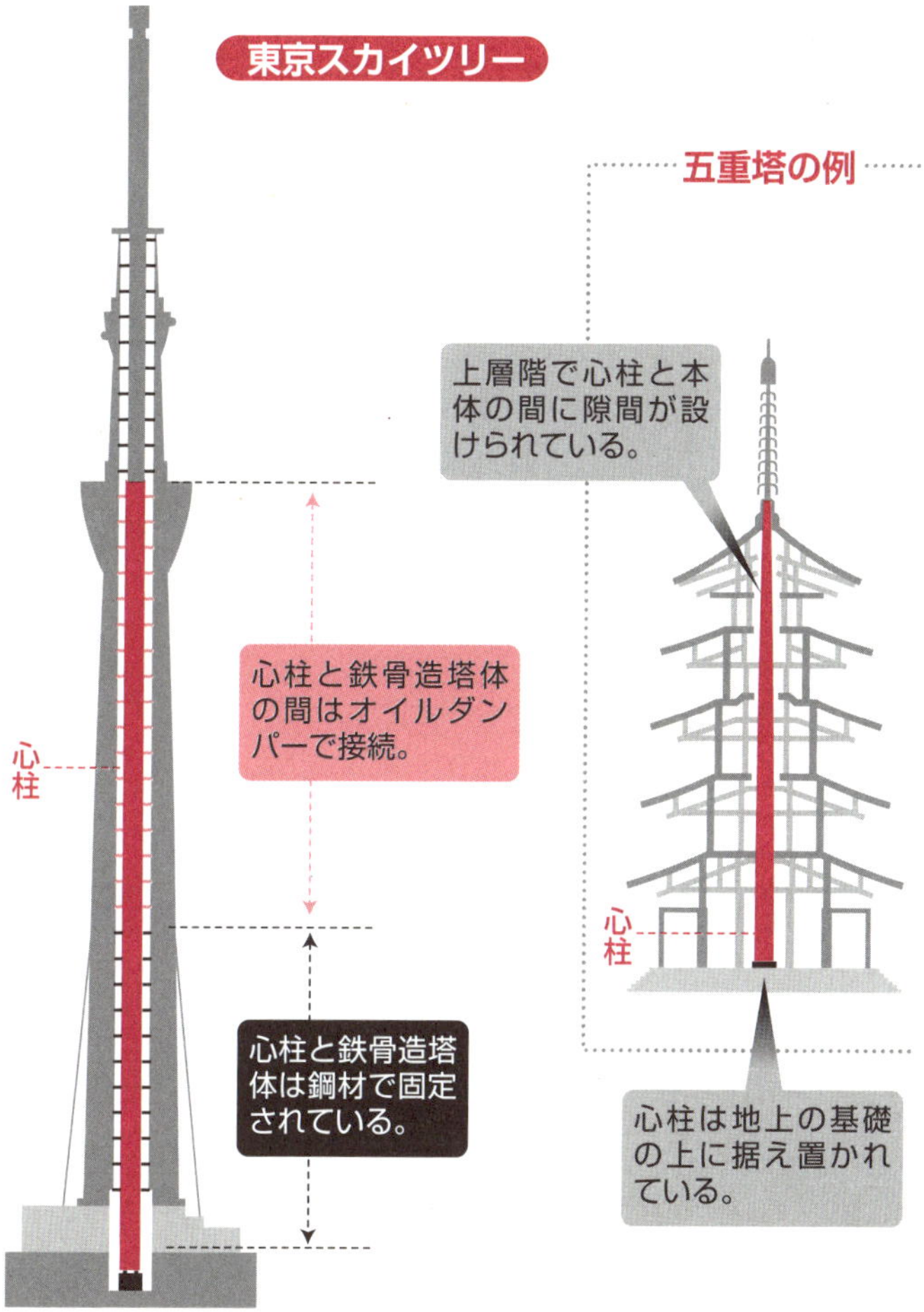

Technology 005

自動改札

自動改札とICカードとのコラボレーションで、スムーズに交通機関が利用できるようになった。そのしくみを見てみよう。

一昔前、電車に乗るには券売機に並び、切符《きっぷ》を買ってから改札口《かいさつぐち》を通過しなければならなかった。しかし現在、PASMO《パスモ》やSuica《スイカ》などのICカードを持ってさえいれば、公道の延長のように乗り物を利用できる。カードをかざすだけで改札をすませられるからだ。

この便利なシステムを実現しているのがソニーの開発した非接触型ICカード技術「FeliCa《フェリカ》」である。これはICカードと、それを読み書きするリーダー／ライターから成り立つシステムに名づけられた名称である。以下では、JR東日本のSuicaで改札をすませる場合を例にして、そのしくみを見てみることにしよう。

駅に入場するために、自動改札機にカードをかざす。すると、自動改札機はそのカードが正しいものかを認証し、入金額を読み取り、さらに日時や駅名等を書き込む、という一連の操作を実行する。Ｓｕｉｃａのすばらしい点は、この一連の操作を０・１秒という短い時間で実行する点にある。改札でもたついては実用にはならないが、認証や読み書きが確実にできなければ改札の意味がない。Ｓｕｉｃａはその両方の要求を見事にクリアしたのである。

カードの中身はアンテナとＩＣチップからできている。自動改札機から出された電波をアンテナが電気に変え、ＩＣチップを作動させる。これが非接

Suicaの動作

Suica は FeliCa と呼ばれるシステムの一例である。認証とデータの読み書きを 0.1 秒で行なうのが自慢。

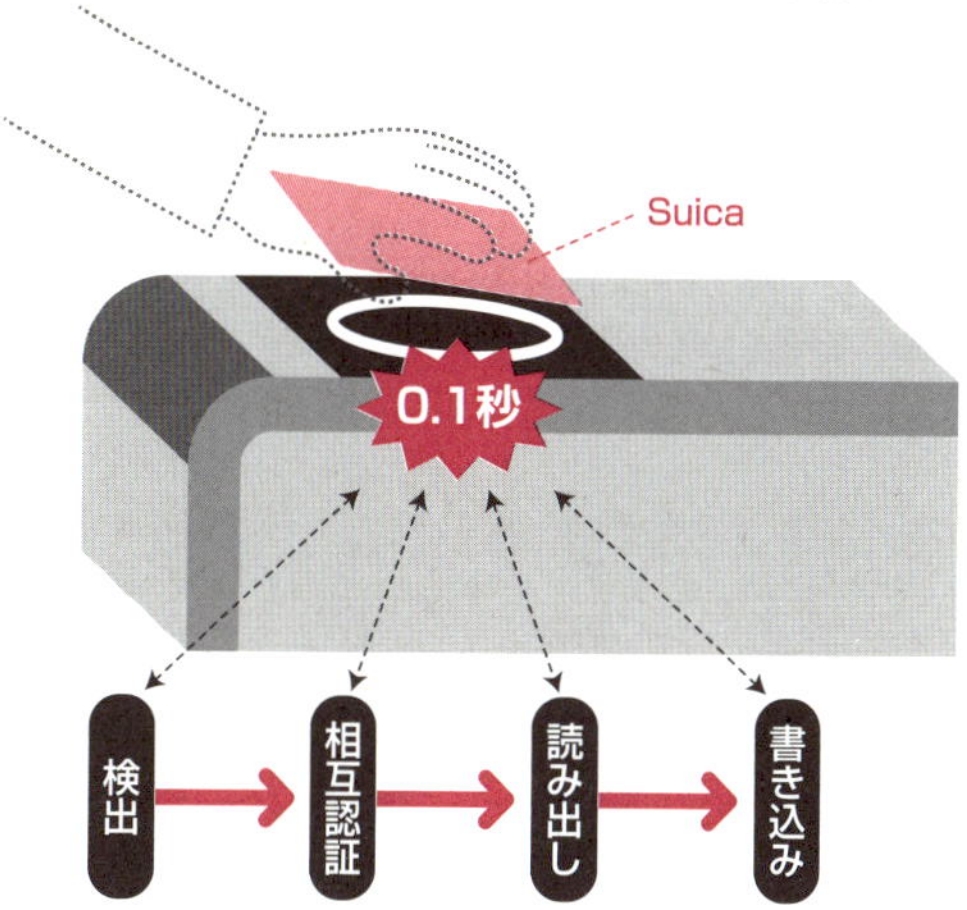

触型のＩＣの特徴である。このような技術は一般的に**RFID**と呼ばれるが、ＦｅｌｉＣａの自慢は一連の複雑な処理を高速に実行する点だ。

ＦｅｌｉＣａの持つ確実な認証能力は「Edy《エディ》」「nanaco《ナナコ》」「WAON《ワオン》」などの電子マネー、会社や大学の身分証、さらにはマンション入棟や入室の際の電子キーとしても採用されている。

２０１６年、米国のアップル社はｉＰｈｏｎｅにＦｅｌｉｃａを搭載した。世界に先駆けて電子マネーサービスを立ち上げた日本にとって、大きなビジネスチャンスになるかもしれない。

FeliCaの構造

IC チップの電源はリーダー／ライターが
出す電波が担っている。

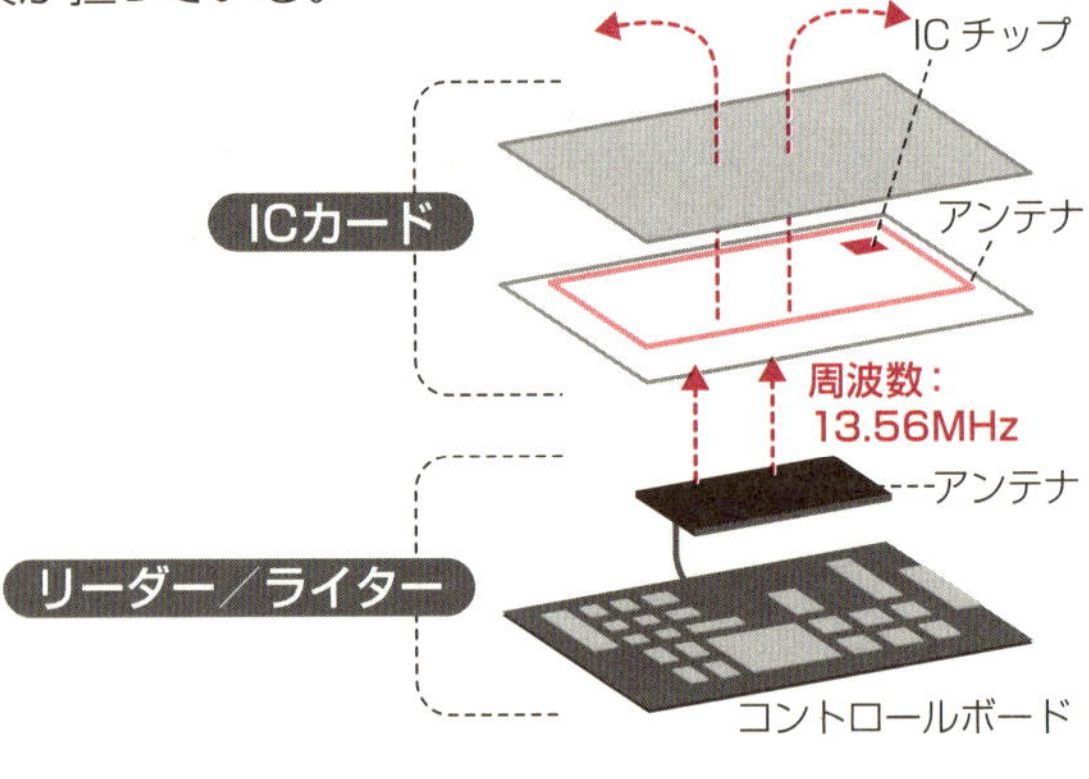

IC チップ
ICカード
アンテナ
周波数：
13.56MHz
アンテナ
リーダー／ライター
コントロールボード

Technology 006

消火器

家庭やオフィスで目にする消火器には、よく見ると「ABC」の文字が刻印されている。これは何を意味しているのだろう。

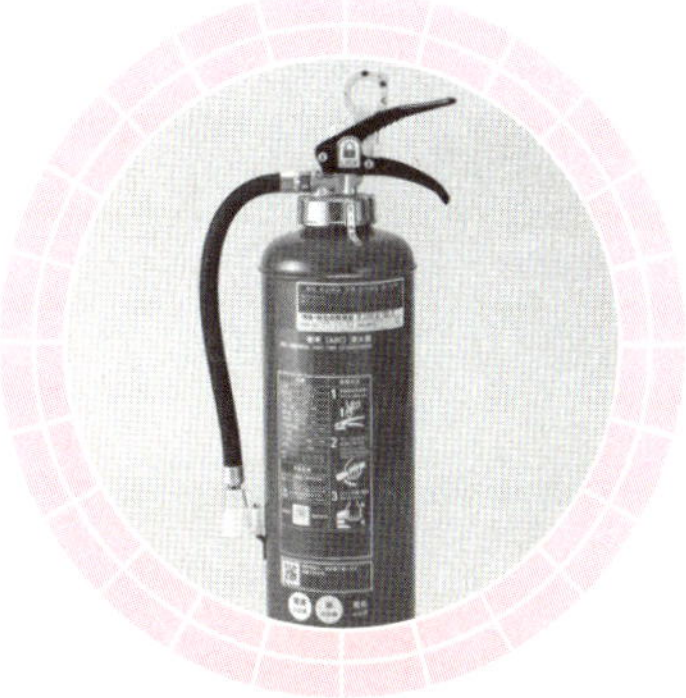

近年、民家にも火災警報装置の設置が義務付けられているが、痛ましい火災事故は後を絶たない。日頃の火の用心は大切だ。しかし、いくら注意しても災害は起こるもの。いざ火災が発生したときに強い味方になるのが、消火器である。では、なぜ消火器で火が消せるのだろうか。

モノが燃えるには可燃物、空気、高い温度、そして燃え続けるための化学反応の連鎖《れんさ》が必要である。消火するには、これらのいずれかを除去すればいい。家庭やオフィスでは、燃焼物体を冷やして消火する**冷却法**、空気の供給を遮断《しゃだん》して消火する**窒息《ちっそく》法**の二つが消火法として考えられている。

「冷却法」の代表は散水《さんすい》である。水をかけて、温度を低下させるのだ。

「窒息法」は、家庭やオフィスでもっとも一般的に常備されている**ABC消火器**に利用されている。消火剤とそれを押し出す二酸化炭素や窒素によって酸欠にさせるのである。

ところで、ABC消火器の「ABC」とは、いったい何を意味しているのだろうか。これは、火災時に燃焼する物質の分類で、Aは普通火災（木材、紙などの火災）、Bは油火災（石油や油脂類などの火災）、Cは電気火災（電気設備などの火災）のこと。火災の際には、原因がこれらのどの火災なのかを見極め、適切な薬剤の詰まった消火器を利用することが重要だ。しかし、一般家庭にその判断を求めるのは無理である。そこで、どの火災にも効果的な薬剤が詰まった消火器が求められる。それが「ABC消火器」なのだ。

家庭やオフィス用のABC消火器のほとんどは、消火剤の粉末が勢いよく飛び出す粉末消火器だが、どのように粉末を飛び出させているのだろうか。そのしくみには2通りある。

加圧式消火器は、レバーを握ると内部の加圧用ガス容器が壊れ、高圧ガス（二酸化炭素や窒素）が消火薬剤とともに吐出《としゅつ》する。一方、**蓄圧式消火器**は、消火薬剤と高圧ガス（二酸化炭素や窒素）が一緒に封入されているタイプだ。

加圧式消火器と蓄圧式消火器

家庭やオフィスなどに置かれた消火器は、多くは消火薬剤の粉末が飛び出す粉末消火器。その方式は加圧式と蓄圧式に分けられる。

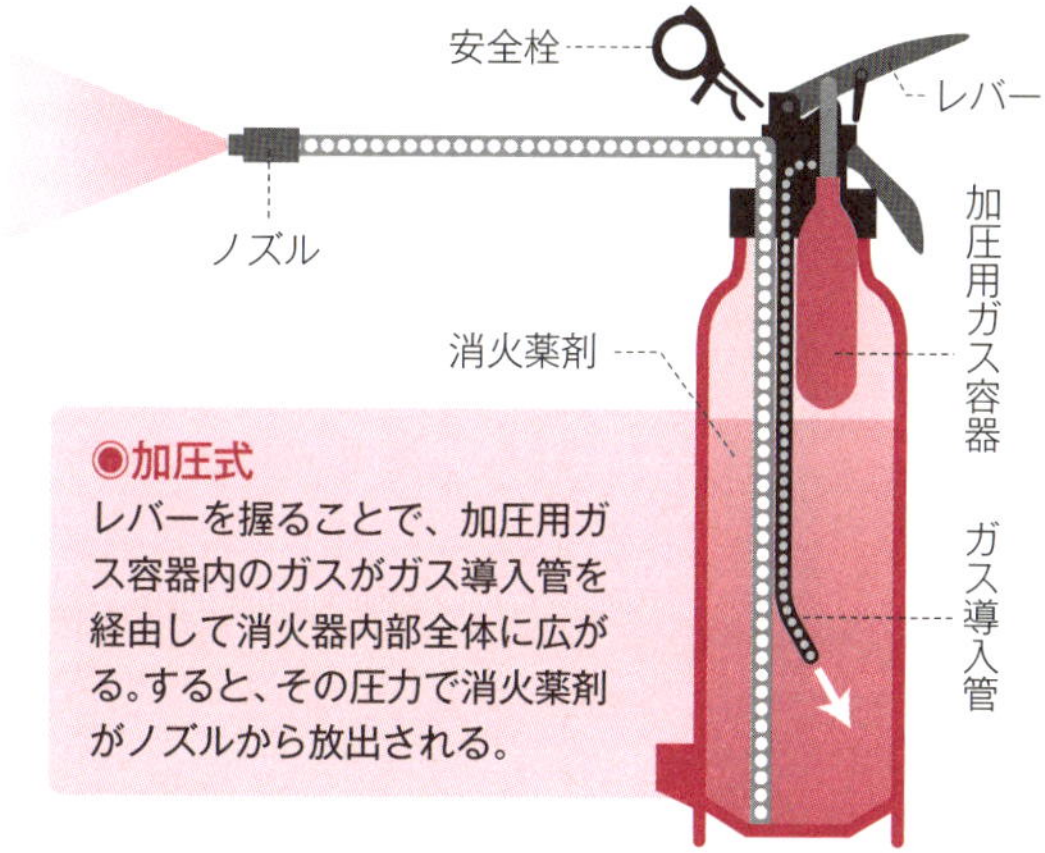

◉加圧式
レバーを握ることで、加圧用ガス容器内のガスがガス導入管を経由して消火器内部全体に広がる。すると、その圧力で消火薬剤がノズルから放出される。

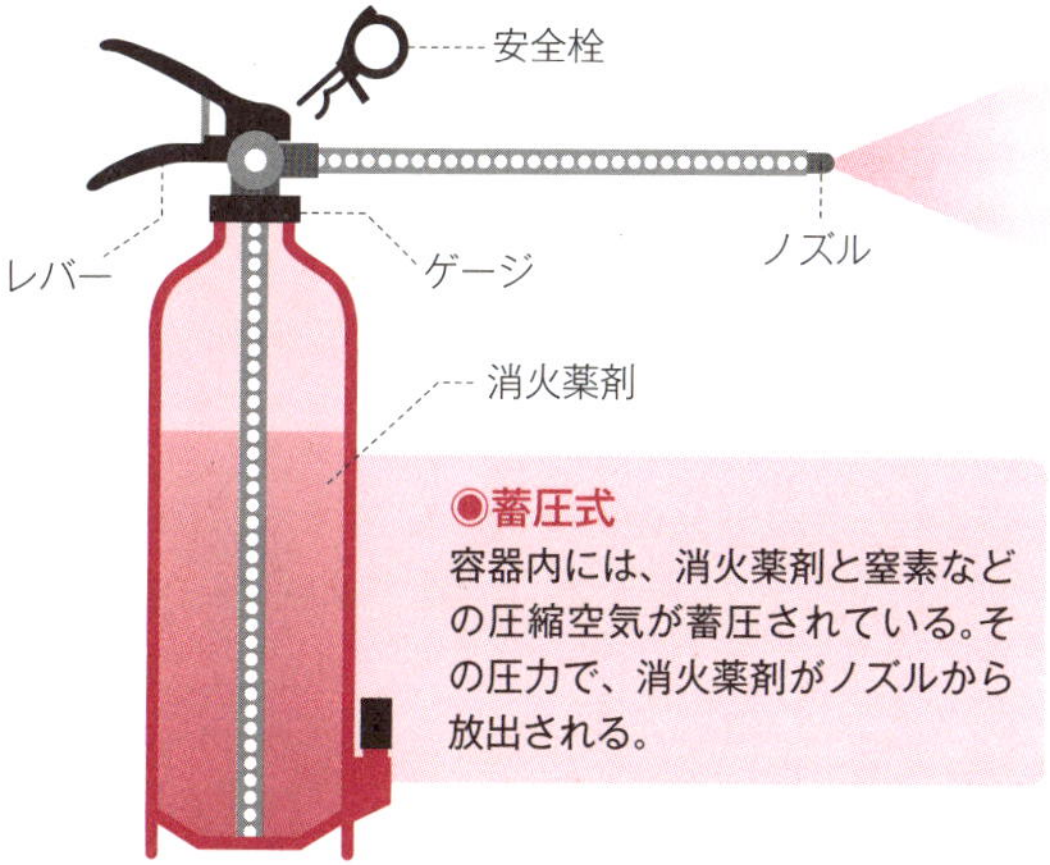

◉蓄圧式
容器内には、消火薬剤と窒素などの圧縮空気が蓄圧されている。その圧力で、消火薬剤がノズルから放出される。

Technology 007

電力量計

使用した電力の量を測る電力量計。目に見えない電気の量を測れるのは、「アラゴの円板」という現象を利用しているからだ。

家庭で利用した電力は**積算電力量計**（略して**電力量計**）で測られる。家の外壁に取り付けられていて、円板がクルクル回るのが見える、あの計器である。

しかし、そもそもどうやって使用電力を正確に測定しているのか。そして、あの円板は何の意味があるのか。その秘密を見てみよう。

電力量計は、物理学で有名な**アラゴの円板**と呼ばれる現象をたくみに利用している。アラゴの円板とは、糸で吊るされた何の変哲《へんてつ》もないアルミの円板の下で磁石を回転すると、円板がつられて回転し始める現象をいう。鉄の円板ならば当然だが、磁石とは縁がないアルミ板が磁石の影響を受けるのだ。電力量計でクルクル回っている金属板は、このアルミの板なの

アラゴの円板とは?

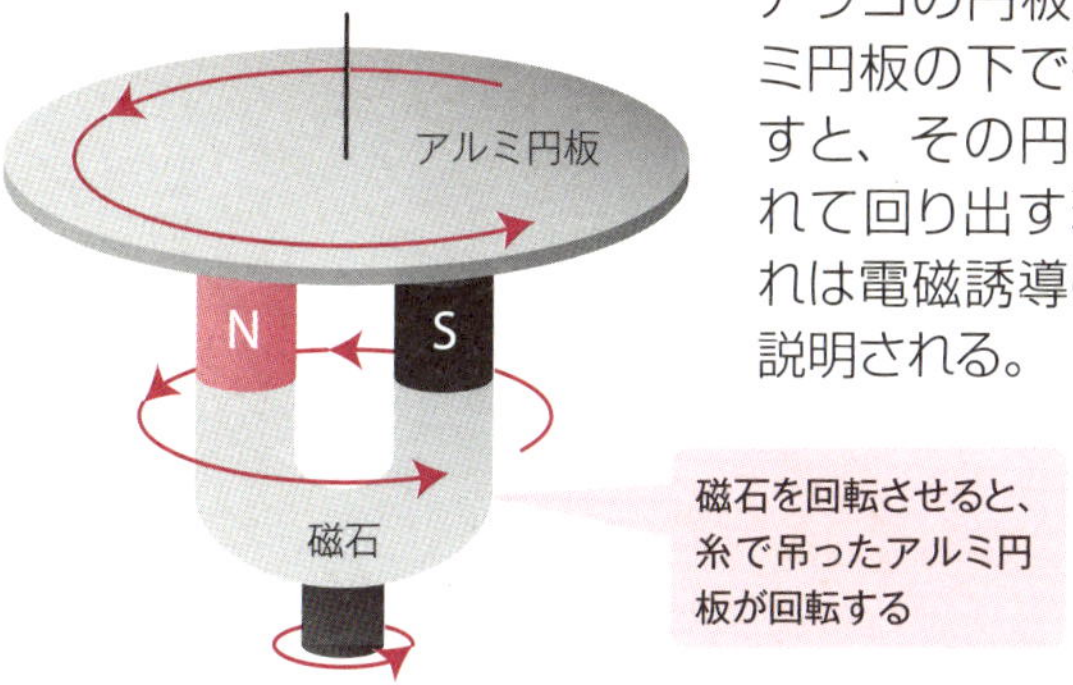
アルミ円板
N
S
磁石
磁石を回転させると、糸で吊ったアルミ円板が回転する

アラゴの円板は、アルミ円板の下で磁石を回すと、その円板がつられて回り出す現象。これは電磁誘導の法則で説明される。

アルミ円板が回る理由

アルミ円板上、N 極の磁石の進む先にある円 C1 を考えてみよう。向かってくる N 極のために、上方向の磁力線が増える。すると電磁誘導の法則から、それを打ち消すように下方向の磁力線が生まれる。円 C1 には上を S 極、下を N 極にした電磁石が生まれるのだ。この電磁石の N 極と磁石の N 極が反発し、円板は磁石の進行方向に押される。こうして、円板は回転するのだ。図の円 C2 についても同様に反発力が働く。

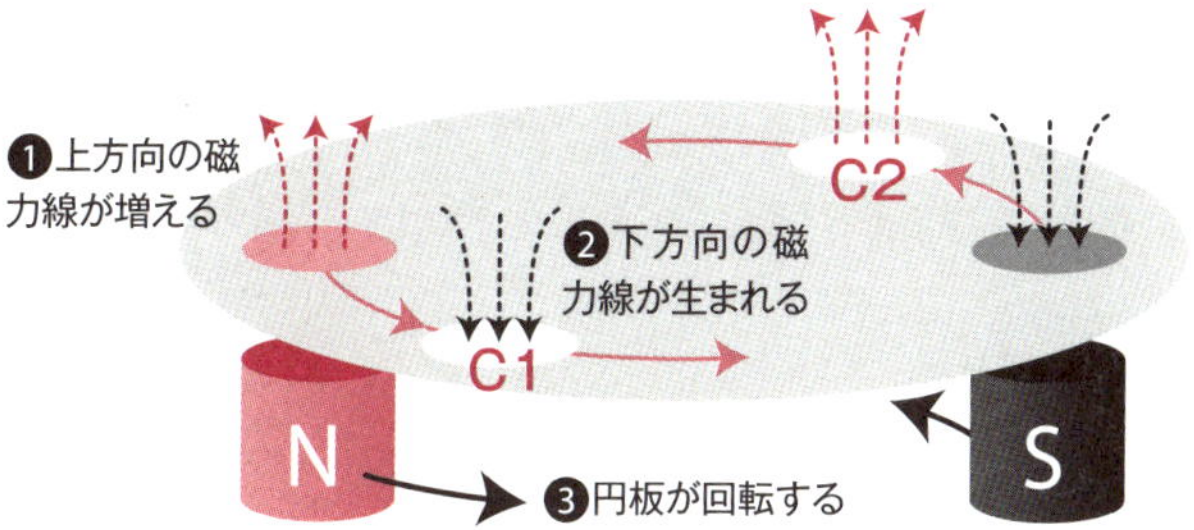
❶上方向の磁力線が増える
C2
❷下方向の磁力線が生まれる
C1
N
S
❸円板が回転する

である。
アラゴの円板の現象は**電磁誘導の法則**で説明される。他項でもたびたび登場するこの法則は、「変化を減殺《げんさい》する方向に電気現象は起こる」ことを説く。この場合、磁石の進む先では円板上の磁力が増えるが、この法則のためにそれを減殺しようとする渦状の電流が円板の中に生まれる。この電流が作る電磁石が回転する磁石と作用し、円板を回すのである。

電力量計では、回転する磁石などない。その代わりに、相当する働きをするコイルをアルミ円板の上下に配置している。上と下でコイルに流す電流のタイミングをずらし、回転磁石に相当する磁力を電磁石で生んでいるのだ。しかも、このコイルは屋内配線に通じている。電気をたくさん使えば、それだけコイルを流れる電流が増え、強い電磁石を生み、円板が速く回転することになる。この回転数を計れば、使用電力が算出されるわけだ。

電力量計では、アラゴの円板の現象がもう一つ利用されている。中のアルミ円板は、先のコイルの電磁石とは別の**制動磁石**と呼ばれる永久磁石で挟まれているのだ。制動磁石は、円板が空回転しないようにブレーキの働きをする。この制動のしくみも、アラゴの円板と同じである。

電力量計のしくみ

電源側には電圧コイルが並列に、屋内配線側には電流コイルが直列に接続されている。電流と電圧がほぼ4分の1周期ずれることを利用して、アラゴの円板の回転磁石と同じ効果を電磁石で演出する。また、空転を抑えるため、制動磁石も取り付けられている。電磁ブレーキと呼ばれ、この現象もアラゴの円板で説明できる（図のC参照）。

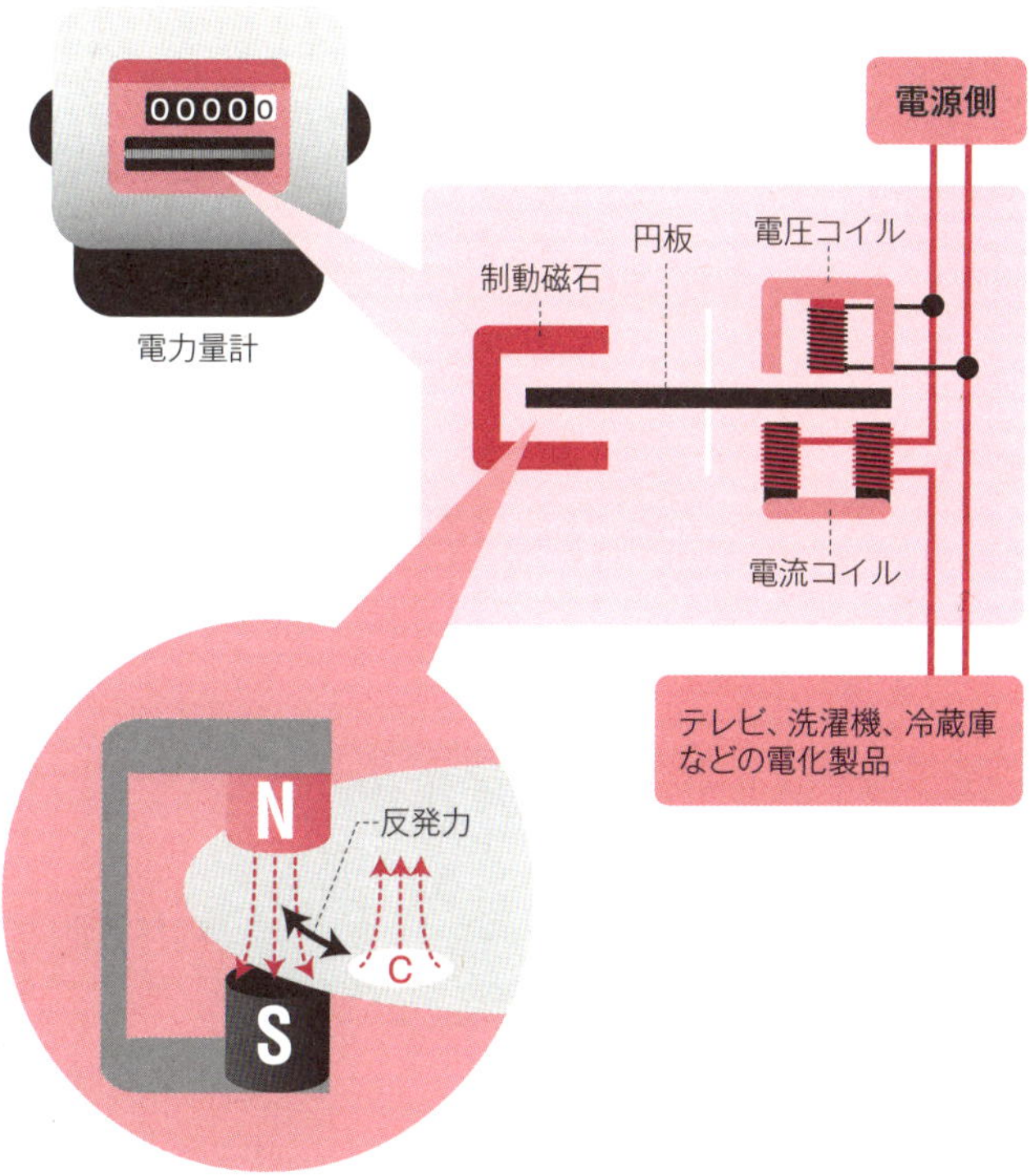

Technology 008

ダム

富山県の黒部《くろべ》ダムのように、巨大なダムには人を引きつける魔力がある。ダムに託《たく》された役割とは何なのだろう。

巨大建築物の例にもれず、大きなダムは人を魅了する。緑に囲まれた湖と巨大なコンクリートの人工物、その二つのコントラストが織り成す景観は、観光地になる条件を備えている。

ダムには、美しいアーチを描いたダムや、単に岩が積み上げられたダムなど、さまざまな種類がある。その代表的な形を見てみよう。

重力式コンクリートダムは、コンクリート自身の重さによって、水がダムを押す力に耐えられるように造られたダムだ。堅《かた》い岩盤のところに造られ、日本ではもっとも多く見られる。

アーチ式コンクリートダムは、上流側に弓なりになったダム。水がダムを押す力をこの形によって両岸で支える。両側の岩盤は堅くなければならないが、コンクリートの量が重力式ダ

代表的なダムの種類

ダムには、重力式コンクリートダム、アーチ式コンクリートダム、フィルダムなどさまざまな種類がある。ここでは、それぞれの特徴を調べてみよう。

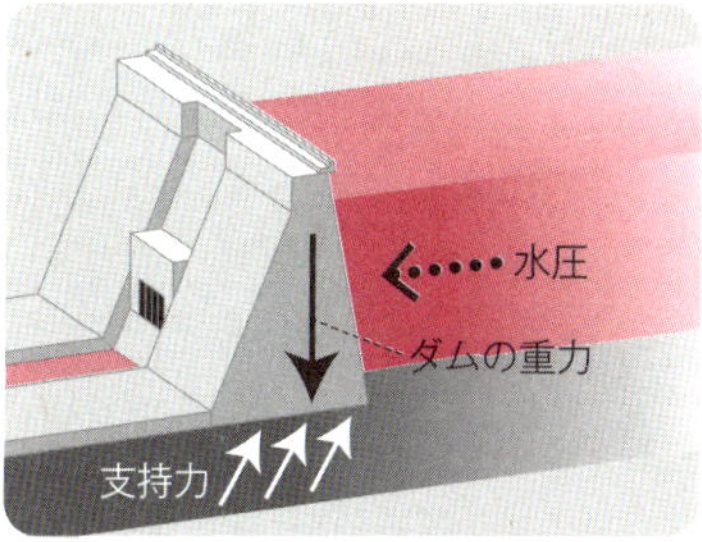

◉重力式コンクリートダム

コンクリート自身の重さによって、水がダムを押す力に耐えられるように造られたダム。

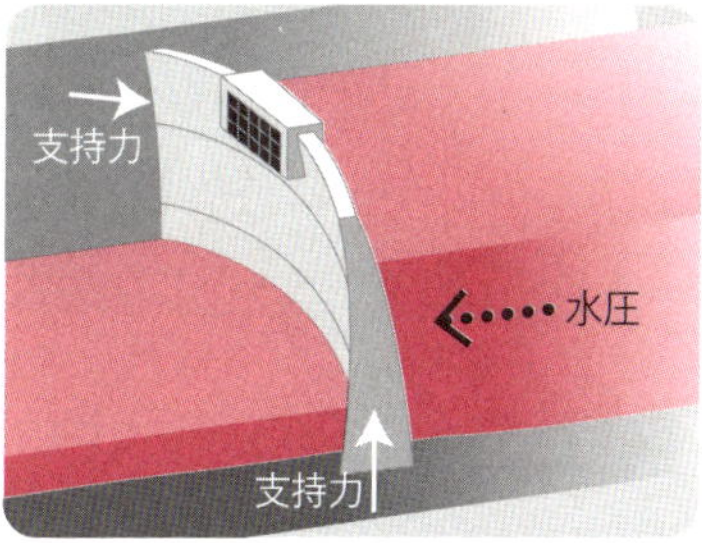

◉アーチ式コンクリートダム

水がダムを押す力を、アーチの形によって両岸で支えるダム。

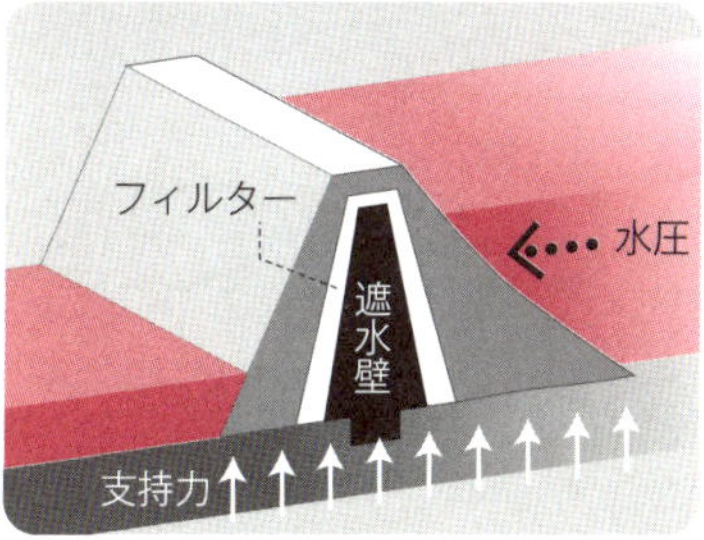

◉フィルダム

土や岩のかたまりを積み上げて造られたダム。ロックフィルダムが有名。

ムの3割程度ですむため経済的だ。**フィルダム**は、土や岩のかたまりを積み上げて造られたダム。中心部に土で遮水壁《しゃすいへき》を設けたり、表面をコンクリートなどで遮水したりしている。基礎地盤があまり堅くないところでも建設できる。

ダム建設には、おもに三つの目的がある。**利水**、**治水**、そして**発電**である。単一の目的に建造されたダムもあるが、**多目的ダム**といって、複数の目的を持つダムもある。ここでは治水用ダムに焦点を当ててみよう。

日本の川は急峻《きゅうしゅん》で、上流に大量の雨が降ると、膨大《ぼうだい》な水量が一気に下流に流れて洪水になる危険がある。そこで、流入する水量の一部を一時的にため込んで下流へ流す水量を減じ、下流における洪水被害の防止を図る。これが治水用ダムの役割だ。

この調整機能を**洪水調節**という。簡単にいえば、豪雨でたくさん水が流れてきたら、それをダムでいったん受け止め、安全な量だけ下流に流すということである。この機能を働かせるためには、流入する水の量を監視したり、大量の雨が予想される前には水を流したりと、常に周囲に気を配らなければならない。

ダム管理は、日本の国土を影で守っているのだ。

ダムの洪水調節機能

ダムには、膨大な水量が下流へと一気に流れるのを防ぐため、下流に流れる水量を調整する機能がある。

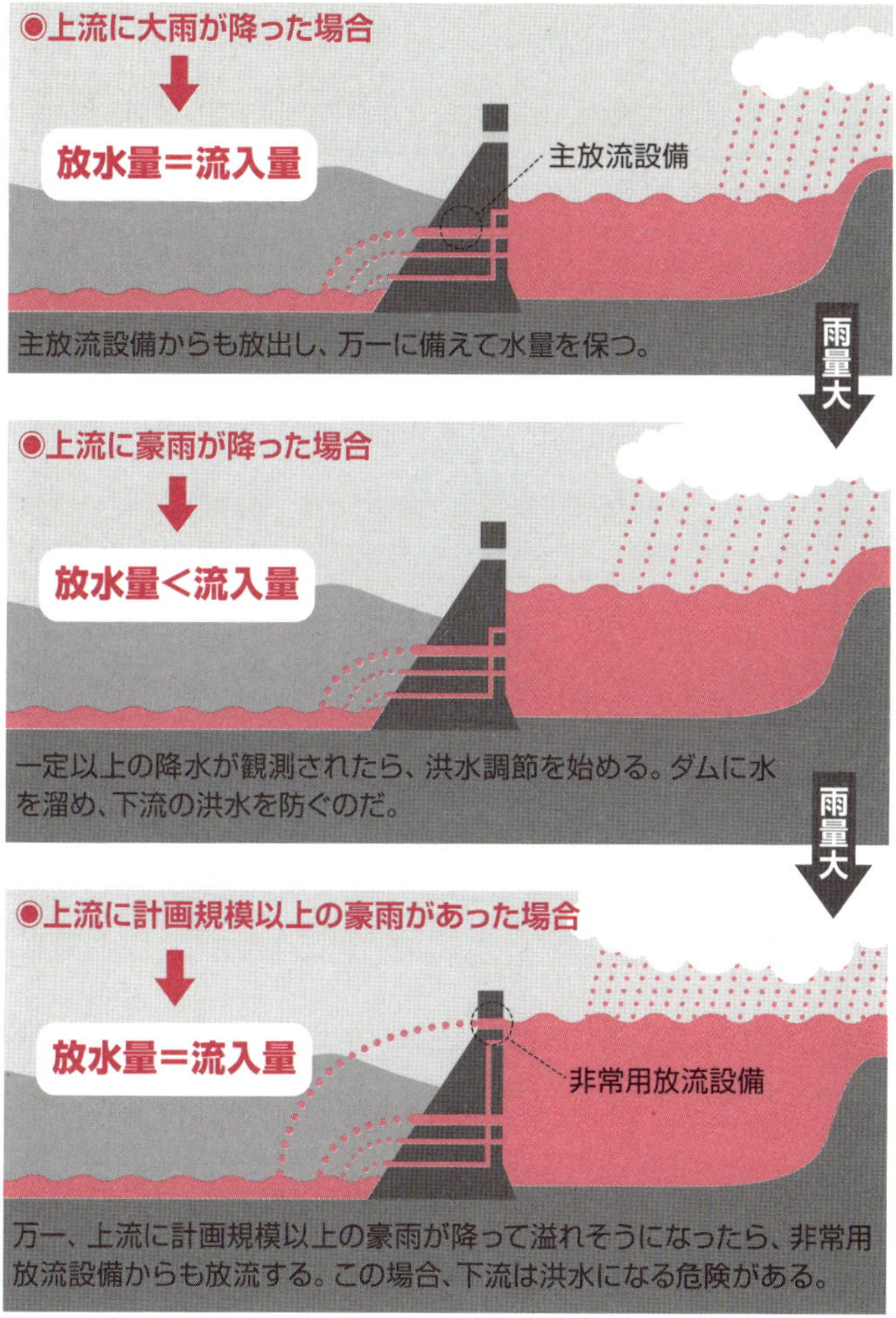

Technology 009

自動販売機

自動販売機だけのコンビニがあるという。それくらい親しまれている自販機だが、その進歩は、今もなお止まらない。

自動販売機（略して自販機）の歴史は古い。世界でいちばん古い自販機は、2000年以上昔に遡《さかのぼ》るという。コインを投入すると水が出てくる装置で、エジプトの寺院に置かれていたそうだ。そして今、自販機だけのコンビニエンスストアがあるほど、その普及には目を見張るものがある。飲料や食物だけでなく、花や下着など、実にさまざまなモノが売られている。

海外ではそれほど目立たない自販機だが、普及台数だけ見ると日本はアメリカ、ヨーロッパよりも少ない。海外で目立たないのは、露出度が低いからだ。海外ではビルの中など、防犯対策が施《ほどこ》せる場所に設置されていることが多いため、日本ほどは目立たない。

自販機の普及の裏では、さまざまな努力がなされている。例えば、省エネの工夫が挙げら

世界初の自動販売機は神殿の聖水

世界でいちばん古い自動販売機は、紀元前３世紀頃のエジプトの寺院に設置された「聖水自販機」だという。上部の口から硬貨を投入すると、その重みで受け皿が傾く。硬貨が落下して受け皿が元の状態に戻るまでの間、出口の栓が開いて水が出る仕掛け。

缶の自動販売機の基本構造

横から見た図。温冷する装置は取り出し口付近にあり、すぐに売れるところだけを温冷する。取り出し口には爪が２本あり、１本ずつ取り出せるようになっている。

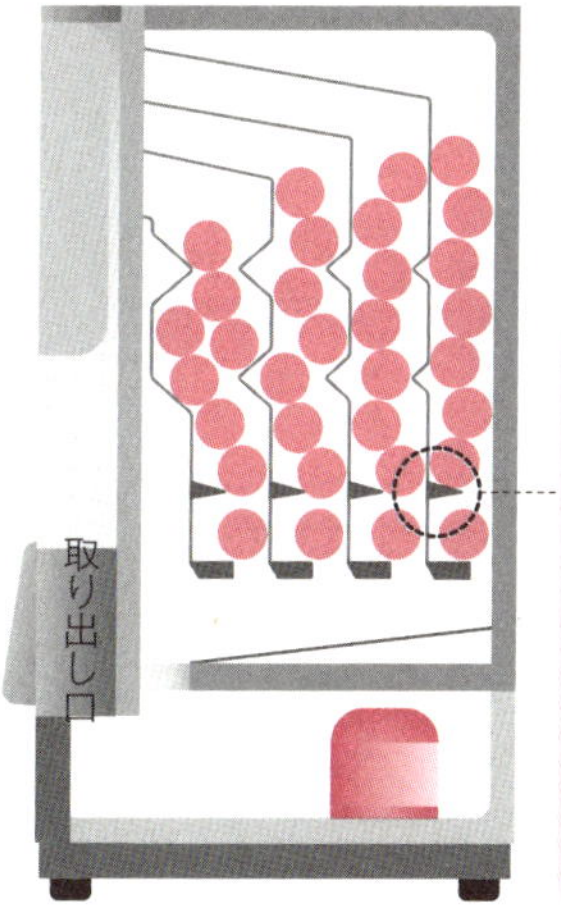

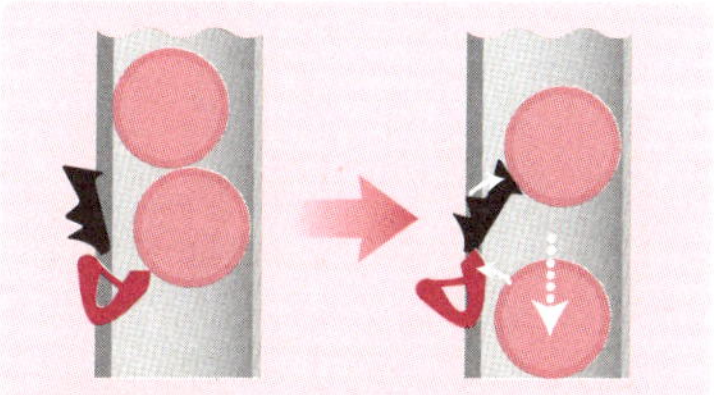

◉待機中
下の爪が突き出て上の爪は引っ込む。

◉取り出し中
下の爪は引っ込み上の爪が突き出る。

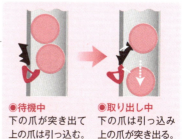

れる。この四半世紀で電力消費量は7割以上削減された。照明をLEDにし、センサーを備えて照度を調整。さらには、取り出し口付近だけを冷却、加温し、すぐに売れるものだけを温め、冷やしている。

最近、**エコベンダー**と呼ばれる自販機をよく目にする。これは「ピークシフト」機能を搭載した自販機だ。電気がもっとも使われる夏場の午後には冷却運転を停止し、その前にしっかり飲食物を冷却しておく機能が備えられているのだ。こうすることで、発電所の負担を軽減することができる。

おもしろいことに、一つの自販機で暖かいものと冷たいものを同時に売る機能があるのは日本固有だという。狭いスペースを有効利用し、冷却の排熱をムダにしない「もったいない」を心がける日本人の特性が現れている。

ところで、自販機の正面に、設置場所を示すステッカーが貼られているのをご存じだろうか。これは、2005年から始められたサービスだ。災害時などに、すぐに居場所がわかり心強い。また、災害時には中の飲料等を無料で提供する機能が付いているものもある。自販機はインフラ的な存在でもあるのだ。

温かい缶と冷たい缶を同時に売る自販機

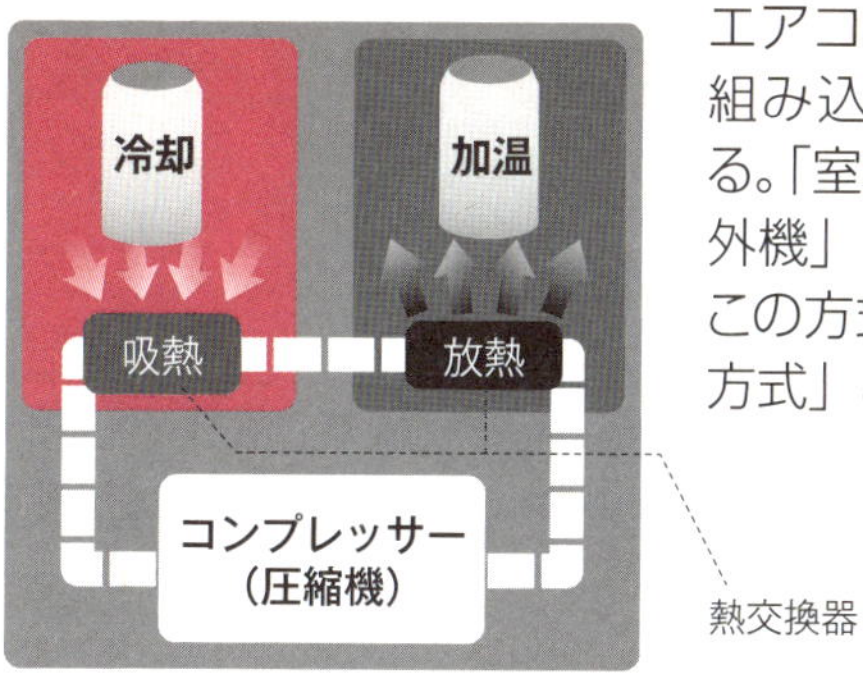
冷却
加温
吸熱
放熱
コンプレッサー
（圧縮機）
熱交換器

エアコンを自動販売機に組み込んだ構造をしている。「室内機」で冷やし、「室外機」で暖めるのである。この方式を「ヒートポンプ方式」という。

コインの判別方法

硬貨の金種識別は、形や重さなどをチェックするのは当然として、硬貨の模様をセンサーが瞬時に読み取ったり、磁力を当て成分の違いから生まれる磁気の乱れを感知するなどして行なわれる。

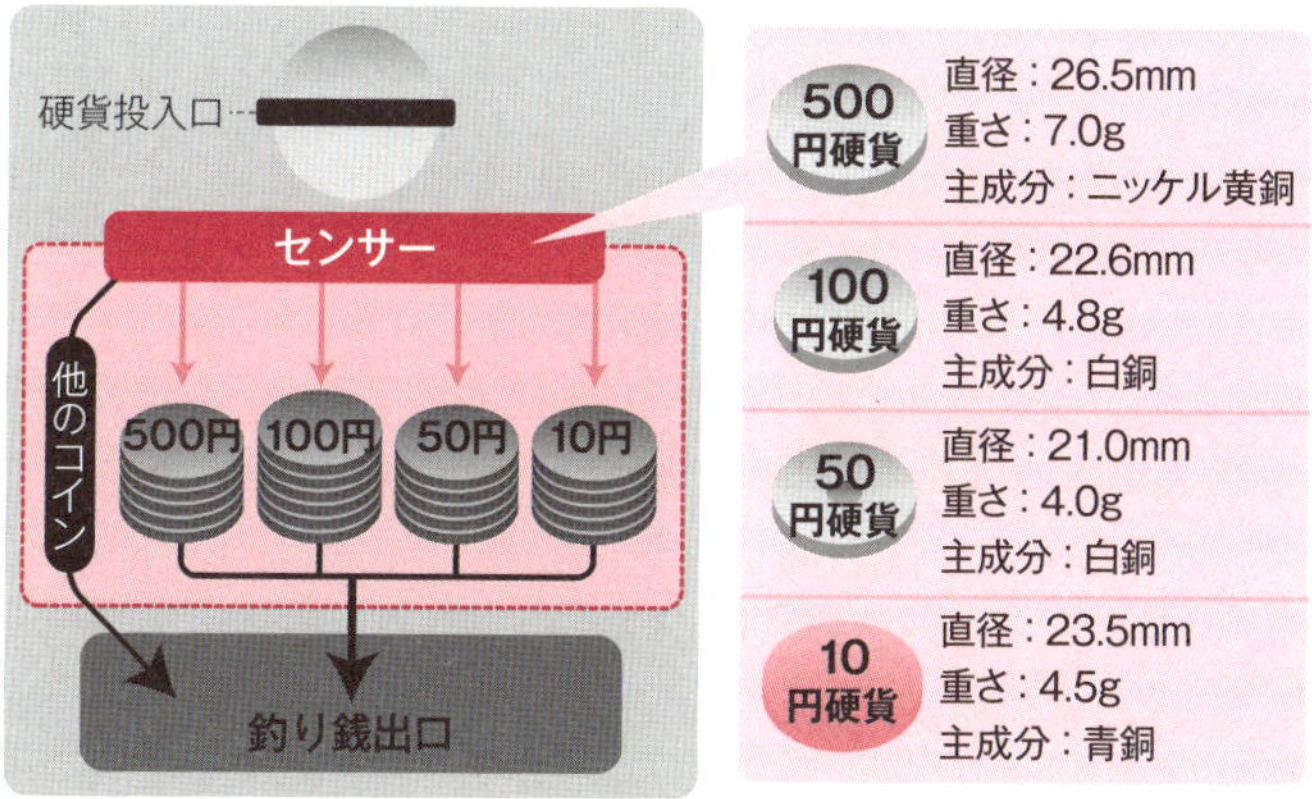
硬貨投入口
センサー
他のコイン
500円
100円
50円
10円
釣り銭出口
500円硬貨
直径：26.5mm
重さ：7.0g
主成分：ニッケル黄銅
100円硬貨
直径：22.6mm
重さ：4.8g
主成分：白銅
50円硬貨
直径：21.0mm
重さ：4.0g
主成分：白銅
10円硬貨
直径：23.5mm
重さ：4.5g
主成分：青銅

Technology 010

ゴルフボール

ゴルフボールの表面を見ると、ブランドによってくぼみの形状が微妙に異なる。この形状は、実は特許の塊《かたまり》なのだという。

ゴルフは年齢を問わず、スポーツ界の華《はな》といえる。近年は、若手プロゴルファーの活躍がスポーツニュースの一面をよく飾っている。

さて、ゴルフボールのくぼみ（**ディンプル**）を見てみると、ブランドによって模様や深さが異なることに気付く。たかがくぼみと侮《あなど》ってはいけない。この違いには大きな理由がある。

ディンプルの効果としては、大きく二つのことが挙げられる。「揚力《ようりょく》の増加」と「空気抵抗の軽減」である。まず「揚力の増加」を見てみよう。球技一般にいえることだが、ボールを打つときには回転（**スピン**）をかけるのが普通だ。ボールを曲げたい、遠くに飛ばしたいなど、都合に応じてスピンをかける。そのとき、表面に凹凸があれば、それだけ周囲の空気

スピン効果で揚力が発生

バックスピンをかけると、ボールの上の気流は速く、下は遅くなる。気流は速いと気圧が低くなり、遅いと高くなる（ベルヌーイの法則）。したがって、ボールには揚力（上に働く力）が働くことになる。

エネルギーを吸収するカルマン渦

ゴルフボールは高速に飛ぶため、ボールの後方にぽっかりと圧力の小さい部分ができ、そこに「カルマン渦」と呼ばれる渦が発生する。この渦がボールを引き戻し、直進運動のエネルギーを吸収してしまう。

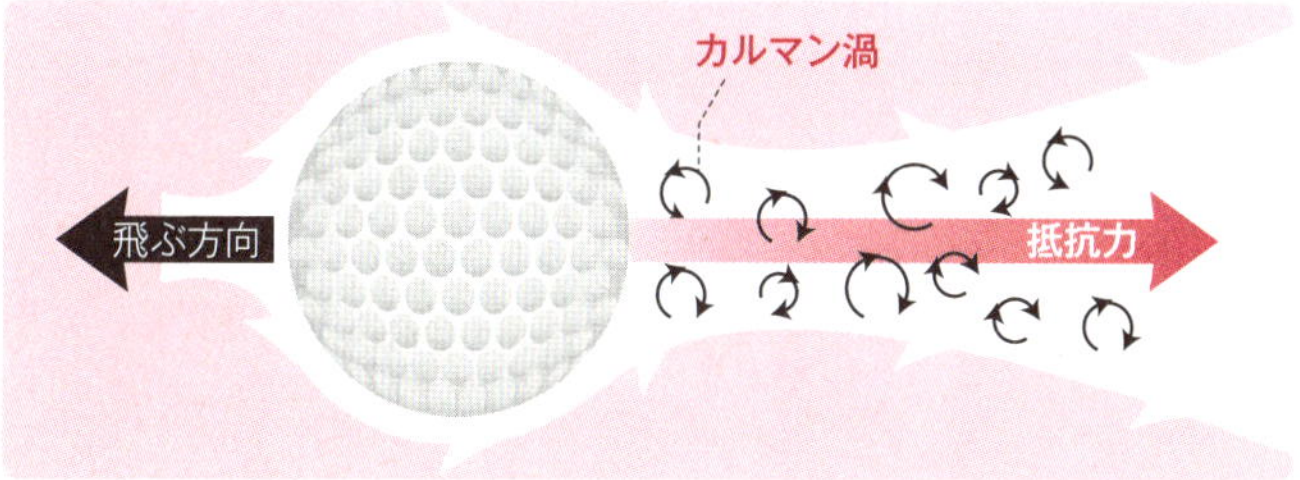

との抵抗が増え、スピンの効果が増大する。

ではここで、スピンをかけて揚力が得られるしくみを考えてみよう。バックスピンをかけると、ボールの上の気流は速く、下は遅い。気流は速いと気圧が低くなり、遅いと高くなる性質がある（**ベルヌーイの法則**と呼ぶ）。したがって、ボールには揚力が働く。ディンプルがあると、上下の気流のスピードの差は平らな球よりも大きいため、それだけ強い揚力を受け、ボールは遠くに飛ぶことになる。打球の軌跡《きせき》は初速、打出角、スピンの三つで決定される。これを**飛びの三要素**と呼ぶ。ディンプルはこの三つ目に関与するのだ。

次に「空気抵抗の軽減」の効果について見てみよう。物体は空気中を運動するときに抵抗力を受けるが、その最大の原因は**カルマン渦**《うず》である。空気の流れが物体から剥《は》がれて渦ができ、この渦が物体の動きを止めようとするのだ。

ディンプルがあると、空気の流れがボール表面から剥がれるのを防ぎ、カルマン渦の発生を抑えられるため、ボールは遠くに飛ぶのである。

このように、ディンプルの大小や浅深はボールの飛び方を左右する。そこで、ボールメーカーはさまざまな研究からその模様や形を定めているのだ。

ディンプル効果で飛距離がアップ

ゴルフボールにディンプルがあると、気流の剥がれが抑えられ、カルマン渦の大きさを抑えることができる。このため、ツルツルのボールよりも遠くに飛ぶことになる。

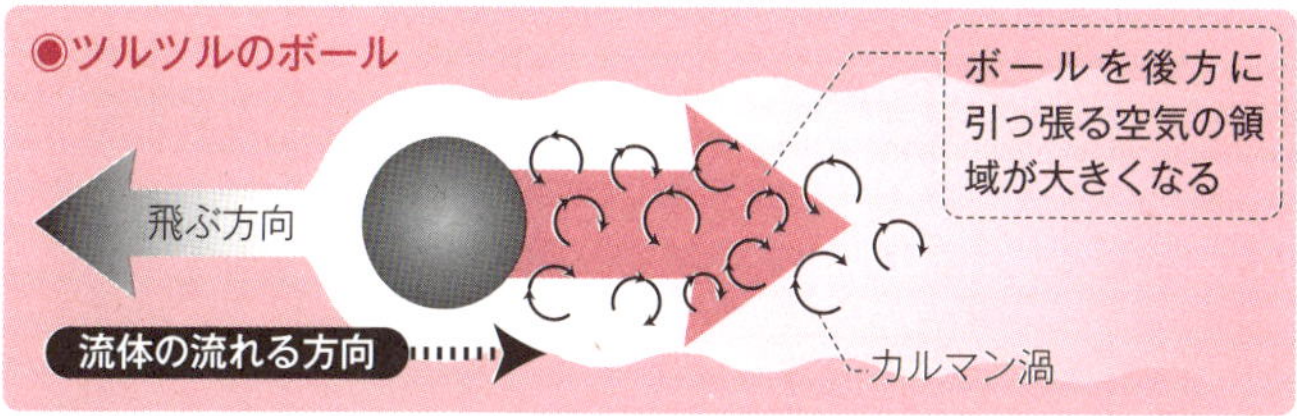
◉ツルツルのボール
ボールを後方に引っ張る空気の領域が大きくなる
飛ぶ方向
流体の流れる方向
カルマン渦

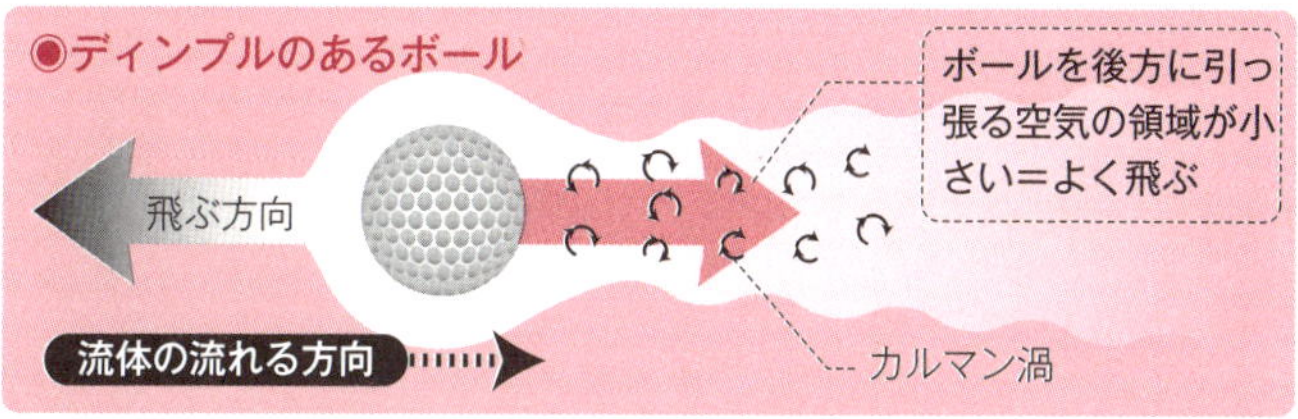
◉ディンプルのあるボール
ボールを後方に引っ張る空気の領域が小さい＝よく飛ぶ
飛ぶ方向
流体の流れる方向
カルマン渦

ディンプルの深さと飛距離の関係

ディンプルがないボールは、高く上がらず距離も出ない。だが、ディンプルがただあればいいというわけではない。深すぎず、浅すぎない最適な深さのディンプルのボールが最大飛距離を出すのだ。

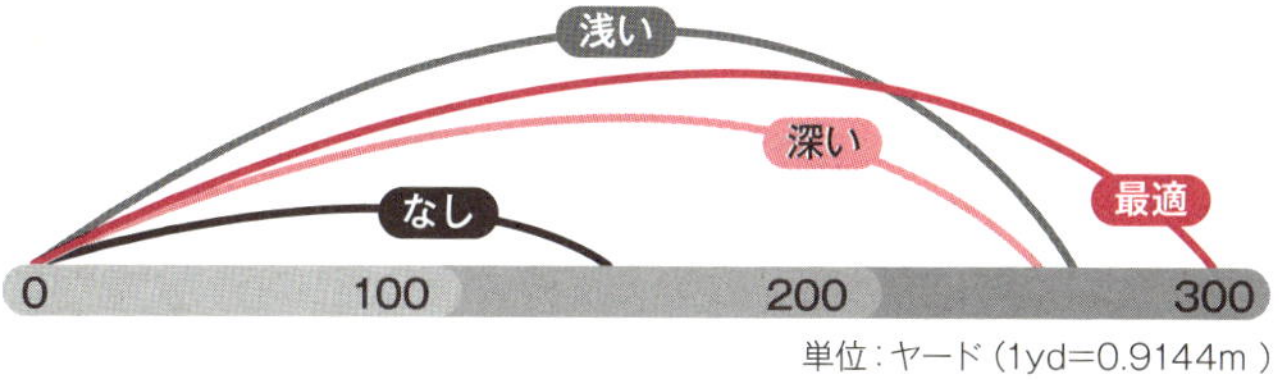
浅い
深い
最適
なし
0
100
200
300
単位：ヤード（1yd=0.9144m）

Technology 011

太陽電池

自然エネルギー発電のホープ・太陽電池。さまざまな種類が開発されているが、それぞれどう違うのだろうか。

地球に降り注ぐ太陽光のエネルギーは、たった1時間で地球全体の使用エネルギーの約1年分に匹敵《ひってき》するという。このエネルギーを有効利用できれば、従来の発電方法による資源の枯渇《こかつ》や地球温暖化、放射能事故の危険など、さまざまなエネルギー問題が解決される。その有効利用の代表が太陽電池による発電、つまり**太陽光発電**である。

太陽電池は電卓用の内蔵電池として以前からなじみが深い。ケイ素（シリコン）の結晶に、少しだけリンを加えた*n*型半導体と、少しだけホウ素を加えた*p*型半導体の2種の半導体を貼り合わせてできている。この半導体に光を当てると、光のエネルギーによって境界面に電子と正孔《せいこう》が発生する。電子は*n*型半導体のほうに、正孔は*p*型半導体のほうに向かって移動

太陽電池の発電原理

太陽電池はケイ素（シリコン）の結晶に、リンを加えた*n*型半導体と、ホウ素を加えた*p*型半導体の２種を貼り合わせてできている。この半導体に光を当てると、境界面に電子と正孔が発生して電極に電圧を生む。

おもな太陽電池の材料による分類

太陽電池は使用する材料によって下図のように分類される。上図で解説した発電原理は、シリコン系太陽電池である。

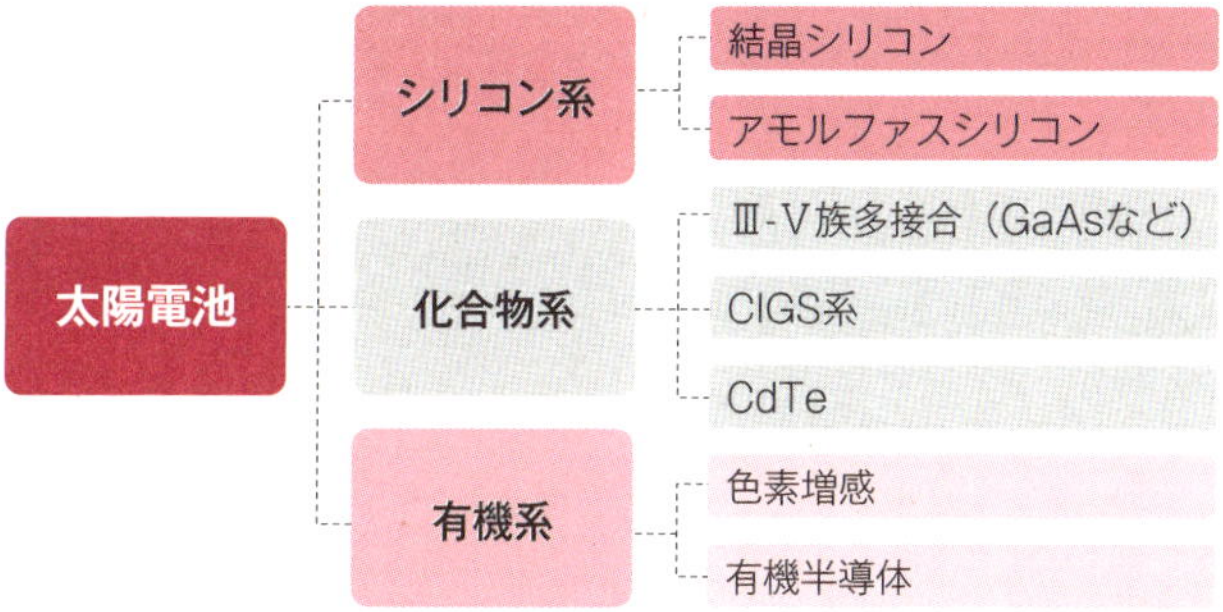

する。これが電圧を生むのだ。簡単にいえば、太陽光のエネルギーで引き離された電子と正孔が再びくっつこうとする力で発電するのである。電気を与えて光る発光ダイオードの逆現象とも解釈できる。

以上のような太陽電池を**シリコン系太陽電池**という。ケイ素が主たる素材だからだ。シリコン系はエネルギー変換効率がよく、25パーセント近くになるものも開発されている。しかし、生産コストが高いため、それに代替するさまざまな太陽電池が開発されている。**化合物系**や**有機系**の太陽電池だ。これらはさらに細かく分類されるが、一つを除いてほとんどはシリコン系太陽電池と同様のしくみである。除いた一つとは**色素増感型太陽電池**と呼ばれるもので、その動作原理は、植物の「光合成」によく似ている。

発電用に利用されている太陽電池のほとんどはシリコン系である。他のものは変換効率が1割に満たないものが多く、将来有望とされているものの、普及までには至っていない。

現在、太陽電池の設置には補助金が付き、発電電力の買い取り制度もある。家の屋根に取り付けられた太陽電池はスマート社会とも呼ばれるエネルギー自給社会の重要なアイテムだ。

色素増感型太陽電池のしくみ

特殊色素が吸着させた二酸化チタン粉末をまとった電極と、ヨウ素を溶かした電解質溶液からできている。光は色素にぶつかって電子を飛ばし、それを二酸化チタンが受け取る。受け取られた電子は電流となって対極に流れ、電解液中のヨウ素イオンに渡される。ヨウ素イオンは受け取った電子を元の色素に返す。この繰り返しで発電がなされるのである。

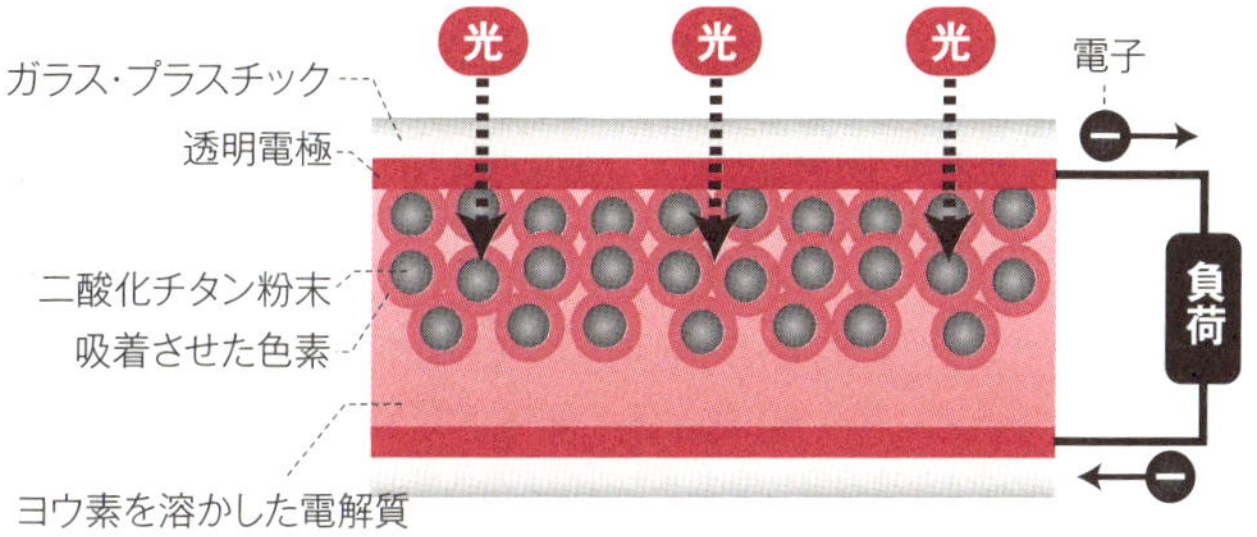

晴天での太陽光発電量と消費量の推移

太陽が出ている昼間は、発電量が電気の使用量を大幅に超えている。この余剰電力を電力会社に売ることができる。

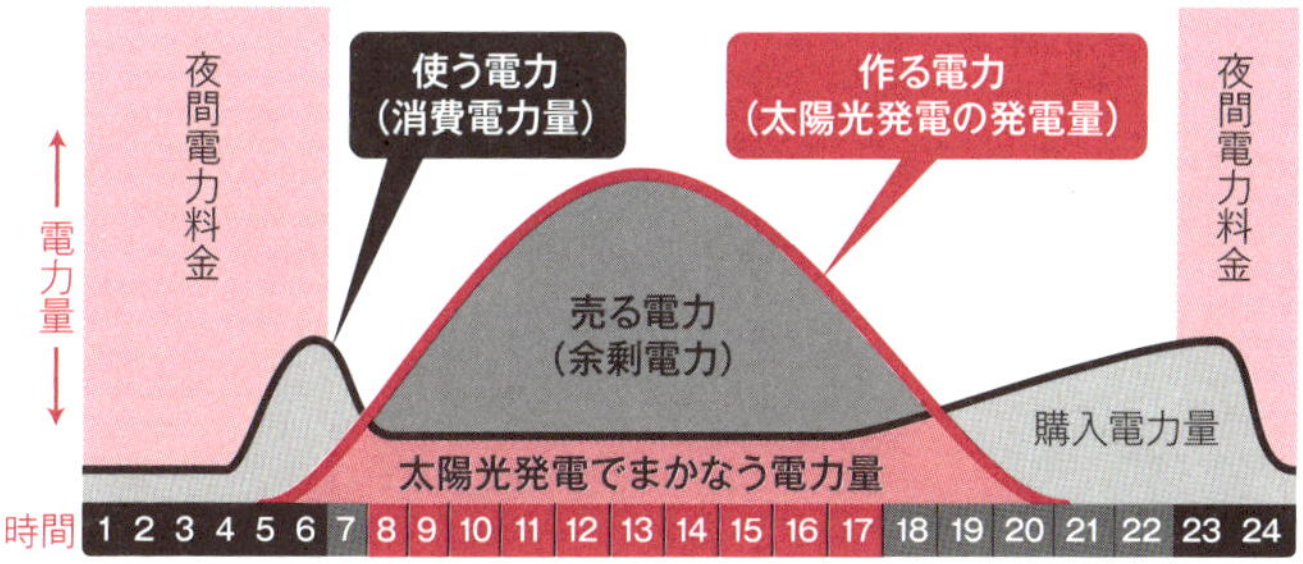

column

電線は3本1セット

電柱を見上げると、電線が3本で1セットになっていることに気づく。家庭電気製品のコードは2本1組なのに、なぜ送電線は3本1組なのだろう？

その答えは「三相交流という送電方式を採用しているから」である。

三相交流は3本の電線の各間を、交流がタイミングをずらして流れている。このズレのおかげで、3本の電圧を加え合わせると、互いに打ち消し合って電圧が0になる。電線の終端で3本を結べば、結び目の電圧は0になり電流は流れない。つまり、電流の帰り道は不要になるわけだ。これは、たいへん便利な性質である。普通の交流（単層交流）なら3往復、計6本の電線が必要なところを、三相交流なら片道3本の電線ですますことができる。電線が半分ですみ、送電設備費用が大幅に低減されるのだ。

第2章

身近な家電のすごい技術

家庭で使う身近な電化製品には、どのような技術が隠されているのだろうか。冷蔵庫や洗濯機など、どの家庭にもある電化製品のテクノロジーを調べてみよう。

Technology 012

冷凍冷蔵庫

かつて「三種の神器《じんぎ》」の一つとしてもてはやされた冷蔵庫。現在でも白物《しろもの》家電の代表として重要な役割を担っている。

１９３０年（昭和５）、国産第1号の電気冷蔵庫が発売された。標準価格は７２０円、当時としては小さな家が1軒建てられるほど高価で、業務用か富裕層《ふゆうそう》にしか売れなかった。しかし現在、冷蔵庫の普及率はほぼ１００パーセント。隔世《かくせい》の感がある。

冷蔵庫の冷却原理はいたって単純である。水を肌に塗って「フッ」と息を吹きかけると清《せい》涼感《りょうかん》が得られるのと同じ原理だ。水が水蒸気に変化するときに**気化熱**を奪い、周囲の温度を下げる性質を用いているのだ。冷蔵庫でこの水の働きをするものを**冷媒**《れいばい》という。

実際に構造を見てみよう。冷凍冷蔵庫は圧縮器（コンプレッサー）と二つの熱交換器（**冷却器**と**放熱器**）からできている。庫内に置かれた「冷却器」で冷媒は蒸発して気化熱を奪い、

冷蔵庫のしくみ

液体から気体に物質が変化するときに、周囲の熱を奪う。これを「気化熱」という。冷蔵庫が内部を冷やすカラクリは、この気化熱にある。

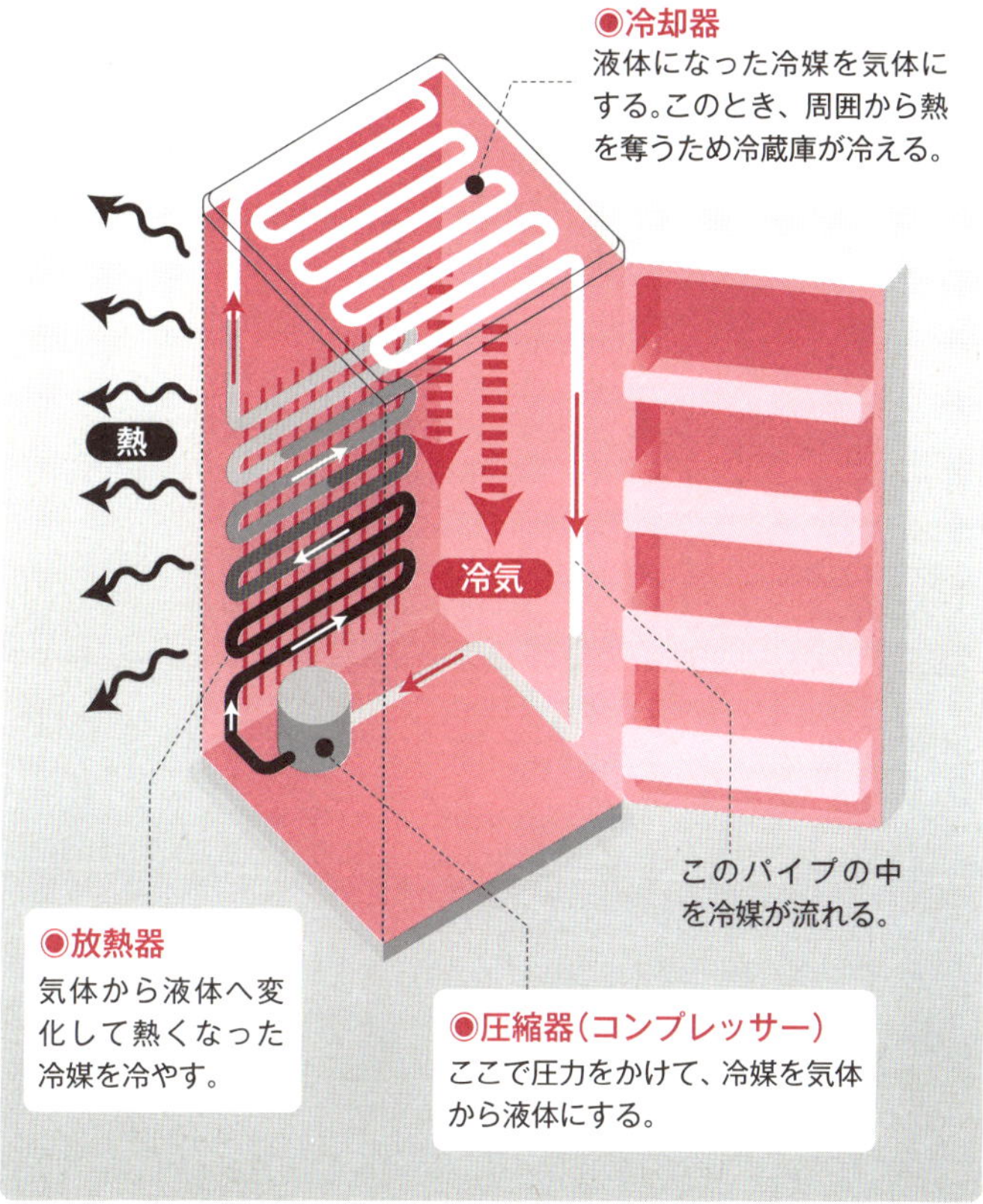
◉冷却器
液体になった冷媒を気体にする。このとき、周囲から熱を奪うため冷蔵庫が冷える。
熱
冷気
このパイプの中を冷媒が流れる。
◉放熱器
気体から液体へ変化して熱くなった冷媒を冷やす。
◉圧縮器(コンプレッサー)
ここで圧力をかけて、冷媒を気体から液体にする。

庫内を冷やす。気体になった冷媒はコンプレッサーの力で液化されて放熱器に運ばれ、庫内で奪った熱を放出する。この繰り返しが冷却のしくみである。

家庭用の冷蔵庫は、冷凍室、パーシャルケース、チルドケース、冷蔵室、野菜室などに分けられている。それぞれマイナス15〜20度、マイナス1〜3度、0〜2度、2〜5度、3〜8度くらいで、格納する食品の特性で温度が調整されているのだ。

「冷たい空気は下に落ちる」という性質を利用して、以前の冷蔵庫は冷凍庫が最上段にあり、パーシャルケース、チルドケース、冷蔵室、野菜室の順に下に配置されていた。しかし、取り出し頻度《ひんど》の高い野菜室が下では使いにくいので、現在では冷凍庫が最下段にあるものが多い。

これを実現するために、冷やした空気を強制的に循環《じゅんかん》させ、それぞれの領域を最適に冷やす構造になっている。この方式を**間冷式**と呼ぶ。

一方、アウトドアで冷蔵庫を使いたい場合に重宝するのが、**ペルチェ方式**の冷蔵庫だ。「異種の導体や半導体の接点に電流を流すと、熱の発生または吸収が行なわれる」という**ペルチェ効果**が利用されている。構造が単純なので、省電力と小型化が可能だ。

直冷式と間冷式

従来の冷蔵庫は、ほとんどが直冷式だった。だが、冷凍室、冷蔵室、野菜室を最適な場所に配置するために、最近は間冷式が多くなっている。こうすることで、霜がつきにくい効果も生まれる。

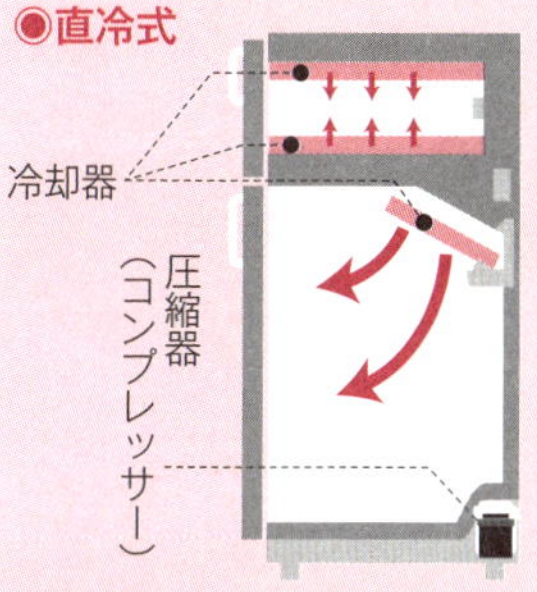

冷蔵庫内に冷却器を設置し、直接冷やす方式。自然対流で冷却するのが一般的で、冷凍庫、冷蔵庫にそれぞれ専用の冷却器を置く。

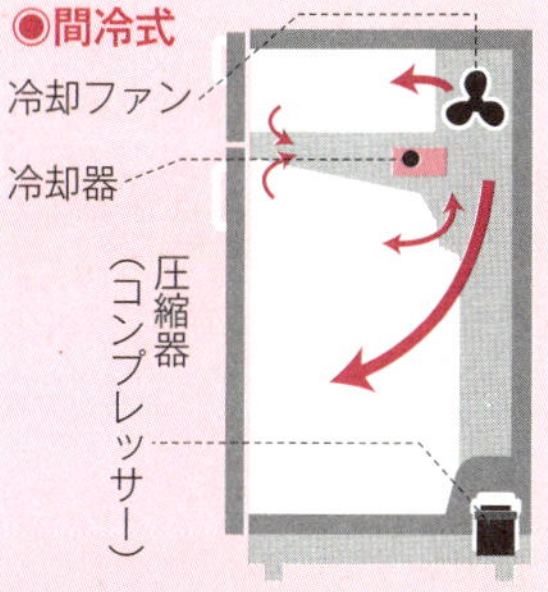

冷蔵庫奥の冷却器で作られた冷気を、冷却ファンで冷凍室、冷蔵室に送る方式。

ペルチェ方式の構造

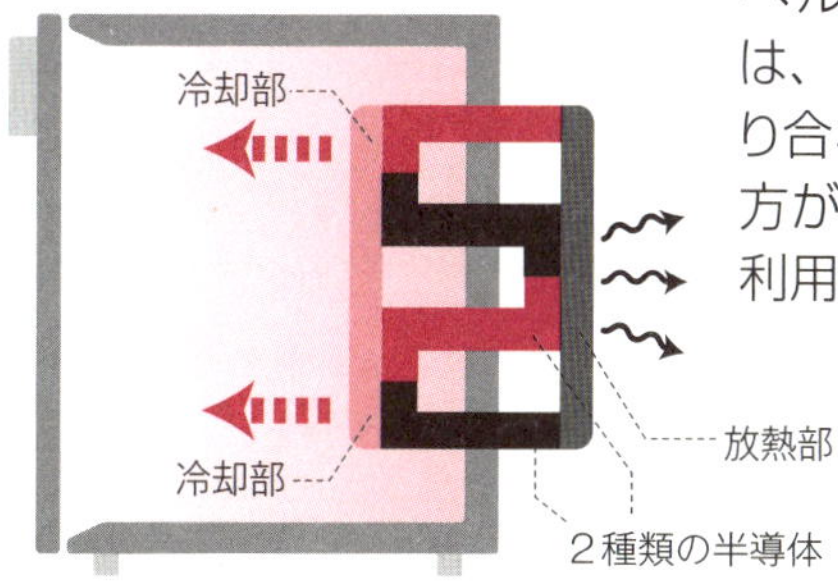

ペルチェ方式の冷蔵庫は、2種類の半導体を貼り合わせて通電すると一方が冷えるという特性を利用している。

Technology 013

洗濯機

昭和中期、洗濯機は冷蔵庫、白黒テレビとともに「三種の神器」として憧《あこが》れの的《まと》だった。そして現代、新たな進化を続けている。

国産初の噴流《ふんりゅう》式洗濯機が発売されたのは１９５３年（昭和28）。大卒国家公務員の初任給が８０００円に満たなかった時代に3万円近い価格だったが、大ヒットした。それほど洗濯は、主婦にとってたいへんな仕事だったのだ。

ところで、どうして洗濯機で衣類がきれいになるのだろうか。それは、洗剤とのコラボレーションにある。洗濯機は水の動きで衣服の汚れを振り払って落とすので、水に溶ける汚れなら、それだけで落ちる。問題は水に溶けない油汚れである。そこで、洗剤の力を借りるのだ。洗濯洗剤は界面《かいめん》活性剤からできている。これは水になじむ親水基《しんすいき》となじまない疎水基《そすいき》からなる細長い分子からできている。洗濯槽の中では、水に溶けない油汚れに疎水基を突っ込み、

洗濯機で汚れが落ちるしくみ

洗濯機に衣類を入れ、水と洗剤を入れると、洗剤の分子が油汚れにまとわりつく。

洗濯洗剤は界面活性剤からできている。その界面活性剤が油汚れを覆い、洗い流してくれるのだ（詳細は140ページ）。

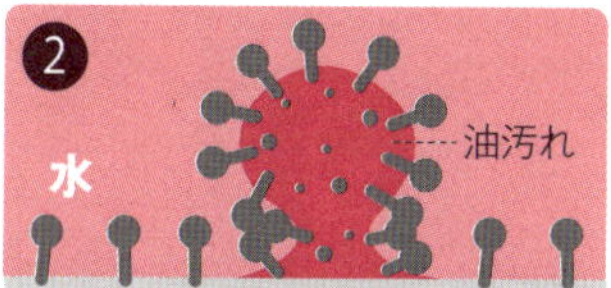

水をかき回すうちに、洗剤の分子が油汚れを取り囲む。

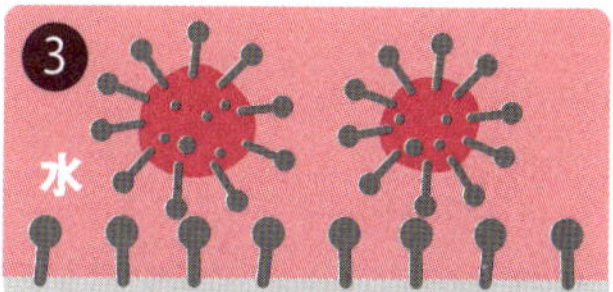

最後は、油汚れが水の中に溶け出す。

3つの洗濯方式

洗濯機には噴流式、攪拌式、ドラム式の3種類に大きく分けられる。日本でもっとも普及している洗濯機は噴流式である。

◉噴流式
おもな使用国：日本
特徴：もみ洗い

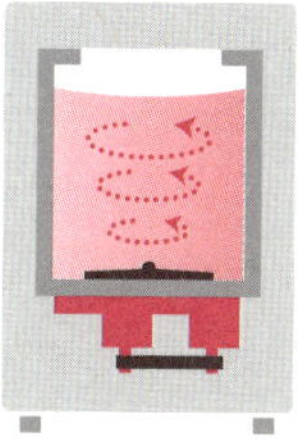

◉攪拌式
おもな使用国：アメリカ
特徴：ふり洗い

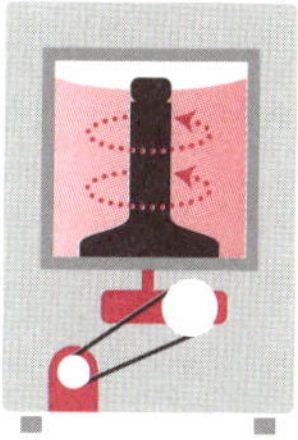

◉ドラム式
おもな使用国：ヨーロッパ
特徴：たたき洗い

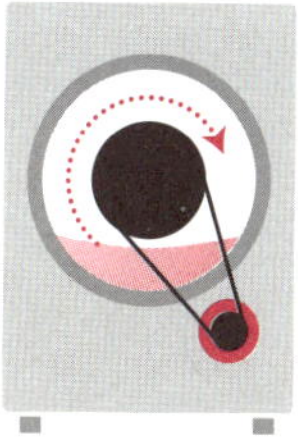

親水基部分を水側にする。界面活性剤に覆われると、水に溶けない油汚れは水に溶ける玉になり、洗い流せるのである。

洗濯機は現在、次の3種の形式に大きく分けられる。

噴流式（**水流式**、**渦巻き式**ともいう）は水の豊富な日本で普及しているタイプ。水流で洗濯する方式で、「もみ洗い」を擬《ぎ》した洗い方だ。軽くコンパクトにでき、洗面所に置くのに適しているが、水流が強いので洗濯物が絡んだりよじれたりして傷みやすい。

攪拌《かくはん》式は北アメリカで普及したタイプで、攪拌翼と呼ばれる板を往復運動させて洗濯する方式。「棒でかき混ぜる」洗い方を擬している。一度にたくさんの洗濯ができるが、大型で重くなる。

ドラム式はヨーロッパで普及したタイプ。横向きのドラムが回転して洗濯する方式で、「たたき洗い」を擬している。生地《きじ》が傷まず水量も少なくてすむという利点があるが、洗濯時間は長めだ。また、横向きに安定させるために重い。近年、日本でもドラム式が人気だ。乾燥機と一体の洗濯機が売れているからだ。従来の乾燥機と同様に、ドラム式は乾燥時に風を衣類に通しやすい。今ではメーカーが改良を進め、各方式の欠点は克服《こくふく》されつつある。

全自動洗濯機（噴流式）の基本構造

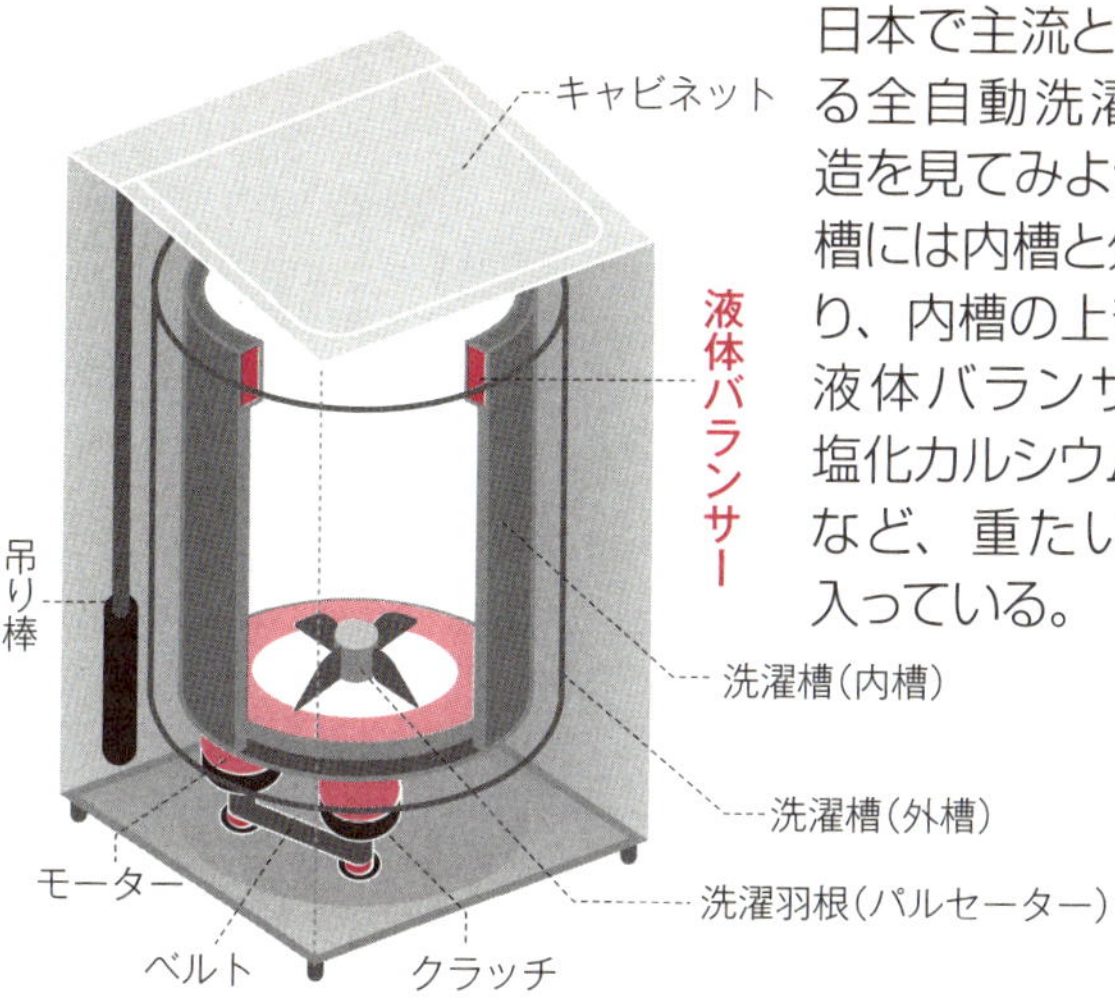

日本で主流となっている全自動洗濯機の構造を見てみよう。洗濯槽には内槽と外槽があり、内槽の上部にある液体バランサーには塩化カルシウム水溶液など、重たい液体が入っている。

液体バランサーで「バランス」を保つ

液体バランサーの内部は空洞になっており、ここに入れられた重い液体が洗濯する際に、洗濯槽のバランスを保つしくみになっている。

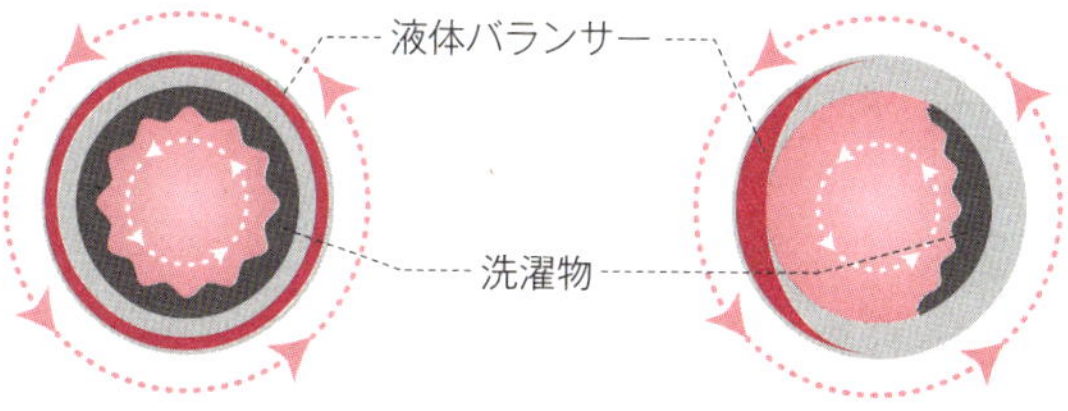

バランスが取れているときは、液体バランサーの液体が遠心力で均等に壁に押し付けられている。

洗濯物がかたよると、洗濯物の反対側に移動して「揺れ」を消す。

電気ストーブ

寒い季節に家電量販店に行くと、さまざまな電気ストーブが並べられている。どれを買えばいいのか、迷ってしまう。

一般に、暖房器具は**伝導型**、**対流型**、**放射型**の三つのタイプに分けられる。近年、家庭用暖房の定番となったエアコンやファンヒーターは対流型だが、これらの人気に隠れて目立たないものの、電気ストーブもよく売れている。手軽に持ち運べ、暖めたい場所をすぐ暖めてくれる。また、空気を汚さないため、狭い密閉《みっぺい》した場所でも暖をとれる。そんな性質が、家庭用の暖房器具として支持を集めているのだろう。

「昔ながら」の電気ストーブは**石英管《せきえいかん》ヒーター**を熱源にしている。石英管ヒーターはクォーツヒーターとも呼ばれるが、ニクロム線を石英ガラスの管で覆ったものだ。今はトースターなどの電熱器でよく利用されている。この古典的なヒーターには、暖まるのに時間がかかり、

暖房器具の分類

暖房器具はその性質によって、伝導型、対流型、放射型の3つに分類できる。それぞれの特徴と代表的な器具を紹介しよう。

◉伝導型

熱が物体内を伝わり、高温部から低温部へと移動する。

◉対流型

熱せられた気体・液体が上部へと移動し、周囲の低温の流体が流れ込む。この循環によって熱が伝わる。

◉放射型

熱との直接の接触、温風を経由することなく放射熱で物体に熱を伝える。

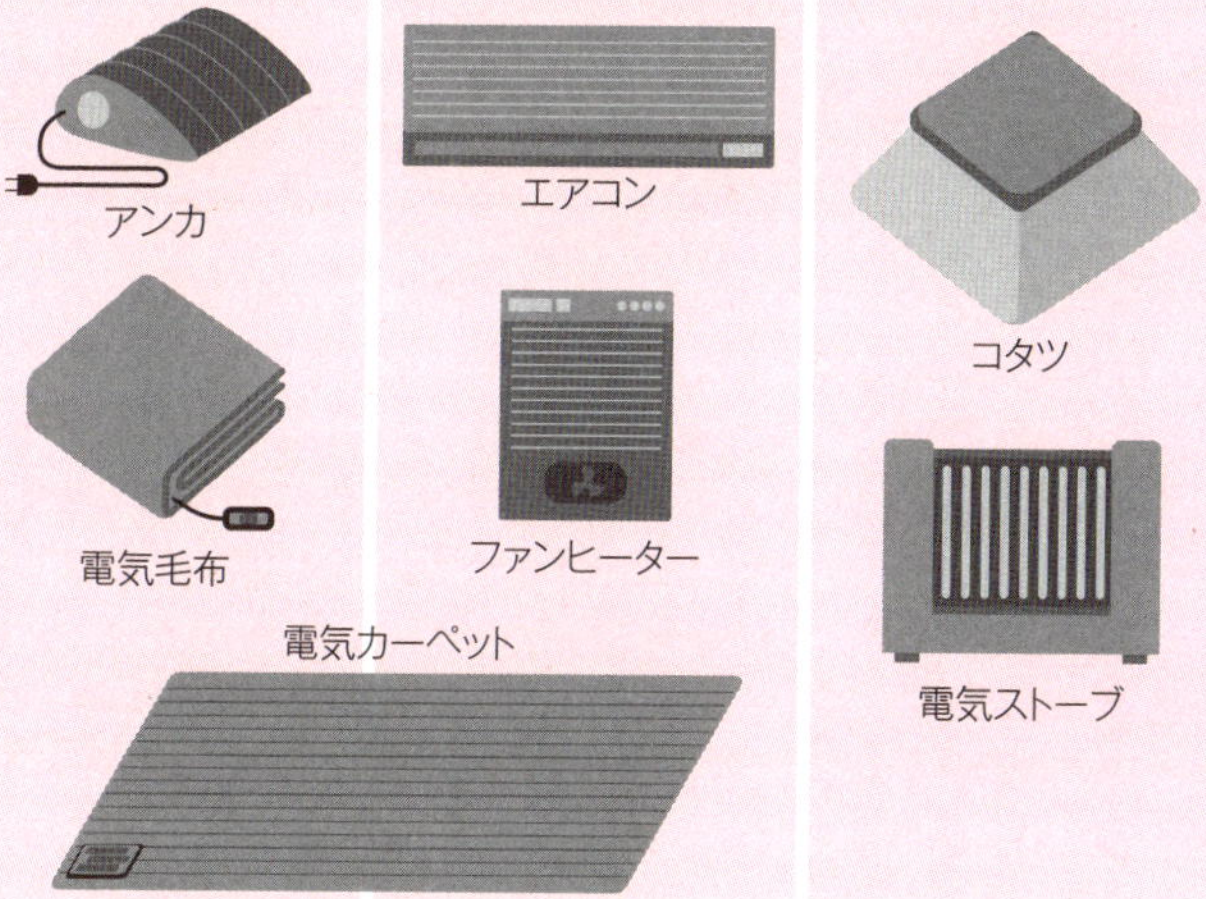

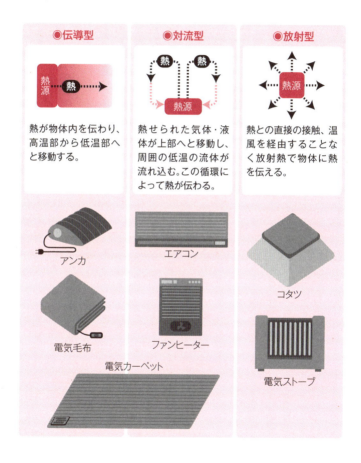

寿命が短いという欠点がある。そこで、これを改良したさまざまな電気ストーブが開発されている。

石英管ヒーターを改良して寿命を長くしたのが**シーズヒーター**だ。電気ケトルなどにも使われるヒーターで、10年以上は利用できる。ただし、高価というのが難点だ。

石英管ヒーターの、速暖性に欠けるという欠点を克服《こくふく》したのが**ハロゲンヒーター**である。ハロゲンガスを封入し、タングステンという金属をフィラメント（発熱体）にした石英管がヒーター源だ。スイッチONと同時にすぐに赤く輝き、暖房を始める。しかし、粗悪品による火災事故や、カーボンヒーターなどの登場で人気が下火になった。

カーボンヒーターは、ピュアタンヒーターとも呼ばれて人気を集めている。カーボンフィラメントを不活性ガスとともに石英管に封入したヒーターである。速暖性に優れ、暖かさを感じさせる**遠赤外線**を豊富に放出する。**グラファイトヒーター**と呼ばれるストーブもこれと同属だ。

カーボンヒーターやグラファイトヒーターなどを**遠赤外線ヒーター**と宣伝するメーカーもあるが、その定義は明確ではない。ヒーターは、多少なりとも遠赤外線を出しているからだ。

石英管ヒーターの構造

電熱器の熱源としてもっともよく利用されているのが、石英管ヒーター。 ニクロム線を石英ガラスの管で覆った古典的なものだ。

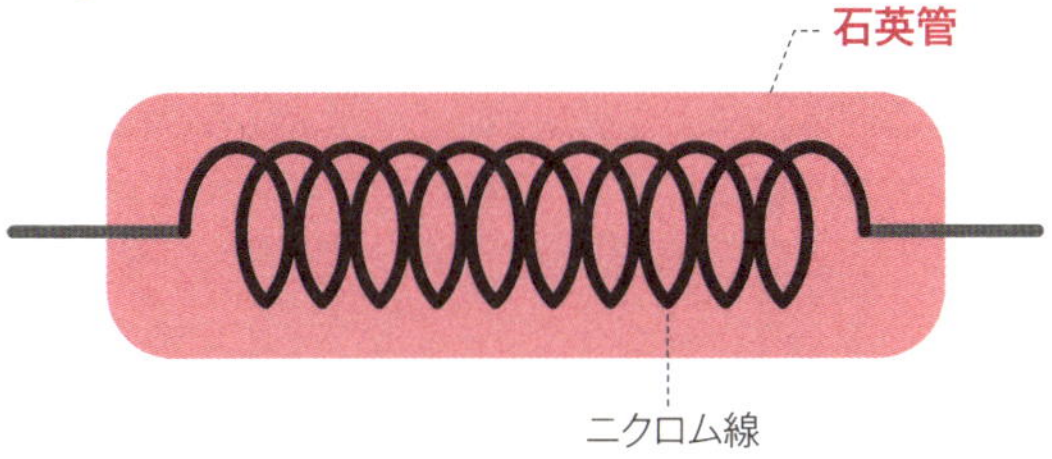

赤外線の分類

遠赤外線の部分がおもに体を温める。したがって、この赤外線を豊富に出すストーブが暖かいストーブということになる。そのイメージを利用したネーミングが「遠赤外線ストーブ」だ。

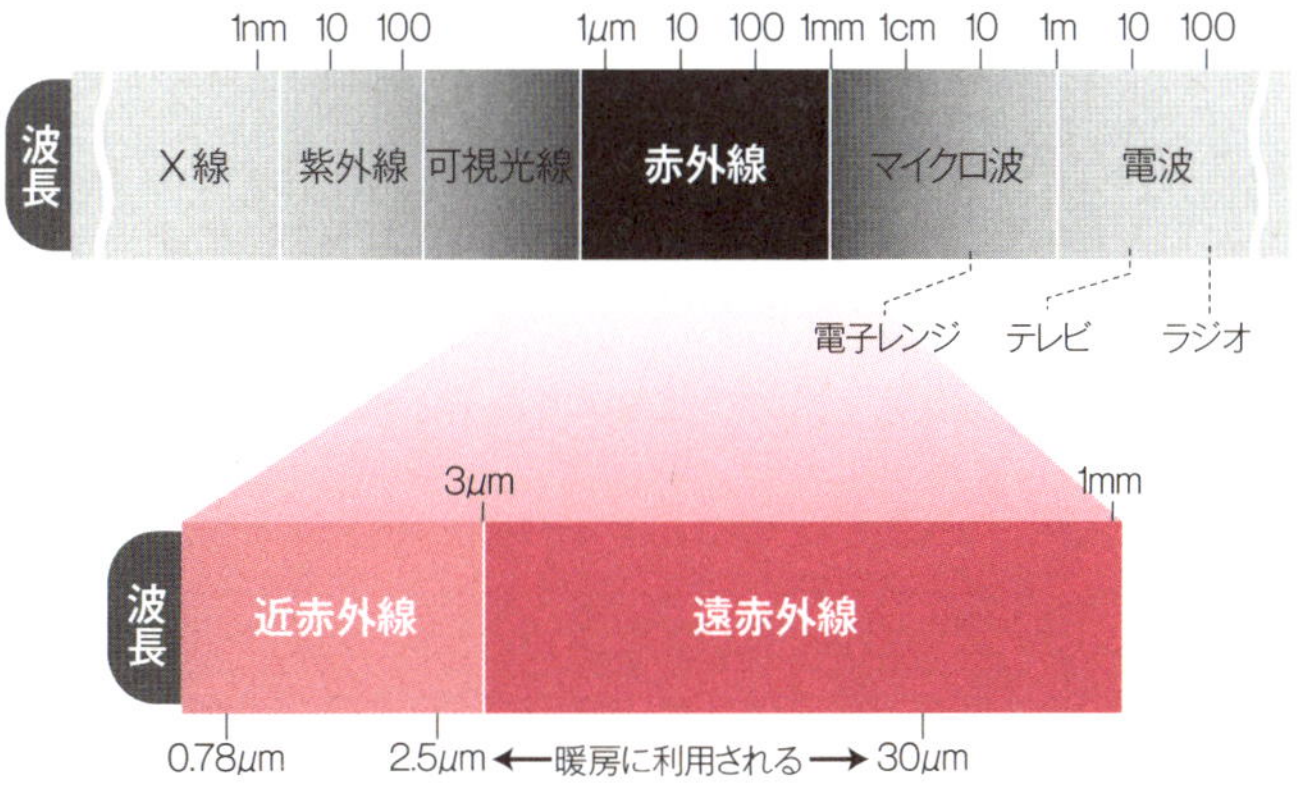

Technology 015

除湿機と加湿機

洗濯物の部屋干しに、冬の結露《けつろ》対策に、除湿機は便利だ。この除湿機の反対の動作をするのが、加湿機である。

密閉性の高い現代の住環境では、除湿機が大活躍する。使ってみると、実によく水がたまるのだが、どうやって空気から水を取り出すのだろう。

家庭用に市販されている除湿機には2種類ある。**コンプレッサー方式**と**デシカント方式**である。また、これらを組み合わせた方式もある。

コンプレッサー方式の除湿機はエアコンの冷房機能と同じしくみだ。エアコンの室内機と室外機をコンパクトにまとめた構造になっている。空気を冷やすと結露するが、その結露を取り出して排出することで除湿するのだ。実際、エアコンも、冷房時にはしっかりと除湿してくれるのは周知のことだ。

コンプレッサー方式とデシカント方式

現在、市販されている除湿機は、コンプレッサー方式とデシカント方式の2種（両方を組み合わせたものもある）。それぞれのしくみを見てみよう。

◉コンプレッサー方式

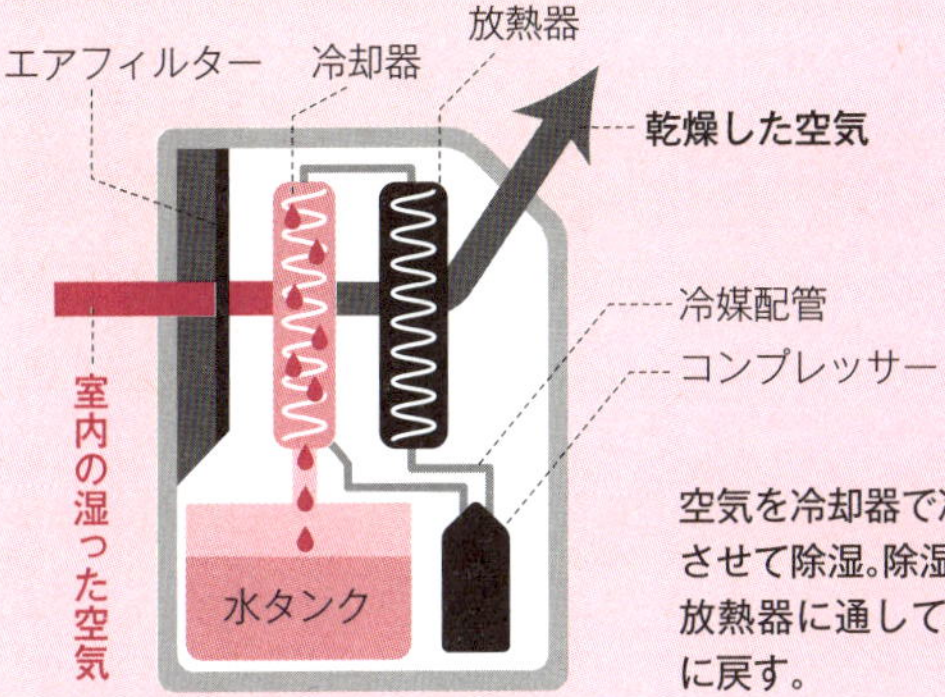

空気を冷却器で冷やし、結露させて除湿。除湿した空気を放熱器に通して室内の温度に戻す。

◉デシカント方式

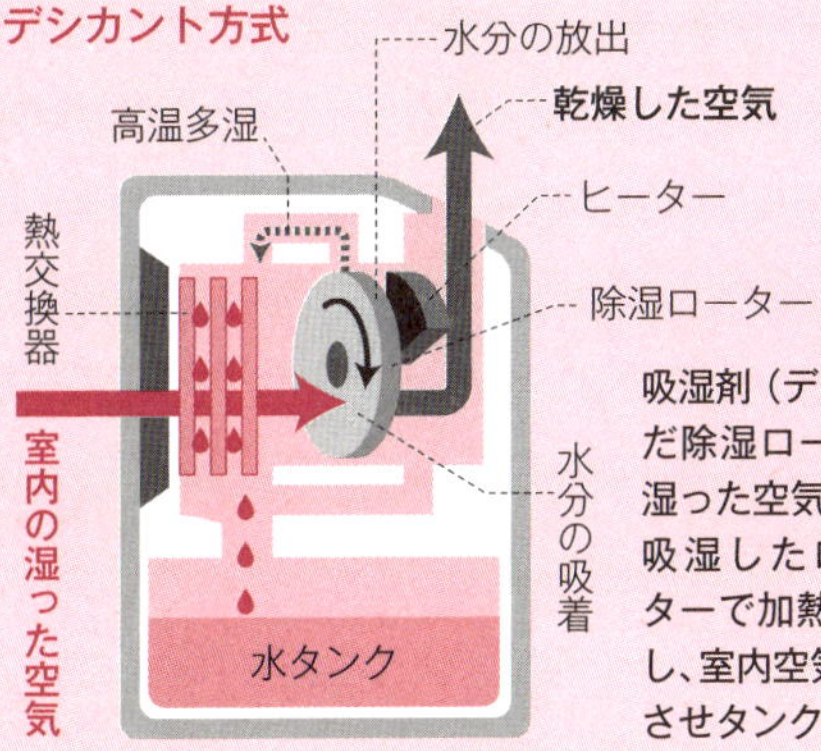

吸湿剤（デシカント）を含んだ除湿ローターで、室内の湿った空気を吸着して除湿。吸湿したローターをヒーターで加熱して水分を放出し、室内空気で冷やして結露させタンクに溜める。

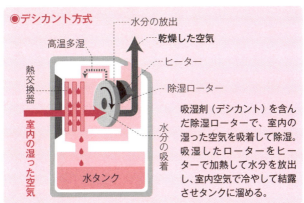

デシカント方式の「デシカント（desiccant）」とは「乾燥剤」の意味で、この方式には実際に乾燥剤が利用されている。その乾燥剤で吸い取った空気中の水分はヒーターで熱せられて乾燥剤を離れるが、熱交換機で室温に冷やされ、結露・排出される。

両者とも、一長一短がある。コンプレッサー方式は除湿能力が高く大きな部屋にも使えるが、冷却が基本原理なので低温時にはその能力が落ちる。デシカント方式はシンプルな構造のため軽量・静音で、乾燥材を利用するので冬にも強い。しかし、電気代がかかる。

これらの構造からわかるように、両者の方式とも、利用すると室温を高めることになる。特にデシカント方式はヒーターを利用するため部屋を暑くする。冬はいいが、夏場は困る。夏の除湿にはエアコンが最適なのである。

一方、除湿機の反対の動作をするのが加湿機である。冬場にエアコンで暖房すると空気がカラカラになるので、備えておくと風邪対策に効果的である。加湿機の方式には左のページに示す三つが代表的。昔は超音波式が人気だったが、この方式で作られる水の粒子が粗いということで、近年はスチーム式や気化式が人気となっている。

さまざまな加湿方式

加湿機の加湿方式は、大きく超音波式、スチーム式、気化式の3つに分類される。それぞれの特徴を見てみよう。

加湿方式	原理イメージ	方式概要
超音波式	 微細な水滴（霧）を出す	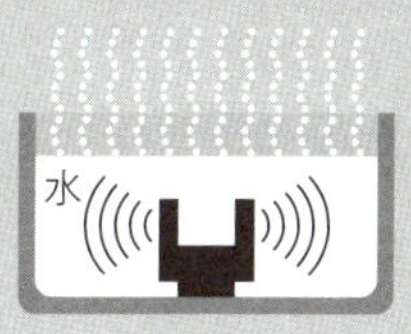 圧電振動子で微細な霧にして放出
スチーム式	 お湯を沸かして蒸気を出す	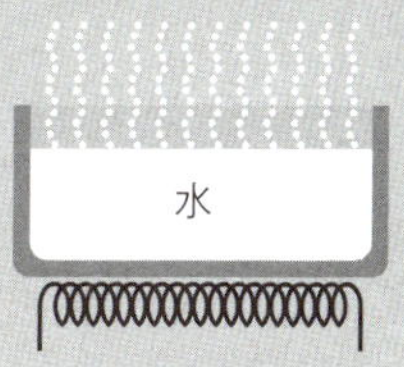 ヒーターで加熱し、蒸気にして放出
気化式	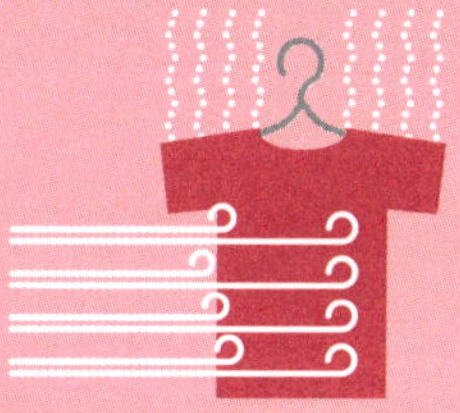 Ｔシャツを強い風で乾かす	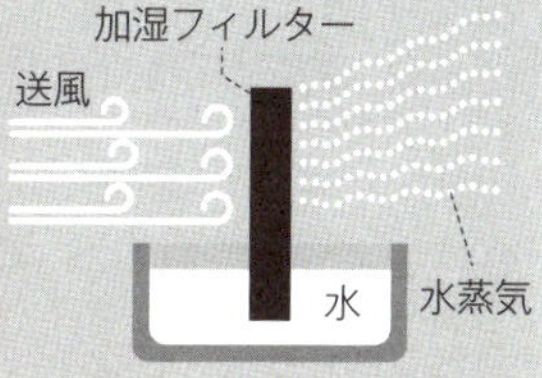 濡れたフィルターに風を当てて、水分を蒸発（気化）

Technology 016

ＦＭ・ＡＭ放送

ラジオ放送には、ＦＭ放送とＡＭ放送があるが、ＦＭのほうが音質がいいのは、そもそもなぜなのだろう。

放送の世界ではデジタルたけなわの現代だが、アナログで頑張っているものがある。ラジオ放送だ。災害にも強く、深夜族の若者にも人気だ。

ラジオ放送には、ＦＭ放送とＡＭ放送がある。どう違うのだろう。大きな違いは、次の三つである。

最初に挙げられるのは**変調方式**である。音声は物理的にいうと音の波（音波）だが、そのままでは放送電波に変換できない。音波の周波数が電波の周波数に比べて、あまりにも小さいからだ。そこで、音波を電波に変換するのではなく、サーフィンのように電波の上に乗せて放送する。これが**変調**である。乗せる電波を**搬送波**《はんそうは》という。ＡＭとＦＭとはその変調の方

FMとAMの変調方式

FM と AM には、搬送波、つまり電波への音波の乗せ方に違いがある。FM は周波数変調、AM は振幅変調と呼ばれている。

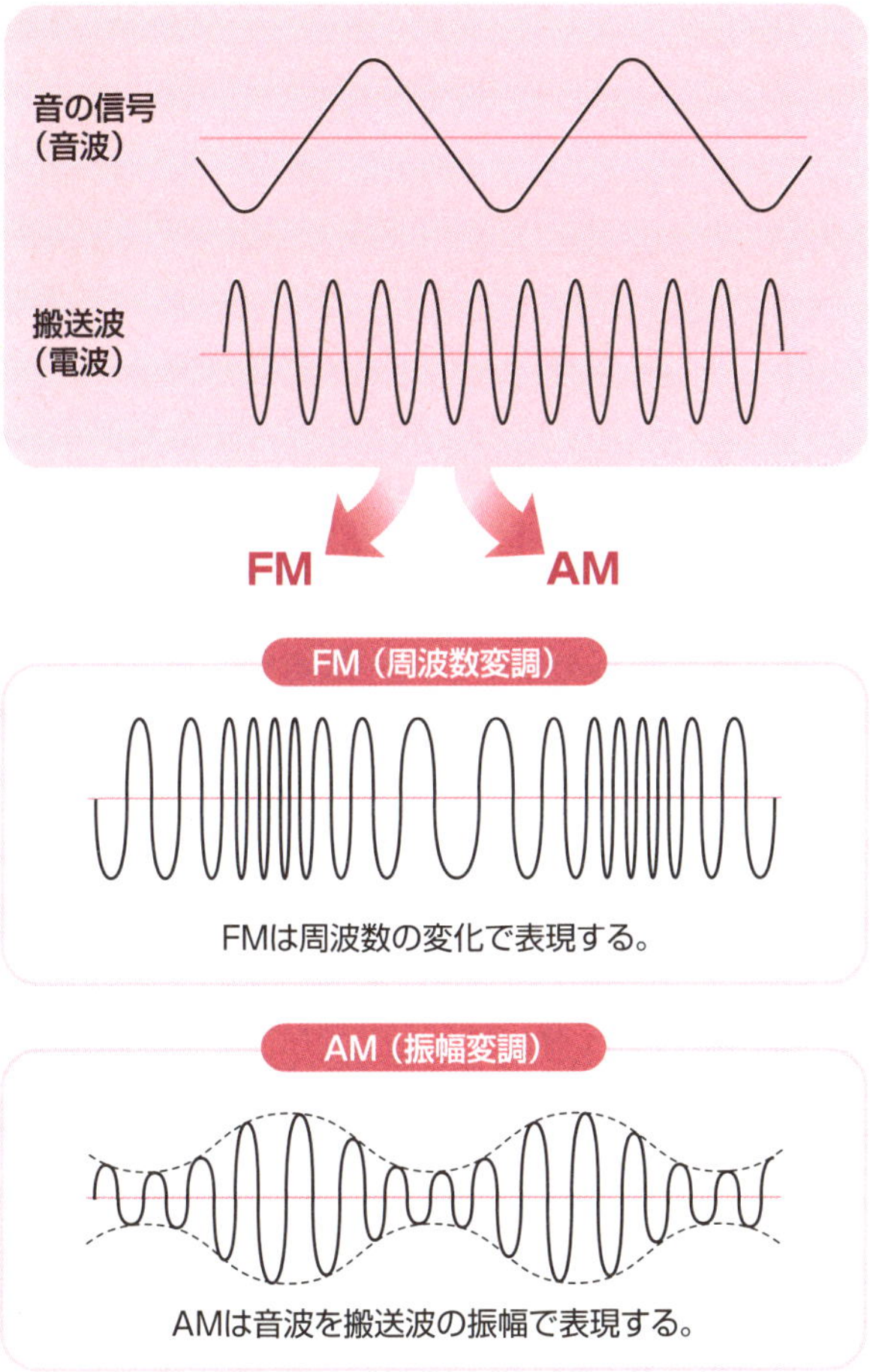

式名だ。

ＡＭとは**振幅《しんぷく》変調**を、ＦＭは**周波数変調**を略したもの。その言葉通り、ＡＭは音波を「搬送波の振幅の変化」で表現し、ＦＭは音波を「搬送波の周波数の変化」で表現する。雑音電波はおもに電波の振幅に影響する。したがって、ＡＭの電波は雑音の影響をもろに受けることになる。これが、ＦＭ放送のほうが音質のいい理由の一つだ。

二つ目の違いは**チャンネルの幅**である。ＦＭ放送のほうがＡＭ放送よりも広い設定になっている。放送情報を水にたとえると、チャンネルはその水を送るパイプにたとえられる。この比喩《ひゆ》を用いるなら、ＦＭ放送のほうがＡＭ放送よりもパイプが太いのである。そこで、ＦＭ放送のほうがＡＭ放送よりも原音を忠実に再現できることになる。

三つ目の違いは、一部を除いて現在のＦＭ放送が**ステレオ放送**、ＡＭ放送は**モノラル放送**ということだ。ＦＭ放送のほうが臨場感を伝えられるのはこのためである。

ステレオ放送は左右の音声を**主信号**と**副信号**に分け、副信号はさらに**副搬送波**に乗せてから搬送波に乗せる。主信号は客室に、副信号は車に乗せ、まとめてフェリー（搬送波）に乗せて送るようなものである。こうして、左右の音声を混線させることなく放送できるのだ。

搬送波の役割

音声は電波に比べて低周波なので、扱いやすい高周波の電波に乗せられる。この電波を搬送波という。音声を人にたとえると、搬送波はさしずめ人を運ぶフェリーといえる。

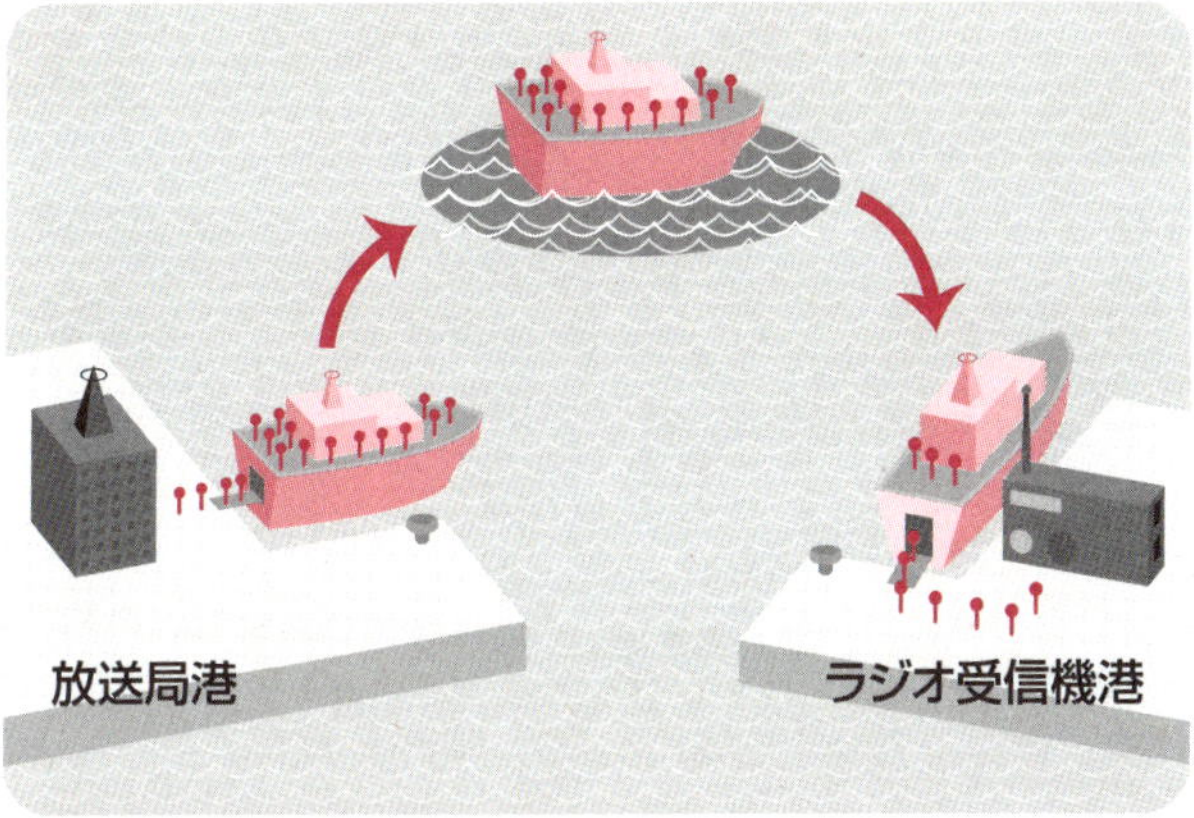
放送局港
ラジオ受信機港

FM放送のしくみ

放送局は右と左の音声を加え合わせた信号（主信号）と、差し引いた信号（副信号）を作る。次に副信号に「下駄」を履かせ、主信号と混じらないようにする。こうして区別のできる2つの信号を1つの電波に乗せるのである。

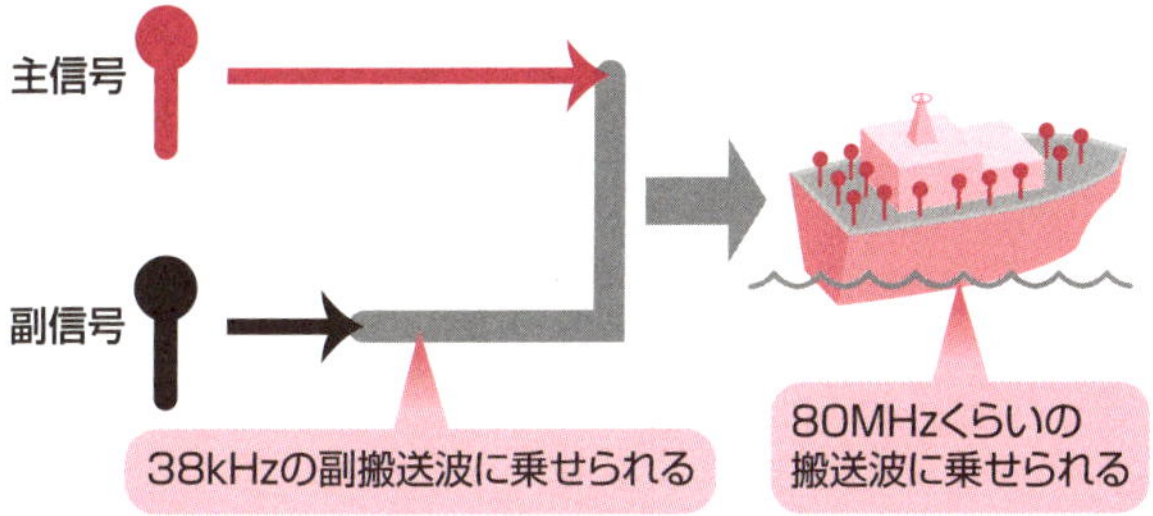
主信号
副信号
38kHzの副搬送波に乗せられる
80MHzくらいの
搬送波に乗せられる

Technology 017

電子体温計

病院でも家庭でも、体温計は電子式が用いられることが多い。安全で高速だからである。近年は耳式も普及している。

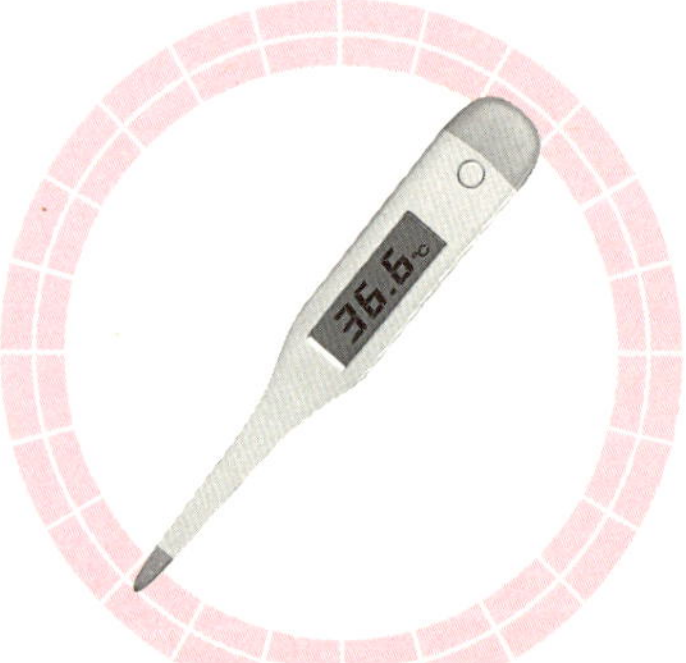

最近はあまり使われなくなったが、昔ながらの体温計といえば**水銀体温計**である。水銀の熱膨張《ねつぼうちょう》を利用して、体温を測定する温度計だ。

しかし、どうして水銀なのだろう。それは、表面張力が強いからである。水銀槽（水銀溜《だ》まり）と毛細管は非常に細い管でつながっている。これを**留点**《りゅうてん》というが、この点を通って毛細管に出た水銀は、強い表面張力のために元の水銀槽に戻れなくなる。これがポイントである。測定後でも表示している体温が変わらないからだ。ちなみに、温度表示を戻すには「振る」「回す」などして、強引に力を加えなければならない。

水銀体温計の欠点は有害な水銀を使用していること、割れやすいこと、そして測定時間が

水銀体温計のしくみ

水銀槽と毛細管とを結ぶ所には「留点」と呼ばれる場所がある。ここか ら一度毛細管に出た水銀は元に戻れなくなる。そのため、温度表示が ずっと保たれる。水銀を水銀槽に戻すには、何度も強く振る必要がある。

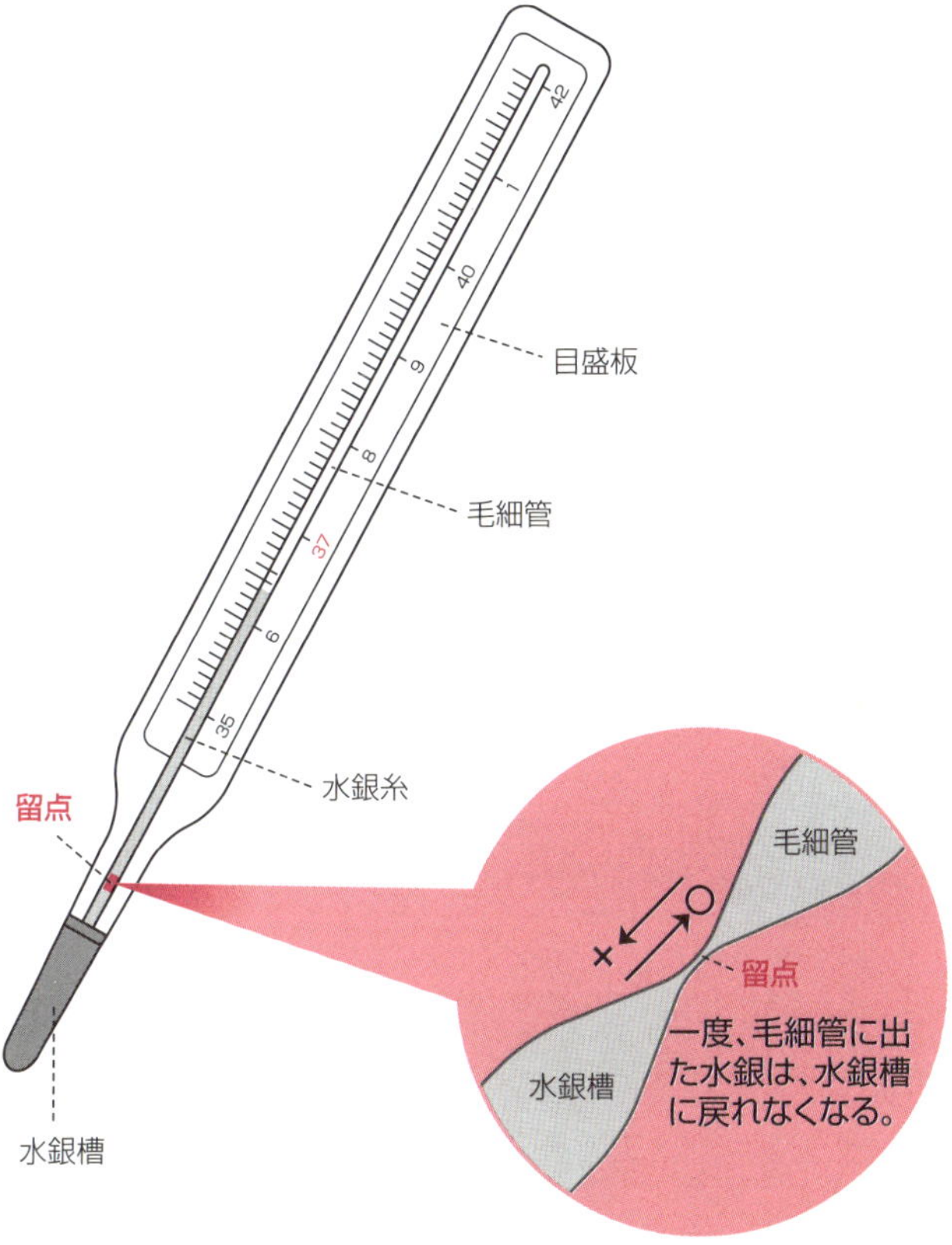

10分と長いことだ。小さな子どもや病人に10分もじっとしてもらうのはたいへんである。

そこで登場したのが、**電子体温計**だ。電子体温計は、温度によって電気抵抗が大きく変化する**サーミスタ**を温度センサーとして利用する。抵抗を測れば温度がわかるのである。サーミスタは、万一壊れても有害ではない。

多くの電子体温計には予測機能が備わっている。15～20秒分程度測定すれば、その温度上昇カーブから実際の体温をマイコンが予測する機能である。おかげで、水銀体温計のように長時間じっとしている必要はなくなった。

最近は**耳式体温計**も人気だ。これも電子体温計の一種で、鼓膜《こまく》とその周辺から出ている赤外線を測定する。数秒で検温ができるのが売りで、温度センサーには、接触しなくても瞬時に測定できる**サーモパイル**を利用している。

耳式体温計は、本体プローブを耳の穴に挿入《そうにゅう》して利用する。鼓膜の近くは、外気等の影響を受けにくく、体内の安定した温度を示すという。しかし、耳に挿入する向き・深さなどの条件により、測定値にばらつきが生じやすい。測定する際は、センサーが鼓膜からの赤外線をまっすぐキャッチできるように耳を引っ張り、外耳道《がいじどう》を一直線にすることが重要だ。

電子体温計のしくみ

温度センサーにサーミスタを利用。温度の変化を電気抵抗の変化で感知する。

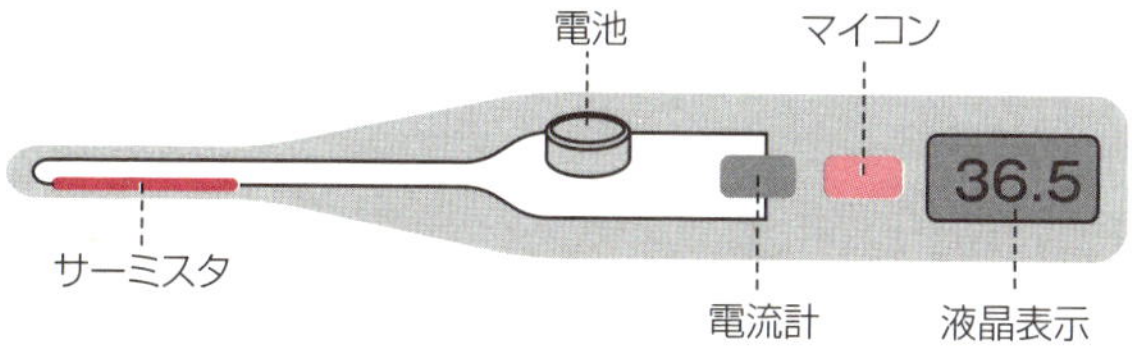

予測機能で測定時間を短縮

電子体温計は 15 ～ 20 秒程度で体温が測れる。それは、10 分後の体温（平衡温）を予測するからだ。

脇下の温度の変化モデル

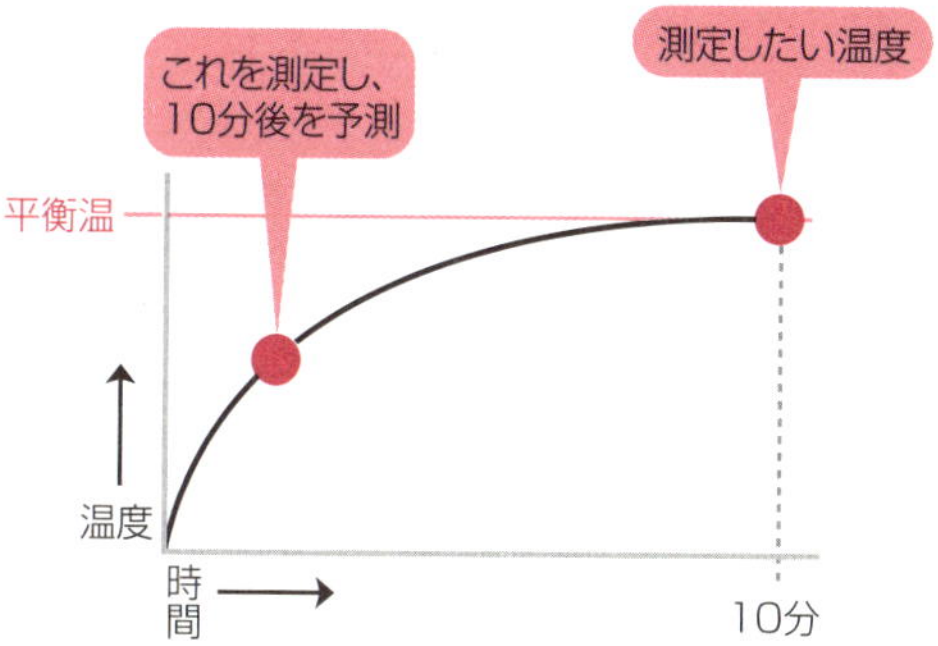

Technology 018

体脂肪計《たいしぼう》

健康ブームに乗って、体脂肪計が多くの家庭で利用されている。いったいどうやって体脂肪を計測しているのだろう。

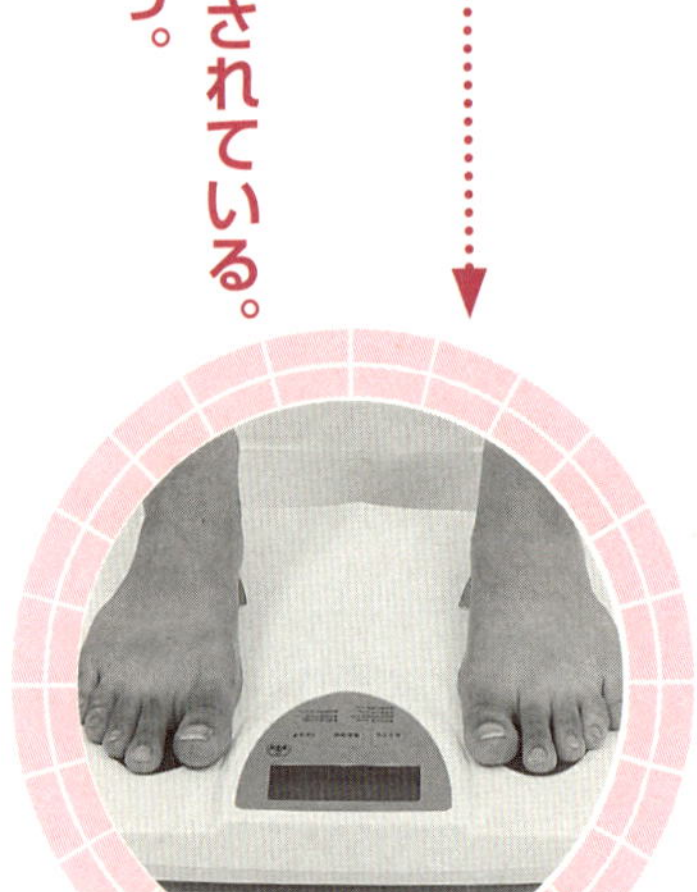

体脂肪とかメタボリックなどという言葉が新聞や週刊誌の広告欄によく見られる。健康ブームのなかで、こうした見出しが購買欲をそそるからだろう。体脂肪を測る測定器として人気なのが**体脂肪計**である。

体脂肪計は体に含まれる脂肪の量を**体脂肪率**として表示する器具である。体脂肪率とは体重全体に占める脂肪の割合をパーセントで表したものだ。

体脂肪率は、通常ＢＩＡ法（生体インピーダンス測定法）と呼ばれる方法で測定される。体内に微弱な電流を通して電気抵抗を測定し、脂肪の割合を導き出す方法である。筋肉は水分を多く含むため電気を通しやすく、水分を含まない脂肪は電気を通さない性質がある。し

体脂肪計の測定方法

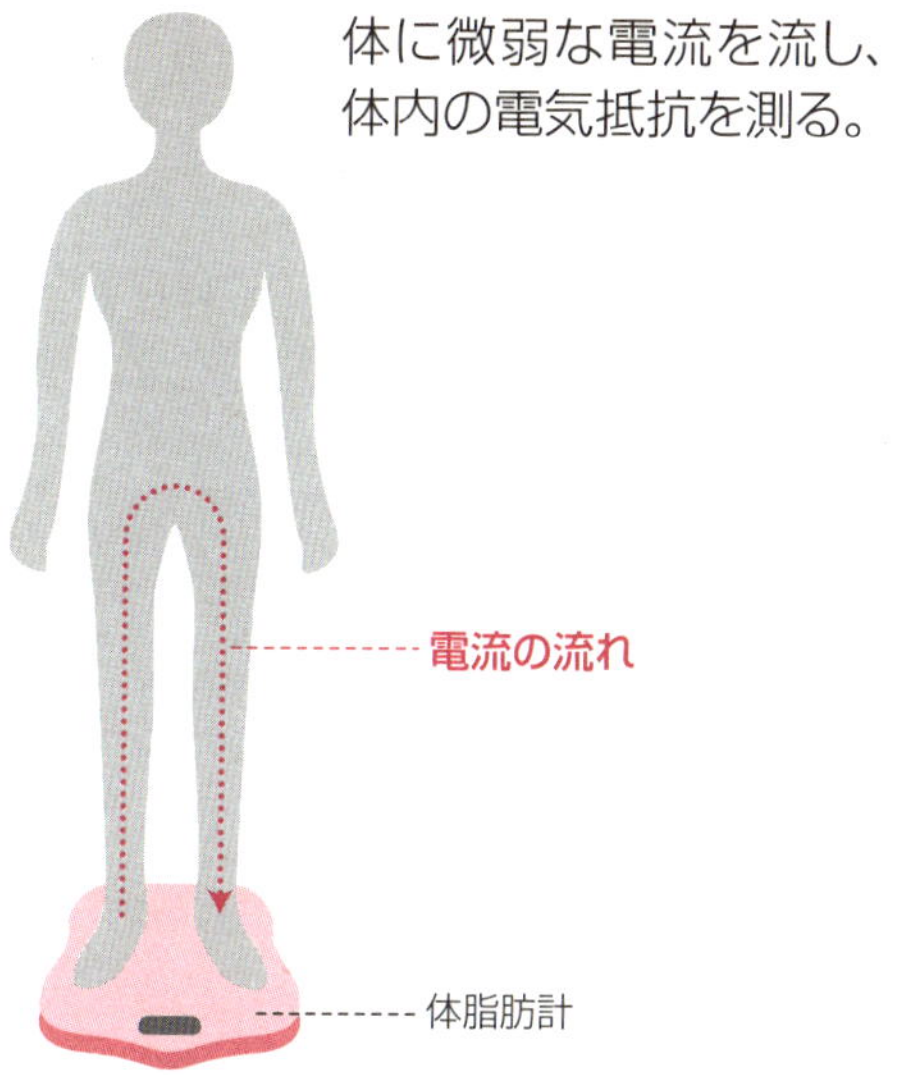
体に微弱な電流を流し、
体内の電気抵抗を測る。
電流の流れ
体脂肪計

体脂肪計のしくみ

脂肪細胞が多いところでは電気抵抗が大きく、筋肉の細胞（筋細胞）が多いところでは抵抗が小さい。そこで、同じ条件ならば、抵抗が大きいほど体内脂肪が多いことになる。

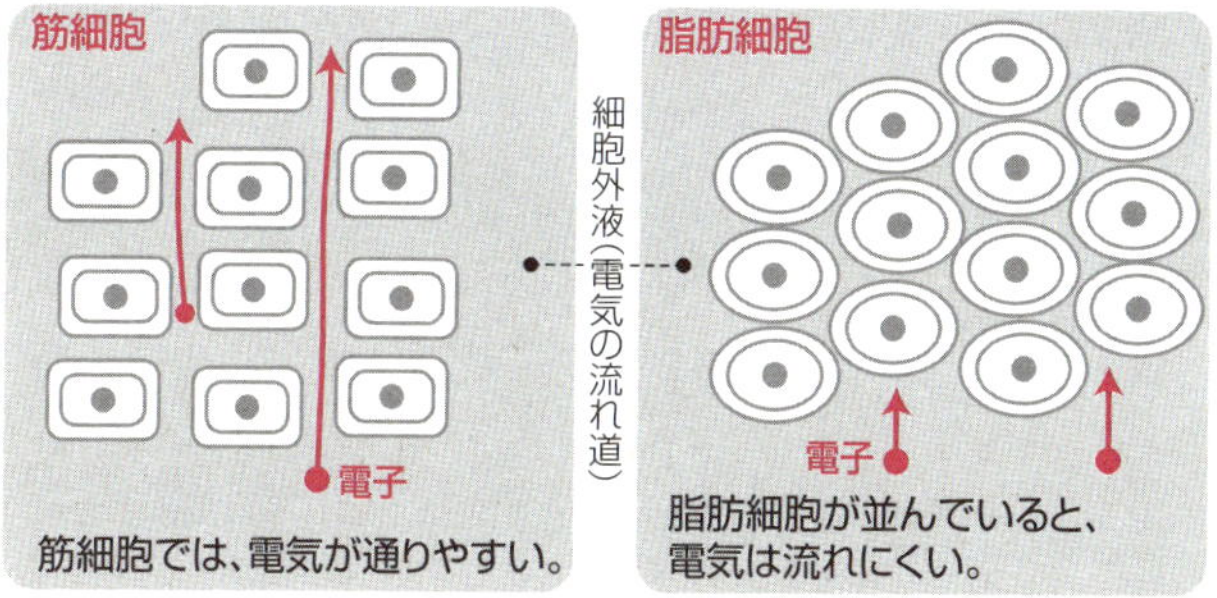
筋細胞
電子
筋細胞では、電気が通りやすい。
細胞外液（電気の流れ道）
脂肪細胞
電子
脂肪細胞が並んでいると、
電気は流れにくい。

たがって、同一性別・同一体型ならば、抵抗《ていこう》値が高いほど体脂肪率が高くなる。この性質を用いて体脂肪率を測定するのである。

では、具体的にどのように体脂肪率を導き出しているのだろうか。それには、さまざまな年齢・身長・体重の人から体脂肪率と電気抵抗値の実データを取得し、統計的に電気抵抗値と体脂肪率との関係を公式化しておくのである。この公式を体脂肪計に記憶させておけば、測定した電気抵抗値から体脂肪率を求められる。

同じ体脂肪計を利用しているのに、測るたびに数値が違う場合がある。体脂肪の量が1日で大きく変動するはずがないのに、こうした変化が起こるのは、生体の電気抵抗値に、就寝中に上昇し、起きて活動しているときには低下する性質があるからだ。食事や摂水《せっすい》、運動、入浴による体内水分量の変動も、電気抵抗値を変化させる要因になる。そこで、測定に際しては、リラックスした決まった時間帯で測定することが望ましい。そうしないと、測定値に振り回され、一喜一憂《いっきいちゆう》することになる。

周知のように、体脂肪の過剰《かじょう》な蓄積は生活習慣病・成人病を誘発する。しかし、体脂肪は体温保持やホルモンバランスの調整など、大切な働きもしていることに留意したい。

体脂肪率の日内変動

実際の体脂肪量は朝と夜であまり変らない。しかし、電気抵抗は就寝中に上昇し、活動中は低下する性質がある。さらに、摂水や運動、入浴による変動なども複合される。

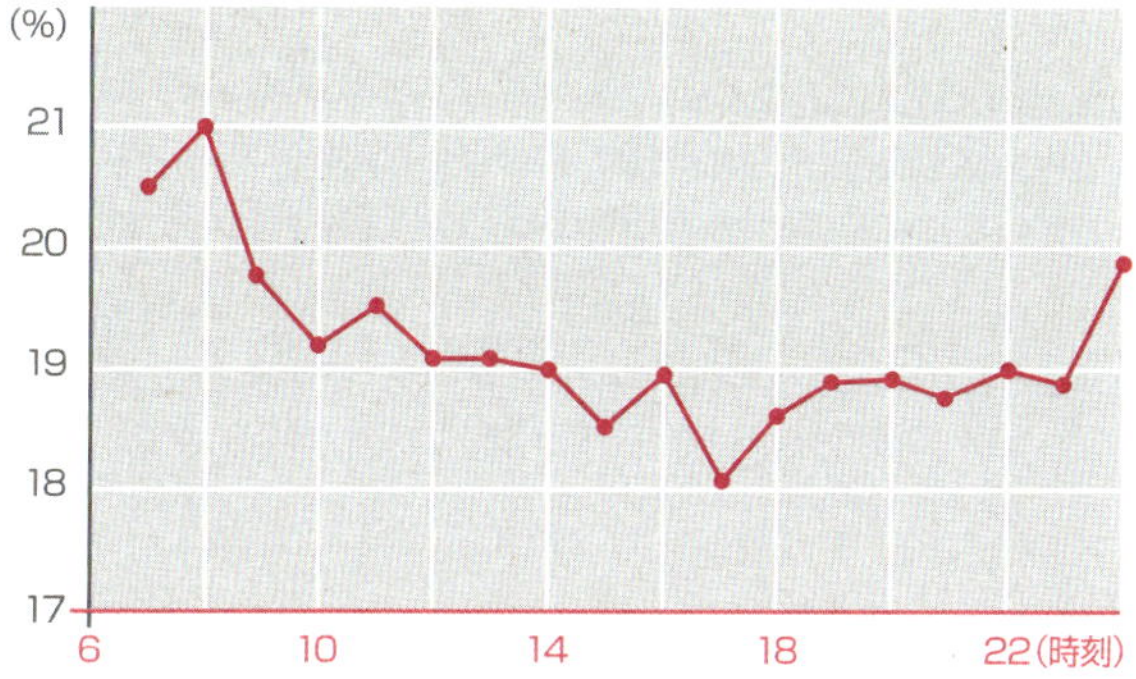

体脂肪率の算出法

さまざまなデータから体脂肪率と電気抵抗値との関係公式を作成しておく。この公式から体脂肪率が算出されるのである。

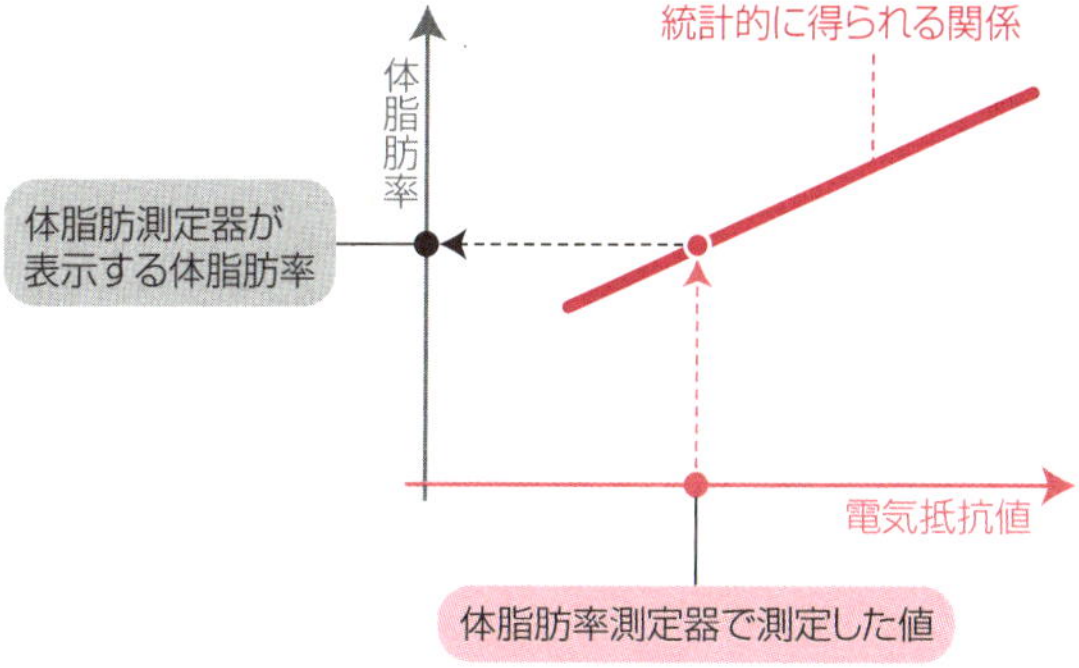

Technology 019

電子レンジとIH《アイエイチ》調理器

水分なくして電子レンジは使えない。また、鉄なくしてIH調理器は使えない。その理由を探ってみよう。

電子レンジもＩＨ調理器も電気の力で煮炊きするという意味では同じだ。しかし、しくみからすると、まったくの別物である。

まず電子レンジを見てみよう。電子レンジのことを英語で「Microwave oven」というが、その英語名が示す通り、電子レンジはマイクロ波を発生させて食品を加熱している。マイクロ波とは、波長が０・１～１００㎝くらいの電磁波をいう。電子レンジは波長12㎝くらいのマイクロ波を利用する。この電磁波は食品の中に入り、含まれる水の分子を回転させる性質がある。水分子同士が揺り動かされると、互いにこすれ合い、摩擦熱が生じる。その摩擦熱で食品が加熱されるのだ。

電子レンジの構造

マグネトロンとそれに電気を供給する高圧トランスが基本部品である。マグネトロンで発生したマイクロ波が食物中の水分子を加熱する。

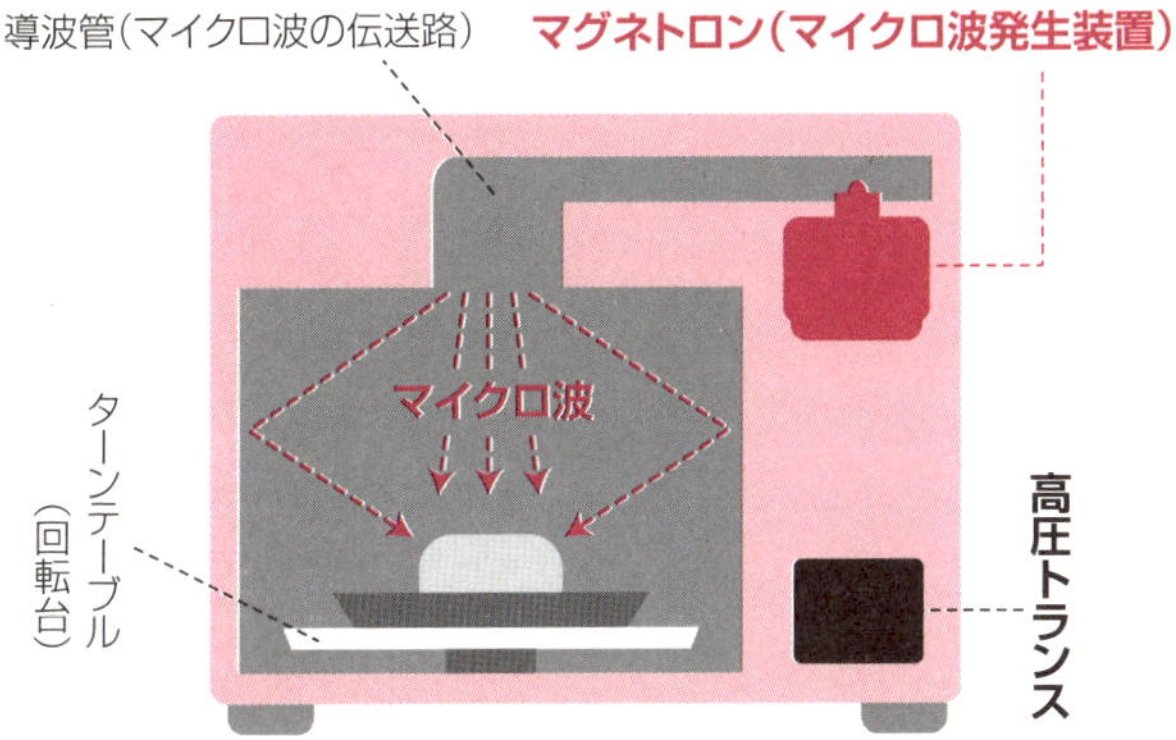

マイクロ波が食品を加熱するしくみ

電子レンジのつくり出すマイクロ波は調理物の中の水分子と共鳴し、水分子を回転させる。回転した水分子同士が擦れ合い、摩擦熱が発生する。これが発熱の原理である。

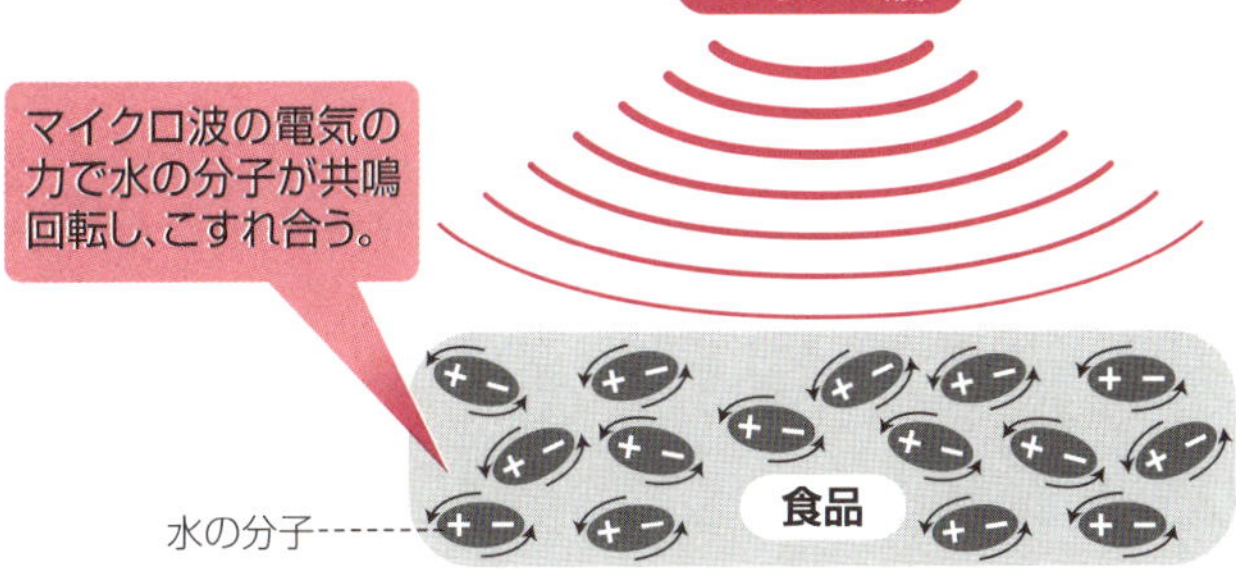

次にＩＨ調理器を見てみよう。ＩＨ炊飯《すいはん》器、ＩＨクッキングヒーターなどさまざまな種類があるが、この**ＩＨ**とは**誘導加熱**（Induction Heating）の略語である。「誘導」とは電気の世界で有名な**電磁誘導**からきた言葉である。電磁誘導とは、磁気が変動すると電気が生まれるという自然法則だ。

誘導加熱で調理するしくみを調べてみよう。装置はコイルと高周波電流発生装置からできている。このコイルに高周波（20～30キロヘルツ）の電流を流すと、電磁石の原理で磁気が作られるが、それは鉄鍋や鉄釜に吸い取られる。鉄は磁気を吸収しやすいからだ。高周波電流の作り出す磁気は大きく変動するため、「電磁誘導」が働く。鍋や釜の底や壁面で誘導電流が生じるのだ。この電流が熱を発生させるのである。誘導電流が熱を発生する原理は、ニクロム線ヒーターが熱を発生するのと同じである。

このように、電子レンジやＩＨ調理器は、電磁波や磁気を発生・吸収させて、食品や容器の内部に熱を発生させる調理器なのである。したがって、外側から食品を煮炊きする方法に比べて、調理時間が短く光熱費も節約できる。直接火を使わないので安全なことから、超高層マンションのオール電化生活を支える立役者になっている。

IH調理器のしくみ

コイルから作られる高周波の磁力が鉄の鍋底に吸収され、そこで渦電流が生まれる。この電流が鍋の分子と衝突して高熱を発生させる。鍋自体が加熱されるので、エネルギーの無駄が少なく、省エネで高速な調理が可能になる。

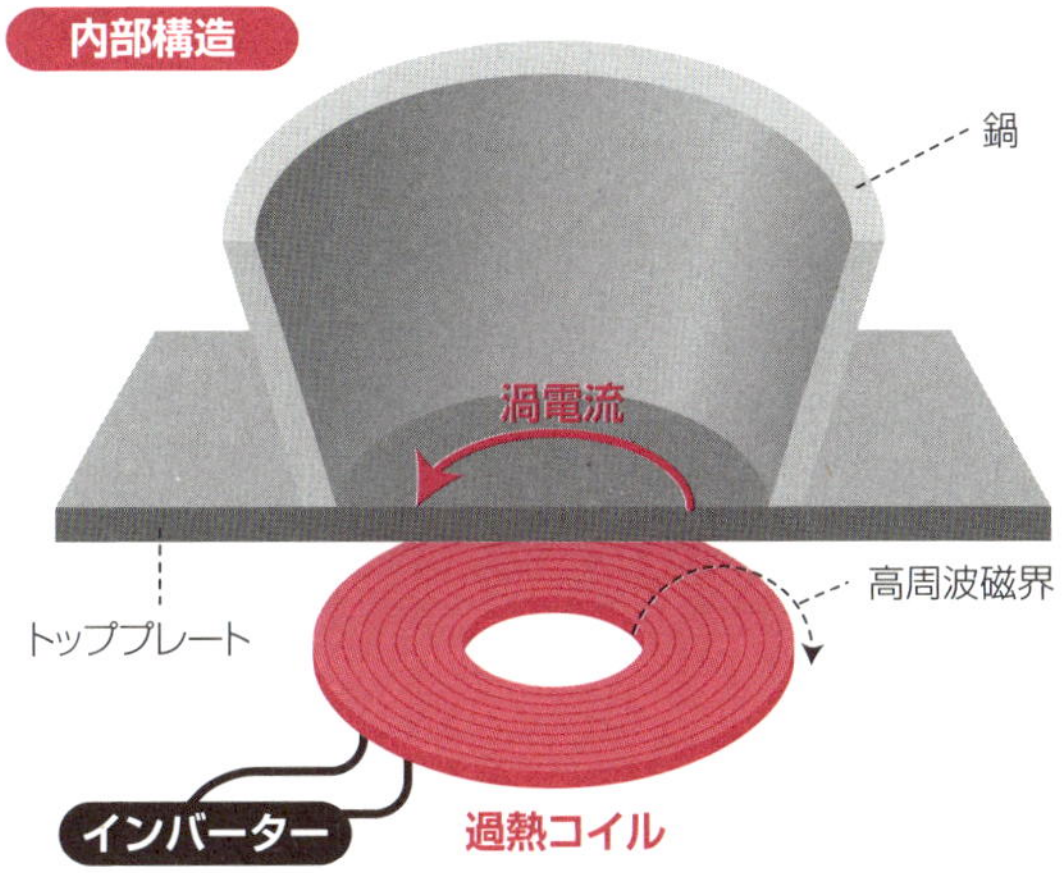

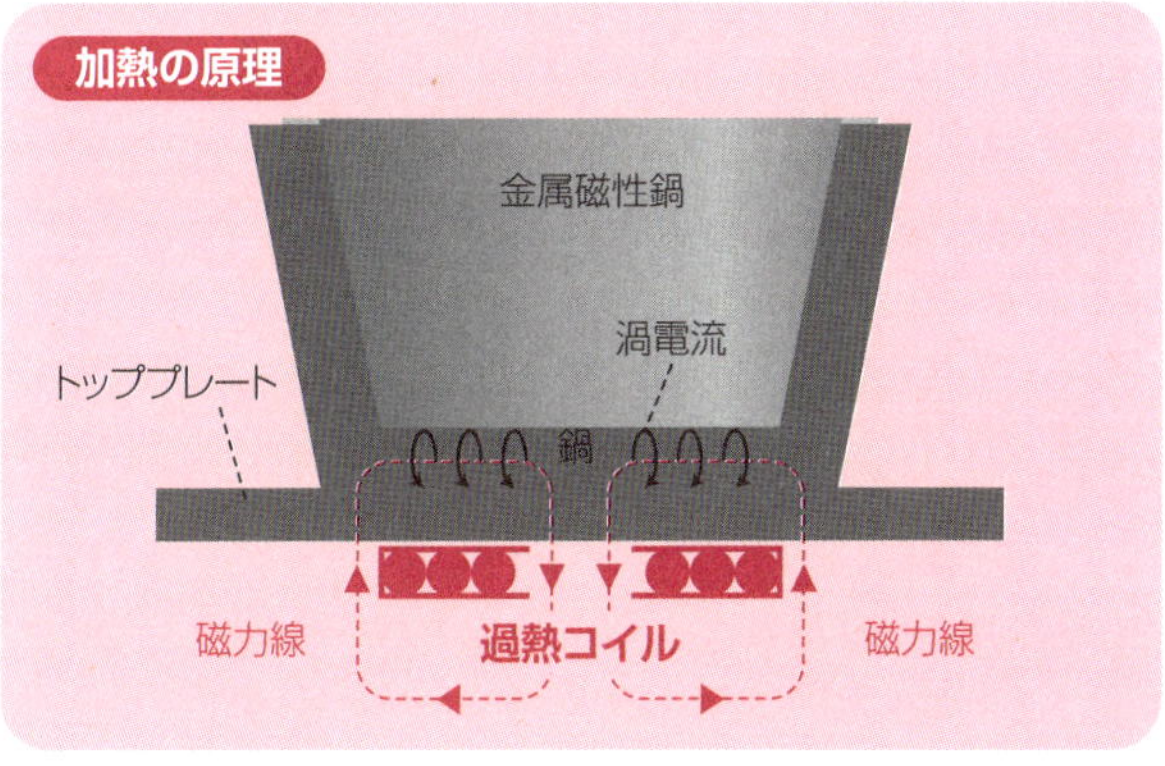

Technology 020

LED《エル イー ディー》照明

電力不足対策として、電球や蛍光灯をLED照明に切り替えるのが最近のトレンド。長寿命・省電力が特徴だからだ。

電気は私たちの生活に多大な利便性を提供している。その筆頭が「明かり」であろう。２０１１年３月に発生した東日本大震災で停電が起こり、暗闇《くらやみ》の中で人はそのことを強く実感した。

その電気の「明かり」として長い間、白熱電球が使われてきた。そもそも、家庭用電気製品として最初に普及したのはエジソンが発明したこの白熱電球である。しかし、周知《しゅうち》のように白熱電球はエネルギーの無駄が大きい。その代わりとして**蛍光灯《けいこうとう》**が普及したが、白熱電球ほどではないにしてもエネルギーの無駄が大きかった。

そこでホープとして登場したのが**LED照明**である。ＬＥＤ（発光ダイオード）を光源と

白熱電球の構造

ガラス球内のフィラメントを熱し、その熱の光で照明する。ただし、電力のほとんどは、光ではなく熱になってしまう。

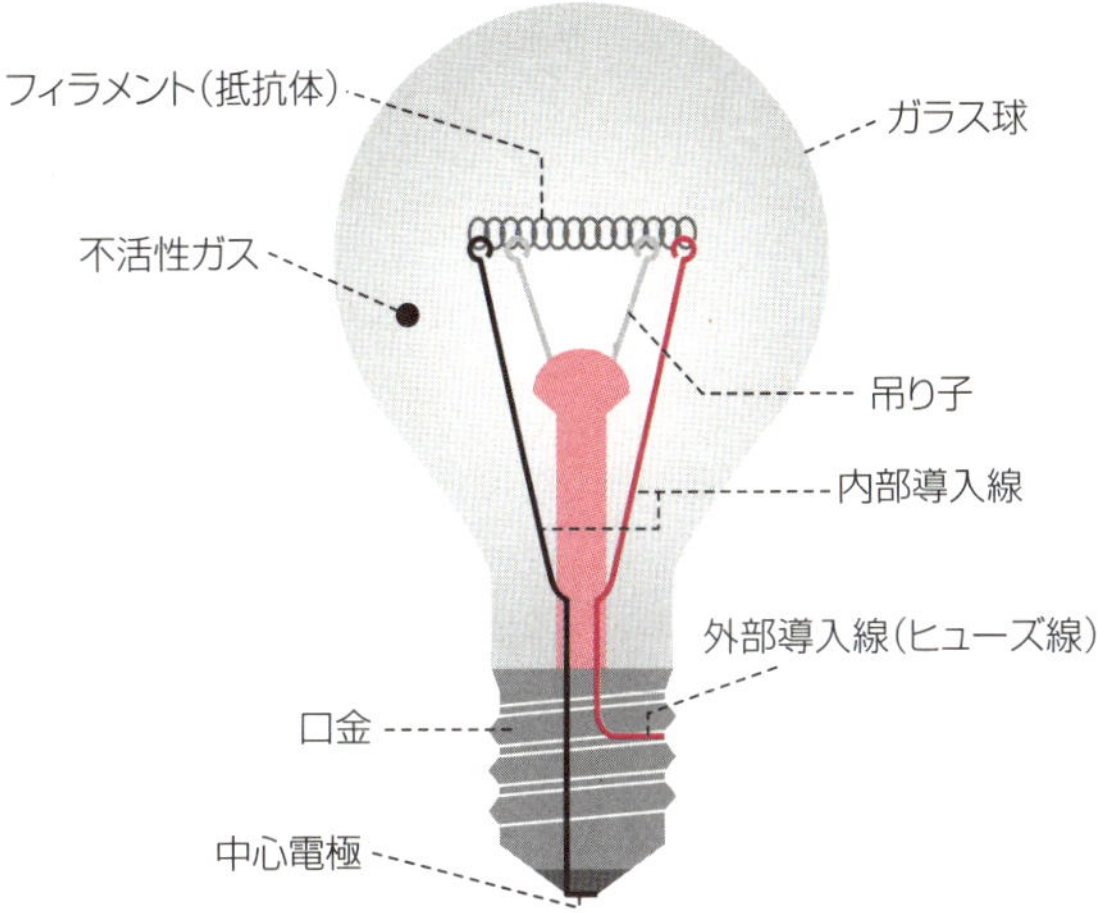

蛍光灯のしくみ

左右のフィラメント電極から出た電子が加速されて、管中の水銀原子とぶつかり紫外線を放つ。その紫外線が管に塗られた蛍光体に当たり、可視光を放出する。

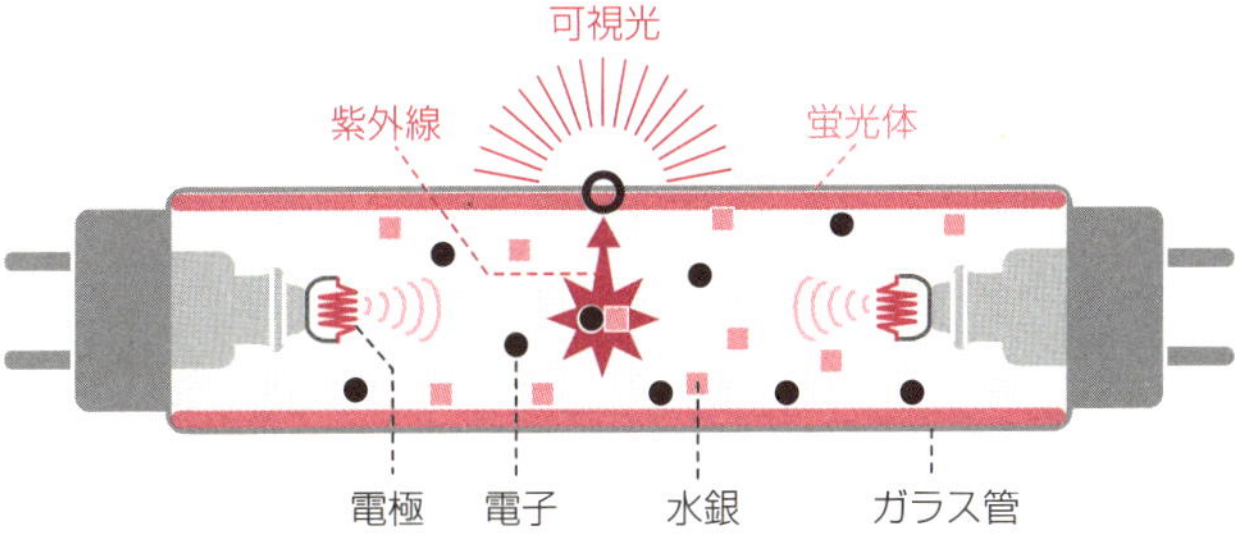

した照明器具の総称である。消費電力は一般的な白熱電球の約1割、蛍光灯と比べても約3割だ。また、寿命は約4万時間と、白熱電球と比べて数十倍も長持ちする。

ＬＥＤは以前からさまざまな製品に組み込まれ、利用されてきた。ＣＤやＤＶＤ、ＢＤが製品化できたのもＬＥＤのおかげだし、カーナビや液晶パネルなどのバックライトとしても活躍している。

ここにきて照明としてのＬＥＤが脚光を浴びたのは、技術革新のおかげ。その明るさが増し、十分な照度が得られるようになったからである。また、青色や白色のＬＥＤが安価に供給されるようになり、自然な光が再現できるようになったのも寄与《きよ》している。

今後はますます多くの「明かり」にＬＥＤが利用されるだろう。実際、交差点の信号や自動車のヘッドライト、テールライトなどでも、ＬＥＤが主役になりつつある。

では、これから照明はＬＥＤ一色かというと、そうではないようだ。**有機ＥＬ照明**という強力なライバルが現れている。これはホタルの発光の原理を電気的に実現したもの。ＬＥＤ照明は点光源の集合体のため明かりにムラができやすいが、有機ＥＬ照明は面が光るので優しい光になる。天井一面が光るといった、未来的な照明が可能になるのだ。

LED照明の構造

近年、主流となってきている発光ダイオードを使用したLED照明は、白熱電球や蛍光灯よりも省エネで長持ち。白熱電球のようなフィラメントを必要としないため、衝撃に対しても強い。

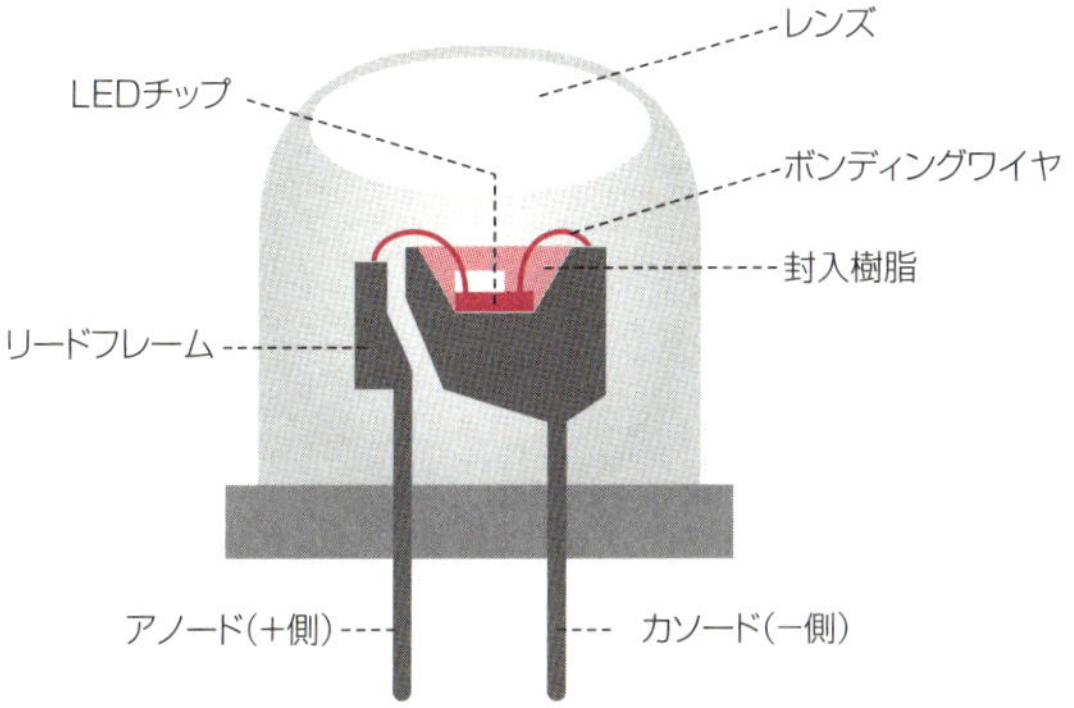

LED素子のしくみ

LED照明は、LED素子をいくつか組み合わせて作られている。LED素子の主役は発光ダイオードだが、2種の半導体を重ねた構造をしている。片方は正の電気を運び、もう片方は負の電気を運ぶ。これら正負の電気が境界面で衝突して消滅する際に、そのエネルギーが光になるのだ。

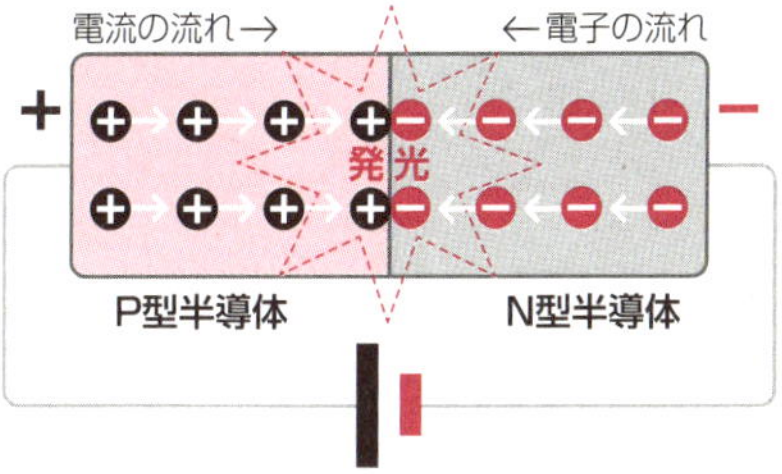

Technology 021

薄型テレビ

外見は同じでも、薄型テレビには二つの方式が普及している。「液晶方式」と「有機EL方式」だ。どう違うのだろう。

放送のデジタル化に合わせるように、薄型テレビが普及した。薄くてコンパクト、デザイン的にもすっきりして部屋に調和する。

薄型テレビのパネル前面は、細かく格子《こうし》状に区切られた**画素**で構成されている。その画素の構造の違いから、「**液晶テレビ**」と「**有機ELテレビ**」に分類される。

液晶テレビの画素には、**液晶**と呼ばれる物質が利用される。液晶とは液体と結晶との中間の性質を持つ物質で、ミクロに見ると細長く曲がりにくい分子でできている。１８８８年に見つけられたが、それから１世紀近くたった１９６３年、電気的な刺激に対して光の通し方を変えることが発見された。これが液晶応用の契機《けいき》になったのだ。この液晶を利用して、ど

液晶の分子構造

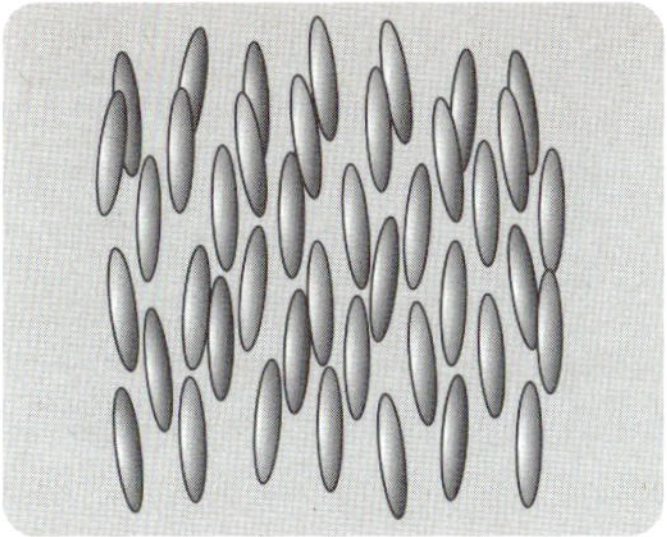

液晶は、細長く曲がりにくい分子からできている。電圧を加えると向きを変える性質がある。

液晶テレビの画素の構造

画面は格子状に区切られた画素で構成されている。下に示したのは TN 型の構造。表裏ペアとなる偏光板の偏光方向は直角になっている。

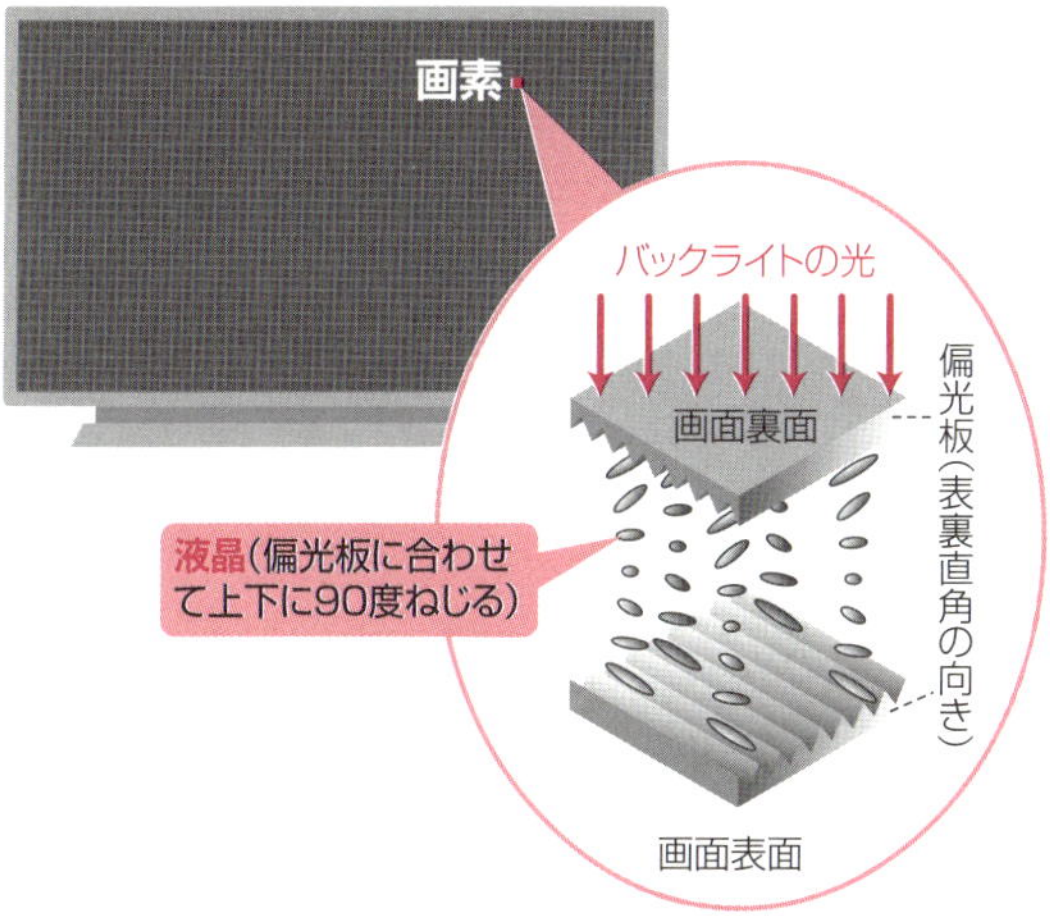

のように映像を表示するのだろうか。代表的な**TN型**と呼ばれる画素のしくみを見てみよう。TN型は同方向に並べた2枚の偏光板《へんこうばん》で液晶を挟み、片方の偏光板を直角によじった構造を持つ。バックライトの光は、パネル裏面で偏光されて液晶に入るが、細長い分子の並びに誘導されて偏光方向を変え、パネル前面の偏光板から遮《さえぎ》られずに出ていけるようになっている。

画素に電圧をかけると、液晶はねじれを戻す性質がある。裏面からの光は偏光を変えず、反対側の偏光板で遮断されてしまう。こうして、電気のオン・オフで光の点滅が制御できることになる。これが液晶テレビのしくみだ。

次に、有機ELテレビを見てみよう。有機ELテレビは、電流を流すと光る有機物（**有機EL**）を発光体に利用している。画素自らが発光するので、フィルターを通す液晶テレビに比べて画像が鮮やかになり、また構造も簡単になる。市販の有機ELテレビが薄いのはこのためだ。また、原理的にエネルギーの無駄が少なく、使用電力が小さくてすむ。

ちなみに、有機物が光るのは奇異に感じられるが、ホタルが光ることを思えば納得がいく。ホタルは体内の電気を光に変えているのである。

液晶テレビの画素制御

液晶は長い分子の向きに合わせて光を直角によじる。そこで、バックライトの光は透過できる（右下）。しかし、電圧を加えると、よじれをなくしてしまう。すなわち、バックライトの光は透過できない（左下）のである。

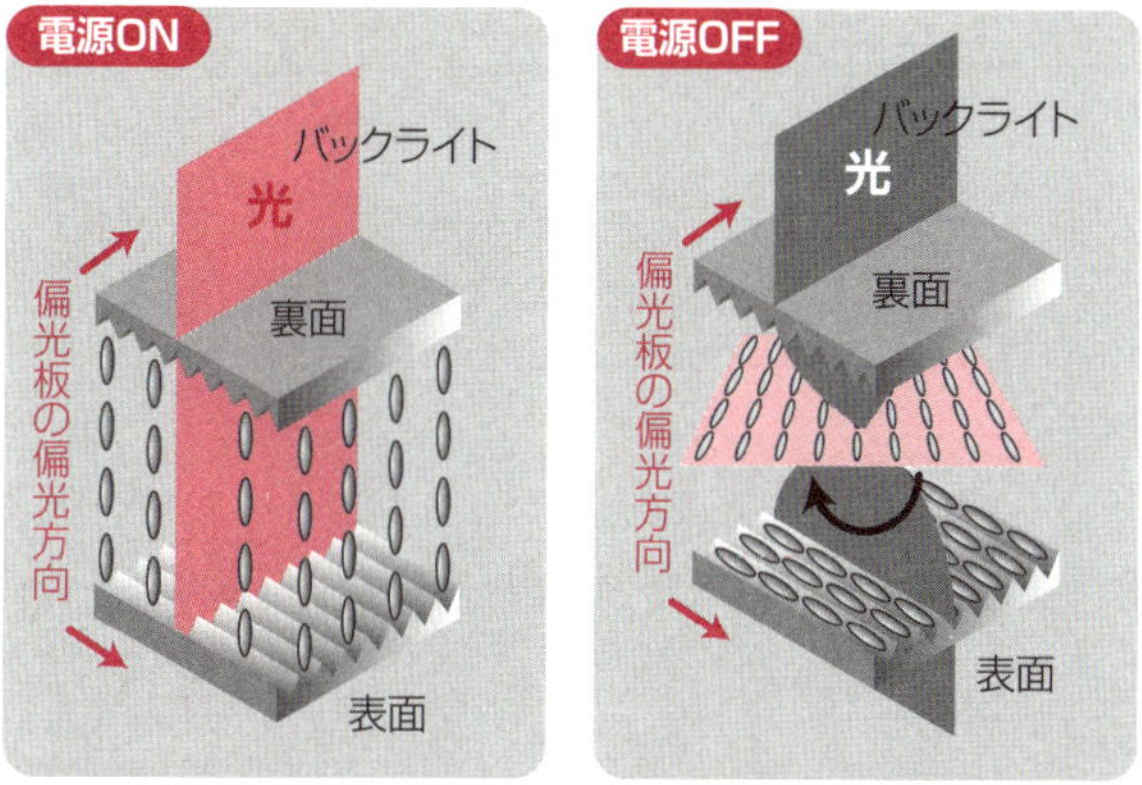

有機ELテレビの画素

有機ELテレビの画素は赤緑青（RGB）の3つの有機 EL から構成され、極間に電流を流すと発光する。

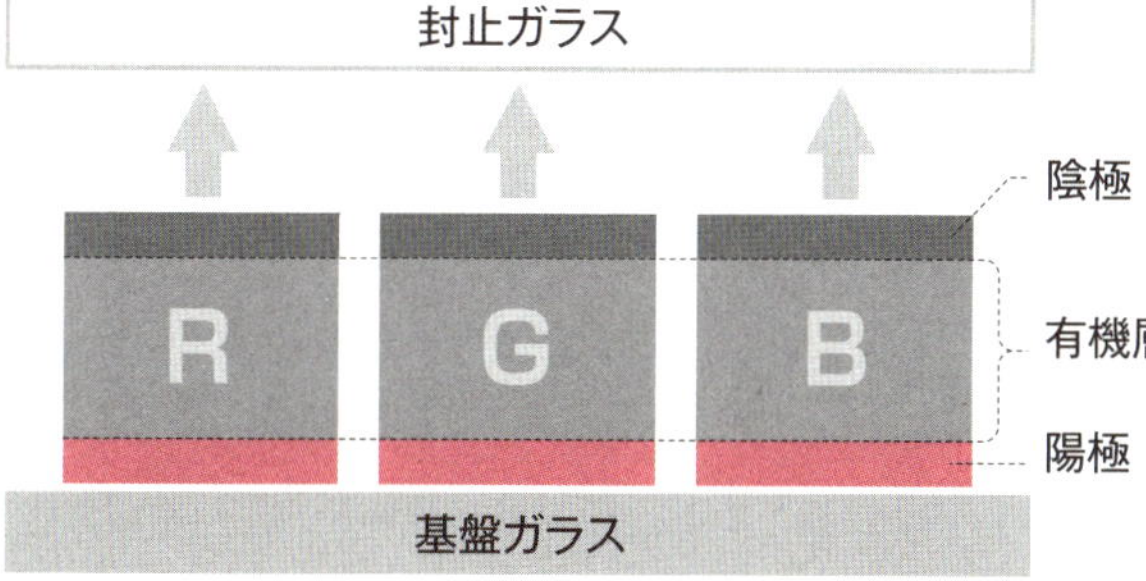

Technology 022

DVDとBlu-ray《ブルーレイ》

ハイビジョン画質をそのまま保存できるBlu-rayが普及している。CDやDVDと、どこが違うのだろう。

デジタルテレビが普及し、自宅で映画館画質の映像を楽しむのが当たり前になっている。レンタルショップから借りる映画や、自宅で録画するホームビデオにも、当然、高画質が求められる。これを可能にした立役者がＢｌｕ-ｒａｙ（略してＢＤ）だ。ＣＤやＤＶＤと同一の直径12センチのディスクだが、記憶容量は単純に比較するとＤＶＤの5倍以上にもなる。地上デジタル放送なら、片面1層で3時間以上の番組を録画できる容量である。

ＣＤ、ＤＶＤ、ＢＤはまとめて**光ディスク**と呼ばれる。記録情報が円盤状のくぼみ（すなわち**ピット**）の模様で表現され、それをレーザー光で読み取るというしくみが共通のため、一つの名称でくくられているのだ。

光ディスクの読み取りのしくみ

CD、DVD、BD はいずれも光ディスクで、その読み取り方法はみな同じ。レーザー光を当て、くぼみ（ピット）からの反射の違いを情報として検知するのである。

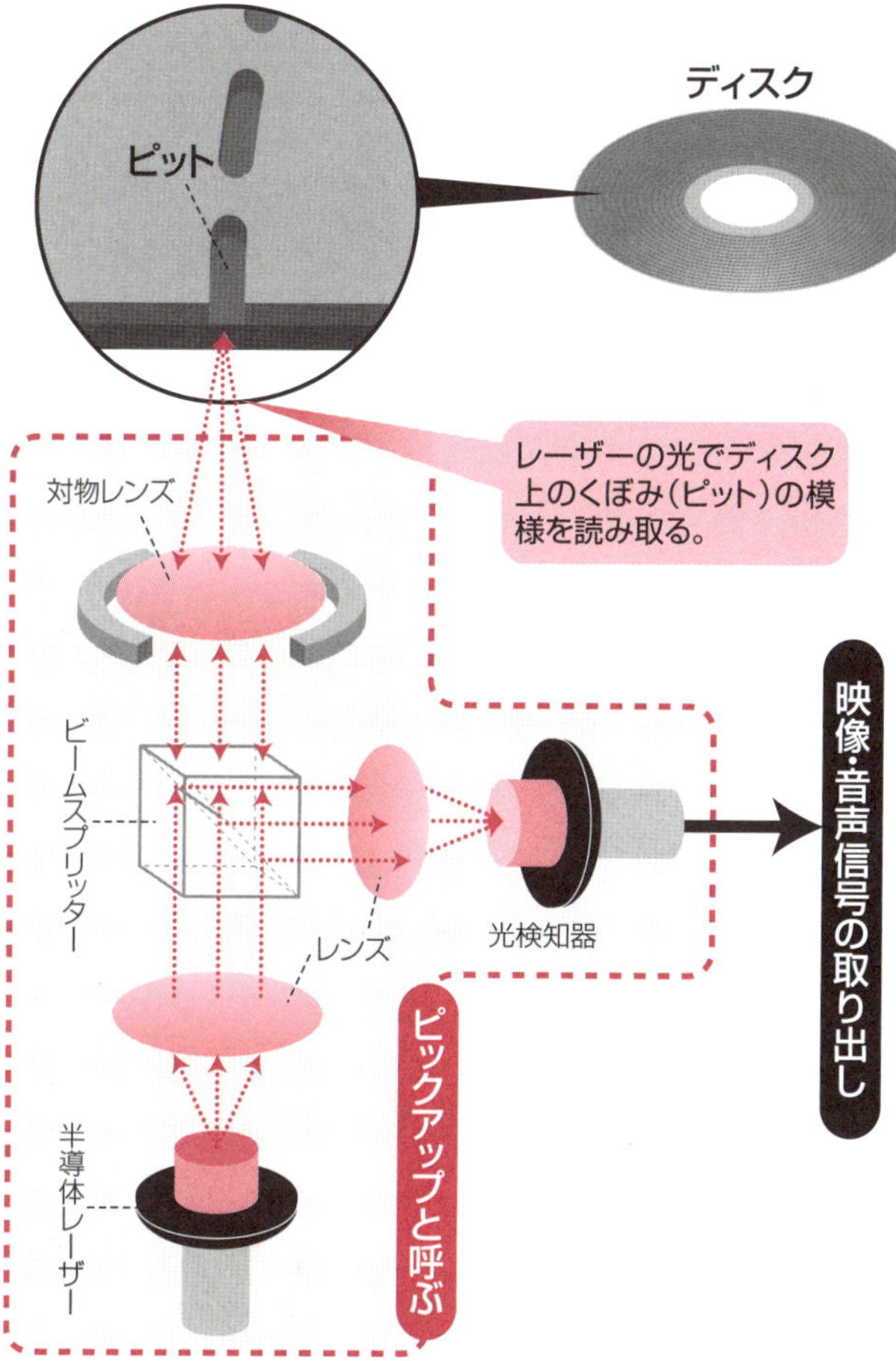

情報を読み取るしくみが同じであるＣＤ、ＤＶＤ、ＢＤは、いったいどこが違うのだろうか。それはディスク上のピットの大きさと密度である。ディスクの面積が同じでも情報量が豊富になるぶん、ＢＤの記録密度はＣＤやＤＶＤよりも当然高い。そのため、ピットはより小さくなる。

さらに、これらのディスクを読み取る部分（**ピックアップ**という）も、このピットの差異から構造の違いが生じる。細かいピットを正確に読み取るには短い波長の光が必要になるからだ。ピット模様の粗《あら》いＣＤは波長の長い赤色レーザーで読めたが、模様の細かいＢＤは波長の短い青紫色レーザーでないと読み取れない。

また、細かいピット模様の読み取り精度を高めるために、ＢＤでは読み取り面がディスク表面近くにある。こうして、ディスクの反《そ》りによる読み取り誤差を小さくしているのである。ＣＤはディスクの裏面に、ＤＶＤは表裏の中間面にピット模様が刻まれている。

ちなみに、「Ｂｌｕｅ－ｒａｙ」ではなく「Ｂｌｕ－ｒａｙ」なのは、前者にすると、英語圏の国で「青色光」を意味する一般名詞と解釈されて、商標としての登録が認められない可能性があったためだ。

CD・DVD・BDの違い

CD、DVD、BDの情報を読み込むしくみは同じだが、ピットの大きさと密度、レーザー光の長さと記録位置が異なる。

ピット密度

CDのピット密度は低い。一方、BDは記録容量が大きいぶん、ピットが小さく、密度が高い。

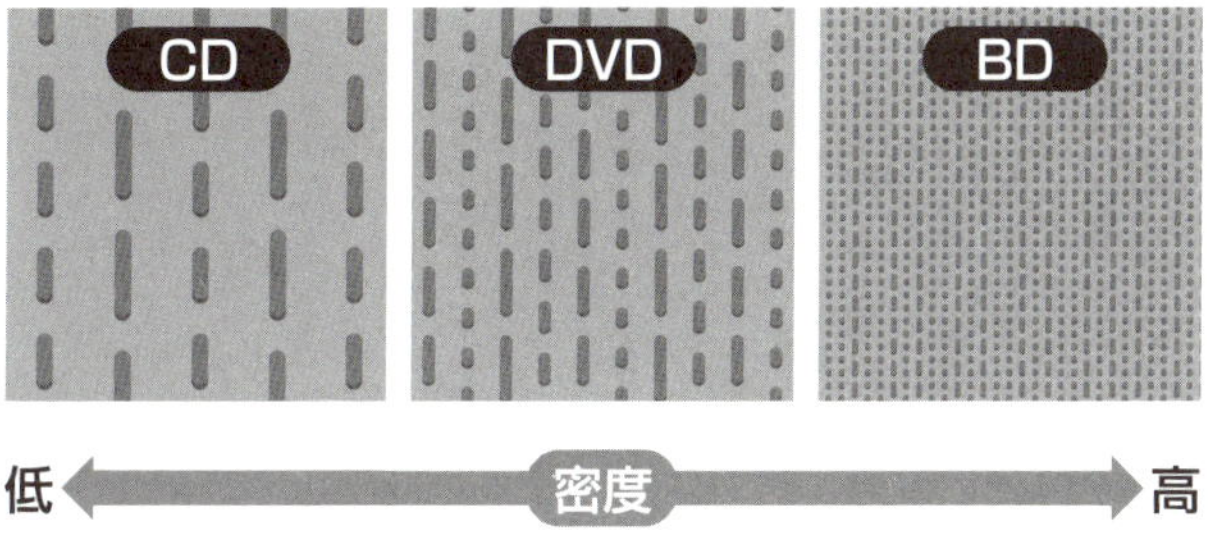

レーザーと記憶位置

記録密度の高いBDには、短い波長のレーザーが利用される。また、基盤のゆがみの影響を少なくするために、BDは基板表面近くに情報記録層が位置している。

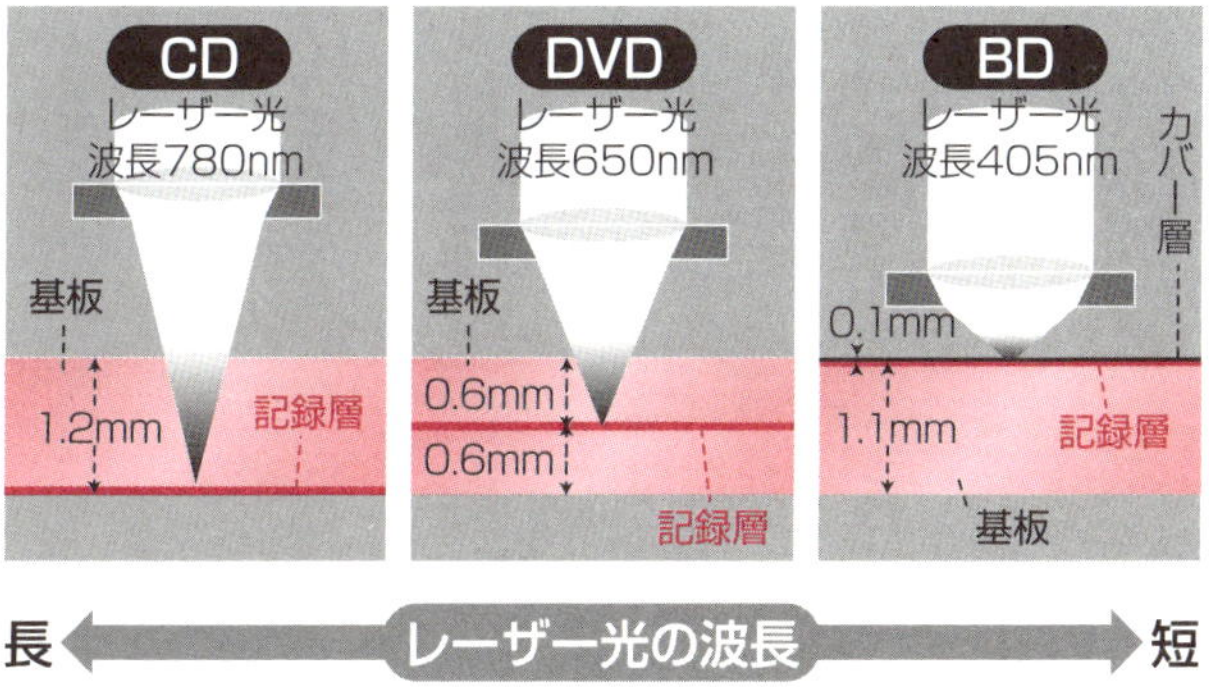

Technology 023

フラッシュメモリー

小さくて高速、大容量と、三拍子そろった記憶素子。最近はハードディスクを代替するSSDとしても商品化されている。

パソコンで利用されるUSBメモリー、デジカメやビデオカメラの映像記録に利用されるSDカードやメモリースティックには**フラッシュメモリー**が用いられている。小さくて軽く、高速大容量なのでたいへん便利だ。

フラッシュメモリーは半導体で作られている記憶装置である。ハードディスクが磁気で、CDが表面の凹凸《おうとつ》で情報を記録するのとは異なる。半導体でできているがゆえに、高速処理と微小化が可能になるのだ。

フラッシュメモリーの構造を調べてみよう。フラッシュメモリーの1ビットにはソース、ドレイン、ゲートという三つの電極を持つ一つのセルが対応する。このセル構造は**CMOS**

普通のメモリーとフラッシュメモリー

普通のメモリー（DRAM）に浮遊ゲートという孤立したゲートを付加したのがフラッシュメモリー。構造が単純なので、製造しやすい。

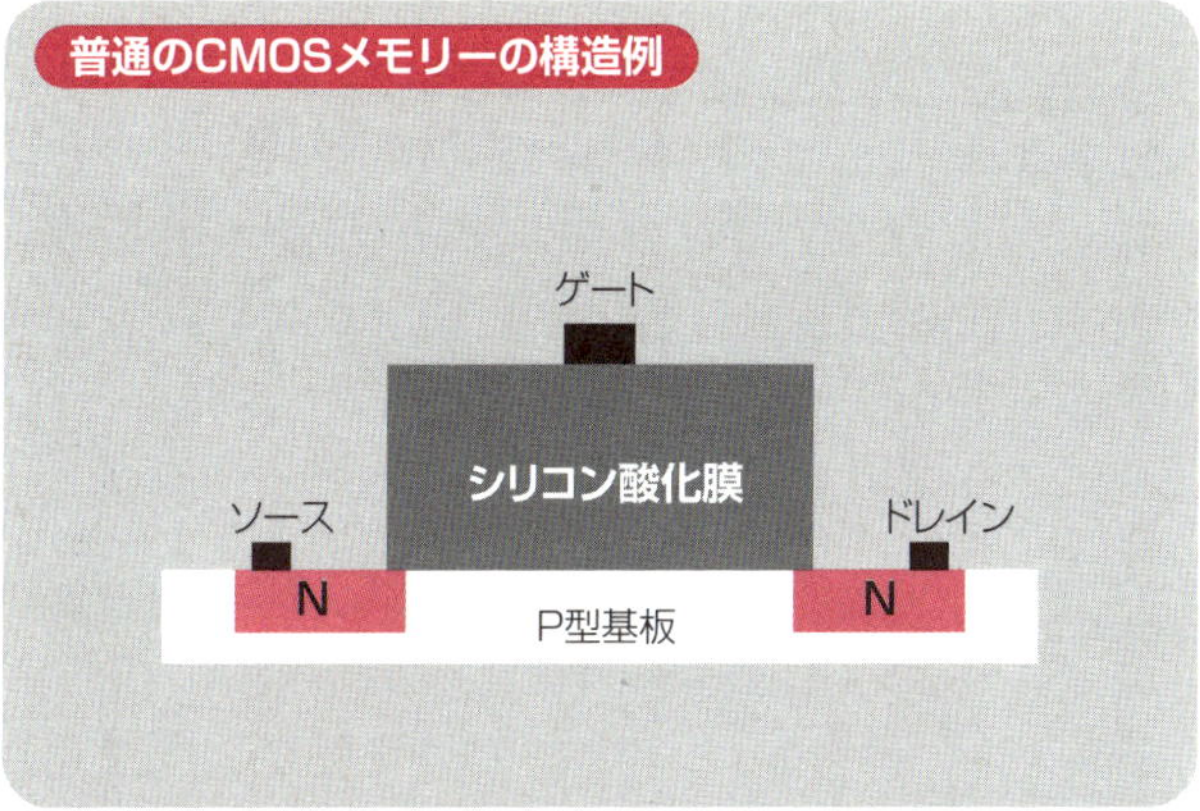

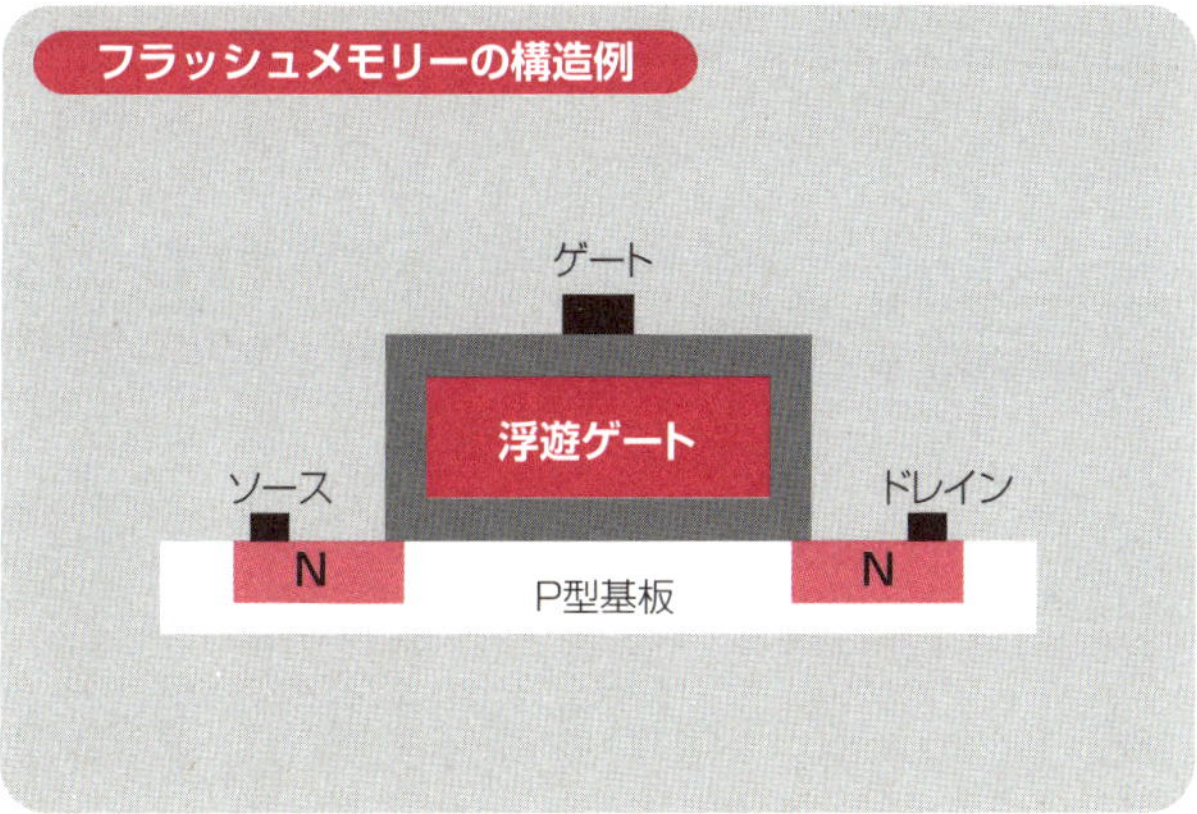

型と呼ばれ、他の多くのＬＳＩと共通する。フラッシュメモリーに特徴的なのは、そこに**浮《ふ》遊《ゆう》ゲート**と呼ばれる小部屋が組み込まれていることである。

フラッシュメモリーの読み書きの動作を調べてみよう。まずはデータの書き込み。ビット「１」は初期状態、すなわち浮遊ゲートに電子が存在しない状態を対応させる。ビット「０」の書き込みには、ソース・ドレインに電圧をかけ、さらにゲートに高電圧をかけて、大量の電子を流す。その電流の一部を浮遊ゲートに誘導して貯《た》めることで、「０」を表現する。逆電圧をかければ、再び「１」に戻る。

続いてデータの読み出しを調べてみよう。読み出しには、ゲートに低電圧をかけ、ソース・ドレイン間にも電圧をかける。浮遊ゲートに電子がなければ、通常のＣＭＯＳと同一なので、電子が流れる。浮遊ゲートに電子があれば、弱いゲート電圧は打ち消され、電子が流れない。こうして電流の有無で、データの「１」と「０」を読み取ることができるのである。このように、浮遊ゲートを巧《たく》みに利用することで、フラッシュメモリーはデータの読み出し・書き込みを実行するのである。

最後に、このメモリーの発明者は日本の舛岡《ますおか》富士雄氏であることを記しておこう。

フラッシュメモリーの読み書きのしくみ

フラッシュメモリーは、浮遊ゲートと呼ばれる小部屋を利用してデータの読み出しと書き出しを行なっている。

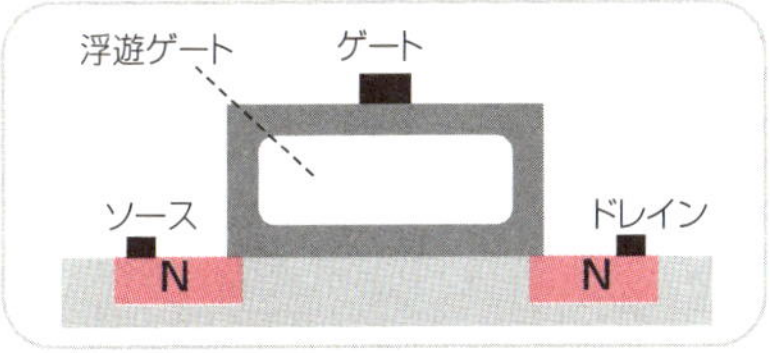

1 初期状態

浮遊ゲートに電子なし。これがビット「1」を表現。これは普通の CMOS と同一の状態である。

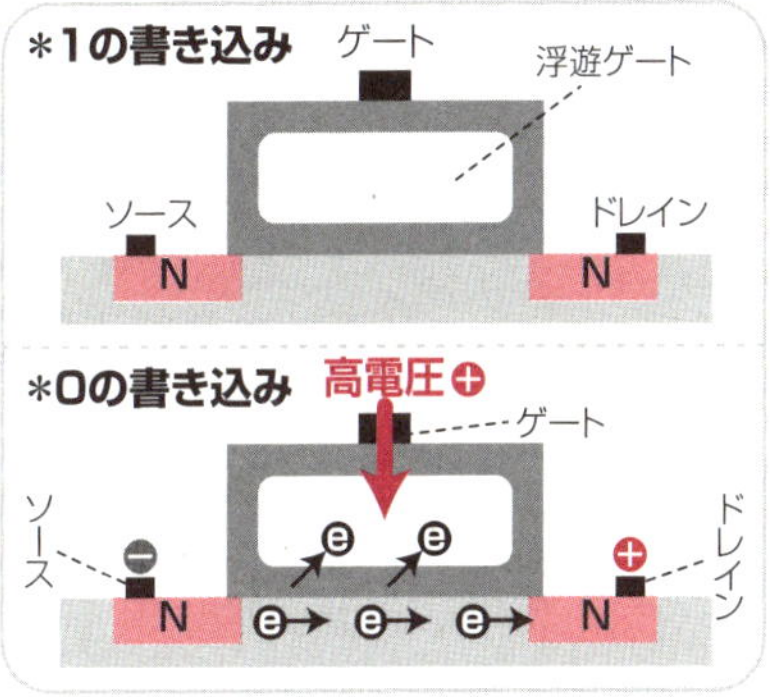

2 書き込み

ビット「1」の書き込みは1のまま。ビット「0」の書き込みはゲートに高電圧をかけてソース・ドレイン間に電子を流し、その一部を浮遊ゲートに誘導する。

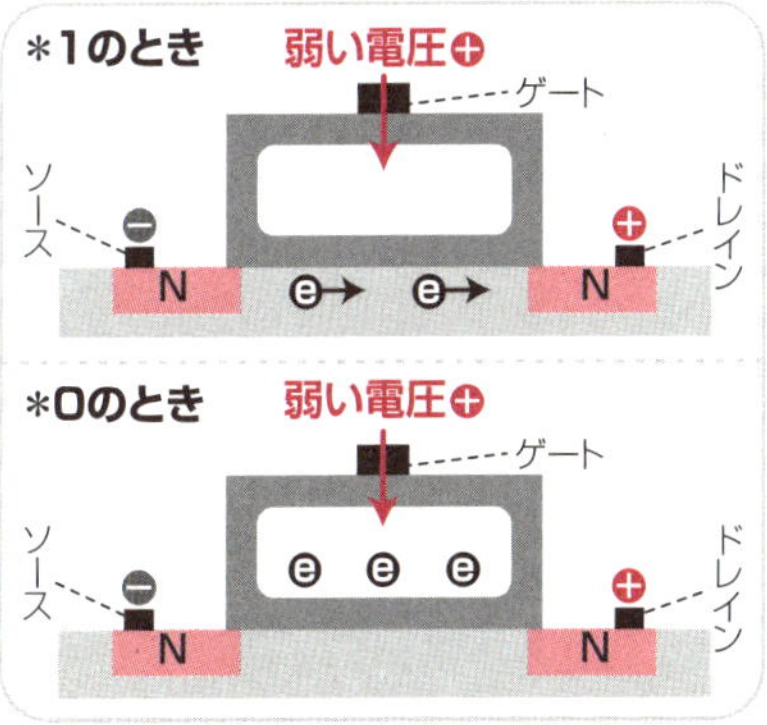

3 読み出し

ゲートに低電圧をかけ、ソース・ドレイン間にも電圧をかける。浮遊ゲートに電子がなければ、普通の CMOS と同一なので、電子が流れる。こうして「1」と読み取れる。浮遊ゲートに電子があれば、ゲート電圧が打ち消されて電子は流れない。こうして「0」と読み取れる。

Technology 024

サイクロン掃除機

「吸引力の低下」の問題に着目し、掃除機には紙パックが必要という常識を覆したこの掃除機。力の源は「遠心力」だ。

1998年にダイソンが初めて発売したサイクロン掃除《そうじ》機の最大のウリは、紙パックを必要としないためフィルターの目詰まりが起きにくく、ゴミを取り除くのに必要な「吸引力」が衰えないこと。そして、紙パックなどの「フィルター交換の手間」が不要なのだ。

サイクロン掃除機のゴミ取りの基本は、一緒に吸い込んだ空気を容器の中で強力に回転させ、高速の渦を作ることにある。この渦状の風で**遠心力**《えんしんりょく》を作り、ゴミを振り落とすのである。

遠心力とは物が回転運動をするときに生まれる力である。遊園地のジェットコースターでカーブにさしかかると、体が外側に押し出される力を受ける。これが遠心力である。

遠心力は重いものほど大きく働く。ゴミと空気ではゴミのほうが重い。そこで、空気と一

遠心力のしくみ

モノが曲がるとき、外側に力が加わる。それが遠心力である。

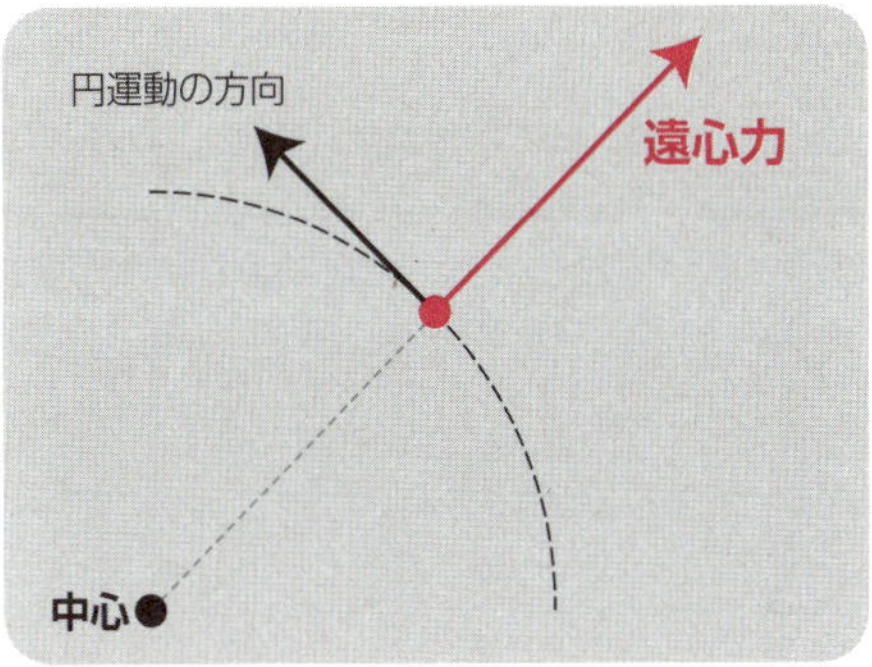

サイクロン掃除機の構造

空気とともに吸引されたゴミは、円すいの中で渦に乗り、遠心力で外の壁に飛ばされる。こうしてゴミが分離される。

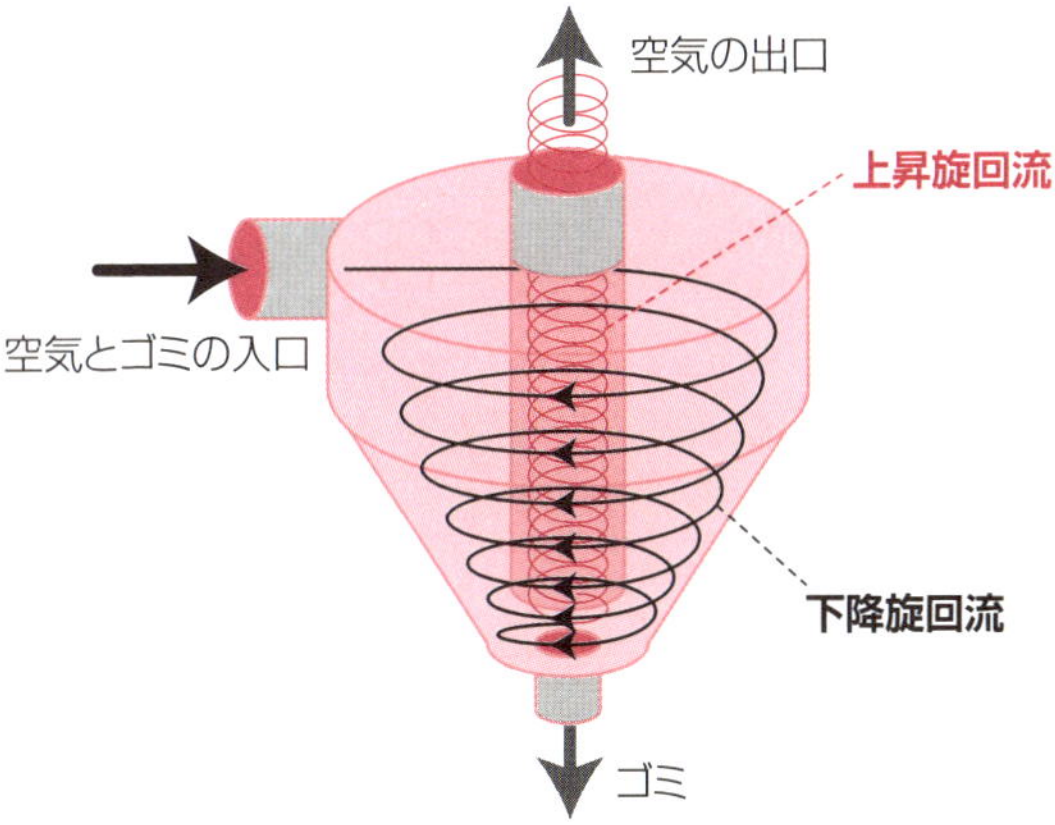

緒に吸い込まれて回転させられたゴミは遠心力で空気より外側に押し出され、壁面にぶつかり、壁伝いに落ちていく。こうしてゴミが分離されるのだ。

このしくみからわかるように、サイクロン掃除機は高速の渦を作る必要がある。これが騒《そう》音《おん》を発生させる。サイクロン掃除機がフィルター式のものよりうるさいのはこのためである。

遠心力を利用したものは、身のまわりにたくさんある。例えば洗濯の際に利用する脱水機。濡れた洗濯物を高速回転させ、遠心力で水をはじき飛ばしているのである。

遠心力は自然の世界でも大切である。例えば「潮《しお》の干満《かんまん》」の説明に遠心力は不可欠である。これを理解するために、月を省き、地球が太陽を公転する単純なモデルを考えてみよう。

地球が自転して東京が太陽に近い位置に来たとする。すると、東京湾の海水は太陽の引力に引かれて盛り上がり、満潮になる。面白いことに、このとき東京と地球の反対側でも満潮が起こっている。太陽から遠い位置にある海水はそのぶん強い遠心力を受け、太陽から遠ざかろうとして盛り上がるためだ。

実際には月の引力などが加わり、潮の干満は非常に複雑になるが、遠心力の大切さは理解できるだろう。

潮の干満と遠心力

海の干満は重力だけで生まれるのではない。遠心力も大切な働きをしているのだ。

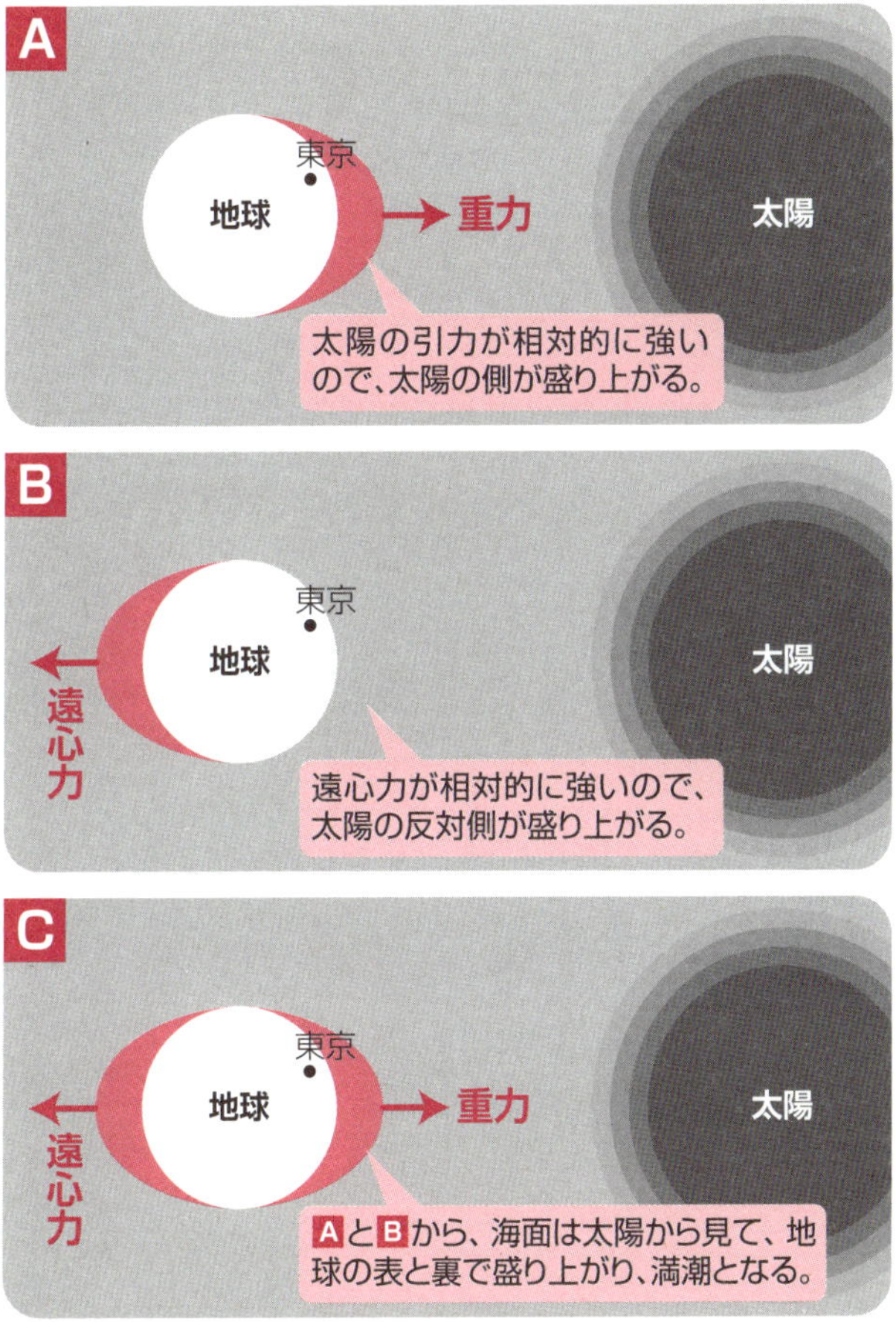
A
東京
地球
重力
太陽
太陽の引力が相対的に強いので、太陽の側が盛り上がる。
B
東京
地球
遠心力
太陽
遠心力が相対的に強いので、太陽の反対側が盛り上がる。
C
東京
地球
重力
遠心力
太陽
AとBから、海面は太陽から見て、地球の表と裏で盛り上がり、満潮となる。

Technology 025

エアコン

暖房時、エアコンは消費電力以上の熱を放出し、冷房時は消費電力以上の冷房効果を発揮する。どうしてだろう。

普段、何気なく利用しているエアコンだが、不思議がいっぱいである。電熱器がないのにどうして暖房ができるのだろう。また、カタログには1キロワットの電気代で5キロワットの冷暖房ができるなどと書かれている。消費電力よりも冷暖房の能力のほうが大きいのだ。

この秘密を解くために、まずエアコンが部屋を冷やすしくみを見てみたい。この原理はいたって簡単。水を肌に塗り、フッと息を吹きかけると清涼《せいりょう》感が得られるのと同様である。水が液体から気体に変化するときに**気化熱**を奪い、周囲の温度を下げるという原理を用いているのだ。エアコンでこの水の働きをするものを**冷媒**《れいばい》という。

では、実際に冷やすしくみを見てみよう。エアコンは圧縮器（すなわちポンプ）と二つの

エアコンの冷暖房能力

エアコンのカタログを見ると、消費電力以上に冷暖房能力が高いことがわかる。

冷暖房能力の一例

	畳数の目安	能力(kW)	消費電力(W)
暖房	6～8畳 (10～13m²)	2.8 (0.7～5.5)	535 (95～1500)
冷房	7～10畳 (11～17m²)	2.5 (0.9～3.5)	520 (130～870)

冷房の原理は「気化熱」

液体から気体に物質が変化するときに、周りの熱を奪う。これを「気化熱」といい、エアコンの冷房もこの原理を使っている。

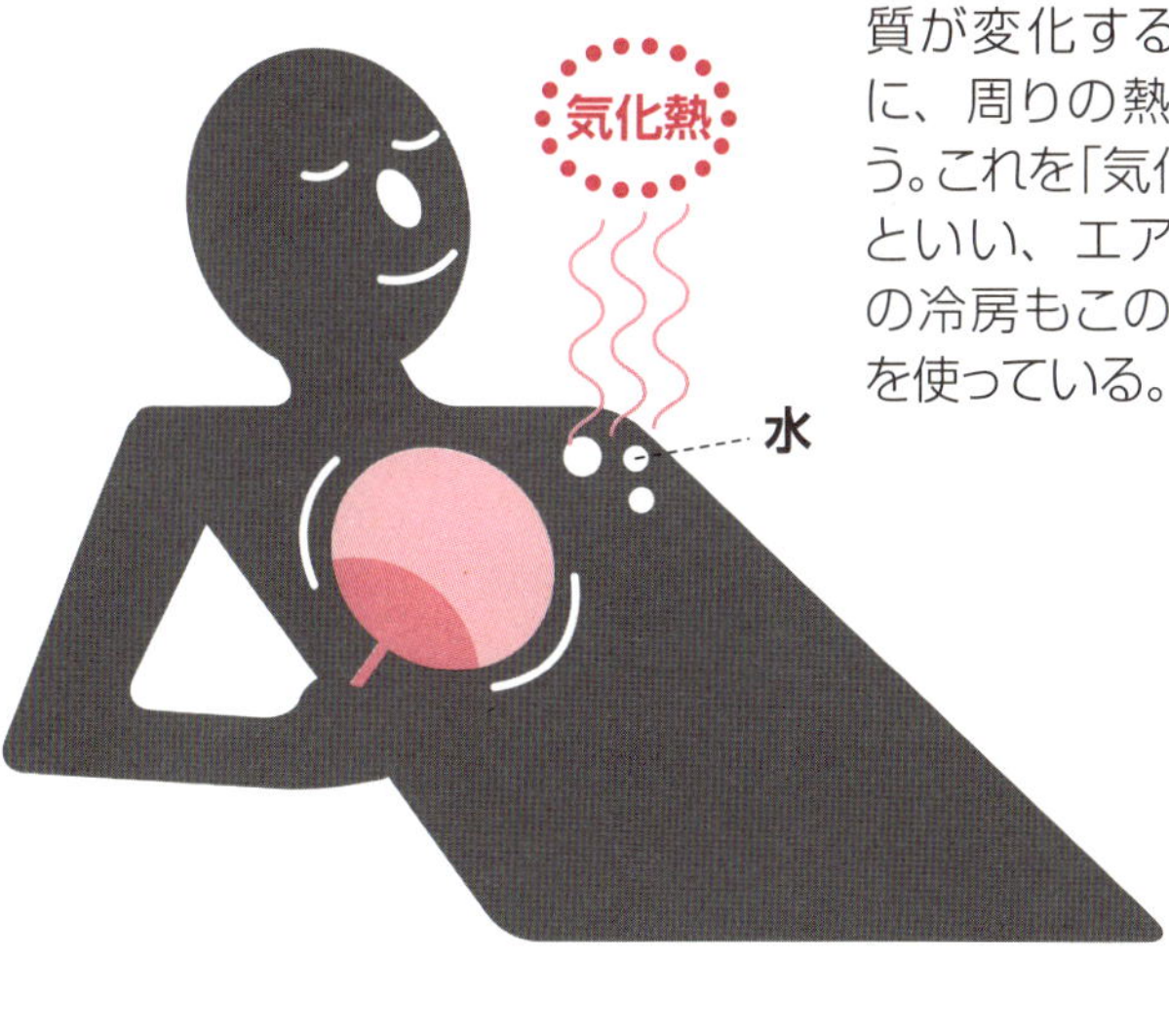

熱交換器からできている。一方を**凝縮器**《ぎょうしゅく》、他を**蒸発器**《じょうはつ》というが、しくみは同一である。冷房の際、室内機の中の「蒸発器」で冷媒は蒸発して気化熱を奪い室内を冷やす。気体となった冷媒はポンプの力で「凝縮器」に運ばれ、室内で奪った熱を放出して液体になる。この繰り返しが「冷房」である。

注目すべきは、ポンプは室内の熱を室外に運ぶだけ、ということだ。運ぶだけなら大きな電力は不要である。こうして、消費電力以上に、部屋の空気は冷やされることになる。

次は暖房のしくみを考えてみよう。先ほどの冷房時のエアコンを逆に回してみる。すると、冷房時とは逆に、ポンプは室外の熱を室内に運ぶことになる。これが暖房のしくみである。電熱器など不要なのだ。冷房時と同様、熱を運ぶだけなので、消費電力以上に暖房効果が得られることになる。

以上のように、ポンプは冷媒を介《かい》して室内から室外へ、また室外から室内へ熱を運ぶ役割をする。これは水槽の水をポンプで循環《じゅんかん》させるのに似ている。そこで、このしくみを**ヒートポンプ**と呼ぶ。このヒートポンプのおかげで、エアコンはたいへん効率のいい省エネ空調機になったのである。

冷暖房のしくみ

「冷房」の際、蒸発器の中で冷媒は蒸発して周りの熱を奪い、気体となる。気体となった冷媒は圧縮器の力で凝縮器に運ばれ熱を発散させて液化される。これを繰り返すことで、エアコンは室内の空気を冷やしている。ポンプを逆に回せば装置の働きは逆になり、室内の「暖房」に切り替わる。

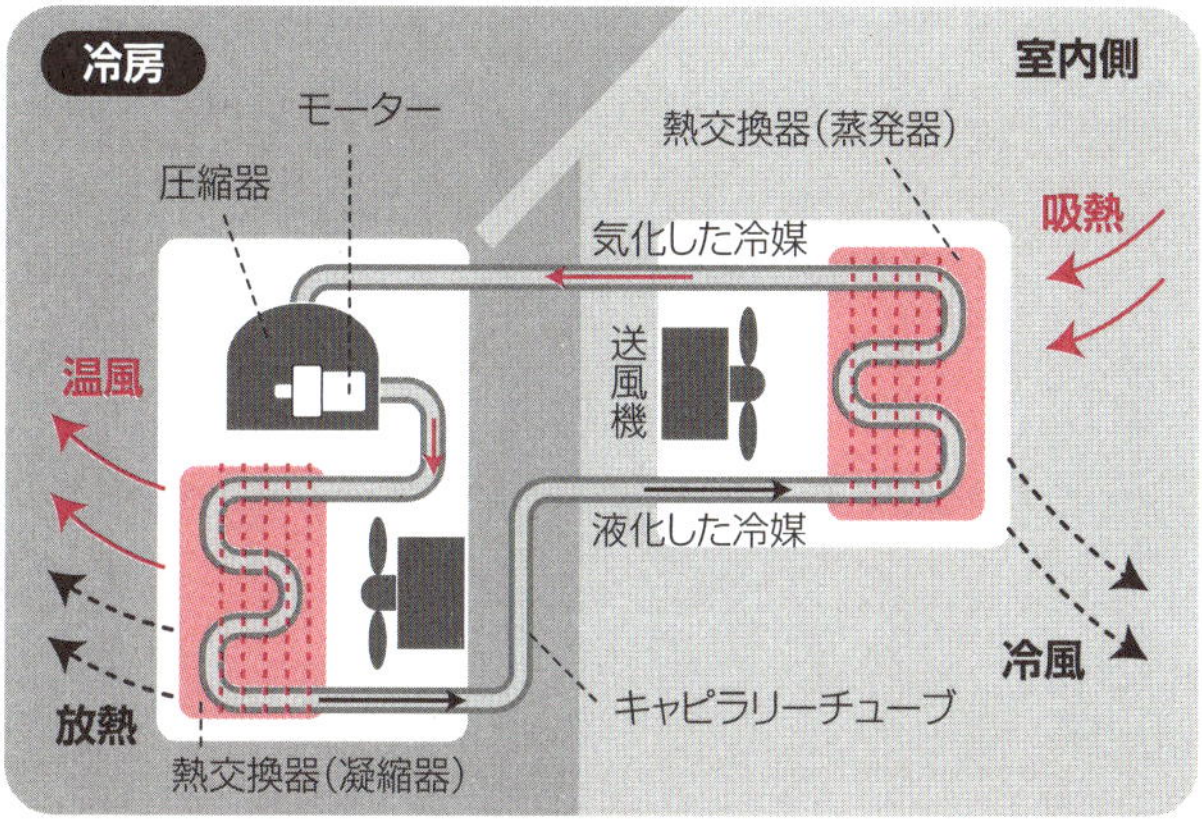

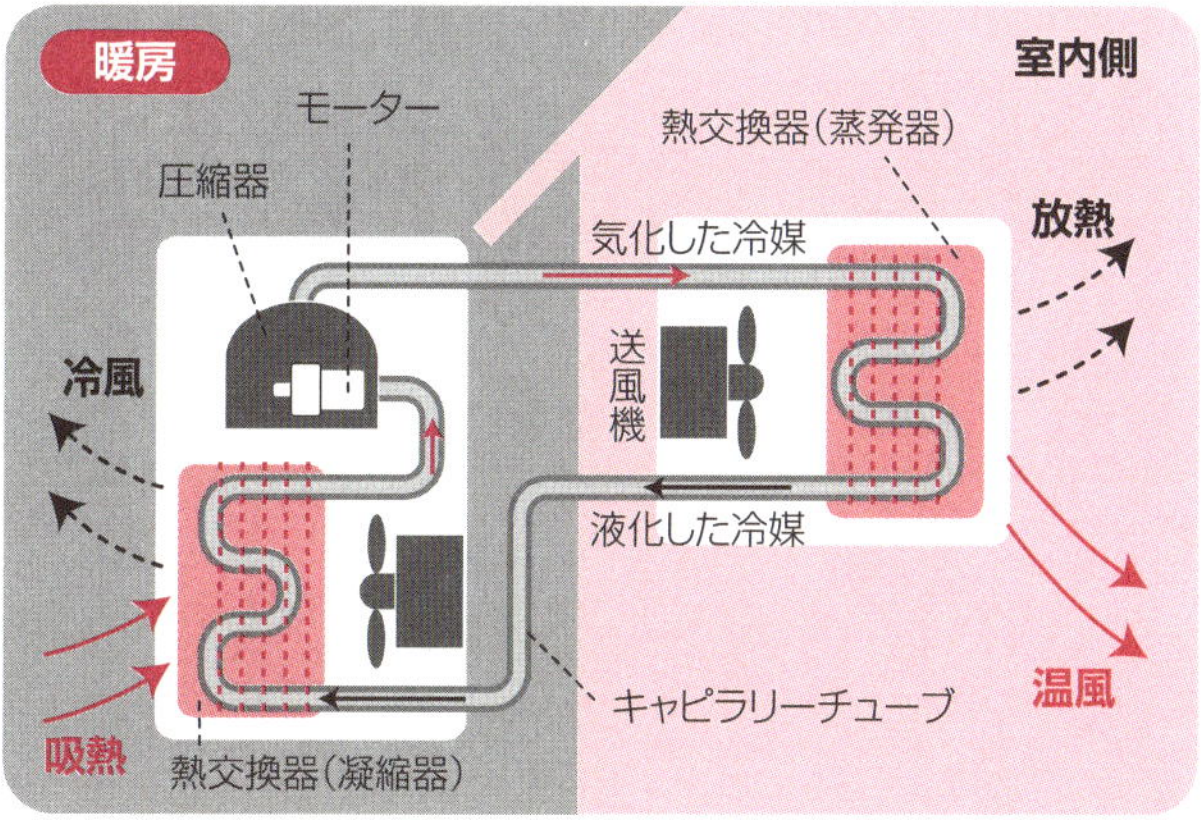

Technology 026

デジカメ

日々進化するデジカメ。その心臓部にあたるものが撮像素子である。現在、その主役はCCDからCMOSに移行している。

デジカメとは**デジタルスチルカメラ**の略称で、映像をメモリーカードに記録するカメラである。写した画像をすぐにモニターでチェックでき、パソコンに移せばプロのような加工も可能、いらない画像は消去できる。こうした特徴が、従来のフィルムカメラを圧倒したデジカメ人気の理由である。

デジカメの主要構成はレンズ、撮像素子《さつぞうそし》、メモリーカード、およびそれらを制御するシステムLSIである。そのなかで、従来のカメラのフィルムに相当するのが、レンズにより結像された画像を電気信号に変換する**撮像素子**だ。この素子のおかげで、光の情報が電気情報として扱えるようになる。

デジタルカメラのしくみ

従来のフィルムに相当するのが撮像素子。撮像素子は光の情報を電気信号に変換し、メモリーやモニターに送る。

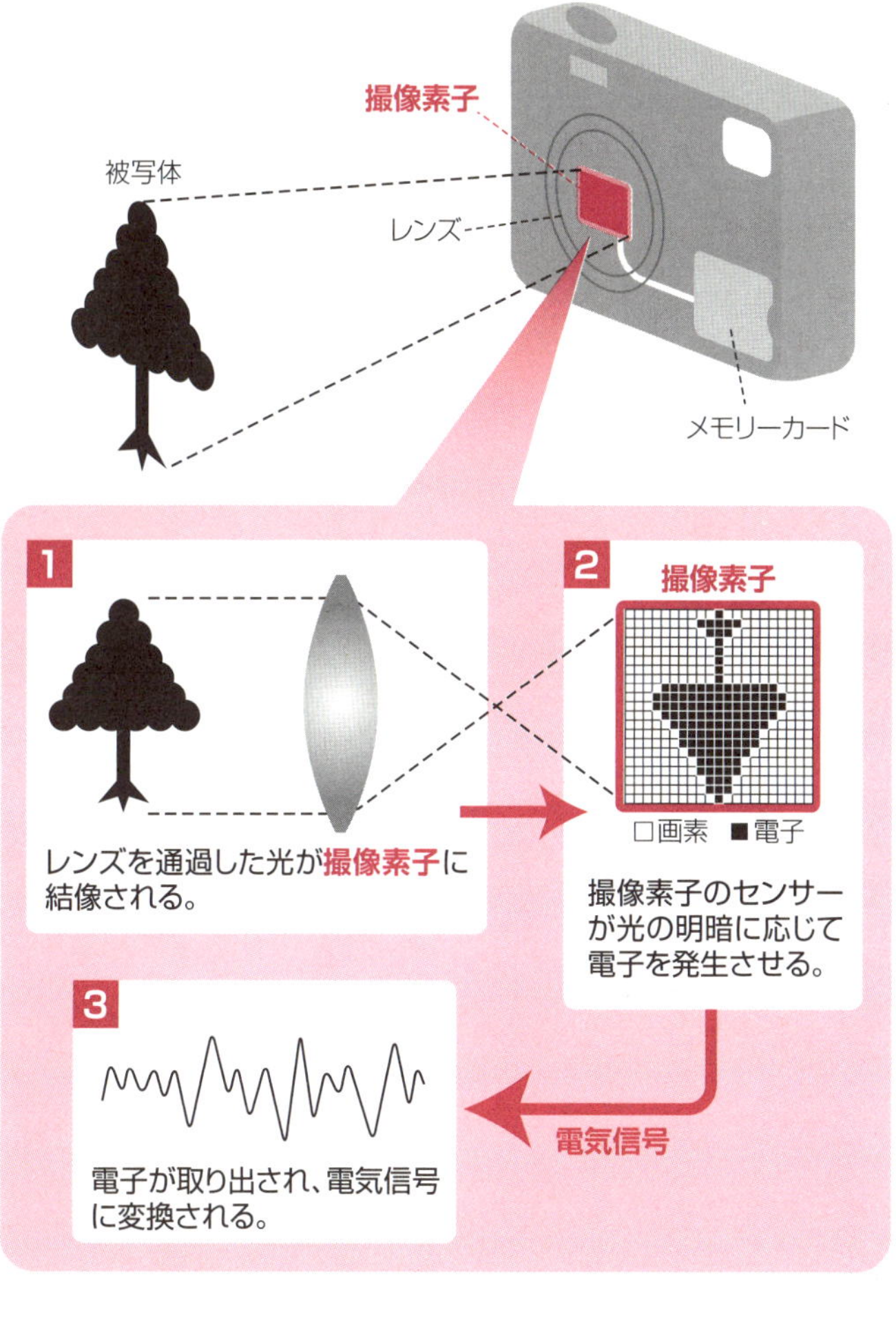

撮像素子は細かい格子に区切られ、その1区画を**画素**と呼ぶ。同じ大きさの撮像素子ならば、画素数が多いほど解像度は向上する。画素の受光部は**カラーフィルター**と**光センサー**が受け持つ。カラーフィルターは光を三原色に分解する。光センサーは**フォトダイオード**でできていて、光を電子に変換する。この電子を電気信号に変えてメモリーに送るのである。

電気信号への変換法の違いによって、撮像素子は大きく2種に分けられる。**CCD型**と**CMOS型**である。この違いを、画素が整然と並んだ机に見立て、その机に当たる光の量（すなわち電子の量）をかたわらに座る測定係が報告する様子に例えて解説しよう。

CCD型は、各画素の測定係が席順に起立し、整然と列を作って光の量を報告する。整然としているので誤りが少ないが、そのぶん時間を要してしまう。この様子はしばしば「バケツリレーで電荷を送る」と表現される。

一方のCMOS型は、各画素の測定係が持ち場の机で呼び出しに応じて光の量を報告する。列を作る動作が不要なため読み出しは速いが、報告の際に誤りが発生する可能性がある。

デジカメの普及初期にはCCD型が主流だったが、現在では構造の単純なCMOS型が主流。生産数において9割以上をCMOS型が占めている。

画素の構造

画素の受光部にはカラーフィルターと光センサーがあり、前者は光を三原色に分解し、後者は光を電子に変換する。

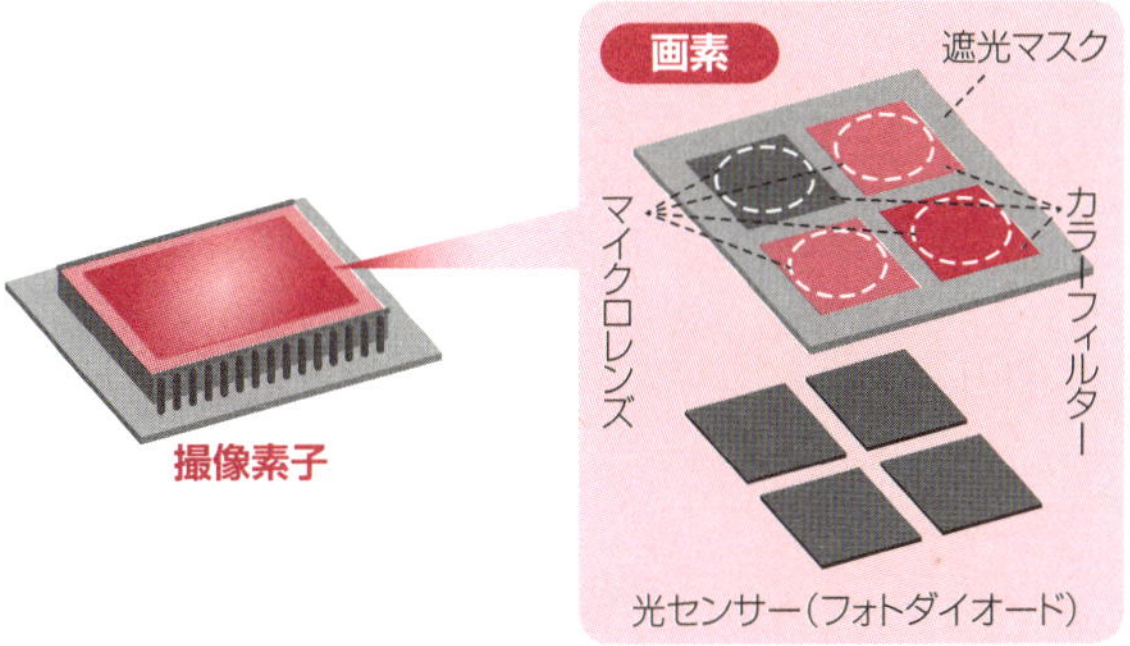

CCD型とCMOS型

画像を升目に区切ったとき、1つひとつの区画を画素という。この画素で光は電子に変換されるが、その電子の取り出し方によって、CCD 型と CMOS 型の2つに分類される。

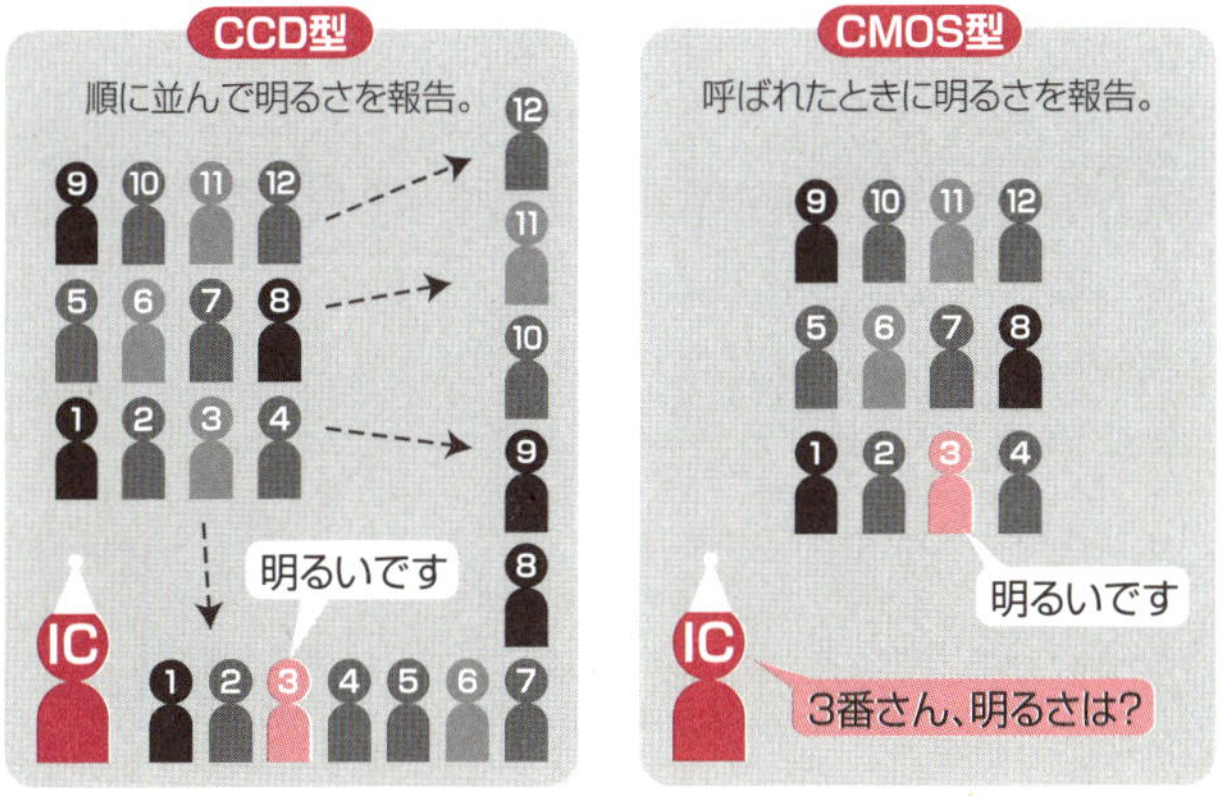

Technology 027

オートフォーカス

カメラでいちばん面倒なのはピント合わせ。それを瞬時に行なうのが自動焦点（オートフォーカス）だ。

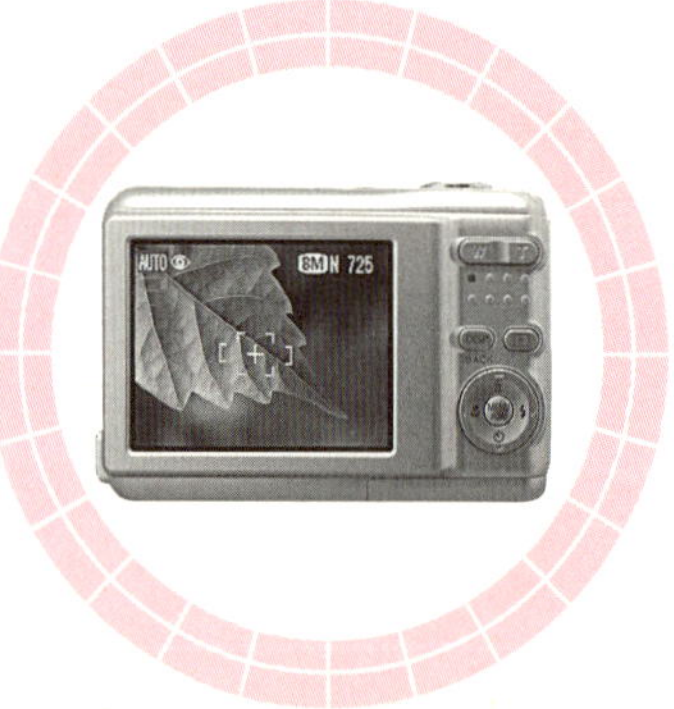

世界で初めて自動焦点《しょうてん》カメラが発売されたのは１９７７年。当時のコニカが「ジャスピンコニカ」という商品名で売り出して大ヒットした。それからカメラの電子化はすさまじい勢いで進んだ。そして、今もデジカメやビデオカメラの進化は止まらない。笑顔になったときにシャッターを切る**スマイルシャッター**、モニター上の画像から人の顔を認識してそこにピントを合わせる**顔検出**、あらかじめ登録しておいた被写体の顔に焦点を合わせる**顔認識**など、一昔前にＳＦの世界で描かれたような機能が実現されている。

話を最初の自動焦点（ＡＦ）に戻し、そのしくみを見てみよう。いくつかの方式があるが、**コントラスト検出方式**と**位相《いそう》検出方式**が有名である。

コントラスト検出方式のしくみ

レンズを遠い方から移動していき、コントラストの高い所でピントが合ったと判定する方式。コンパクトデジカメで多く採用されている。

1

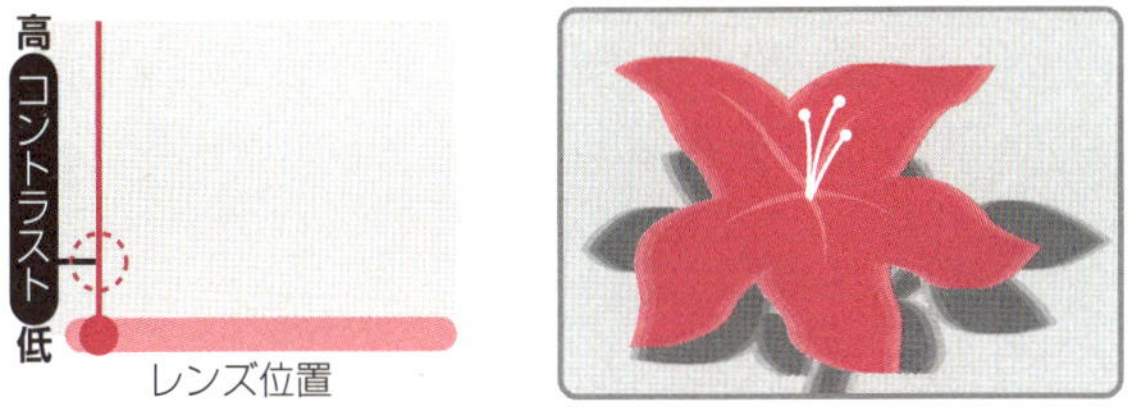

レンズが遠いところから近いところへ移動。コントラストが低いため、ピントは合っていない。

2

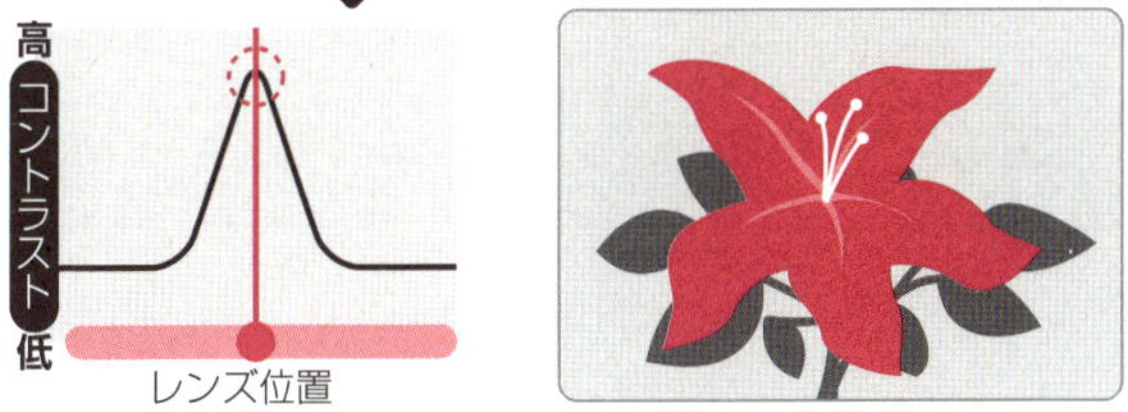

コントラストが高いため、ピントが合ったと判定される。

3

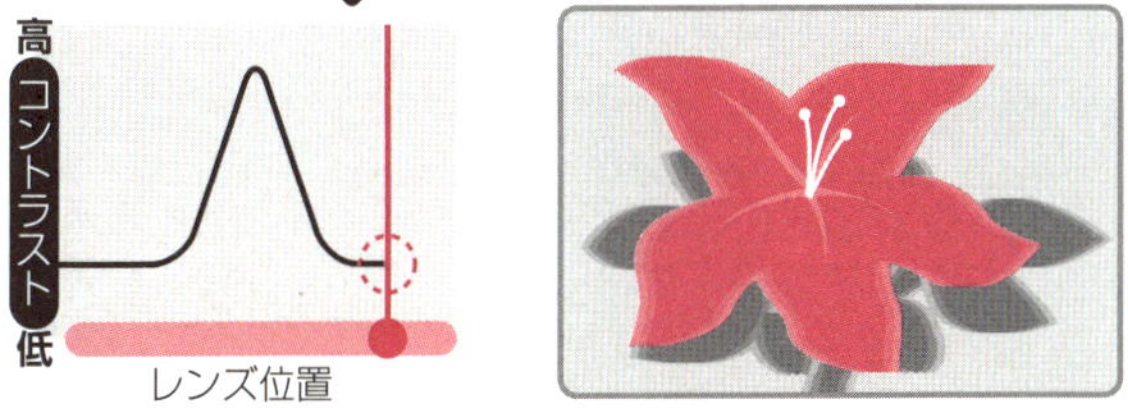

コントラストが低いため、ピントは合っていない。

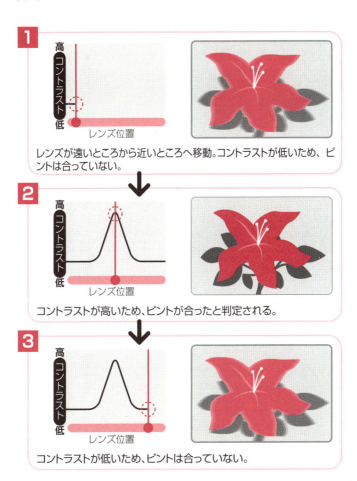

「コントラスト検出方式」とは撮像素子上のコントラストの状態を検知して距離を測る方式である。撮像素子とＡＦセンサーを共用できるので小型化が可能であり、コンパクトデジカメで広く使われている。ただし、レンズを動かしながらピントを探るため、ピント合わせに時間がかかるのが難点だ。

「位相検出方式」とは被写体からの光の差を検知して距離を測る方式。レンズから入った光を二つに分けて専用のセンサーへ導き、結像した二つの画像の間隔からピントを合わせる。高速のピント合わせが可能だが、専用のイメージセンサーと光の分岐《ぶんき》構造が必要なので小型化が難しく、一眼レフカメラでの採用がほとんどである。

最近のデジカメやビデオカメラには、被写体の動きに合わせて焦点を合わせ続けてくれる機能がつけられている。運動会で子どもの動きを追うときなどに便利である。この機能は「追っかけフォーカス」などとメーカーによって呼び名が異なるが、一般的には**コンティニュアスＡＦ**という。顔認識などのパターン認識機能をＡＦ機能と組み合わせているのである。

この機能はミサイルのロックオン技術と共通するが、地上の複雑な対象を追うぶん、ミサイル追尾《ついび》よりも複雑だ。

位相検出方式のしくみ

レンズから入った光を2つに分けて専用のセンサーへ導き、結像した2つの画像の間隔からピントを合わせる。

後ピンの場合

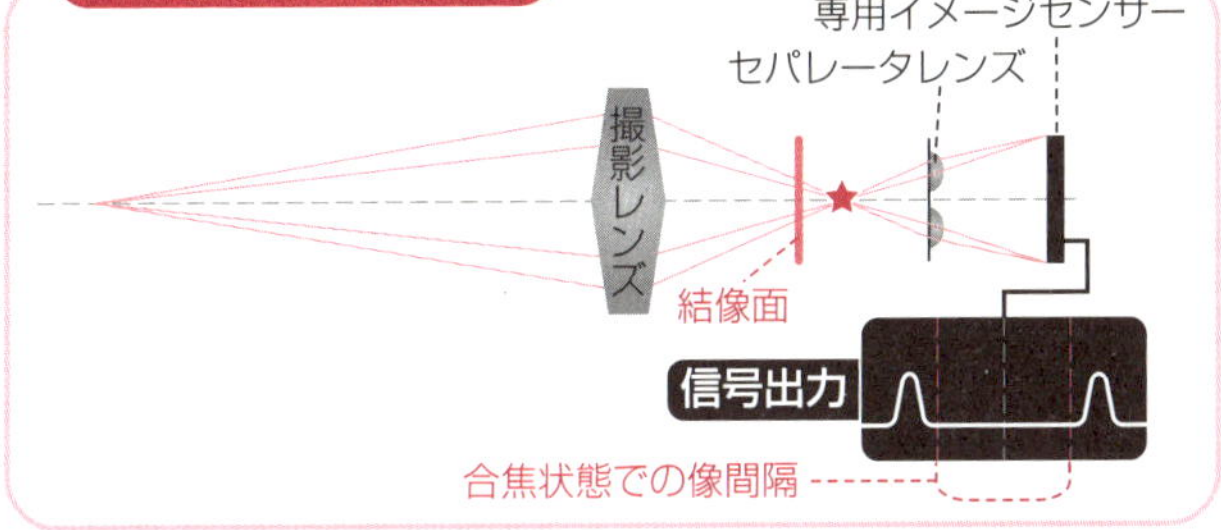

前ピンの場合

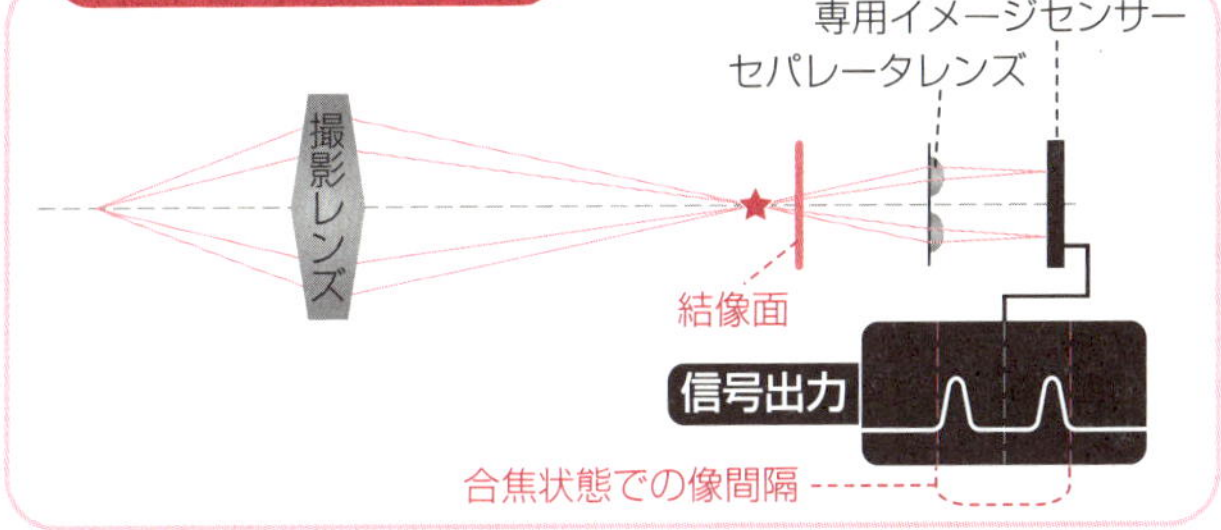

合焦の場合

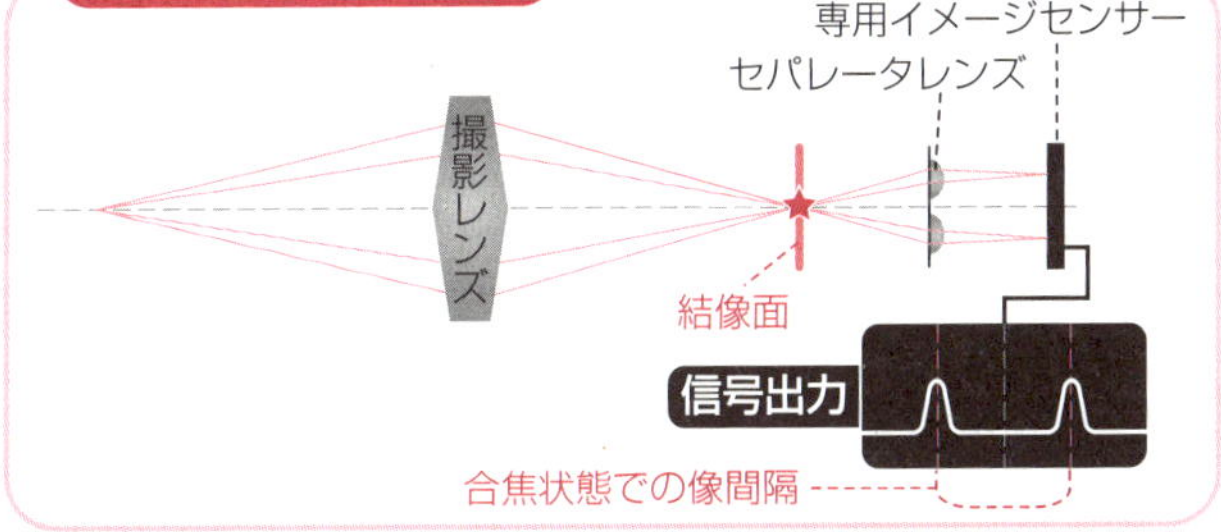

Technology 028

デジカメの手ブレ補正

ピンボケ、そして手ブレ。この二つが、失敗した写真の典型である。しかし今は、これらをカメラが解決してくれる。

政治演説などでは、相手を批判する文句として「ブレる」という言葉がよく用いられるが、カメラの世界でも「ブレている」写真は失敗写真の典型だ。これはシャッターを押すときにカメラを動かしてしまう「手ブレ」が原因だが、カメラマンとしてはピンボケと同様、不名誉なことだろう。

ピンボケに対しては、**自動焦点**という機能がカメラに付与されている。撮像素子（CCDやCMOSセンサー）上の画像をコンピューターが解析し、ボケの発生を判断してレンズの位置などを補正してくれる機能だ。

手ブレに対しても、カメラは**手ブレ補正**という機能で対処してくれる。おかげでカメラ初

手ブレ補正の代表的な方式

デジカメの手ブレを補正する代表的な方式は、レンズシフト方式とイメージセンサーシフト方式である。前者はレンズ側、後者はボディー側で手ブレ補正をする。

◉レンズシフト方式

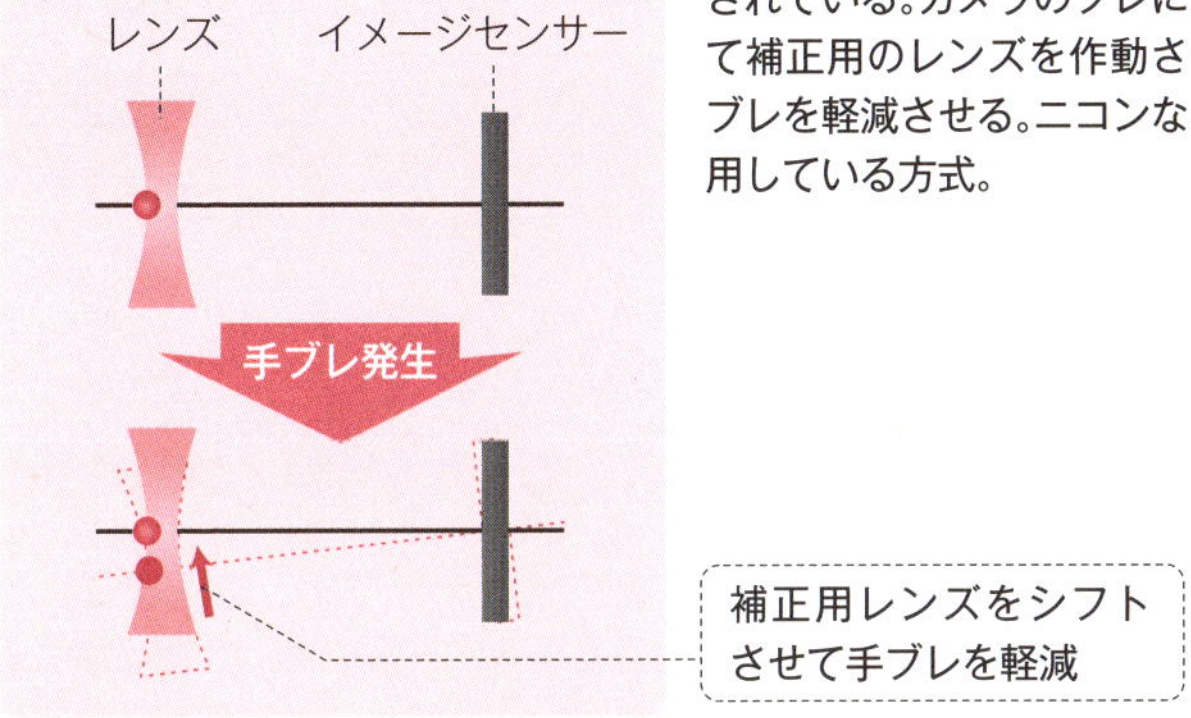

手ブレ補正機構がレンズ側に搭載されている。カメラのブレに合わせて補正用のレンズを作動させ、手ブレを軽減させる。ニコンなどが採用している方式。

◉イメージセンサーシフト方式

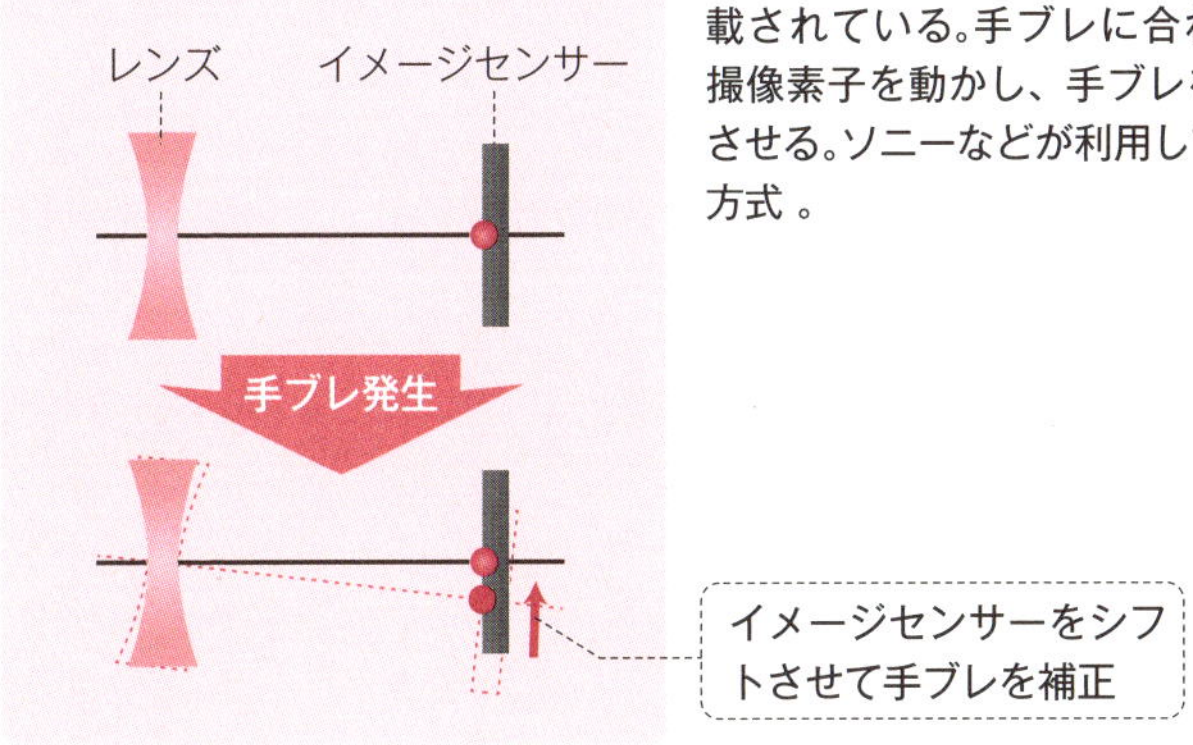

ボディー側に手ブレ補正機構が搭載されている。手ブレに合わせて撮像素子を動かし、手ブレを軽減させる。ソニーなどが利用している方式 。

心者でも「シャッターを押すだけ」できれいな写真が撮れるようになった。特に、望遠レンズを利用するときには手ブレが起こりやすいため、高倍率でカメラを利用する場合にはありがたい機能だ。

手ブレ補正の代表的な方式には、**レンズシフト方式**と**イメージセンサーシフト方式**がある。「レンズシフト方式」は手ブレ補正機構がレンズ側に搭載されている。カメラのブレに合わせて補正用レンズを作動させ、手ブレを軽減する。ニコンなどが採用している。一方、「イメージセンサーシフト方式」はボディー側に手ブレ補正機構が搭載されている。手ブレに合わせて撮像素子を動かし、手ブレを軽減させる方式で、ソニーなどが採用している。

手ブレ防止機能の実現には、センサーが重要。その情報をもとにレンズや撮像素子を動かすのだ。このセンサーとして「ジャイロセンサー」が主要な役割を担う。左ページ上図のように、手ブレはカメラの回転として感知されるからだ。このジャイロセンサーの小型化が手ブレ防止機能の実現を可能にしたといっても過言ではない。左ページ下図は、村田製作所が作る**振動ジャイロセンサー**のしくみ。振動する物体が回転すると慣性力（コリオリの力）が働く。これを検知することで回転速度を検出しているのだ。

ジャイロセンサーの原理

手ブレは上下（ピッチ）と左右（ヨー）の回転の動きに分けられる。下図は、左右の回転（ヨー）を検知するジャイロセンサーの原理図である。あらかじめ振動しているセンサーの中の物体 m に回転は慣性力（コリオリの力）を与え、振動を変化させる。この変化を電気信号に変換するのがジャイロセンサーだ。

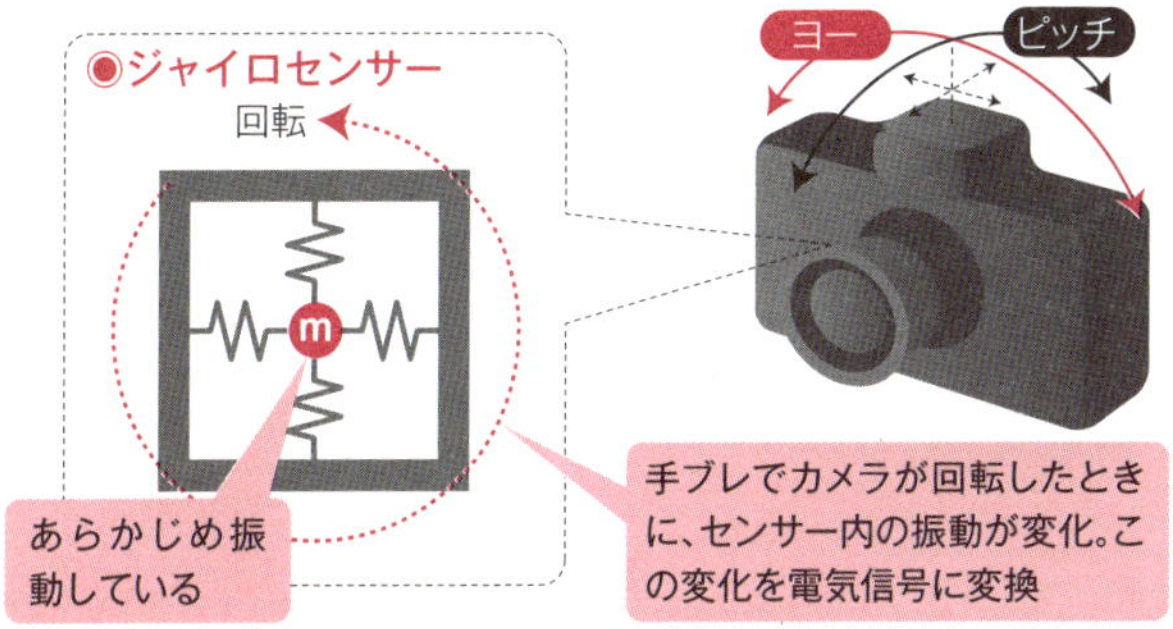

実際のジャイロセンサー

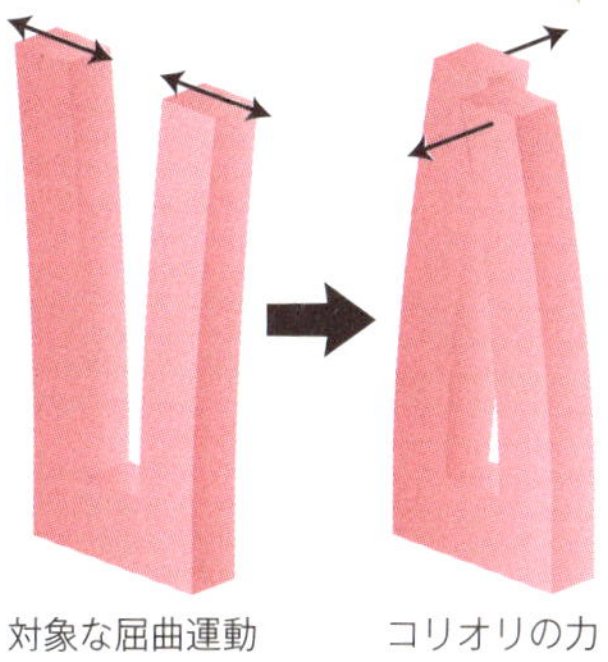

上図の物体 m とバネの役割は、音叉のようにカットされた水晶が担う。水晶は圧電素子で、電気を与えると振動し、力が加わると電気が生まれる。そこで、あらかじめ電気を与えて対称な屈曲運動をさせておく。手ブレはこの振動に変化を生む。これを電気信号で取り出すのである。

Technology 029

火災警報器

アメリカでは、住宅用火災警報器の設置義務化で死者数が半減した。日本でも、すでに設置が義務化されている。

住宅火災の死者数は毎年１０００人を超え、その約７割を高齢者が占める。特に就寝時間帯に多く、逃げ遅れが大きな原因といわれる。火災警報器はその対策としてとても有効だ。家庭用の火災警報器は、そのしくみから大きく二つに分けられる。**熱感知方式**と**煙感知方式**である。

熱感知方式は、その名の通り熱を感知して警報を発する装置だ。さまざまな方式があるが、もっとも単純なものを左ページに示す。これは電熱器の温度調整に使われるバイメタルを利用したもの。温度が高くなるとバイメタルが歪《ゆが》み、警報のスイッチを作動させる。

煙感知方式にもさまざまな種類がある。例えば「光電式煙感知器」は光の散乱を検知する

熱感知方式の火災警報器

熱感知方式は、電気コタツやトースターなどの温度管理で使われているバイメタルを利用して、熱を感知する。

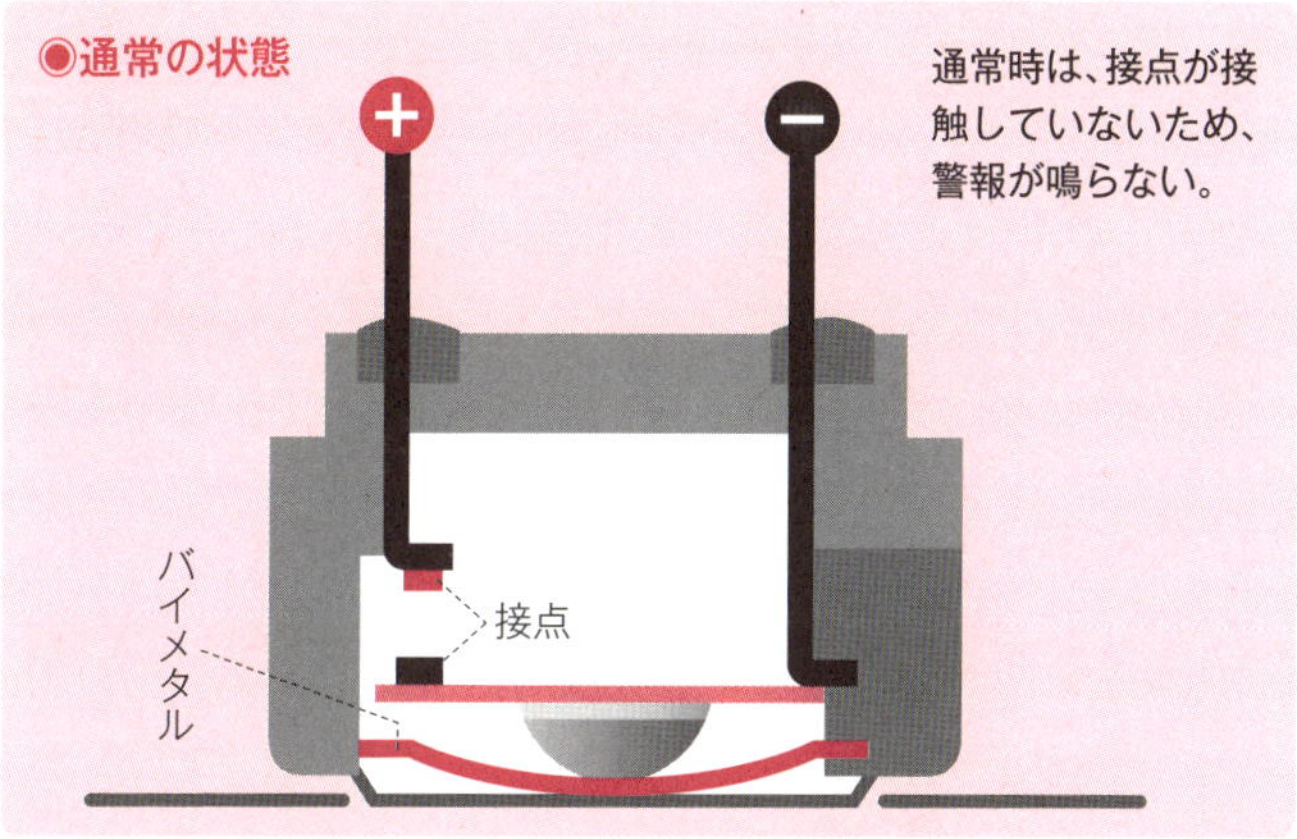

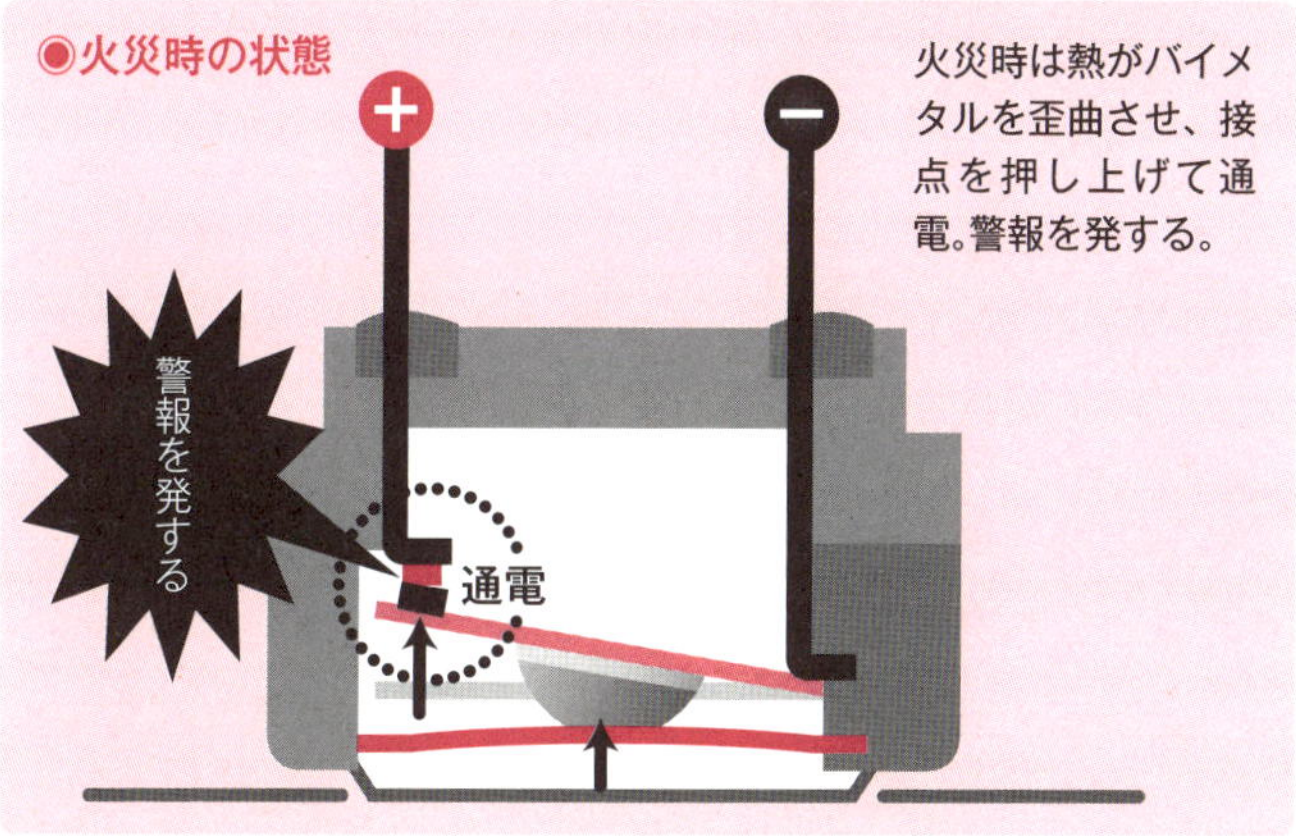

しくみだ。煙が感知器に入るとＬＥＤの発する光が煙の粒子によって散乱され、その散乱光を光センサーが検出するのだ。また、「イオン化式煙感知器」といって、放射性同位元素を利用してイオンを作り、煙が入ってきたときの電流の変化を検知する方法も有名である。

火災警報器で大切なのは、適切な位置に設置すること。煙感知方式の場合には、煙の特性を考えてセットする必要がある。煙は上に広がるため、この報知器を低い位置にセットしてもムダだ。また、熱感知方式の場合には、熱源の近くにセットしなければ、警報音が鳴っても「時すでに遅し」ということになりかねない。以上のことからわかるように、熱感知方式の警報器はキッチンや車庫に、煙感知方式は寝室や廊下《ろうか》に設置するとよい。もっとも、寝室でたばこを吸って失火《しっか》するなどという話もよく聞く。両方の方式の火災警報器を設置するに越したことはない。

警報器の難しいところは、感度をよくすると誤報が増えることである。例えば、湯沸しの蒸気や掃除の際の埃《ほこり》を火災の煙と間違えてしまうのだ。反対に、感度を悪くすると、実際の火災時に役立たなくなる恐れがある。〝狼少年〟とならない警報機を作るには、このさじ加減が大切なのだ。

煙感知方式の火災警報器

光電式の煙感知方式のしくみを示そう。発光ダイオード（LED）からの散乱光の変化を光センサーで感知する。

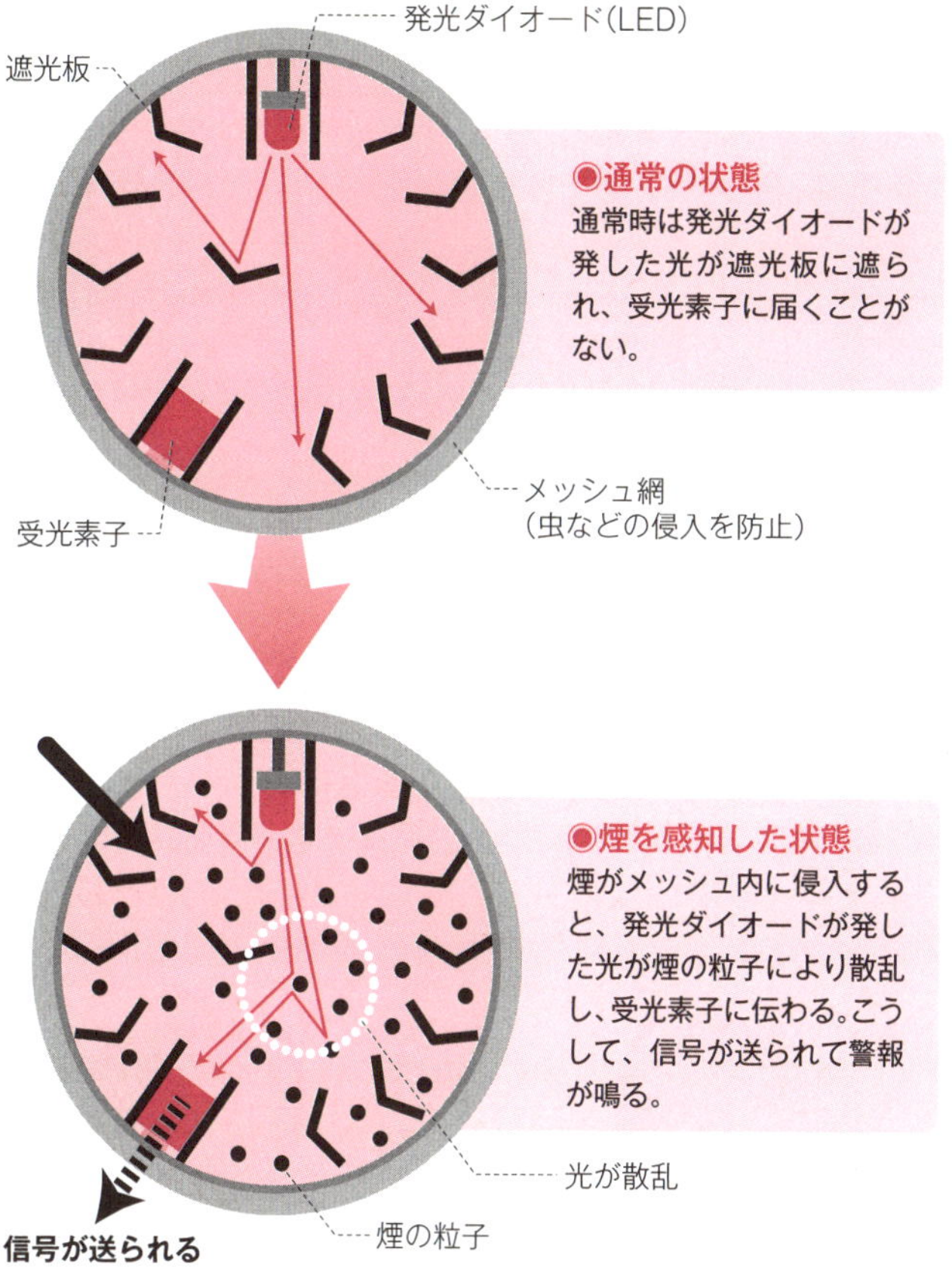

Technology 030

ブレーカー

自宅に設置された分電盤《ぶんでんばん》を見てみよう。その中には、3種のブレーカーが収まっている。かつてそこには、ヒューズがあった。

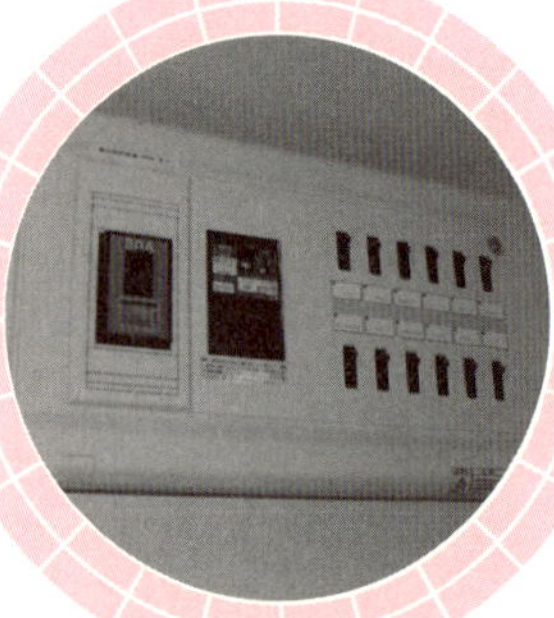

近年は、電気の使い過ぎで家が火事になったという話をほとんど聞かない。また、感電して人が亡くなるという事故もあまりない。これは日夜、**分電盤上**で、ブレーカーが電気を〝監視〟してくれているおかげだ。電気を使い過ぎたり、人が感電したりすると、ブレーカーが落ちてくれる。しかし、この〝安全の守護神〟のしくみは意外と知られていない。

分電盤には、ブレーカーとして、**アンペアブレーカー**、**安全ブレーカー**、**漏電《ろうでん》ブレーカー**の3種がある。

アンペアブレーカーは**サービスブレーカー**とも呼ばれ、契約以上の電気が流れると自動的に電気を止める。

分電盤が置かれる場所

家の分電盤を見てみよう。その分電盤にはブレーカーとして、アンペアブレーカー、安全ブレーカー、漏電ブレーカーの3種があるのが普通だ。ちなみに、サービスブレーカーは電力会社が管理する。

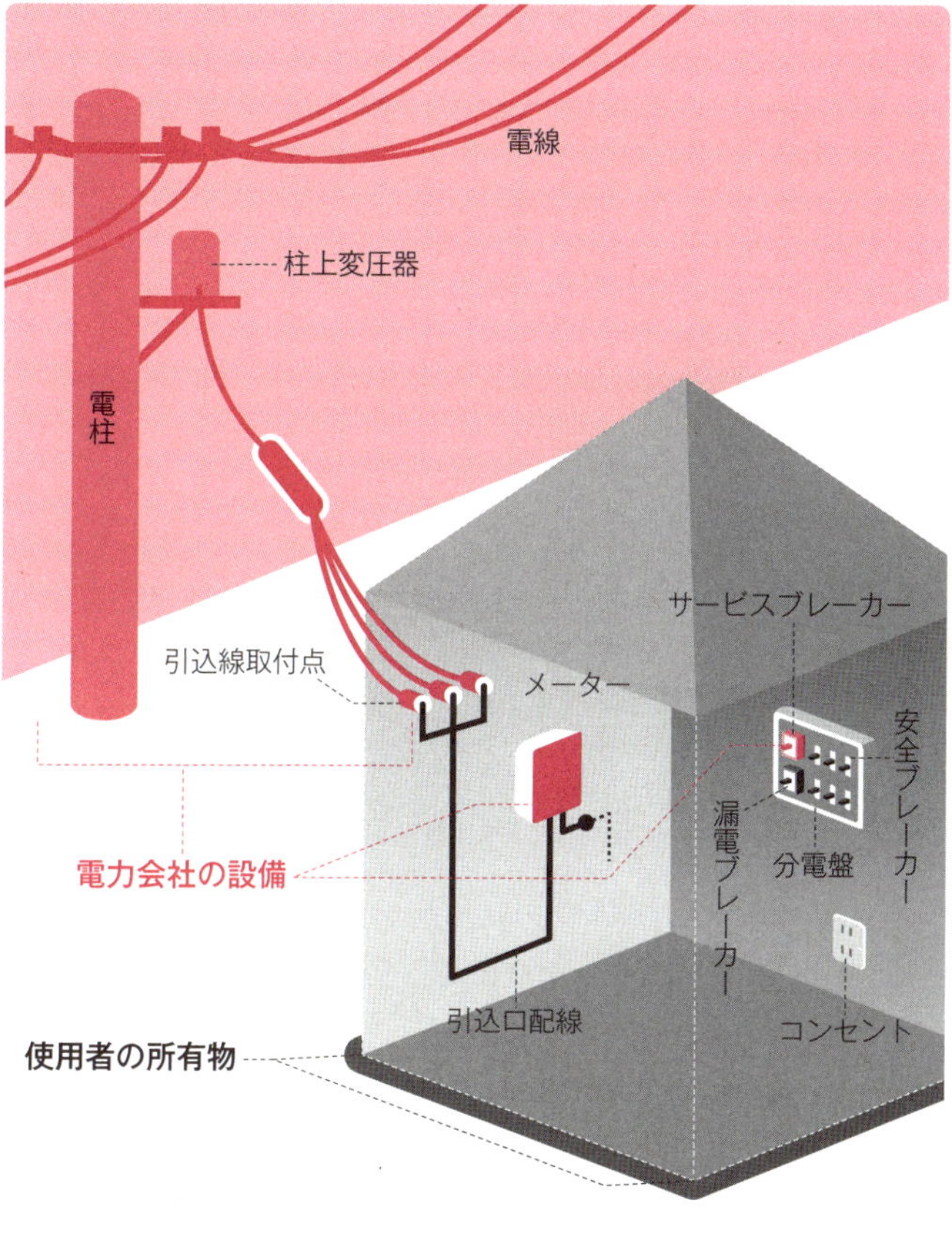

安全ブレーカーは**配線用遮断器**とも呼ばれる。分電盤から各部屋へ電気を送る屋内配線に取り付けられており、許容電流（普通は20アンペア）を超えると自動的に電気を止める。

ブレーカーのしくみには、熱動式と電磁式の2種の方法がある。**熱動式**とは、コタツの温度調整にも使われるバイメタルを利用する。電流が流れ過ぎると熱を帯び、その熱を検知して電流を切る。**電磁式**は電磁石を利用する。大きな電流が流れると磁力が増し、その力で電流を切る。

漏電ブレーカーは、**漏電遮断器**とも呼ばれる。**漏電**とは、屋内配線や電気器具から電気が漏れることだ。例えば、配線や電気製品の

熱動式の安全ブレーカー

電気が流れ過ぎると熱が出る。その熱でバイメタルが曲がり、電流を遮断するしくみだ。

◉通常の状態

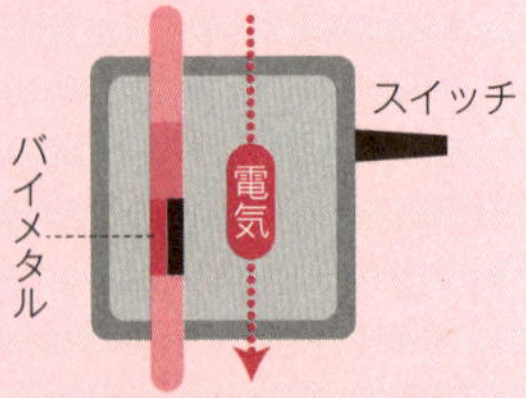

一定内の電気が流れたときは、バイメタルは曲がらない。

◉一定以上の電気が流れた場合

発生した熱でバイメタルが湾曲し、電気が遮断される。

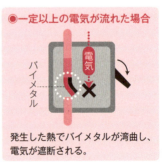

部品が傷んでいたりして起こる。漏電ブレーカーはこの漏電を素早く感知し、自動的に電気を遮断する。

漏電ブレーカーは、屋内配線の大元を磁性体のリングにくぐらせた装置である。漏電がなければ、配線の出入りはトータルで０であり、全体としてリングに電気は流れない。しかし、漏電が発生すると、行きの電流よりも帰りの電流が少なくなり、トータルとして、リングに電気が流れる。すると、電磁誘導現象が生まれ、リングに巻いたコイルに電流が流れる。

この電流を増幅して電磁石を作り、その力でスイッチを切るのである。

漏電ブレーカーの原理

家の電流の行きと帰りの電線を磁性体のリングに通す。漏電がなければ、リングを通る電気は正味０（ゼロ）。万一０でなければ漏電と判断。それを増幅して電磁石を作り、その力でスイッチを作動させる。

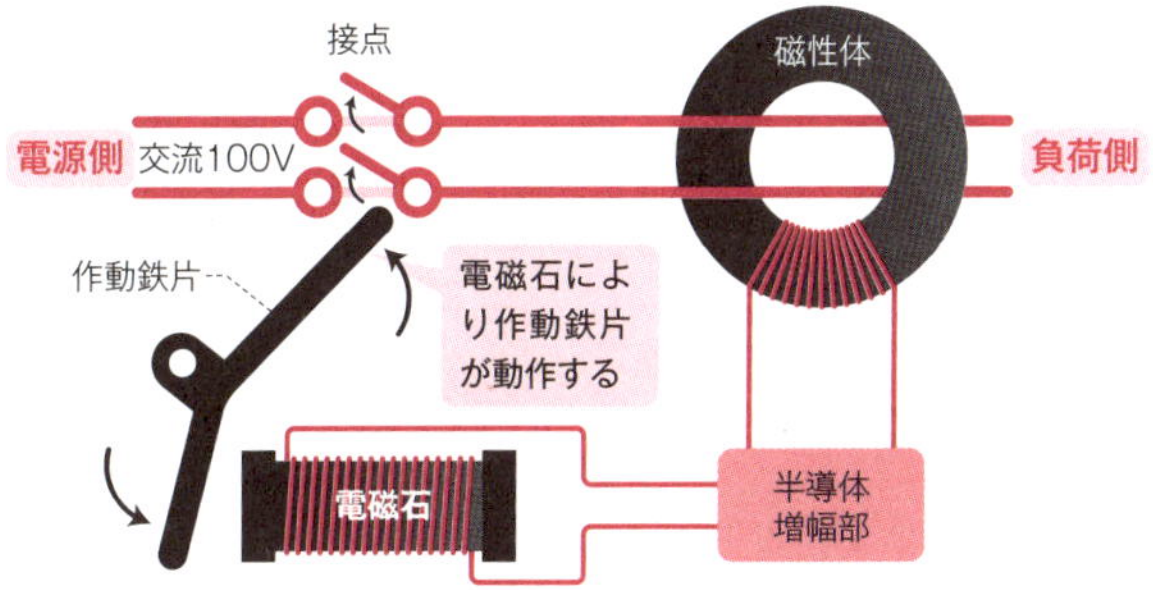

• column •

コンセントの穴の大きさが異なる理由

意外と気にされていないが、コンセントの左右２つの穴の大きさは異なっている。よく見ると、左側のほうが大きいのだ。

穴の大きさが違うのは、アースされている側と、そうでない側とを区別するためである。大きな穴のほうがアースされている側である。電気工事の人はこれをもとにアース作業ができる。

「アースされている」とは電線が大地につながっていることをいう。実際、電柱から家庭に来る配電線は２本がペアになっているが、そのうち片方はアースされているのだ。したがって、仮に大きい穴のほうだけに指を差し込んだとしても（正しく工事がなされていれば）感電することはない。それに対して、小さい穴のほうに指を突っ込むと感電する（実際にはやらないように！）。

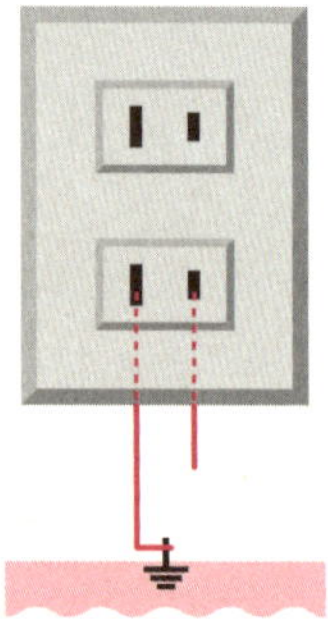

第3章

生活用品のすごい技術

リンスインシャンプーはなぜ、シャンプーとリンスの効果が同時に得られるのか。石けんやカップ麺など、身のまわりの生活用品の技術を紹介しよう。

Technology 031

無洗米《むせんまい》

研《と》がなくても、おいしいご飯が炊《た》ける「無洗米」。従来の米とどう違うのか。また、どのように作られているのか。

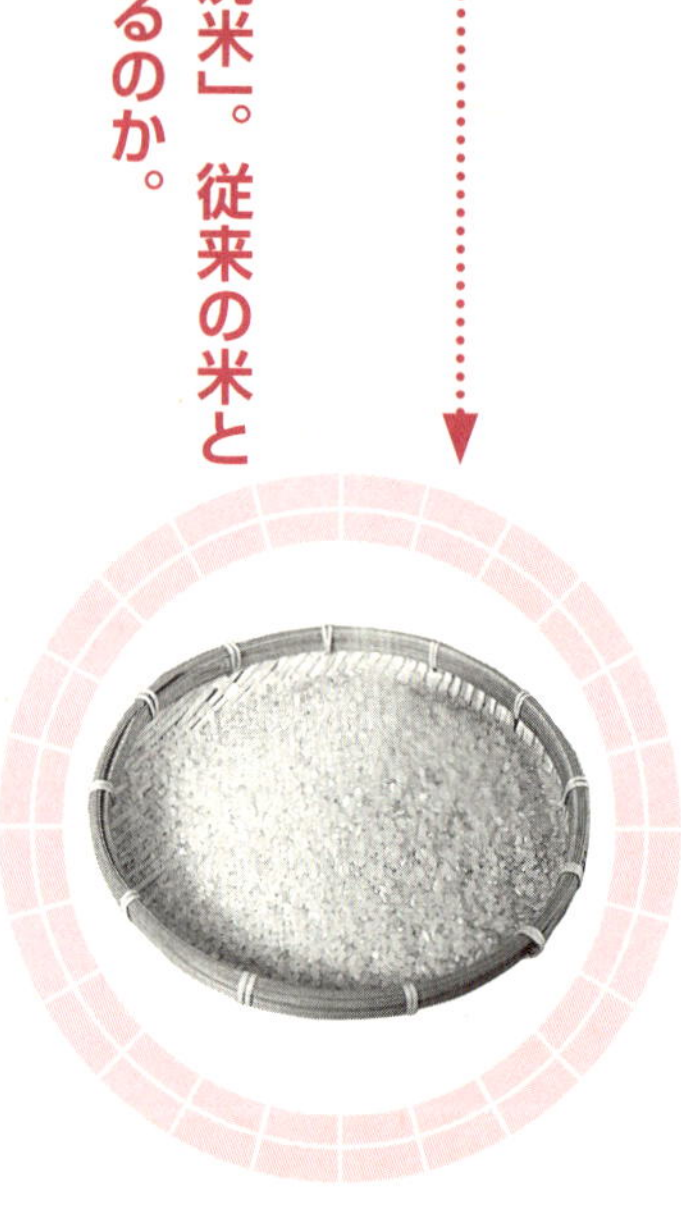

古来、日本人の習慣として、米を炊く前にまず研いでいた。しかし近年、研がなくてもいい**無洗米**が市販され、人気を博している。忙しい現代人にはたいへんありがたい商品だ。

無洗米の製法を理解するには、米が精米される過程を知っておく必要がある。まず、稲から刈り取られて脱穀《だっこく》された籾《もみ》からはじめよう。籾から殻を剥がし、中身を取り出すことを「籾摺《す》り」と呼ぶ。取り出された中身が**玄米**《げんまい》だ。玄米は栄養価が高く、そのままでも炊いて食べられるが、通常はさらに表面から**糠**《ぬか》を剥がして**白米**《はくまい》にする。この過程を**精米**《せいまい》と呼ぶ。この白米が米穀店やスーパーなどで売られる普通の米だ。

白米も、玄米と同様にそのまま炊いても食べられるが、白米に残っている糠成分（**肌糠**《はだぬか》）

精米過程と肌糠

籾から中身を取り出したものが玄米、それから糠（胚芽を含む）を剥がしたものが白米である。その白米に付着する肌糠を機械的に剥がしたものが無洗米だ。

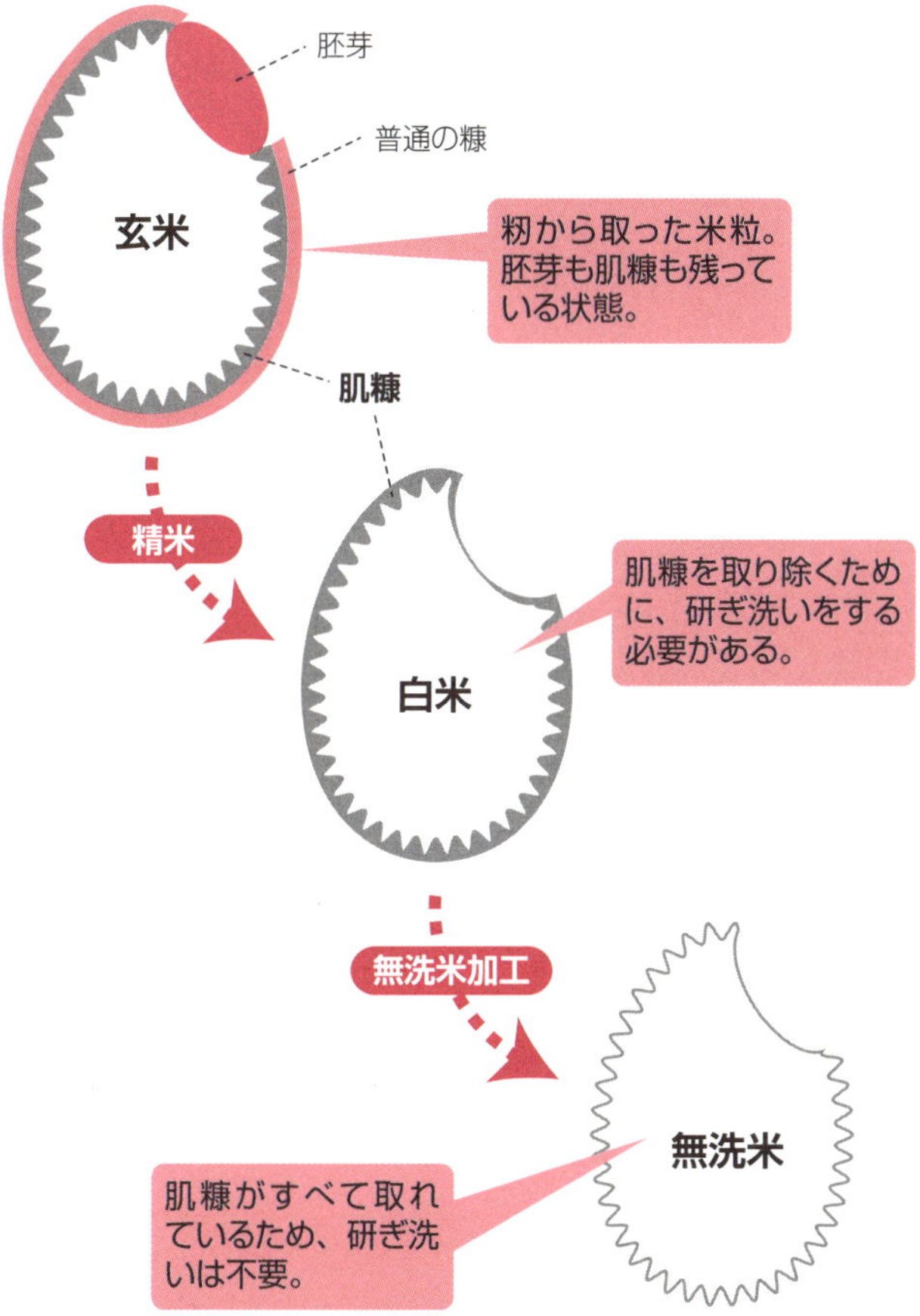

を剥がすとさらにおいしく炊けるようになる。この「肌糠剥がし」の過程が「米を研ぐ」という行為なのである。無洗米は、白米に着いた肌糠をあらかじめ剥がしておくことで、私たちが「米を研ぐ」手間を省いてくれているのだ。では、どうやって剥がすのだろうか。

いくつもの方法が開発されているが、ここでは大きなシェアを占めている「BG精米製法」を紹介しよう。これは糠で糠を削り取る方法で、「糠と糠、そして糠と金属が付着しやすい」という性質を巧みに利用している。

しくみはそれほど複雑ではない。白米をステンレス製の筒内に入れて攪拌《かくはん》しているのだ。白米が攪拌されると、肌糠がステンレス壁に付着する。この付着した肌糠に他の米粒の肌糠が次々と付着し、ほとんどの肌糠が米から分離されるのである。

ちなみに、玄米を白米にする**精米機**も似たしくみを利用している。精米機の中で玄米同士をすり合わせ、その摩擦で糠をこすり取っているのだ。

無洗米というネーミングに「米は『研ぐ』ものであって『洗う』ものではない」と異議を唱える人も多い。現在では、「米を洗う」と言う人も増えており、どちらを使っても許されるようだ。

無洗米機の一例

白米をステンレス製の筒内に入れて高速で攪拌すると、肌糠がステンレス壁に付着する。付着した肌糠に他の米粒の肌糠が次々と付着し、分離される。

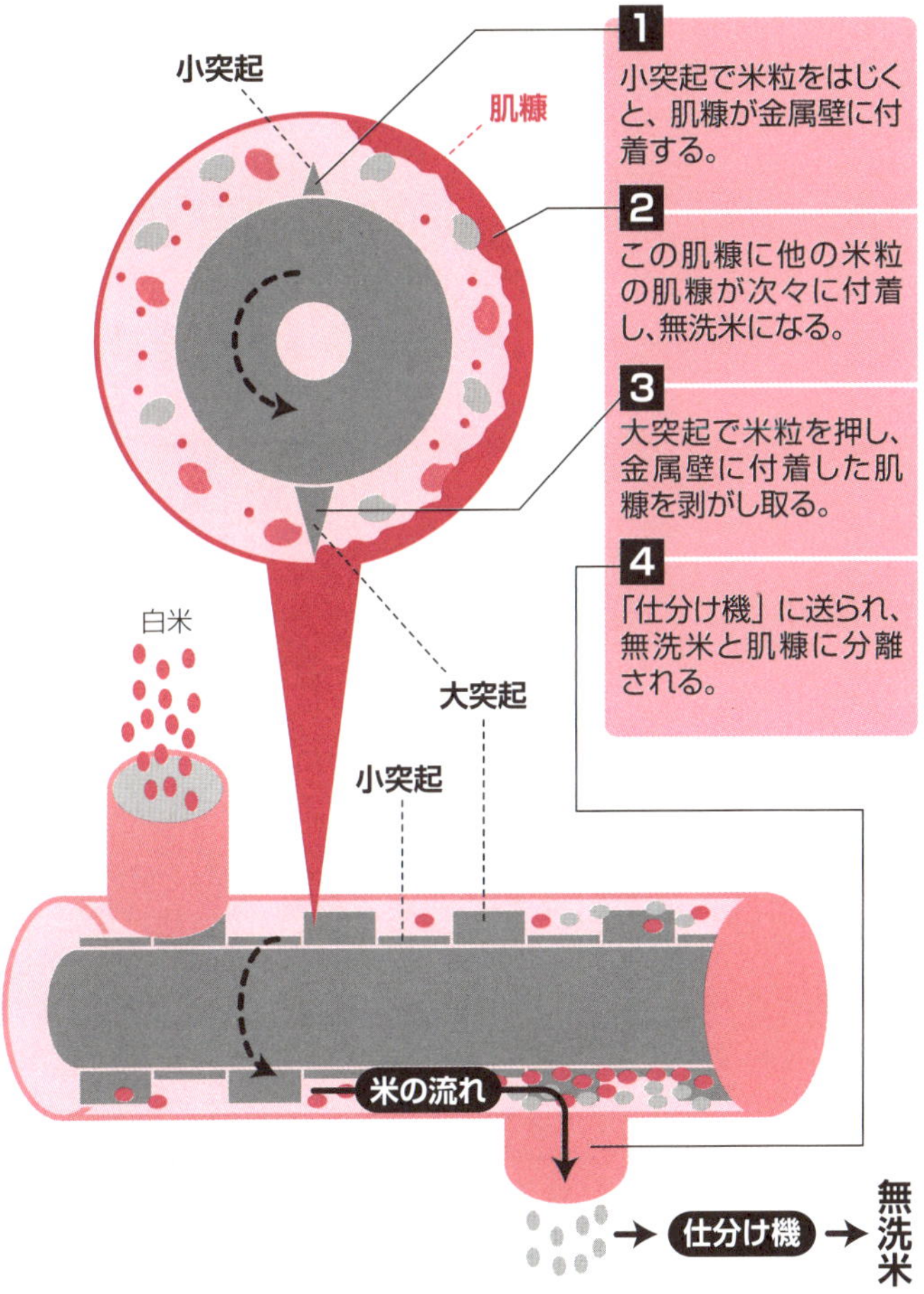

Technology 032

石けんと合成洗剤

石けんや合成洗剤は生活に欠かせないものだが、これらが汚れを落とすしくみを考えたことがある人は少ないだろう。

普段、何気なく使っている石けんだが、どうして石けんは汚れを落とせるのだろう。その秘密は分子《ぶんし》の不思議な構造にある。

石けんの分子は、マッチ棒のような形をしている。その分子の片方は水に反発し、もう片方は水になじむ性質がある。水に反発する側を**疎水基**《そすいき》、水となじむ側を**親水基**《しんすいき》と呼ぶが、この二つの基が共存する分子構造が重要なのである。

石けんの分子は水中で**ミセル**と呼ばれる分子の集団になっている。疎水基が水と反発するため、親水基を外側にして集まるのだ。「頭隠して尻《しり》隠さず」という言葉があるが、石けんの分子はまさにその状態になっている。もっとも、図で表現するときには疎水基を棒、親水

石けん分子の構造

細長い形をしており、一方は水を嫌う性質（疎水性）、もう一方は水を好む性質（親水性）がある。一般的に、このような分子構造を持つ物質を界面活性剤という。親水基は電気を帯びている。

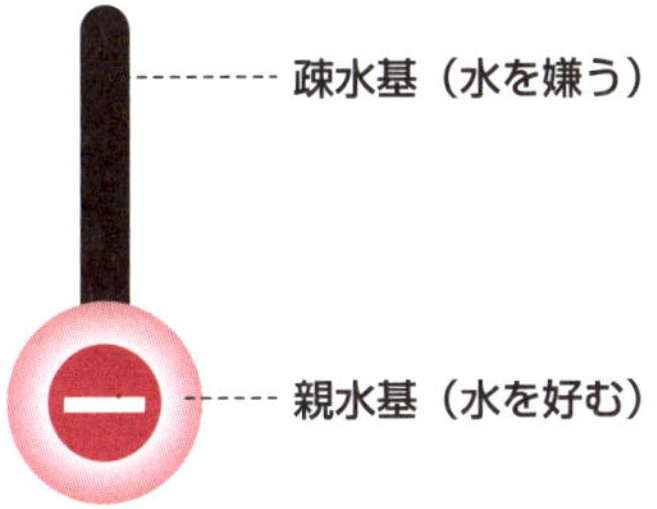

石けん分子は水中で円陣を作る

石けんの分子はミセルと呼ばれる状態で水中に存在する。疎水基が水嫌いだからである。石けんの疎水基ができるだけ水に触れたくないから円陣を作るのである。

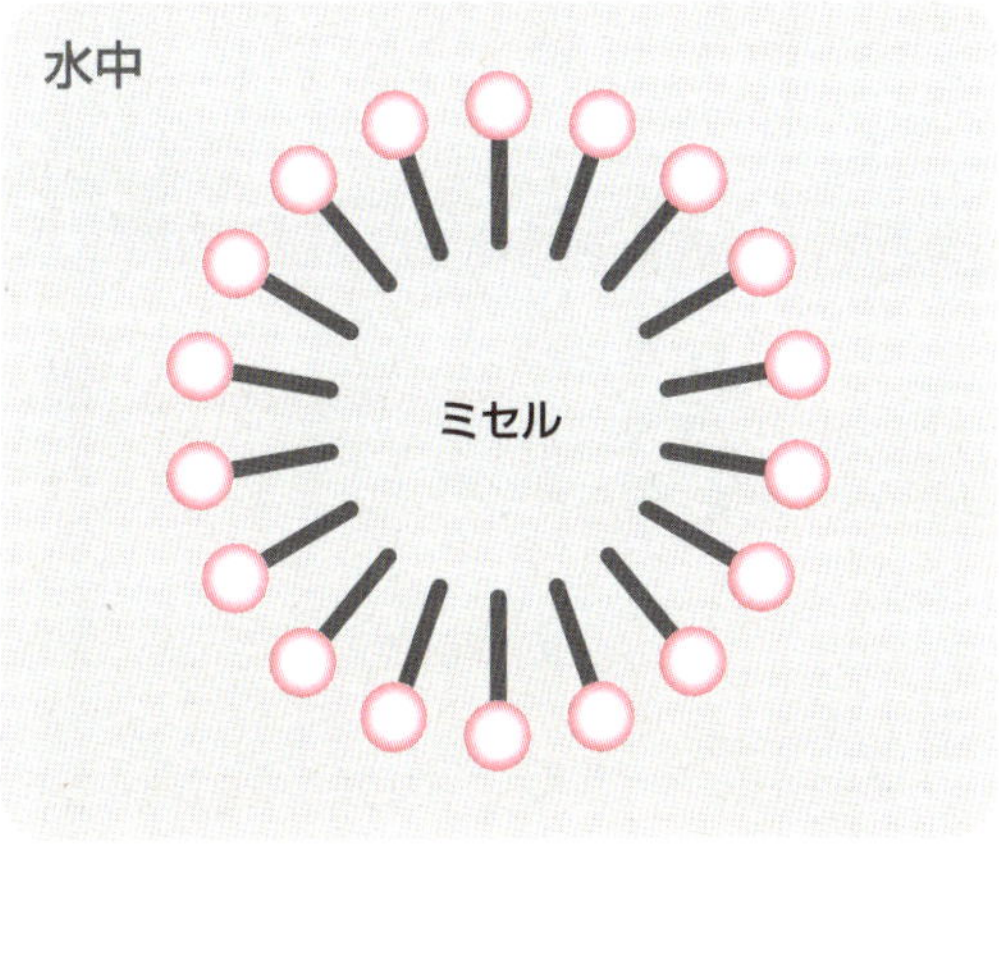

基を丸で表現するので、「尻隠して頭隠さず」となるが……。

ここに油を入れてかき回すと、どうなるだろう。ミセルを形作《かたちづく》っていた石けん分子はバラバラになるが、ふたたび疎水基の隠れ場所を探そうとする。この新たな隠れ場所が、水に溶けない油である。油も疎水性なのだ。

石けん分子の疎水基は、親しい関係にある油の表面を取り囲む。油は石けん分子にびっしりと覆われるが、外側は親水基。つまり、水に溶けるのだ。油が水に溶け出す秘密はここにある（これを**乳化**《にゅうか》という）。水ですすげば、油が洗い落とせることになる。

以上が石けんで油汚れが落ちるしくみである。親水基と疎水基が両端《りょうたん》に並んでいる分子構造が本質的な意味を持つ。この構造を持つことで、石けんは油汚れを落とせるのである。石けん分子のように、親水基と疎水基をあわせ持つ分子からできた物質を、**界面活性剤**《かいめん》という。

石けんは植物油脂から作られるが、分子構造が判明している現在、これを石油から化学的に合成することができる。それが**合成洗剤**だ。

また、洗剤以外にも、界面活性剤は静電《せいでん》防止剤や柔軟《じゅうなん》剤など、生活のさまざまなところで利用されている。

洗浄のしくみ

洗濯槽に入れた洗剤が、布に着いた油汚れを取るしくみを見てみよう。

1

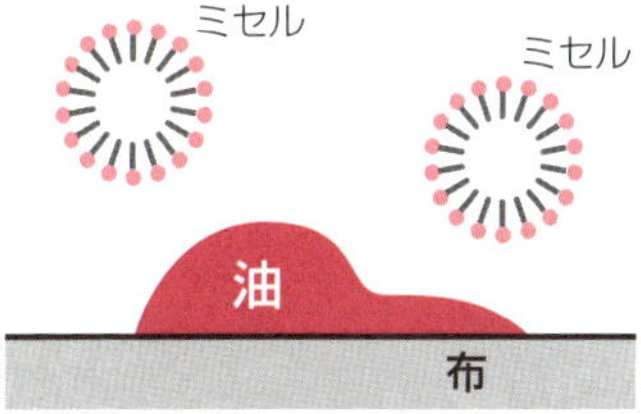

洗濯槽に洗剤を入れる。水の中で、石けん分子はミセルの形になっている。

2

攪拌するとミセルはバラバラになるが、石けん分子は水の嫌いな疎水基を油に突っ込むことになる。

3

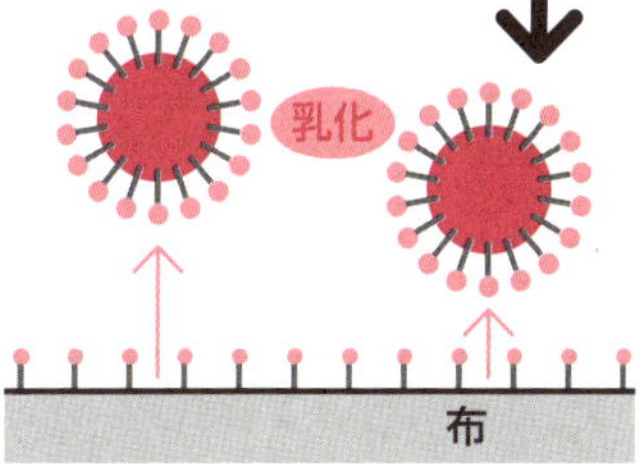

油は石けん分子に取り囲まれた団子になる。表面は水に親しい親水基に覆われているため、団子は水の中に溶け出す。これが「乳化」である。

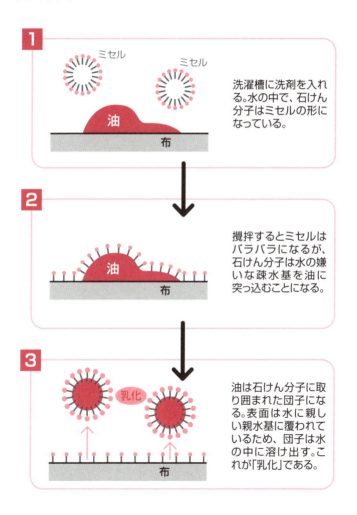

Technology 033

リンスインシャンプー

忙しいときには入浴の時間を節約したいこともある。そんなときに便利なのが、リンスインシャンプーだ。

リンスインシャンプーとは、リンスの効能をあわせ持ったシャンプーである。シャンプーは髪から脂汚れを取るもので、髪をパサパサする性質がある。それに対してリンスは髪に潤いを与えてくれる。この相矛盾する性質を一つのボトルで実現するリンスインシャンプーとは、どのようなものなのだろう。

本論に入る前に、まずは普通のシャンプーとリンスのしくみを調べよう。シャンプーは140ページの石けんと同様に、親水基と疎水基をあわせ持つ分子から成り立つ。油汚れに対して疎水基を突っ込み、親水基で表面を覆って、水で洗い落とせるようにするのだ。

リンスも基本的に石けんと同一構造である。違うのは、親水基の電荷《でんか》である。水中におい

普通のシャンプーとリンスの分子

似た構造だが、電気の帯び方が異なる。また、リンスの分子はシャンプーの分子よりも長い。

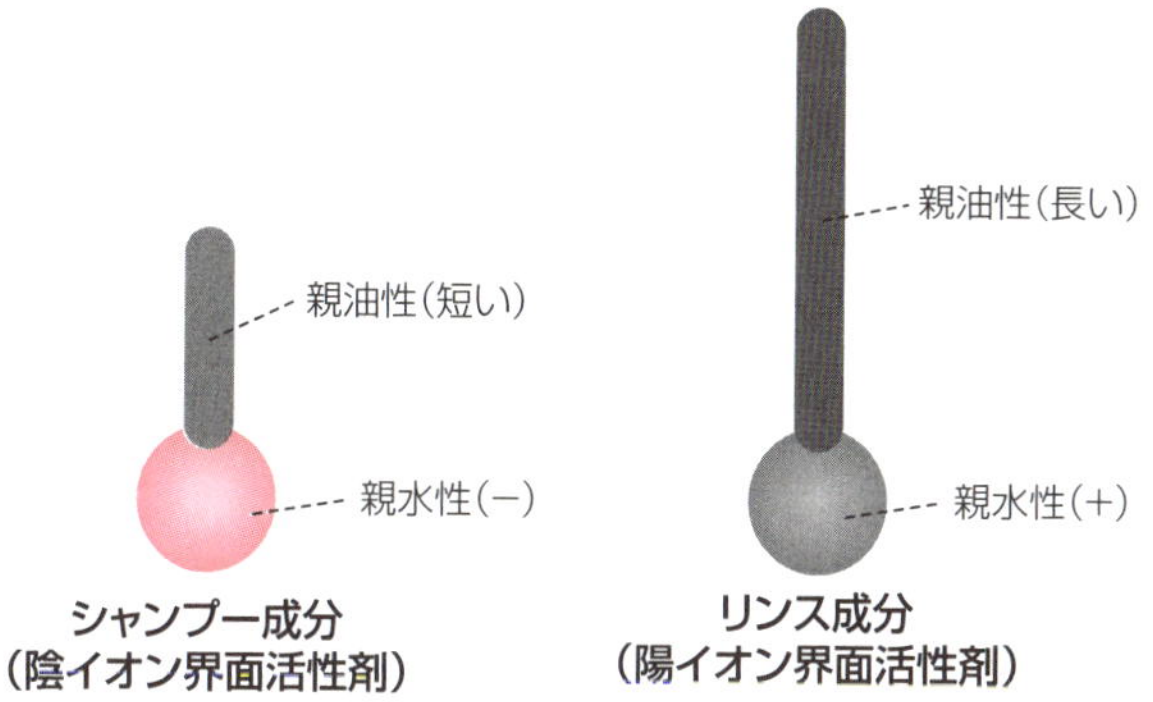

普通のリンスのしくみ

髪にとりついたリンス分子は髪がもつれるのを防ぎ、サラサラ感、シットリ感を出してくれる。

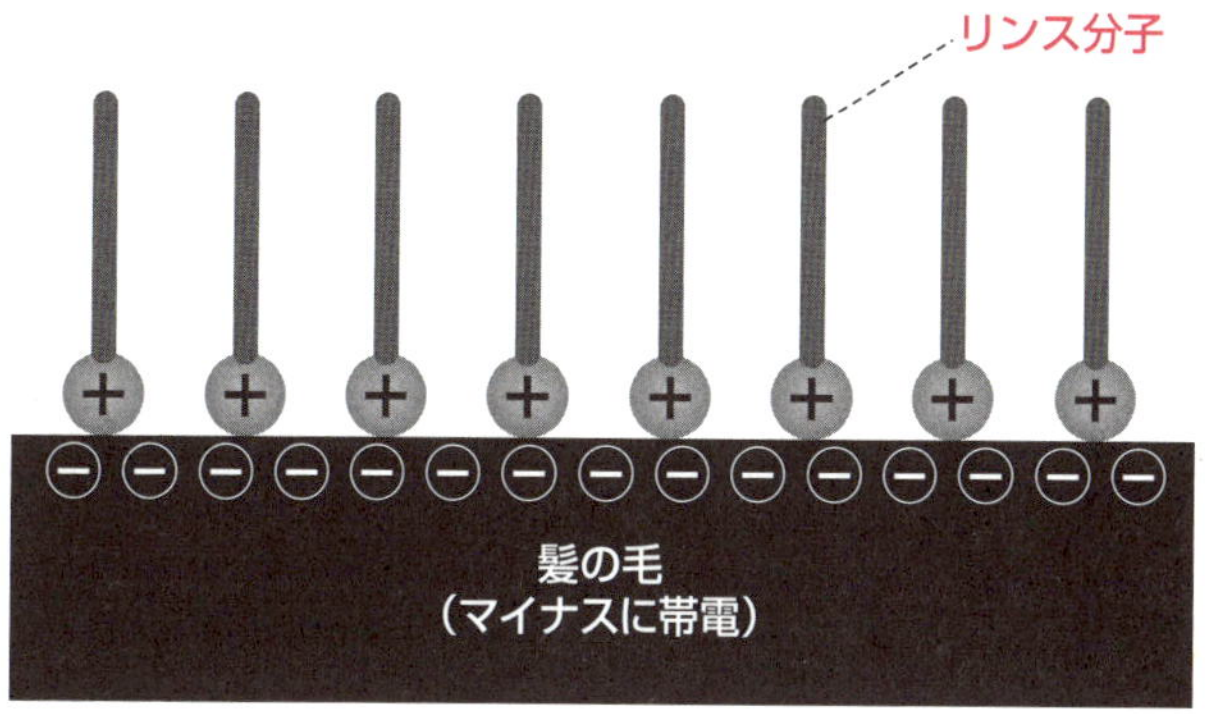

て、石けんの親水基がマイナスなのに対して、リンスはプラスなのである。そのため、シャンプー後にリンスを利用すると、マイナスの電気を帯びている髪の毛にまとわりつき、シットリ感を出すのである。また、リンスは長い疎水基を持つため、髪がまとわりつくのを妨ぎ、髪のサラサラ感を演出してくれる。

以上がシャンプーとリンスのしくみだ。しかし、これらを単純に混ぜてはシャンプーとリンス成分のプラスとマイナスが打ち消し合って元も子もなくなってしまう。そこで、リンスインシャンプーには工夫が必要なのである。

代表的なのが、リンス成分として**陽イオン性ポリマー**を利用する方法である。陽イオン性ポリマーは、陽イオンをところどころに配した長い紐のような分子である。原液中では、リンスの陽イオンとシャンプーの陰《いん》イオンが結合している。水に解かれると分解し、小ぶりのシャンプー分子がまず先兵となって髪の汚れを落とす。髪をすすいだ後には、マイナスの電気を持つ髪にプラスの電気を持ったリンス成分が取りつき、リンス効果を発揮するのだ。

忙しい現代人には便利なリンスインシャンプーだが、シャンプーとリンスを別々に使うほどの効果は得られにくい。応急的に利用するといいだろう。

リンスインシャンプーの分子

リンスインシャンプーのリンス分子は、通常のリンスよりも長いもの（ポリマー）を利用する。

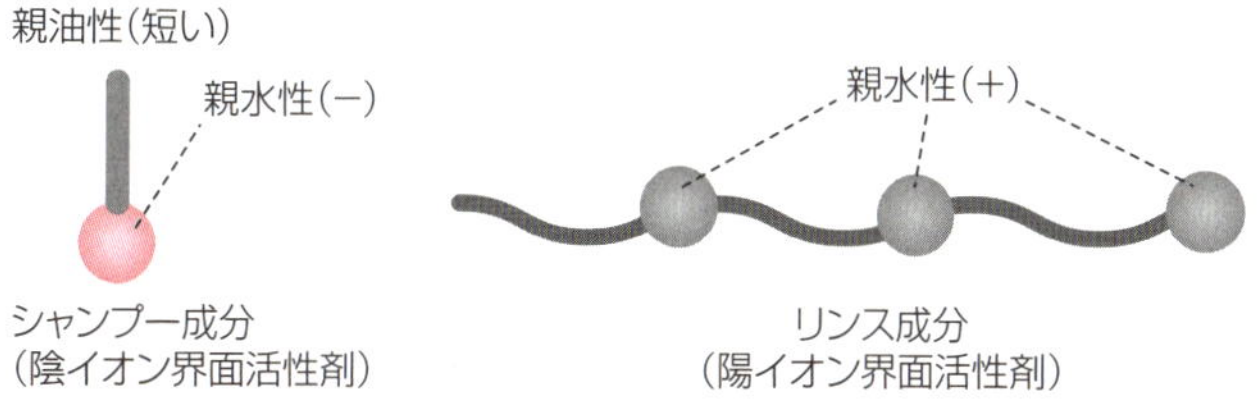

リンスインシャンプーのしくみ

汚れを落とすシャンプー効果と、しっとり感やさらさら感を出すリンス。2つの効果が得られる不思議なしくみを解明しよう。

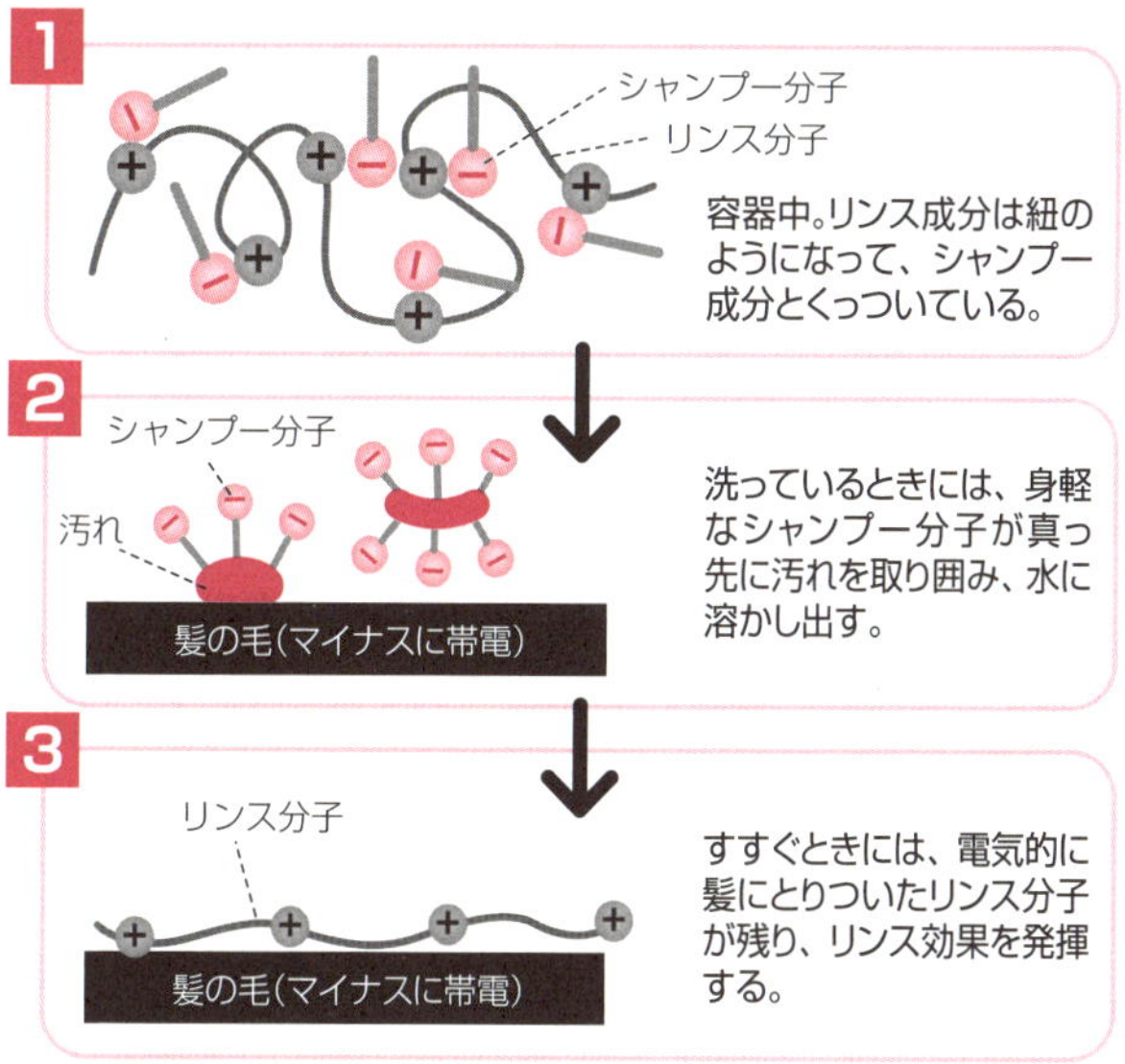

Technology 034

抗菌《こうきん》グッズ

抗菌グッズが世の中に氾濫している。抗菌タオル、抗菌歯ブラシなど挙げればきりがないが、そもそも抗菌とは何だろう。

抗菌グッズが人気だ。サニタリー用品、衣類、文具など、身のまわりのほとんどを抗菌グッズで揃《そろ》えられるほど品数は豊富だが、本当に菌の繁殖を抑える力があるのだろうか。

抗菌に類する言葉に「殺菌」「滅菌」「除菌」がある。これらには菌を積極的に殺すという意味がある。一方、「抗菌」の意味は少し異なる。

経済産業省の「抗菌加工製品ガイドライン」によると、「抗菌加工した当該《とうがい》製品の表面における細菌の増殖を抑制すること」を「抗菌」と定義している。したがって、「抗菌」と表示されていても、殺菌や滅菌の効果は期待できない。「菌が繁殖しにくい」という効果を期待した製品なのである。

抗菌剤で抗菌加工した繊維の例

繊維の上に「バインダー」と呼ばれるコーティングを施し、それに抗菌剤を付着させる。

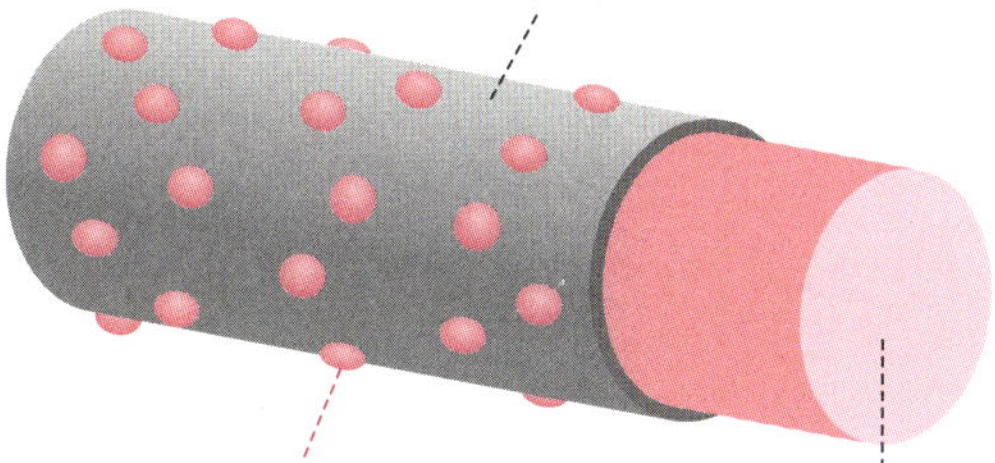

「銅」が細菌を除去する

大腸菌の「O157」を培養させる実験をすると、銅片を置いたところだけ菌が増殖していないことがわかる。

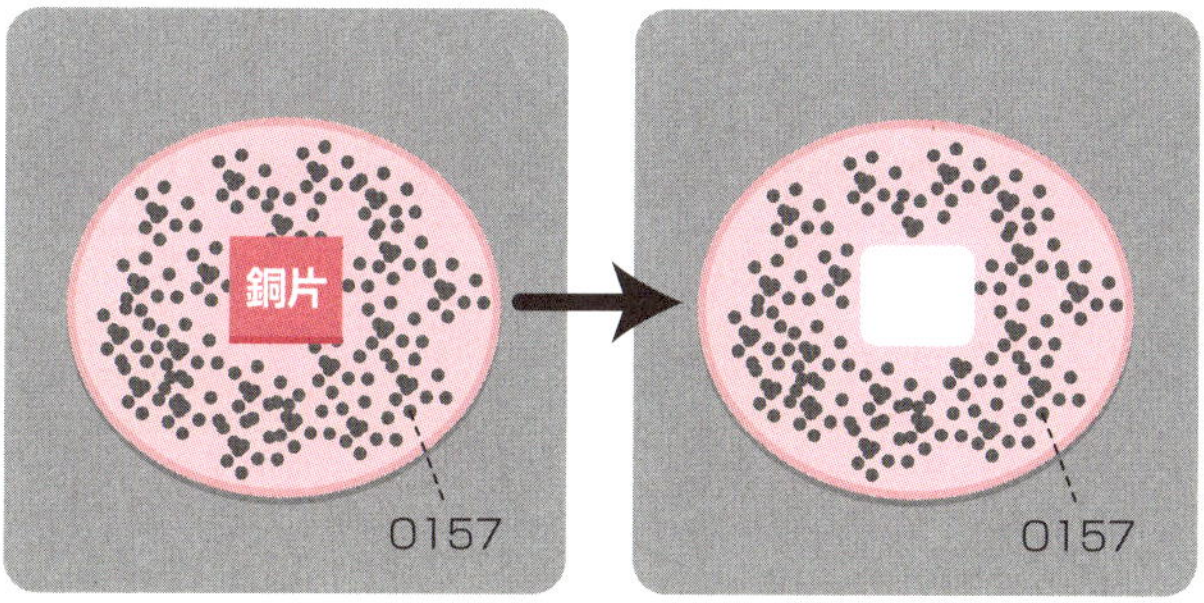

抗菌グッズは、抗菌作用のある物質を素材に練り込んだり、化学反応で結合させたりすることで製造されている。**抗菌剤**を用いる方法と金属を用いる方法が有名だ。抗菌剤は細菌の生命機能を乱したり破壊したりするもので、茶の成分のカテキンが有名である。

金属を用いる方法では、銅や銀、チタンがよく利用される。細菌にこれらの金属を嫌う性質があるからだ。実際、10円玉から病気が感染したという話は聞かない。この性質を活かして、金属を直接に利用したり、その化合物やイオンを散りばめたりして抗菌作用を引き出すのである。

先述したように、抗菌とは「菌が繁殖しにくい」ことである。しかし、さまざまな消費者センターがテストし、いくつかの製品は眉唾物《まゆつばもの》であるという結果が得られている。そこで、業界が自主的な基準を作り、その基準に合致した抗菌作用を持つものにマークを付与《ふよ》している。繊維ではSEKマーク、繊維以外ではSIAAマークである。

最近では、一部の抗菌剤が有害であるという話も出ている。抗菌ブームは「不潔恐怖症」と呼ばれる現代人のヒステリーの現れともいわれる。あまり神経質になって抗菌グッズで身を固めると、かえって体によくない結果を及ぼすかもしれないので注意したい。

金属で抗菌加工した繊維の例

繊維の中に酸化チタンを埋め込んで抗菌作用を持たせている。酸化チタンは光触媒作用で菌を殺す性質がある。

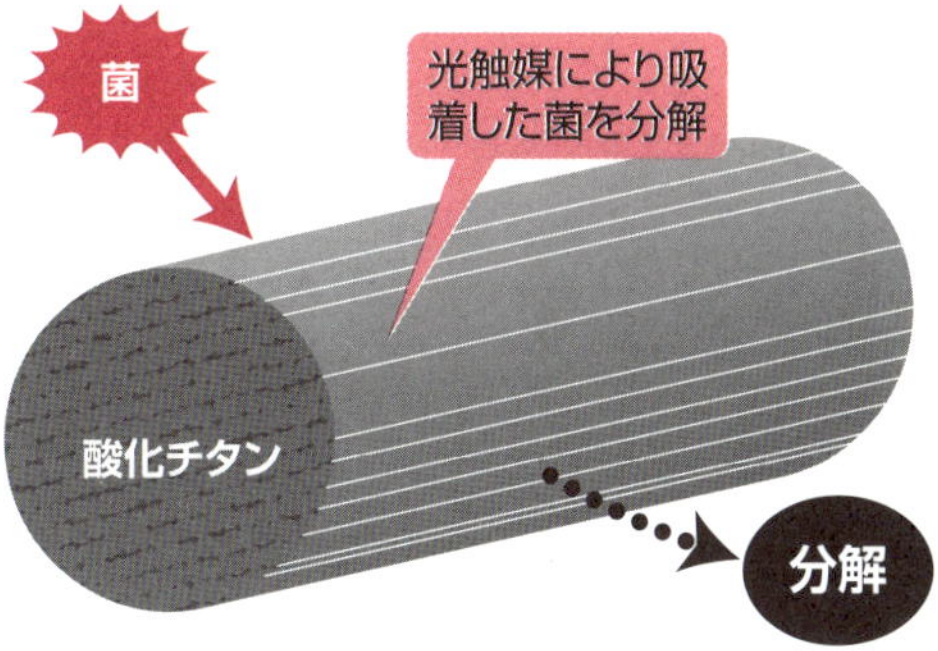

抗菌効果を証明する「抗菌マーク」

抗菌マークは業界が自主的に調べ、効果のあるものにつけることが許されている。繊維製品には「SEK」、それ以外は「SIAA」マークをつける。

SEK

繊維

SIAA
ISO 22196
for KOHKIN

繊維以外

Technology 035

曇《くも》らない鏡

風呂の鏡が湯気で曇ったり、雨天時のドライブでミラーが雨の滴で見えなくなったりする。これを解消する製品が人気だ。

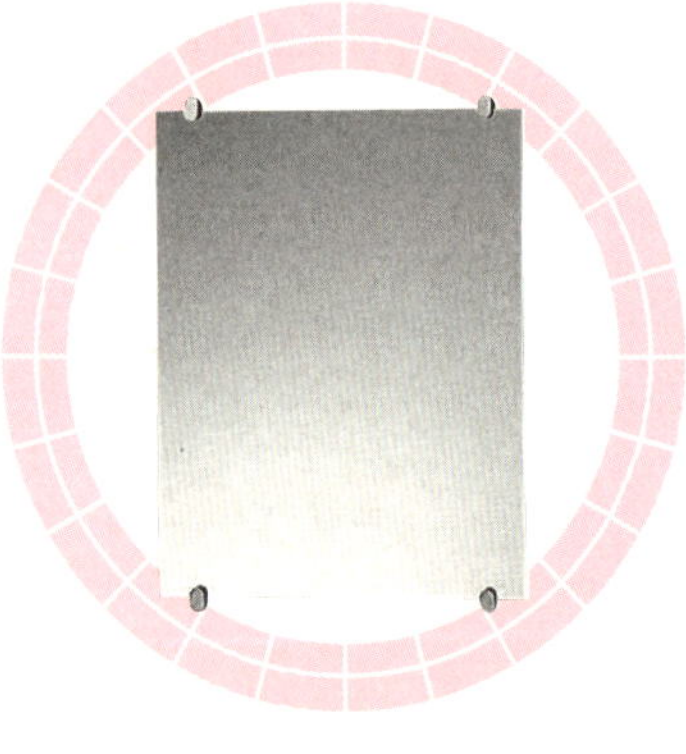

風呂の湯気《ゆげ》で鏡が見えなくなって困ることがある。このとき役立つのが**曇り止めスプレー**である。鏡をよく拭き、このスプレーを吹きかければ、鏡は元のようにクリアになる。どうして曇りを止められるのだろう。

鏡が曇るのは、鏡に無数の小さな水滴がつき、光が乱反射するからである。したがって、この水滴をなくしてしまえば、鏡は曇らないはずだ。曇りを解消するには、鏡に水滴をなじませてしまえばいい。つまり、鏡の表面を**親水化**すればいいのだ。そうすれば、表面は平らになり、鏡は曇らない。その親水化の物質でできた製品が曇り止めスプレーなのである。

曇り止めスプレーには**親水性ポリマー**が利用される。親水性ポリマーはイオン性の有機化

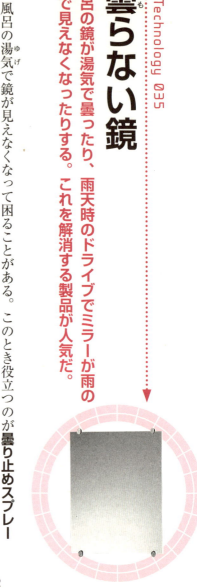

鏡が曇る理由

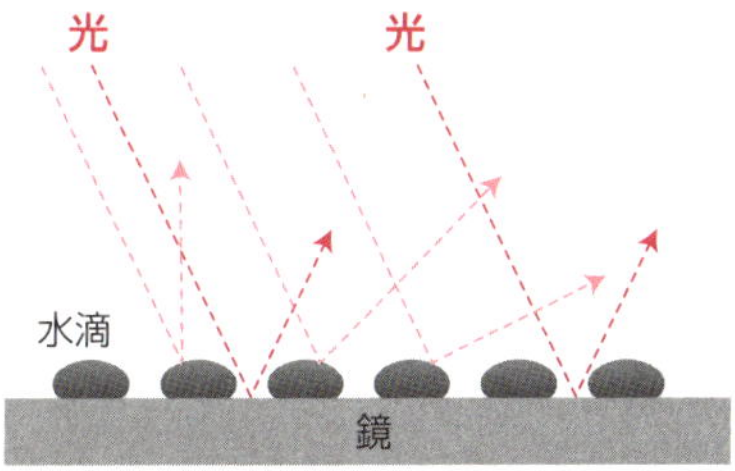
光
光
水滴
鏡

風呂で鏡が曇るのは、無数の微小な水滴が表面について光が乱反射するためだ。

曇り止めのしくみ

曇り止めスプレーを鏡に吹きかけると、水滴がついても曇らない。いったいなぜだろうか。

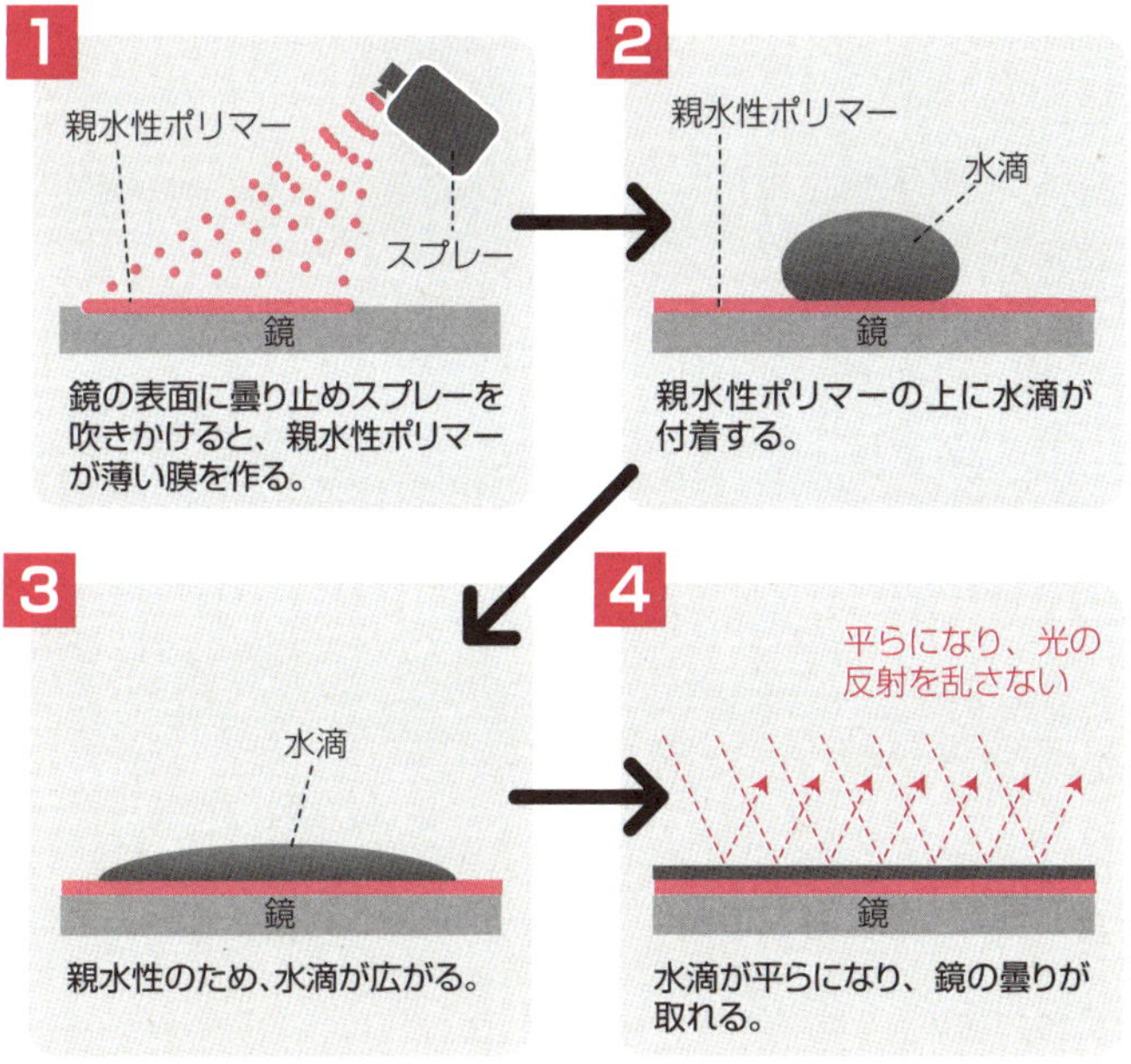
1
親水性ポリマー
スプレー
鏡
鏡の表面に曇り止めスプレーを吹きかけると、親水性ポリマーが薄い膜を作る。
2
親水性ポリマー
水滴
鏡
親水性ポリマーの上に水滴が付着する。
3
水滴
鏡
親水性のため、水滴が広がる。
4
平らになり、光の反射を乱さない
鏡
水滴が平らになり、鏡の曇りが取れる。

合樹脂で、鏡にとりついて親水性の膜を作る。こうして水滴は鏡の表面で平らになり、曇らなくなる。

ただし、スプレーによる「曇り止め」には限界がある。時間とともに親水性ポリマーが剥がれ落ち、効果が消えてしまうからだ。そこで、最初から鏡に親水性の物質をコーティングしておく方法が開発されている。それが**酸化チタン**を利用する方法である。

近年知られるようになったことだが、酸化チタンには**超親水**と呼ばれる性質がある。酸化チタンに光を当てると、その周辺が高い親水性を帯びる、というありがたい性質だ。そのため、酸化チタンを鏡のガラス表面にまぶしておけば、鏡表面は親水状態を保ち、曇ることがないのだ。

酸化チタンには超親水性以外にも、**光触媒**《ひかりしょくばい》作用と呼ばれる頼もしい性質がある。酸化チタンの近くについた油膜などを、光の力を利用して酸化・分解する性質だ。つまり、鏡に汚れがついても、ひとりでに剥がれ落ちてしまうのである。おかげで、酸化チタンをコーティングした鏡は長時間防汚効果を保ち、良好の反射性を維持することになる。汚れのつきやすい道路の反射鏡に、酸化チタンをコーティングした鏡が利用されるのはこのためである。

酸化チタンの光触媒作用

酸化チタンは光を利用して有機物を酸化し、破壊する。

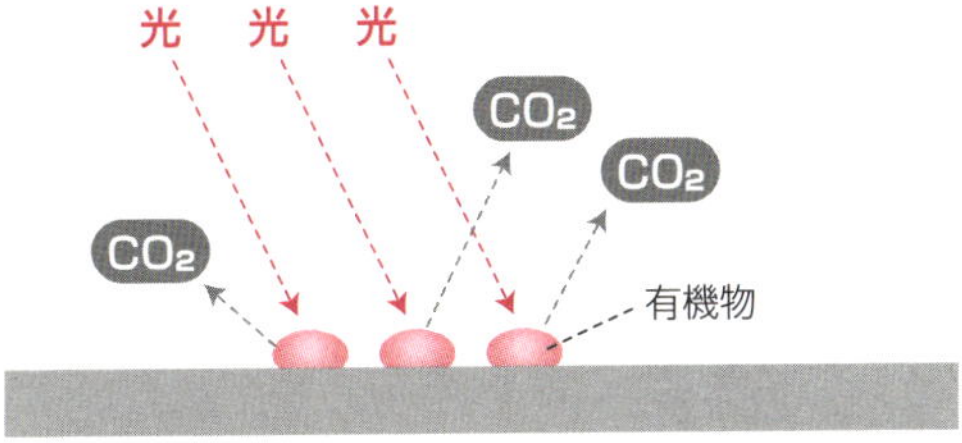

酸化チタンをコーティングした鏡

親水性物質のセルフクリーニング機能

親水性被膜には本来、自己浄化の機能がある。ゴミの下に水がしみ込み、ぬぐい去るからだ。酸化チタンはさらに光触媒作用が加わるため、クリーニング効果は抜群である。

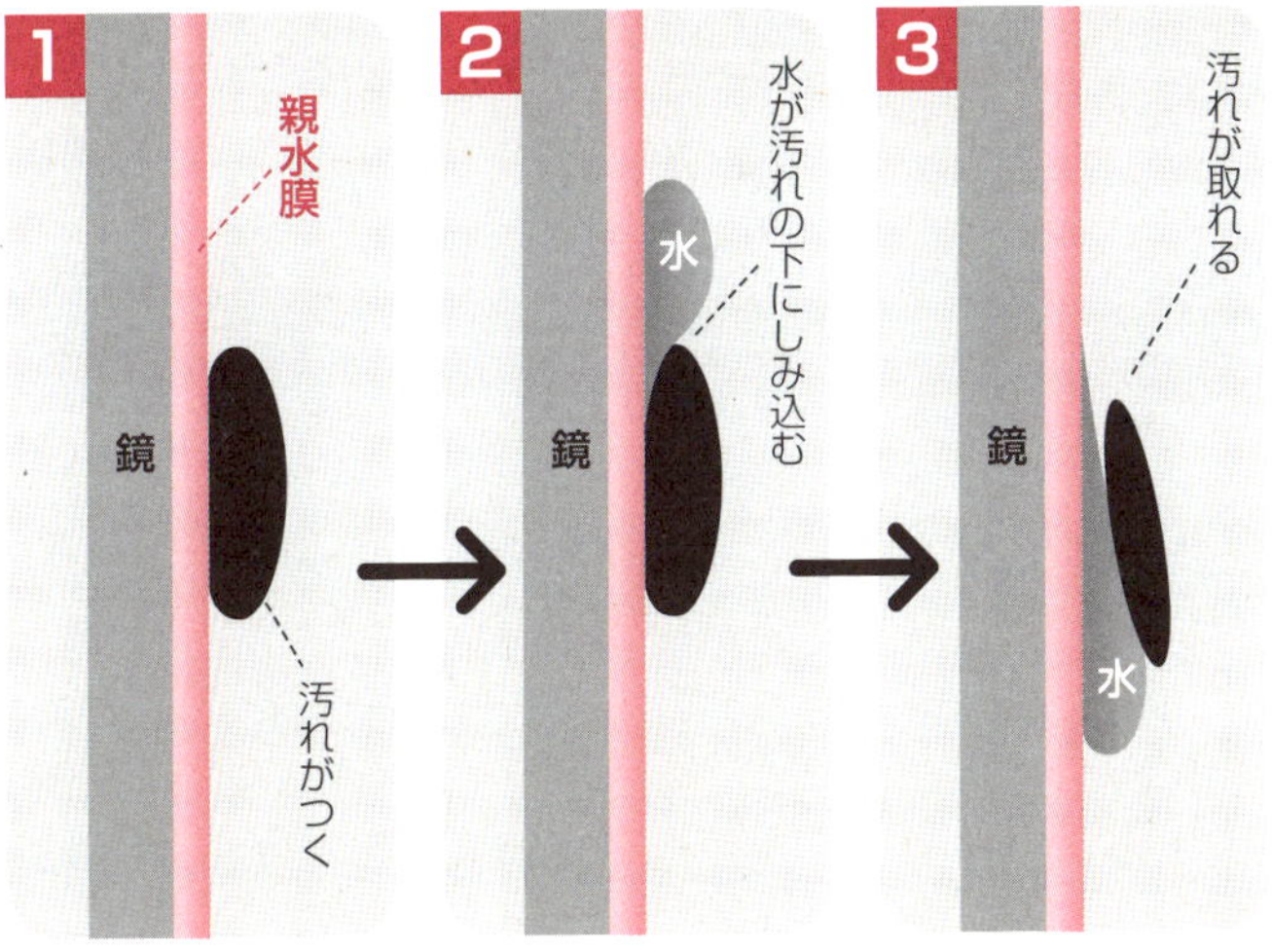

Technology 036

圧力鍋

普通の鍋の3分の1の時間で料理できる圧力鍋が人気だ。ガス代も節約できるし、味がよくしみておいしくなるのだ。

圧力鍋とは、文字通り「圧力をかけて調理する鍋」のことである。調理時間を大幅に短縮できるだけでなく、ビタミンや素材の色を保てて、おいしく料理できるので人気がある。

圧力鍋の構造はいたってシンプル。鍋を密封する蓋《ふた》に小さな穴をあけ、その穴の閉じ具合をおもりやスプリングで調整する。素材を入れて火にかけると鍋の内側の圧力は上昇し、この穴の調整加減で圧力は高く一定に保たれる。例えば、家庭用の圧力鍋では、内部が2気圧程度になるように調整されている。ちなみに、1気圧とは平地で受ける大気の圧力である。

ではなぜ、圧力を高くすると調理時間が短縮されるのか。それは、鍋の中の圧力が高いと水の沸騰《ふっとう》が抑えられ、高温調理が可能になるからである。

おもり式とスプリング式

圧力鍋には「おもり式」と「スプリング式」がある。密閉する蓋の穴をふさぐのに、どれくらいの力を加えるかで、中の圧力が調整される。

◉圧力鍋の構造

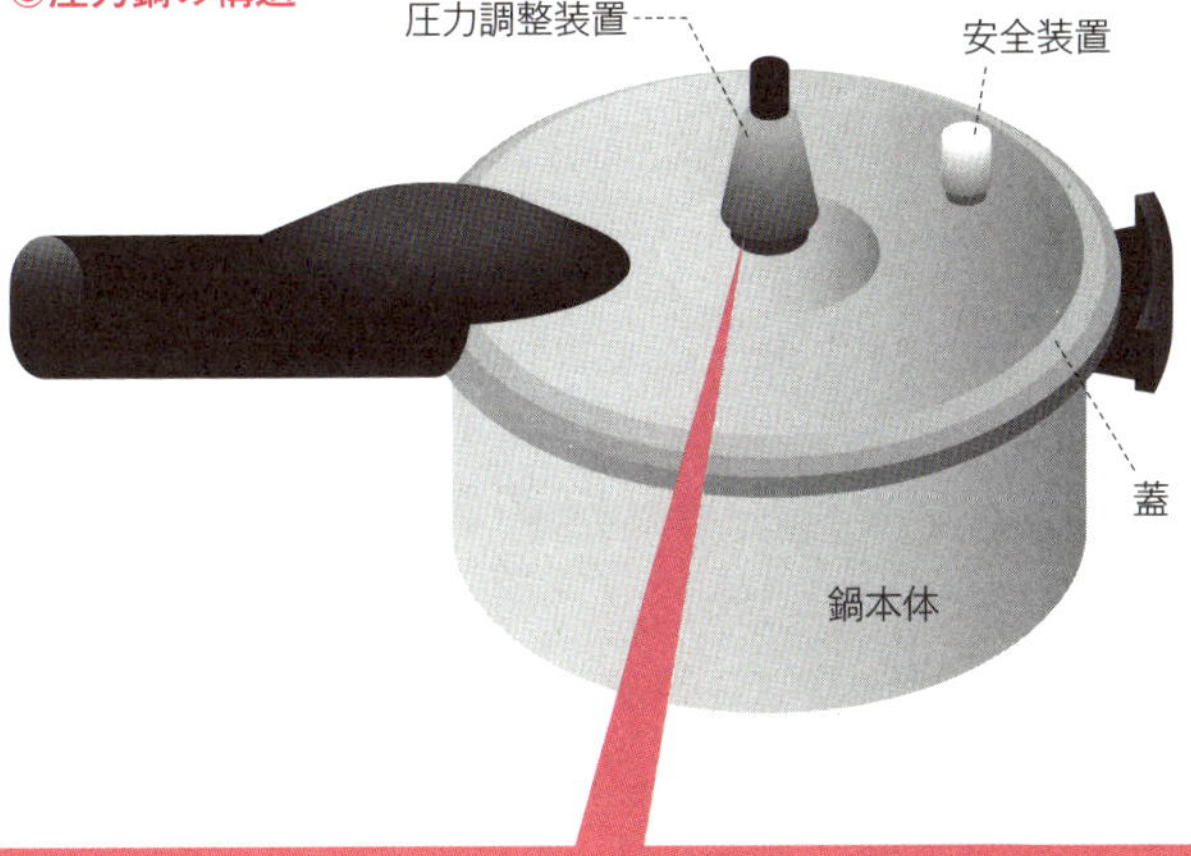

圧力調整装置の拡大図

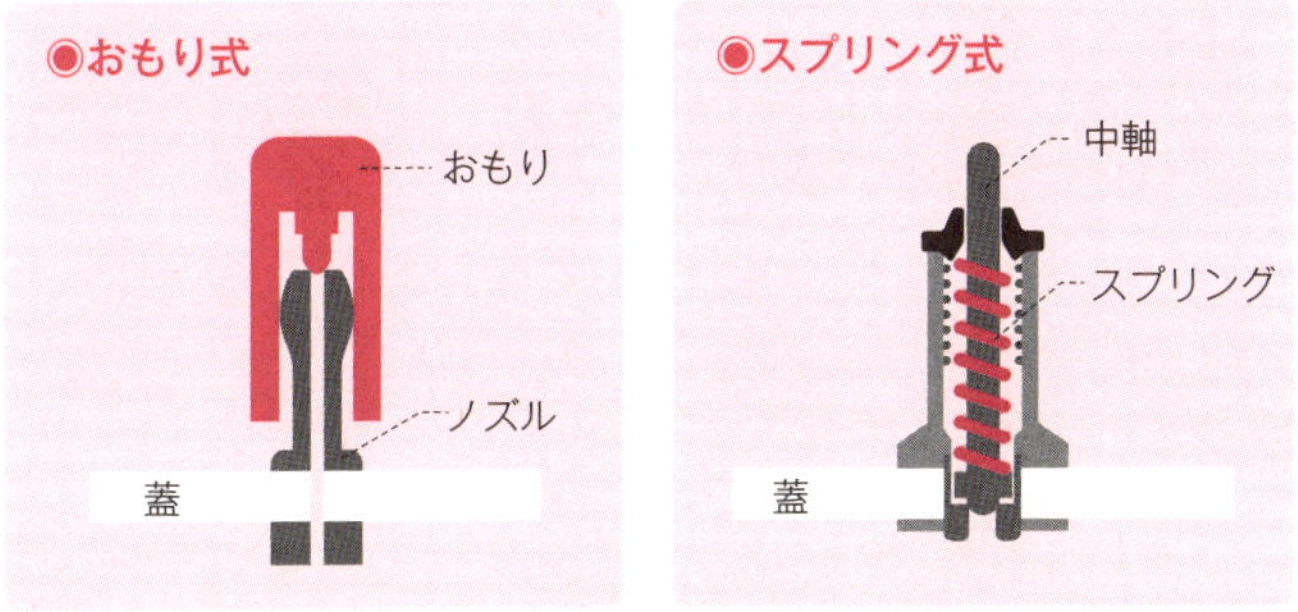

沸騰とは、水の分子が熱のエネルギーをもらって勢いよく飛び出す現象だ。圧力が強いと分子はなかなか外に飛び出せない。そのため、圧力をかければ沸騰温度は高くなる。実際、圧力が1気圧なら水の沸騰温度は100度だが、2気圧にすると120度くらいの高温になる。つまり、圧力鍋では120度での調理が可能なのだ。調理時間が短縮される秘密はここにある。

圧力鍋は高山でとても重宝する。高度が高くなって空気が薄くなると、気圧は低くなり、水の沸騰温度も低くなってしまう。圧力鍋とは逆の現象が起きるのだ。例えば、富士山頂では空気の圧力は地上の3分の2ほどになり、水は87度程度で沸騰する。これでは、食材はいくら火を通しても生煮《なまに》えの状態になってしまう。圧力鍋を利用すれば、この問題は解決するわけだ。

圧力と沸騰の関係は、**フリーズドライ**という食品の乾燥保存技術にも応用されている。凍らせた物体を気圧がほとんどない部屋に置き、水分を一気に沸騰させて気化させ、乾かす方法である。栄養分の変化はほとんど起きず、水や熱湯をかければすぐに元に戻せるため、カップラーメンの具の製造などに利用されている。

高温調理が可能な理由

圧力鍋の内部は約２気圧。この状態では、通常100℃で沸騰する水が、120℃まで上昇しないと沸騰しない。つまり、120℃の高温調理が可能になり、調理時間が大幅に短縮できるわけだ。

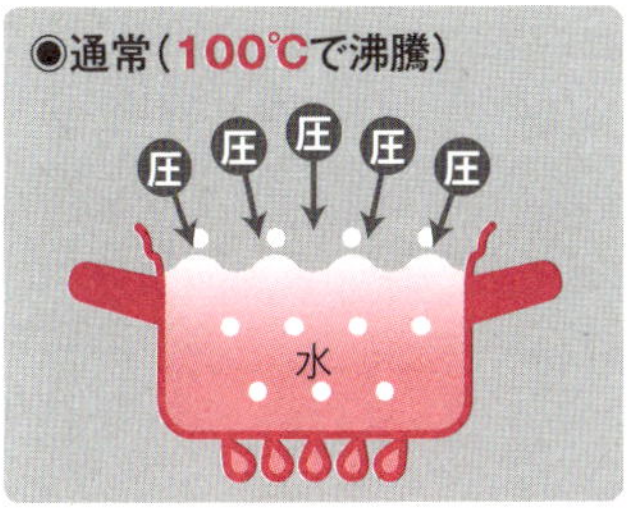

気圧が高いと沸点温度は高くなる

圧力が高くなると沸騰温度も高くなる。逆に、圧力が低くなると沸騰温度も低くなる。圧力による沸騰温度の違いを見てみよう。

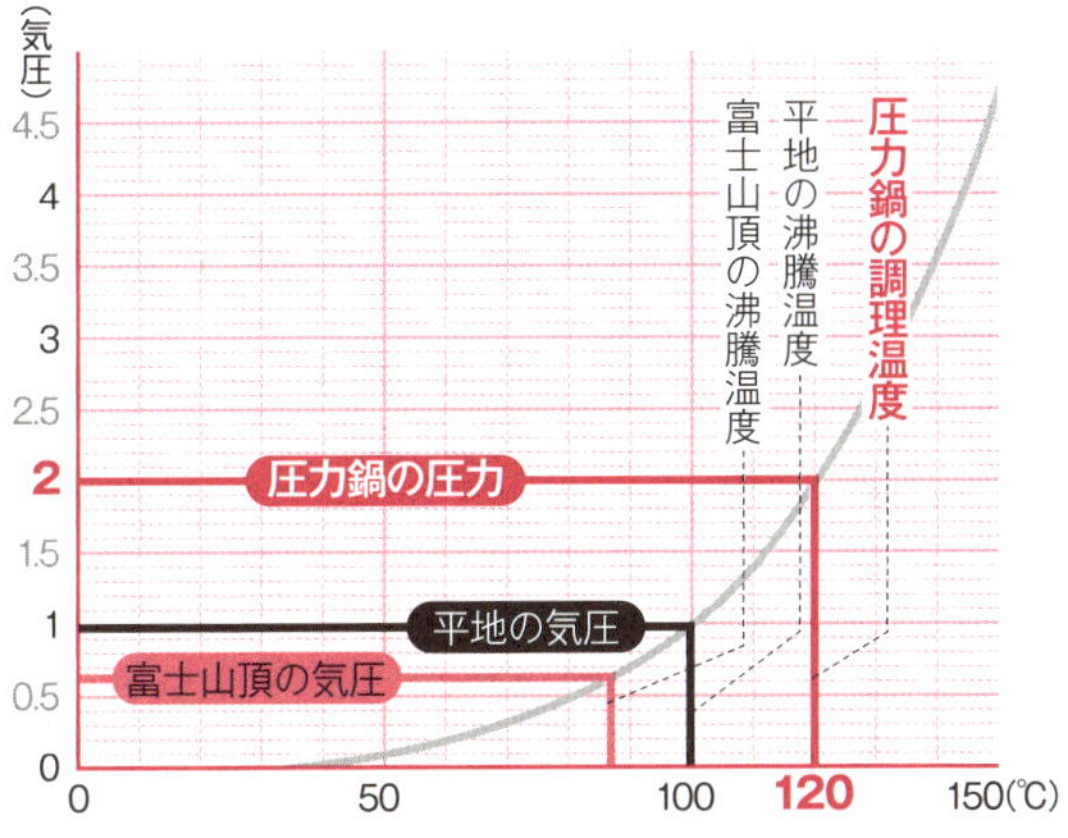

Technology 037

家庭用血圧計

血圧が気になる人にはありがたい家庭用血圧計。病院で使われるものに比べてずいぶん小さいが、どのように測定しているのだろうか。

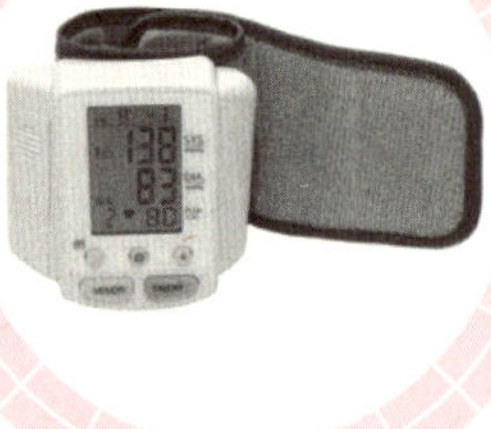

近年、家庭用血圧計が普及し、血圧を自分で測定するのが当たり前になった。おかげで、血圧チェックが毎日できるようになり、血圧が高い人の健康管理にも大いに役立っている。現在、この血圧計は指でも測れるように小型化されている。

では、伝統的な血圧計のしくみを見てみよう。上腕部に巻きつけたカフ（腕帯《わんたい》）に空気を送り込んで締め付け、接続した水銀柱《すいぎんちゅう》の圧力計で血圧を読み取る方式である。このとき医師は、聴診器《ちょうしんき》で血管音（発見者の名にちなみ、**コロトコフ音**という）を聞き取る。締め付けたカフの空気をゆっくり抜くと、血液が流れて血管音が聞こえ始めるが、このときの血圧が最高血圧。やがて聞こえなくなるときの血圧が最低血圧である。この方法を**コロトコフ法**とい

コロトコフ法による血圧の測定

病院で利用される血圧計は、コロトコフ法による測定が主流。聴診器で脈の音を聴いて最高血圧と最低血圧を計る。

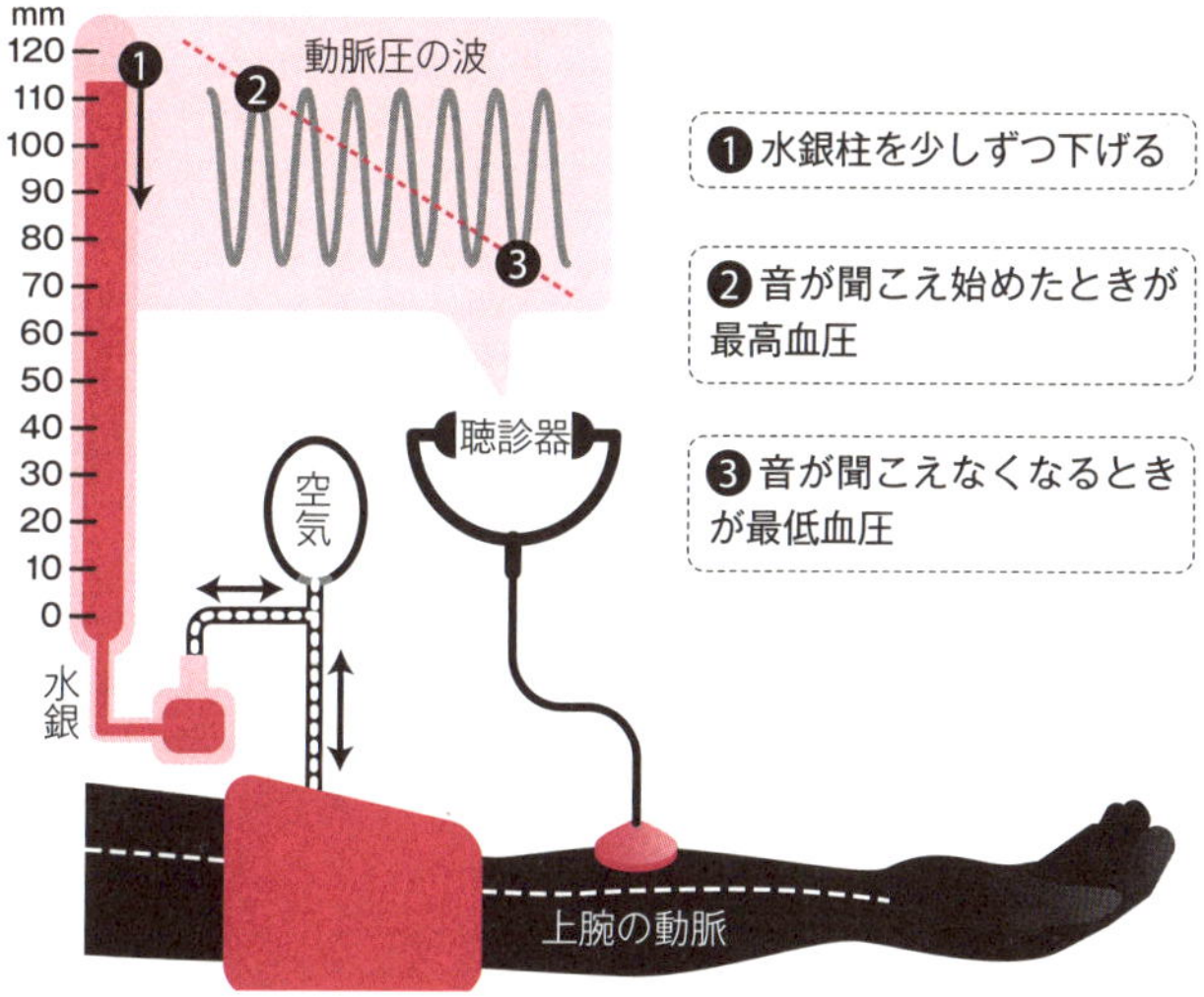

オシロメトリック法による血圧の測定

家庭用血圧計に採用されている。脈の振動を感知して数値にする。医療用より小さくコンパクト。

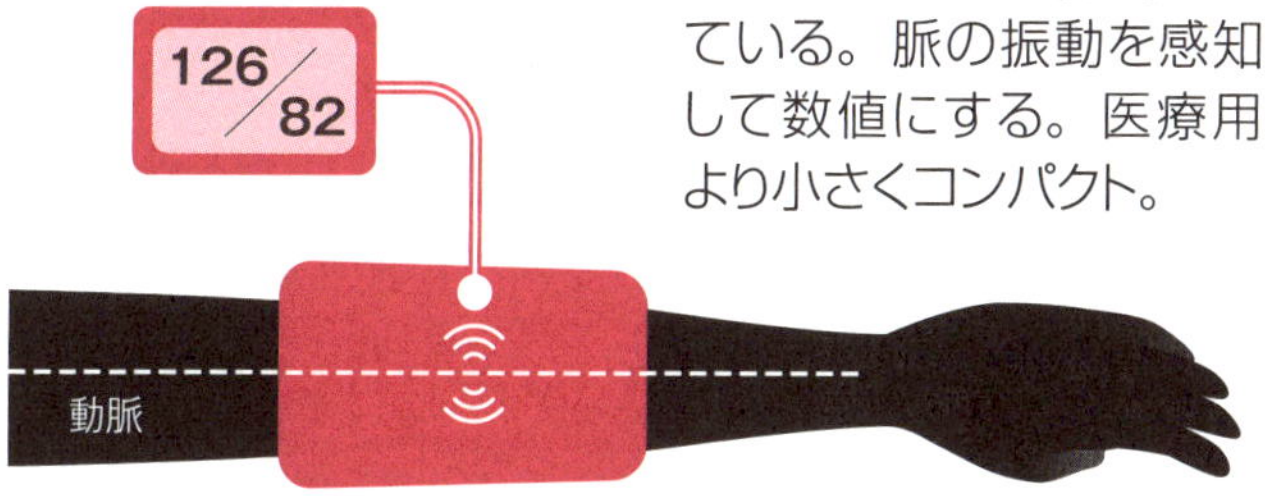

う。

この血管音の聞き取りを圧力センサーに任せた血圧計が家庭用のものだ。つまり、血液が流れるときの動脈壁の振動をセンサーでキャッチして測定する方法である。血管音を圧力センサーに加わる振動として検知するのだ。これを**オシロメトリック法**という。家庭用血圧計ではカフを手首に巻きつける小型・軽量タイプも多い。オシロメトリック法を可能にしたのが**ピエゾ抵抗効果**を利用した半導体圧力センサーだ。このセンサーをコンピューターと組み合わせることで、小さくても正しい血圧測定が可能になった。

ピエゾ抵抗効果とは「圧力を加えると電気抵抗が変化する」性質をいう（178ページも参照）。これを利用した圧力センサーは半導体を利用しているため小型化が可能だ。また、電子回路に直接組み込めるというメリットがある。ちなみに、ピエゾとは「押す・圧縮する」という意味のギリシャ語だ。

血圧計は使い方を知らなければ正しい測定ができない。例えば、指や手首で血圧を測るとき、心臓の高さと同じ位置で測定しなければ正確な値《あたい》は得られない。誤って測っていると「自分は健康」と思っているのに高血圧だったり、またその逆だったりするのだ。

ピエゾ抵抗効果を利用した小型圧力センサー

圧力が加わると上部の薄いシリコン膜がゆがみ、歪みゲージがたわむ。このとき、ピエゾ抵抗効果を持った歪みゲージの抵抗値が変化し、圧力が検出される。

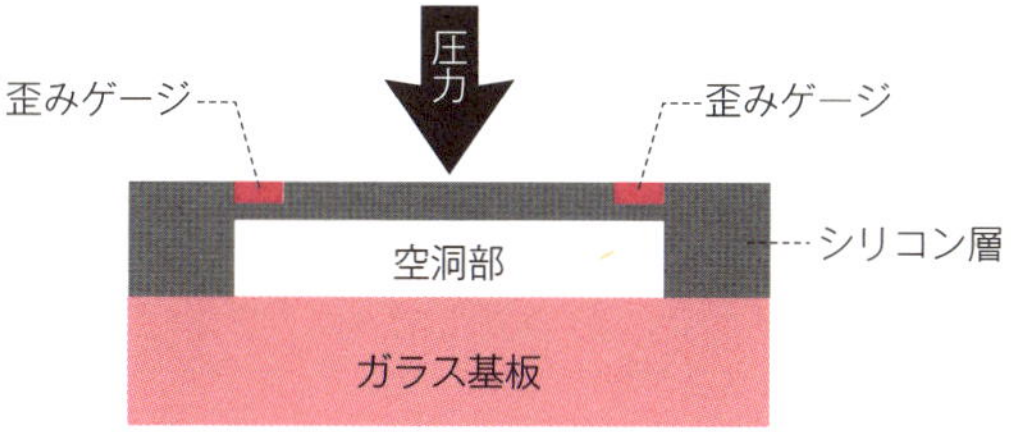

測定は正しい位置で

血圧計は心臓と同じ高さで測定する必要がある。正しい位置で測定しないと、正確な測定結果が得られないからだ。

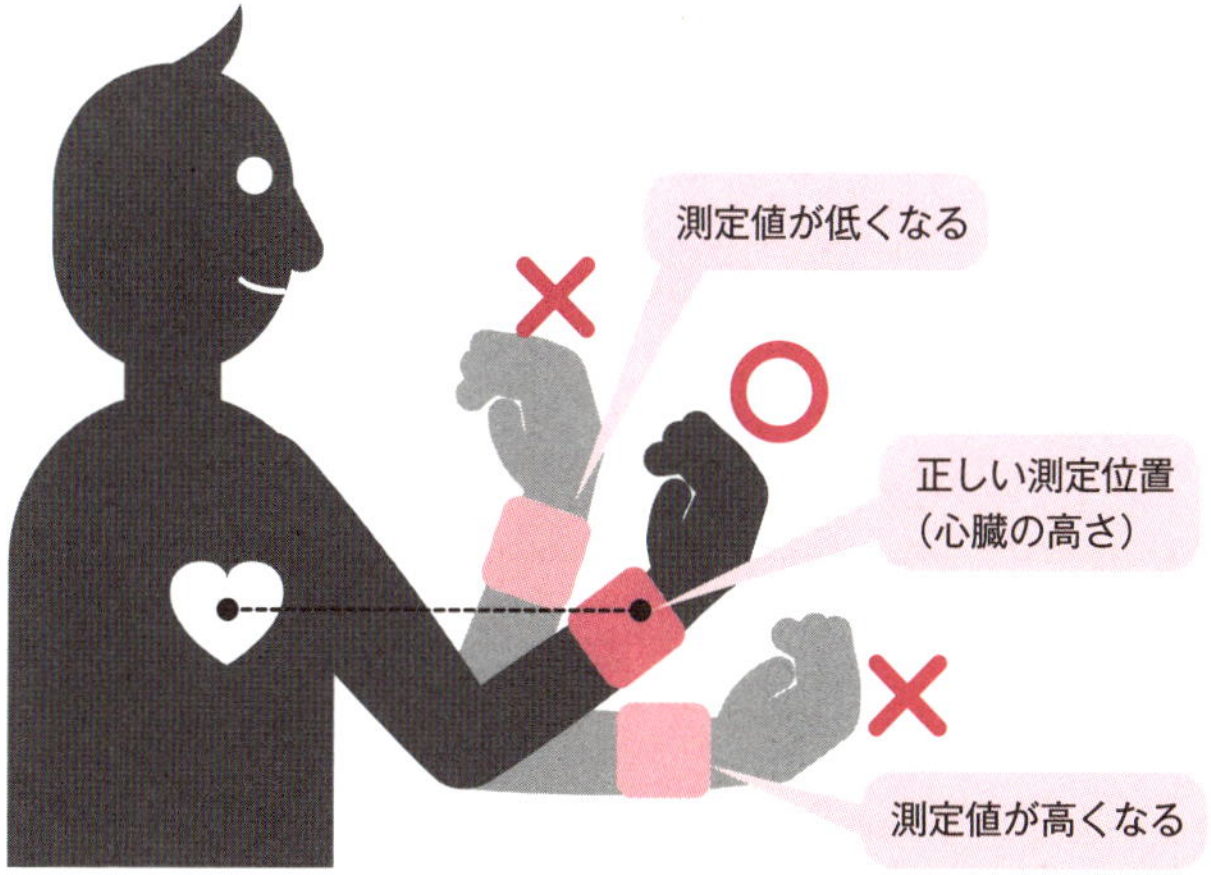

Technology 038

ステンレス

昭和の高度経済成長期、ステンレスの流し台はあこがれの的だった。だが、この金属のしくみは意外と知られていない。

ステンレス製品は、今や台所の必需品である。流し台、包丁《ほうちょう》、鍋など、枚挙《まいきょ》にいとまがない。また、最近の電車にもステンレス製が多い。保守が簡単で錆《さ》びないというステンレスの特徴が活かされているのだ。

「ステンレス」とは、ステンレス鋼（stainless steel）の略で、錆び（stain）ない鋼（steel）の意味である。言葉通り、ステンレスは水に濡れても錆びない。鋼はすぐ錆びるのに、どうしてステンレスは錆びないのだろうか。

ステンレスが錆びない秘密は、その成分にある。現在もっとも一般的に使われているステンレスは、18パーセントのクロムと8パーセントのニッケルが含まれ、18－8ステンレスと

出荷直後のステンレス

ステンレスの表面にクロムの酸化被膜ができている。これが酸素から内部を守っている。

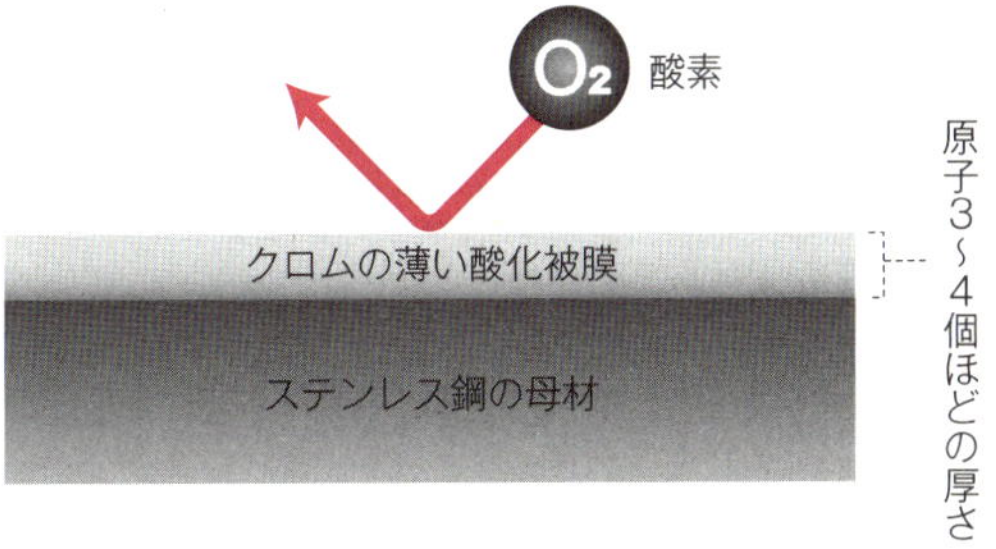

ステンレスの表面に傷が付いたとき

ステンレスの表面に傷が付くと、その傷口でステンレスに含まれるクロムが先に酸化され、再度内部を被膜で覆ってくれる。多少の傷では、内部は腐食されないのだ。

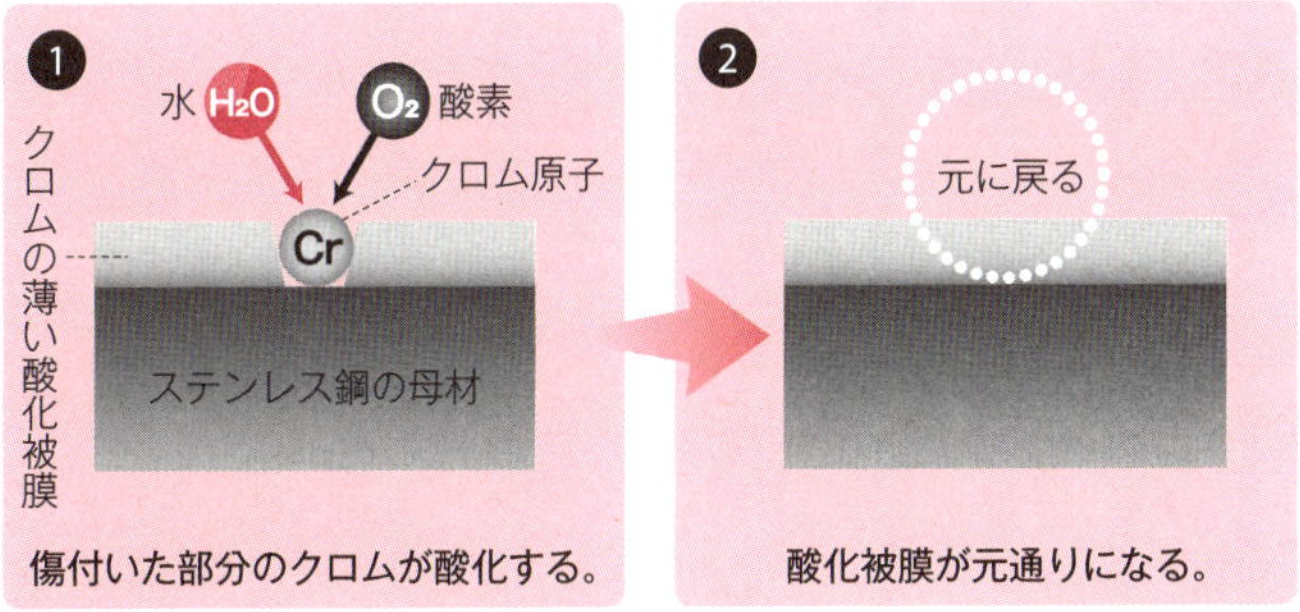

呼ばれている。このクロムが重要なのだ。

錆は空気中の酸素と化学反応して金属が酸化されてできる。クロムの酸化物は非常に丈夫で酸素に強い。そこで、ステンレスの表面をクロムの酸化膜で覆っておけば錆に強いことになる。それが出荷直後のステンレスだ。

ステンレス製品を使っていると、表面に傷が付くことがあるが、問題はない。ステンレス中のクロムが先に錆び、その傷の表面を覆ってくれるからだ。多少傷が付いたくらいでは、ステンレス本体に錆がおよぶことはないのである。「錆をもって錆を制している」のだ。

クロムの酸化物のように、安定した酸化物を**不動態**《ふどうたい》と呼ぶ。不動態で身を守る技術はさまざまな金属加工に利用されている。例えば、窓枠などに使われるアルミサッシ。アルミサッシは風雨にさらされても錆びない。アルミは鉄と同様、本来は腐食しやすい金属だが、表面を酸化物で覆うことで内部のアルミ金属を守るのである。このようなアルミ製品を**アルマイト**と呼ぶ。アルマイトを作るには、ステンレス同様、最初に化学的な処理をして表面に酸化被膜を作る。だが、これだと表面の酸化被膜は孔《あな》だらけだ。そこで、さらに高温の蒸気を吹き付けたりして孔を酸化膜でふさぐ処理をしている。

Technology 039

冷却パック

モノをこすったり叩《たた》いたりすると熱が出る。だが不思議なことに、冷却パックは「冷える」。いったいどうしてなのだろう。

手をこすると熱が出る。逆に冷たくなったら不思議だ。しかし、その逆の現象が起きる商品がある。「冷却パック」である。パックを折ったり、押しつぶしたりすると、熱が吸収されて冷えるのだ。

パックが周囲から熱を吸収する、つまり、「冷える」しくみを理解するには、理科の知識が必要だ。

化学反応には、**発熱反応**と**吸熱反応**がある。通常は発熱反応である。ガスに火をつけてお湯が沸くのは、発熱反応を利用したものだ。しかし、例外がある。例えば、塩を水に溶かすと、その逆の吸熱反応が起こるのだ。

この吸熱反応を利用したのが**冷却パック**（**アイスパック**とも呼ばれる）だ。パックの中には乾燥した硝酸《しょうさん》アンモニウムや尿素《にょうそ》、またはその両方の薬剤が水と分離されてパッケージされている。そのパッケージを押しつぶすと、分離されていた水と薬剤が混合して溶け合う。このときに吸熱反応が起こるのだ。

吸熱反応は、物質を構成する原子や分子が周囲から熱エネルギーを奪い、束縛《そくばく》から解放されることで起きる。固体が液体に自然に代わるときに、よく現れる現象だ。この吸熱反応は珍しいようにも思えるが、身近なところで見つけられる。例えば、ラムネ、ハッカ入りの菓子、キシリトールガムなどだ。食べるとスーッと感じるのは、吸熱反応を舌が感知しているからだ。

吸熱反応は、江戸時代末期にはすでに知られていた。アイスクリーム製造に利用されていたのだ。当時、江戸には氷はあったものの、アイスクリームを作るための低温（マイナス10度以下）の状態は作り出せない。そこで、氷に塩を多量にかけてよく混ぜ、それでアイスクリームの入った容器を包むと、塩と氷が融けるときの吸熱反応で、マイナス10度が達成できたのだ。

冷却パックが熱を吸収する

冷却パックの中の薬剤に水をしみ込ませるだけで、温度が下がる。「冷える」とは、周囲から熱を奪うことである。

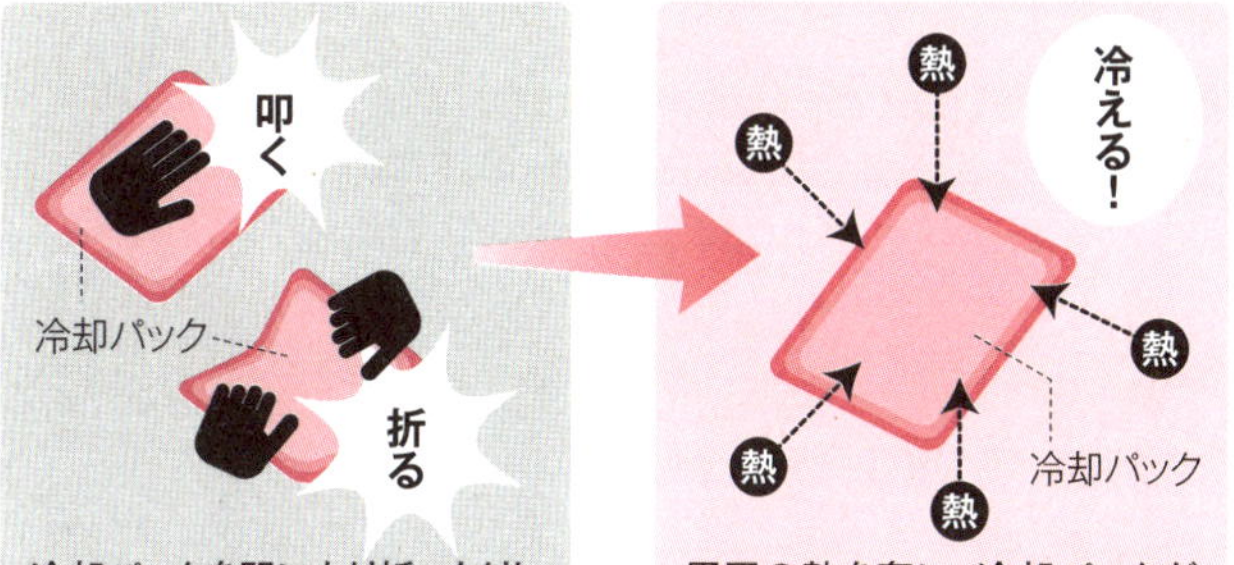

冷却パックを叩いたり折ったりして、中の水の袋を破る。

周囲の熱を奪い、冷却パックが冷たくなる。

吸熱反応のしくみ

物質が溶けるときに周囲から熱を奪うことがある。これが、典型的な吸熱反応である。

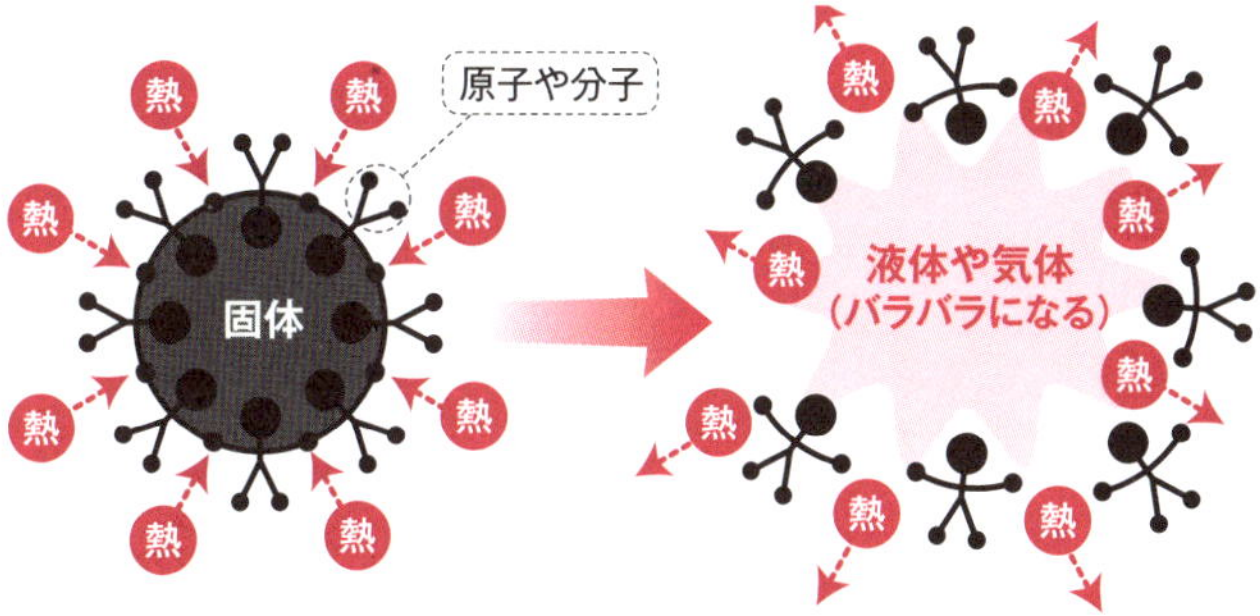

物質を構成する原子や分子が周囲から熱を奪う。

水に溶けることで原子や分子はバラバラになる。

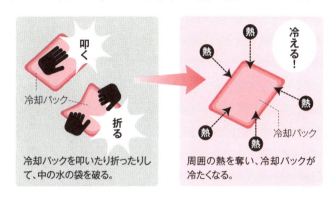

Technology 040

フッ素《そ》樹《じゅ》脂《し》加工のフライパン

フッ素樹脂をコーティングしたフライパンは焦《こ》げつきにくく、後片付けが簡単だ。いったいどんな加工なのだろう。

最初のフッ素樹脂加工フライパンは**テフロン加工**という名称で販売された。「テフロン」とは米国デュポン社の登録商標だが、「焦げつかないフライパン」として評判になり、急速に販売を伸ばした。油を引かなくても目玉焼きができたり、油を使わずに肉をサラッと焼けたりして、「ヘルシー」という評価も高い。しかし、そもそもフッ素樹脂加工とは何なのだろう。

フッ素とは原子の名で、塩素と同じ**ハロゲン元素**の仲間。一般にハロゲン元素と炭素が結合してできた物質は安定している。例えば、上下水管に塩化ビニル樹脂が利用されているのは、そのためだ。塩化ビニル樹脂はハロゲンである塩素と炭素からできた樹脂である。この

フッ素樹脂加工のフライパンの作り方

耐熱性をはじめ、さまざまな特性を備えたフッ素樹脂加工のフライパンは、どのように作られているのだろうか。

1

フッ素樹脂と鉄は直接くっつかない。そこで鉄板の上に、フッ素樹脂にも鉄にも相性のいい「糊」を敷く。

2

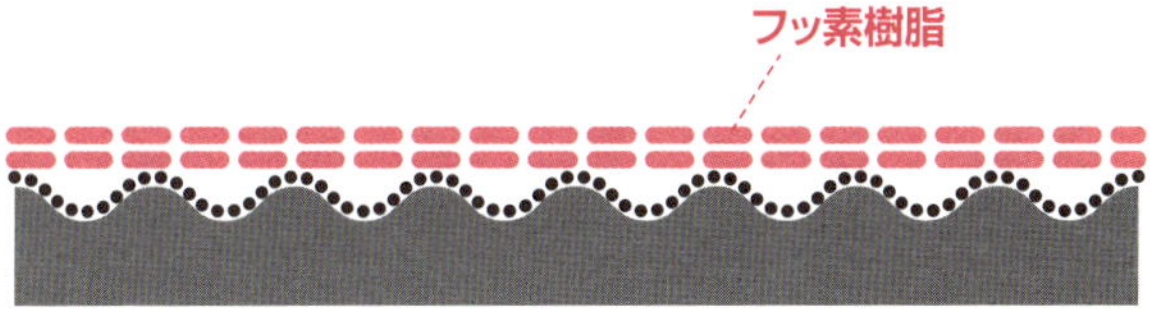

糊の上にフッ素樹脂を敷く。

3

高温で焼きつけて、完成。

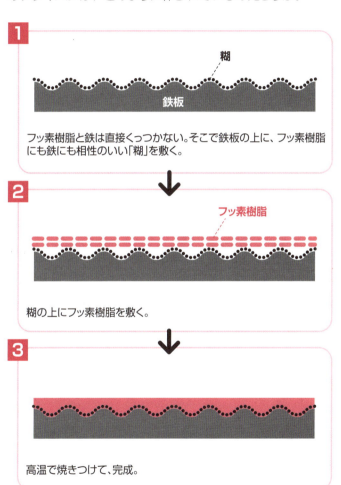

安定という性質は特にフッ素と炭素からできた樹脂、つまり**フッ素樹脂**に際立《きわだ》っている。

安定の秘密を分子レベルで見てみよう。フッ素樹脂の分子構造は、紐《ひも》状につながった炭素原子をフッ素が隙間なく覆う形をしている。フッ素は原子として小さく、炭素と引き合う力がたいへん強いという性質があるからだ。フッ素にびっしり取り囲まれた炭素の鎖《くさり》は他の物質と反応できず、安定した性質を持つことになる。

ちなみに、フッ素樹脂以外でフッ素を原料にする有名な工業製品がある。**フロン**だ。これは、炭素とフッ素と塩素が結合した構造をしていて、テフロンと同様、化学的にきわめて安定している。冷蔵庫やエアコンの冷媒《れいばい》として利用されていたが、紫外線に当たると分解し、生成《せいせい》された塩素がオゾン層を破壊するということで、環境問題を引き起こした。最近は改良された**代替《だいたい》フロン**が利用されているが、今度は地球温暖化をもたらすということで、使用制限が求められている。

テフロンとフロンをここでは述べたが、これ以外にもフッ素を含む化合物には面白い特性があるものがいろいろある。従来の化学製品の分野はもちろん、人工血液や制がん剤など、医療の分野でも注目されている。

Technology 041

カップ麺

日本最大の発明の一つといわれる、インスタントラーメンとカップ麺。これらが、世界の食文化さえ変えることとなった。

１９５８年（昭和33）、東京タワーが完成したその年にインスタントラーメンは誕生した。それから10年余り、今度はカップ麺が誕生する。おいしく手軽にその場で食べられるため、世界中で爆発的に普及していった。

カップ麺には、いくつもの不思議が詰まっている。例えば、なぜ麺が揚《あ》げられているのかというと、実はそこに、最大の発明がある。麺を揚げることで水分が飛び、保存ができるようになるのだ。また、麺の**アルファ化**が促進され、「お湯をかけて3分で食べられる」ようにもなる。アルファ化とは、人間が消化できるようにデンプンを転化することをいう。

ところで、なぜ「３分」なのだろう。１分で食べられる麺も作れるが、当然伸びるのも早くなる。食べている間に麺が伸びてしまうのだ。しかし、長く待たされてはイライラする。その頃合いが「3分」なのである。3分には人間工学的な経験則が凝縮《ぎょうしゅく》しているのだ。

では、麺はなぜ縮れているのだろうか。それは、麺をそのまま揚げると麺同士がくっつき、揚げ上がりにムラができるからだ。麺を縮れさせれば、隙間《すきま》ができて均等に揚げられる。

ここで、カップ麺の容器を縦に切断してみよう。麺の下に隙間があることがわかるはずだ。また、上側の麺が密で、下側がそうでないことも見て取れる。なぜだろうか。何の工夫もせずに麺を容器に入れて3分間放置すると、中心部までお湯の熱が伝わらない。そこで、下に隙間を作って熱湯が対流しやすくしているのだ。こうして、熱い湯がまんべんなく行き渡ることになる。

カップ麺は具にも工夫がある。1950年代に軍の携行食として開発された「**フリーズドライ**」という技術を利用している。熱処理をしないですむため、食材の風味が生かされるのだ。

このように、カップ麺にはさまざまな技術が凝縮されている。そして現代、揚げない「ノンフライ麺」や、縮みのない「ストレート麺」の登場など、さらなる進化を続けている。

麺を揚げるメリット

◉麺の拡大図

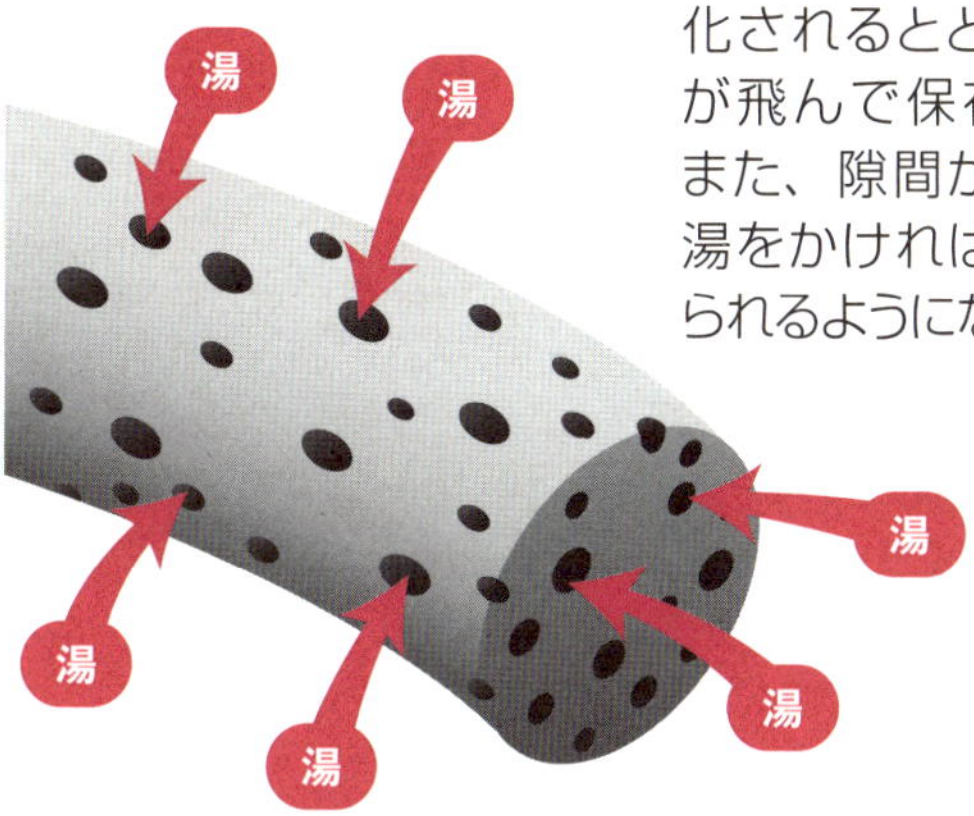

麺は揚げることでアルファ化されるとともに、水分が飛んで保存食になる。また、隙間ができて、お湯をかければすぐに食べられるようになる。

熱湯を行き渡らせる工夫

カップラーメンの断面図を見ると、熱湯をまんべんなく行き渡らせるために「底上げ」していることがわかる。麺の下のほうがまばらになっていることにも注目したい。

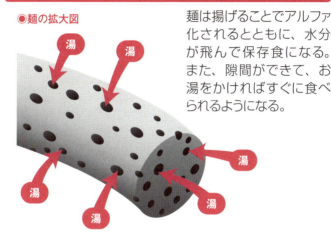

Technology 042

クォーツ時計

現在、時計の主流といえば、クォーツ時計だ。クォーツの刻む時間は、スマホやカーナビなど、情報機器に不可欠となっている。

もっとも歴史のある時計は**日時計**だろう。太陽が南中《なんちゅう》するときを正午とし、1日の時を刻んだ。雨や曇りでは使えないが、近世まで、もっとも正確な時計であった。時計の針が右回りなのは、日時計の影が右回りであることに由来するといわれている。

17世紀には、オランダのホイヘンスが画期的な時計を発明する。**振り子時計**である。ガリレオ・ガリレイが発見した振り子の等時性《とうじせい》、つまり振り子が規則正しく往復するという特性を応用したもので、誤差は10秒／日ほどである。この振り子の動きをゼンマイで実現したものが**機械式時計**だ。これで、誤差は数秒／日になった。そして20世紀、**クォーツ時計**の発明により、誤差は一気に0・5秒以下／日にまで縮まった。

「時計回り」は日時計に由来

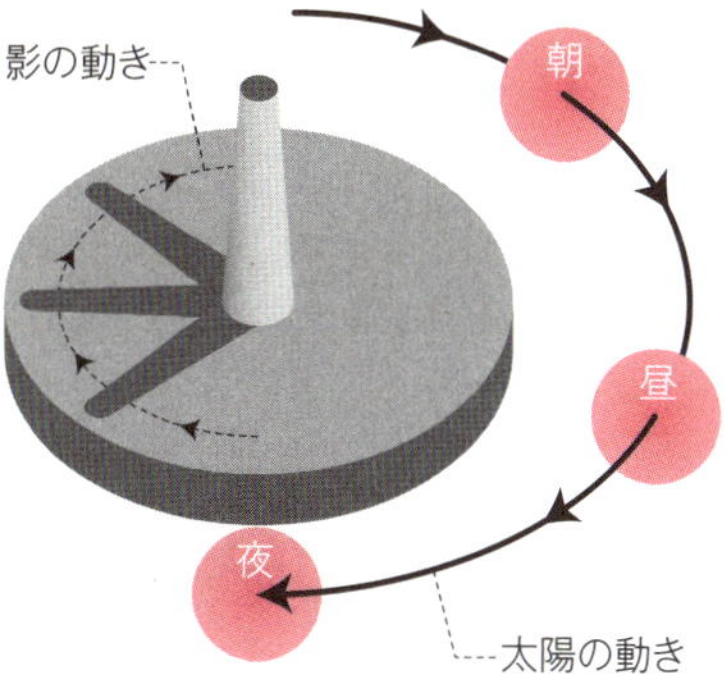

時計回りが右回りというのは常識だが、これは古代の日時計が北半球で発明されたことに由来している。北半球では東から出た太陽が南の空を通って西に沈む。つまり、影の動きは右回りだ。もしも南半球で日時計が発明されていたら、時計回りは左回りになっていたかもしれない。

機械式時計のしくみ

機械式時計は、電池ではなくゼンマイで動く。リューズを巻くと、ゼンマイがほどける力で香箱車《こうばこぐるま》が回り、それに合わせて2番車、3番車、4番車、ガンギ車が回るようになっている。分針が付いている2番車は1時間に1回転、秒針が付いている4番車は1分間に1回転する。

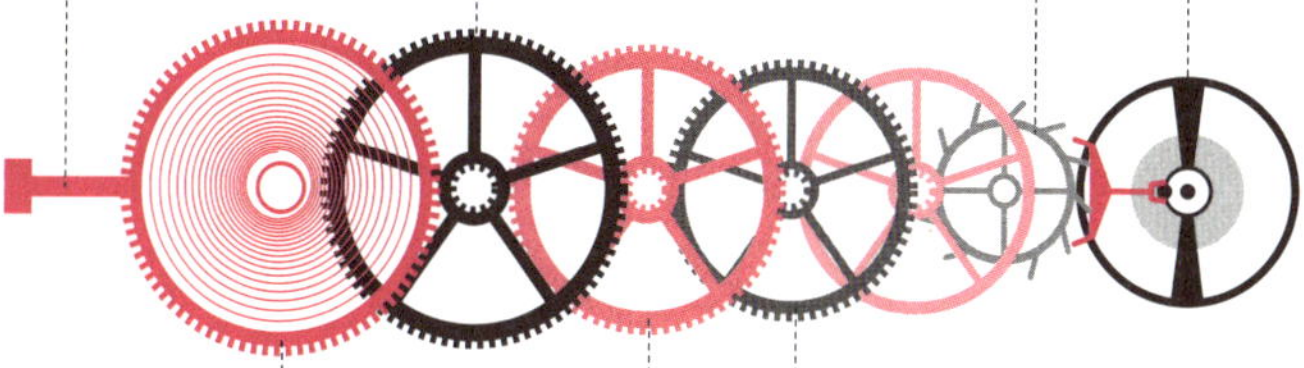

クォーツ時計の「クォーツ」とは、水晶《すいしょう》のことである。水晶には不思議な性質がある。力を加えると電圧が発生し（**圧電効果**または**ピエゾ効果**という）、逆に電圧を加えると固有のリズムで振動する（**逆圧電効果**という）のだ。これは1880年、フランスのキュリー兄弟によって発見された（弟ピエール・キュリーの妻はキュリー夫人）。

クォーツ時計は、この水晶の性質を利用する。水晶の細片《さいへん》に交流電圧を加えると、逆圧電効果によって特定のリズム（1秒間に約3万回）で振動する。この固有の動き（**固有振動**）を電気信号に変え、時計の刻みに利用するのだ。

水晶の固有振動から電気信号を取り出す素子を**水晶振動子**と呼ぶ。これは現代において「産業の米」とも呼ばれ、電子機器に不可欠なものである。時計に限らず、コンピューターや動作検知センサーの重要な部品となっている。例えば、携帯電話には10個余りの水晶振動子が組み込まれているのだ。

時計に話を戻そう。現代では、クォーツ時計よりもさらに正確に時を刻む時計も利用されている。セシウム原子時計である。その誤差は3000万年で1秒以下という驚異的なもので、日本の標準時を刻む電波時計にも利用されている。

水晶の性質

水晶には、「力を加えると電圧が発生する」という性質がある。この性質が発見されたのは、今から 130 年以上前のことである。

V
圧電効果
水晶に力を加えると、表面に電気が発生する。

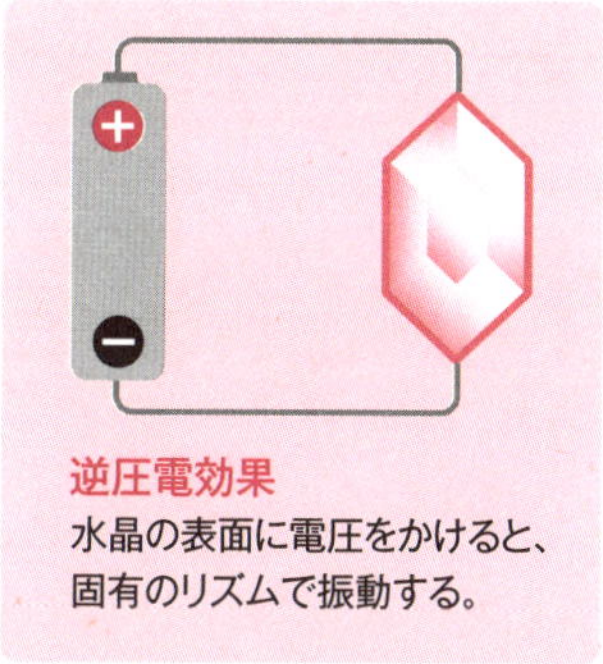
逆圧電効果
水晶の表面に電圧をかけると、固有のリズムで振動する。

水晶を用いた針式クォーツ時計のしくみ

水晶の発する固有の振動を１回／秒（つまり１ヘルツ）の電気信号に変換し、ステッピングモーターを回す。

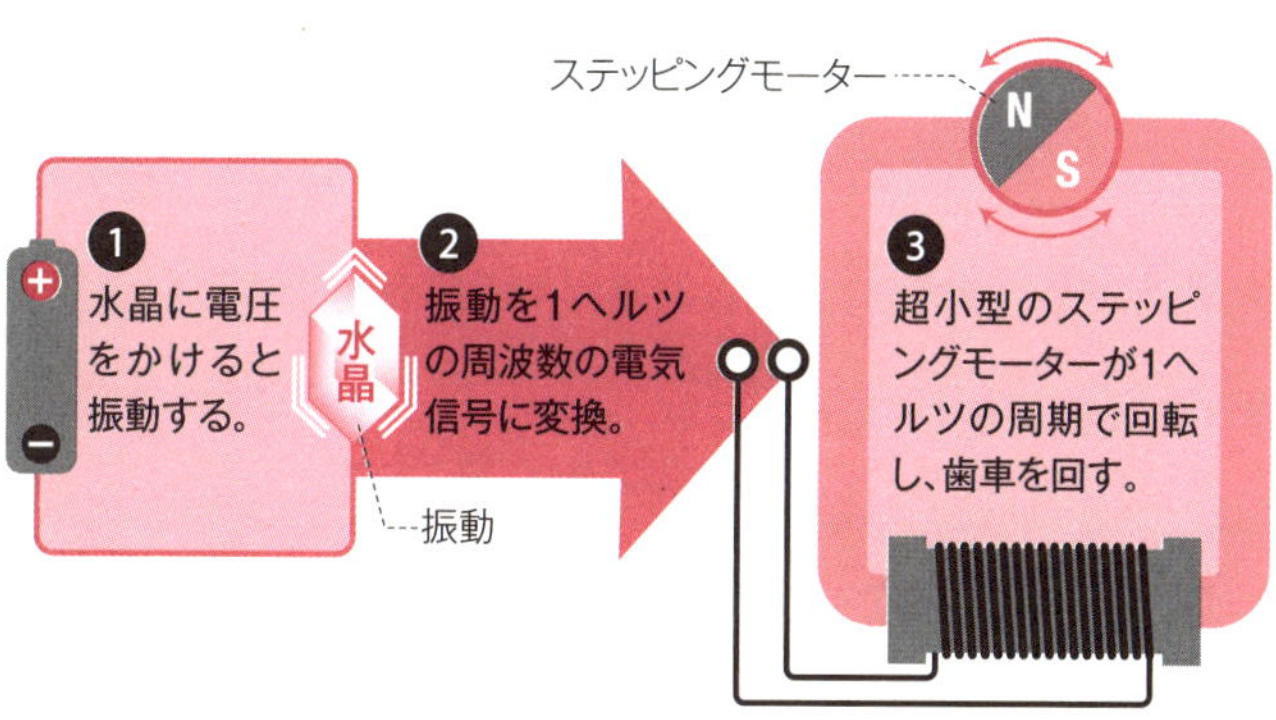
ステッピングモーター
N
S
1 水晶に電圧をかけると振動する。
水晶
振動
2 振動を1ヘルツの周波数の電気信号に変換。
3 超小型のステッピングモーターが1ヘルツの周期で回転し、歯車を回す。

Technology 043

パーマ剤

男女を問わず、パーマは髪のおしゃれの基本。そのパーマがどのようなしくみなのか、考えたことはあるだろうか。

パーマとは、パーマネント（permanent「永久的な」の意味）の略。好きな髪型を長期間保持できる美容技術だ。メンズパーマなどといって、近年では男性のおしゃれにも一役買っている。

実は、パーマには1世紀近くの歴史があるが、そのしくみは、まさに化学の教科書そのものである。タンパク質の分子の性質が理論通りに利用されているのだ。

髪の毛は、表面を覆うキューティクル、その内部にあって髪の主要部分を占めるコルテックス、中心部のメデュラの三つから構成されている。**キューティクル**は、うろこ状に重なって毛髪表面を覆い、内部を保護している。**コルテックス**は、毛髪のしなやかさ、強さ、軟ら

髪の構造

髪は表面を覆うキューティクル、毛髪の大部分を占めるコルテックス、中心部のメデュラの3つの部分から構成されている。毛質を左右するのはコルテックス。ケラチンが繊維状に並んでいる。

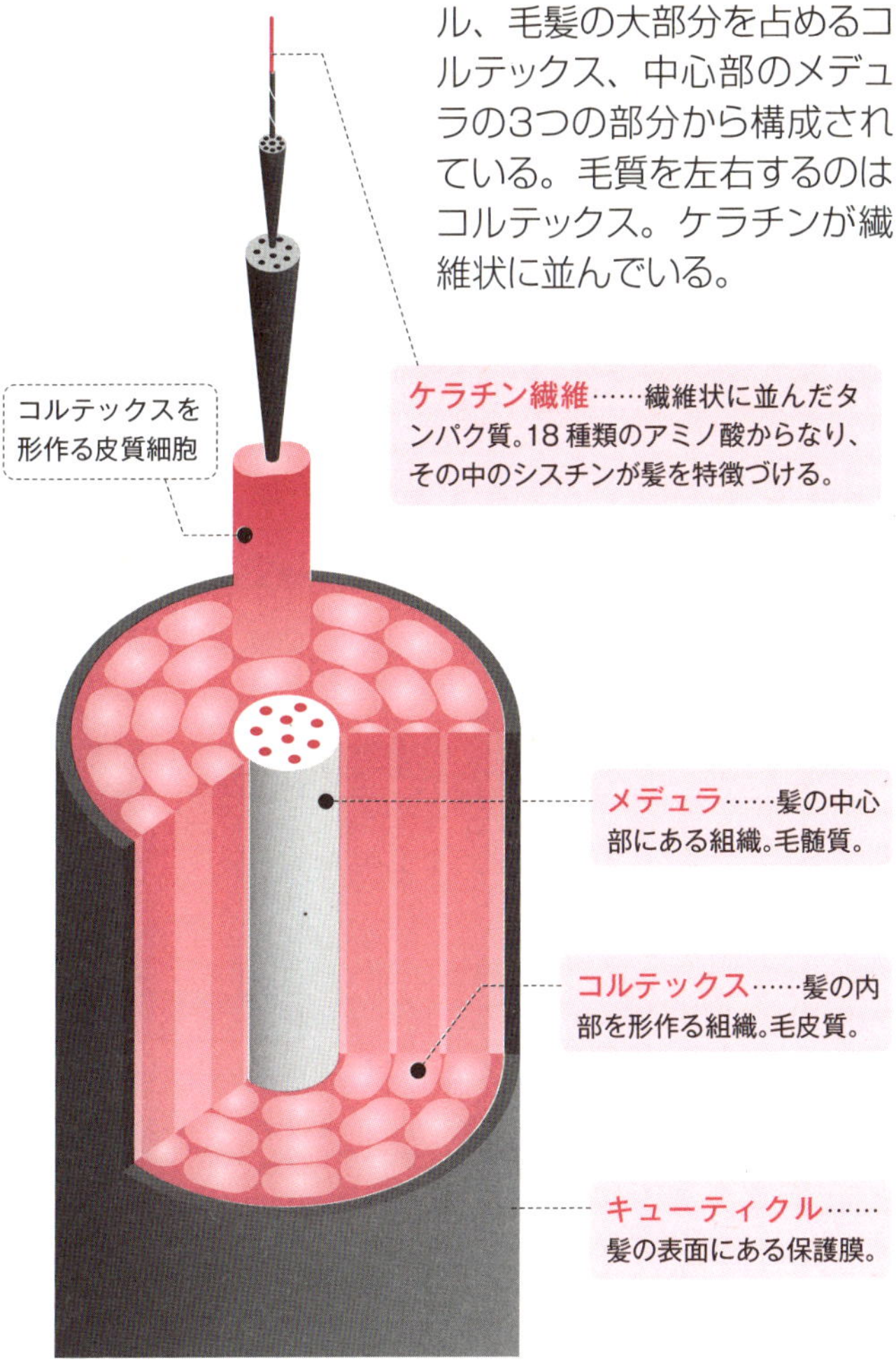

ケラチン繊維……繊維状に並んだタンパク質。18 種類のアミノ酸からなり、その中のシスチンが髪を特徴づける。

コルテックスを形作る皮質細胞
メデュラ……髪の中心部にある組織。毛髄質。

コルテックス……髪の内部を形作る組織。毛皮質。

キューティクル……髪の表面にある保護膜。

かさなど物理的性質、いわゆる毛質を左右する部分である。**ケラチン**と呼ばれる繊維状のタンパク質が一列に並んでできており、パーマはこのケラチンをターゲットにする。

ケラチンは18種類のアミノ酸からできている。その中で髪を特徴づけるのが**シスチン**である。

少しややこしいのだが、シスチンはアミノ酸**システイン**二つが結合してできていて、それは**シスチン結合**と呼ばれる特殊な結合をしている。これが髪のクセを決定しているのだ。

思いの通りの形に髪をセットするには、まずこのシスチン結合を切って形をリセットし、さらに再結合させるという2段階を追えばいいことになる。髪を構成するアミノ酸をレゴのブロックと考えるなら、まず、積み上がっていたブロック（元の髪型）をバラバラにしてから再構築（セットした髪型に）する、という2ステップを踏むのだ。

そこで、パーマの薬剤は第1剤と第2剤の2種類に分けられ、順を追って塗布《とふ》される。第1剤にはシスチン結合を切る薬剤が、第2剤にはそれらを再結合させる薬剤が入っている。

このように、パーマをかけるときにはタンパク質の化学反応を利用している。パーマを頻《ひん》繁《ぱん》にかけると髪が傷む理由もここにあるのだ。

パーマのしくみ

髪を思い通りにセット（パーマ）するには、シスチン結合をリセットして再結合させるという２段階の手順を踏むことになる。

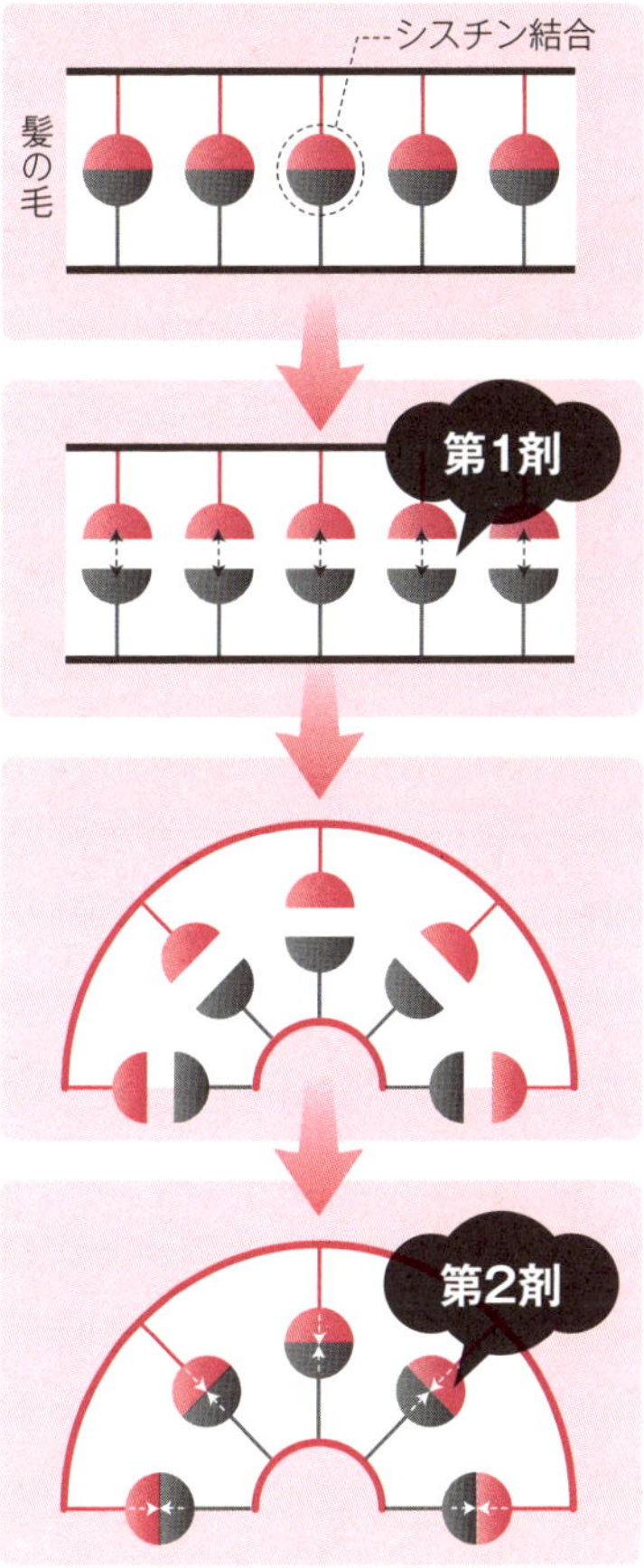

❶ **元の髪**
アミノ酸のシステイン２つが結合している状態(シスチン結合)。

❷ **結合を切る**
第１剤を塗布して、シスチン結合を切る。

❸ **セット**
思い通りの髪型にセットする。

❹ **再結合**
第２剤を塗布して、システインを再結合する。

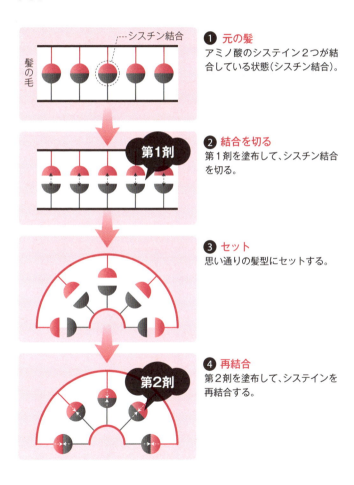

Technology 044

歩数計

近頃の健康ブームに乗って、歩数計が人気である。自分の運動不足を手軽にチェックできる便利なアイテムだ。

1歩歩くとカウントが「1」増える装置が**歩数計**である。**万歩計**《まんぽけい》というほうがよく通じるが、この名称は山佐時計計器の登録商標。一般の呼称としては「歩数計」が使われる。最近の歩数計はカバンの中に入れておくだけで、しっかりと歩数を測定してくれるが、中身はどうなっているのだろうか。

まず、古典的な「**振り子式**」の歩数計のしくみを調べてみよう。これは、中身に振り子が入っており、1歩歩いて振り子が触れるたびに通電してカウントが1増えるようになっている。現在の安価に売られている歩数計のほとんどはこのタイプである。

振り子は**磁石**《じしゃく》**スイッチ**の機能も果たす。磁石が近づくと電気がON・OFFするスイッチ

振り子式歩数計の構造

磁石が振り子になっており、その磁石の遠近でリードスイッチがON·OFFして電気が流れる。それをICがカウントする。リードスイッチの接点部は磁化しやすい金属（鉄など）でできており、磁石が近づくと磁化されてくっつき合い（ON）、磁石が離れると離れ合う（OFF）。

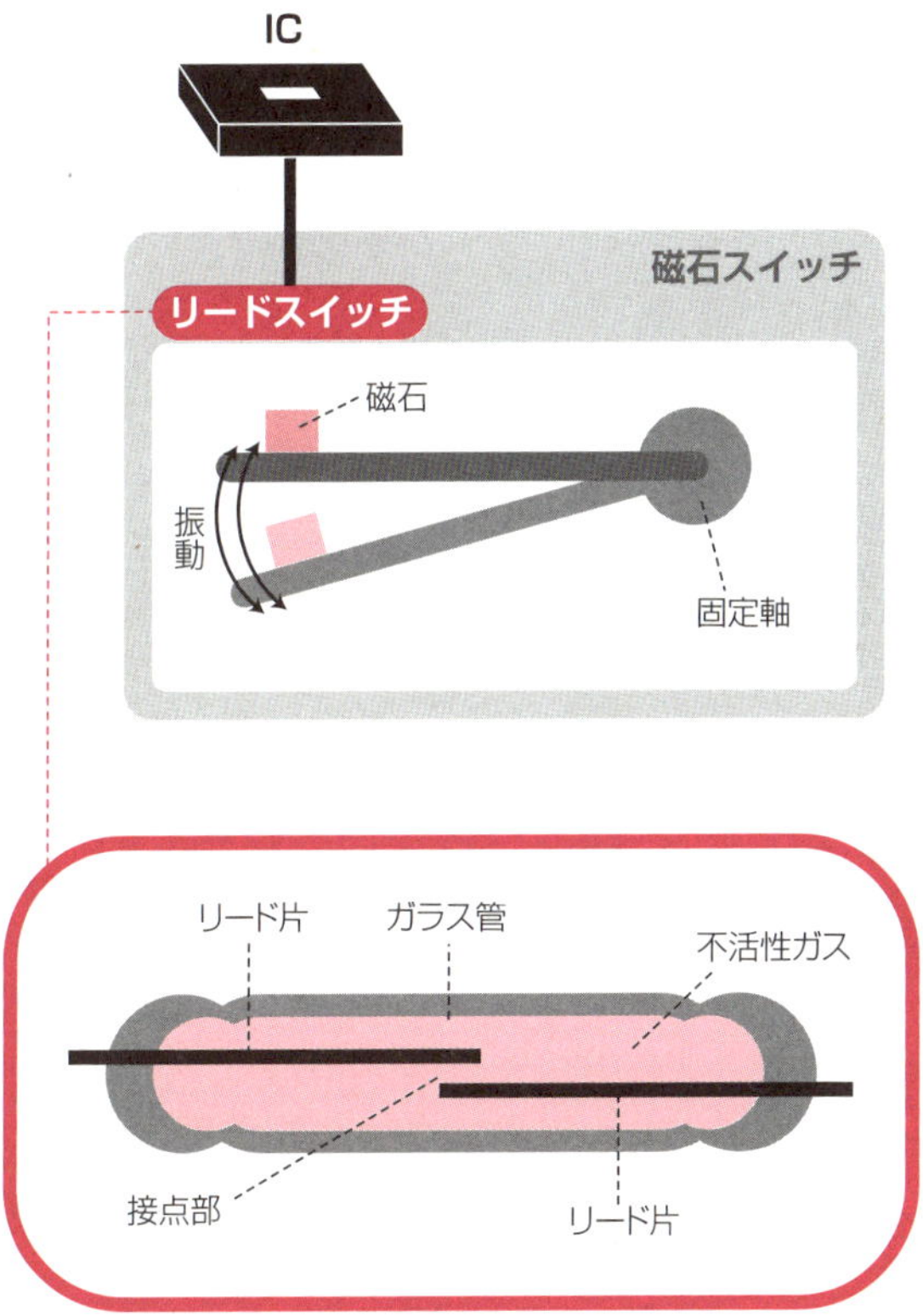

である。冷蔵庫や折り畳み式携帯電話を開いたとき電気が入り点灯するのにも利用されている。ただし、振り子式には欠点がある。振り子が地面に垂直になるよう腰にしっかり取りつけないとカウントされないのだ。ファッションを気にする女性や若者には、これが不人気であった。また、振動をカウントする方法なので、歩行以外の振動もカウントしてしまい不正確という欠点もあった。

そこで登場したのが「**加速度センサー式**」の歩数計である。これは歩くリズムをマイクロコンピューターが判断し、他の振動と区別する。小さな振動でも歩行とそうでない振動とを区別でき、カバンの中に入れていても正確に測定できる。現在の歩数計ブームは、この利便性に負うところが大きい。加速度センサーには通常、**圧電素子**《あつでんそし》が利用されている。これはピエゾ素子とも呼ばれ、力を電圧に変換する。その電圧の変化をマイクロコンピューターが解析して、震動が歩行か否《いな》かを判断するのである。

健康ブームに乗って、近年は歩数計と他の機能を組み合わせた商品も人気である。例えば、自動的にカロリー消費量を算出してくれるものがある。また、歩数計機能を搭載した携帯電話やスマートフォンも登場している。

加速度センサー式歩数計の構造

圧電素子のたわみで電圧が発生する。マイクロコンピューターの機能を持つ IC は、電圧の変化のパターンから、歩行と歩行でない振動とを区別する。こうして、正確な歩数を計測できる。

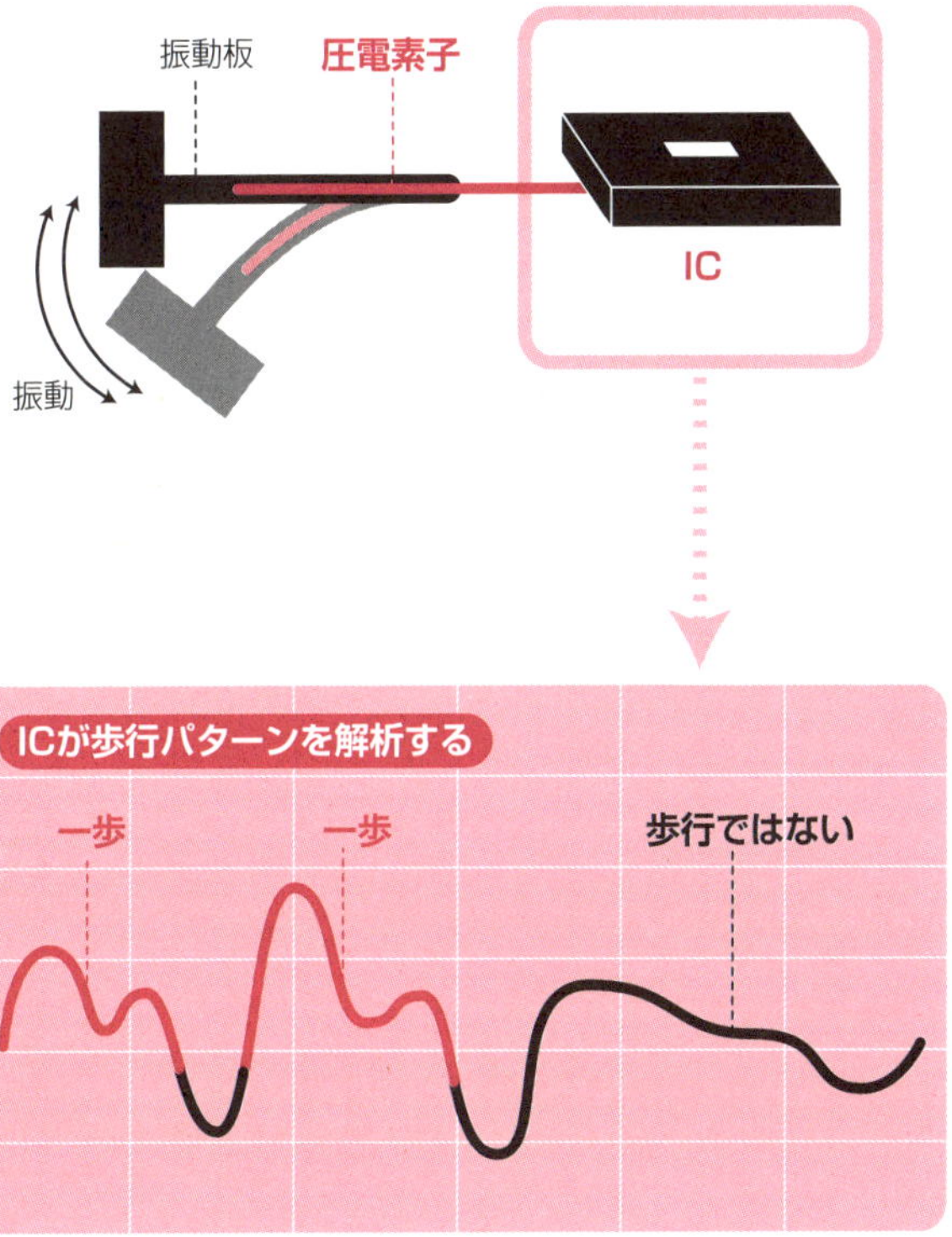

Technology 045

バーコード

多くの商品にはバーコードがついている。携帯電話で情報交換に利用されるQRコードは、そのバーコードの発展形である。

スーパーなどで見るほとんどの商品には、白黒の縞《しま》模様が印刷・貼付《ちょうふ》されている。この模様が**バーコード**である。その下には13桁《けた》か8桁の数字が書き込まれているが、白黒の縞の幅の違いでそれらの数字を表現しているのだ。読み取り機はこの縞模様にレーザー光を当て、その反射光からコードを識別するのである。

日本の多くの商品につけられたバーコードは**JANコード**という規格にしたがっている。国コード、メーカーコード、商品項目コードが順にコード化されている。ちなみに最後の1桁はチェック用に用いられる。

バーコードの最大の「売り」はその安さと扱いやすさである。商品にバーの模様を印刷し

バーコードの意味（JANコード）

「JAN コード」は日本で利用されている商品コード。左側7つの数字、右側は6つの数字から成り立つ。JAN コードの場合、先頭の「4」は固定。また、右端の数字はチェック用なので、データとしては使えない。

流通システムの要「POSシステム」

バーコードのおかげで、店や工場、倉庫の商品管理が簡単にできる。

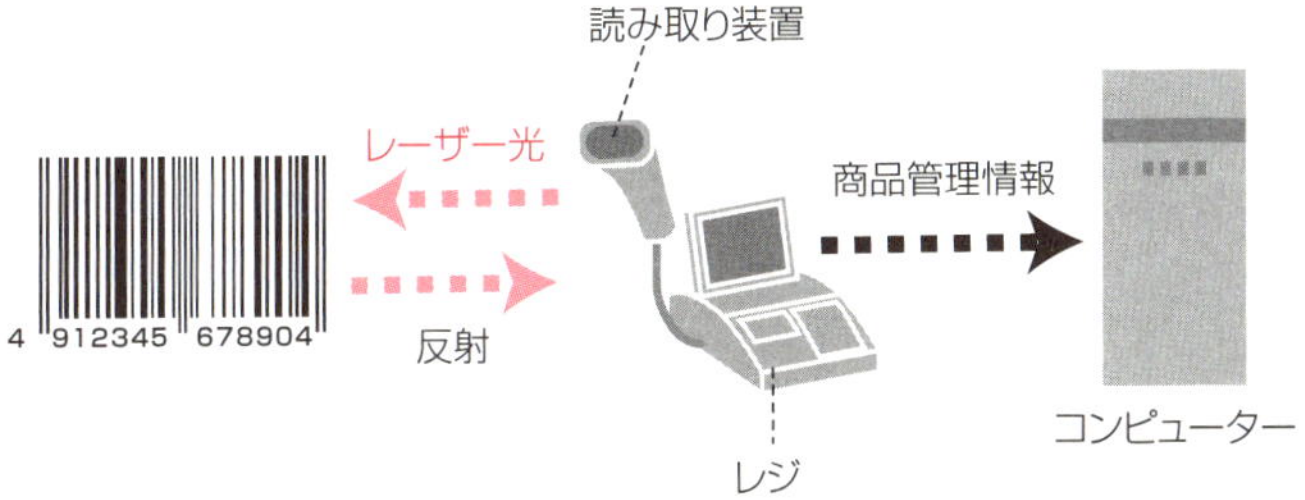

たりシールを貼りつけたりするだけで、バーコードとして利用できる。

現在、バーコードは**POS**《ポス》**システム**と呼ばれる流通システムの要《かなめ》である。商品情報が刷り込まれたこのコードのおかげで、店に在庫がどれくらいあるか、どの製品がよく売れているかなどを細かく管理できるからだ。コンビニの商品流通が可能なのも、バーコードのおかげといっても過言ではない。

バーコードの欠点は、表現できる情報量が少ないことだ。たかだか13の数字の情報では、現代の複雑な流通では力不足である。そこで、現在ではデンソーが開発した**QRコード**もよく利用されている。携帯電話のカメラで利用している読者も多いだろう。バーコードの一次元模様を二次元化することで、情報量を飛躍的に大きくできる。平面的に配置されたバーコードはほかにもあるが、主流にはなっていない。

ちなみに、書籍のバーコードは**ISBNコード**にしたがっており、ポテトチップスなどの日本の商品コード（JANコード）とは異なっている。ISBNコードは世界中の本を管理することを目的としているからだ。また、**Cコード**などを含んだバーコードも併記されている。Cコードは図書の分類を目的としたコードである。

Technology 046

日焼け・日焼け止めクリーム

夏の海で肌を小麦色に焼きたいときには「日焼けクリーム」を利用しよう。「日焼け止めクリーム」と間違わないように。

近年は美白ブーム。しかし、少し前には「ガングロ」系の人気が高かった。ほんとうにファッションとは移ろいやすい。そうはいっても、夏の海に似合うのは、いつの時代も小麦色の肌。だが、太陽の紫外線でむやみに焼いては、肌へのダメージが大きい。そこで利用されるのが**日焼けクリーム**である。

ところで、「日焼けクリームを塗ったのに、全然焼けなかった」という話が聞かれる。それは**日焼け止めクリーム**と間違ったからだろう。「止め」が入るか入らないかで、効果が全く違う。

日焼けクリームと日焼け止めクリームの違いを理解するために、まず太陽から放射される紫外線《しがいせん》の性質を調べてみよう。紫外線とは光より波長の短い、すなわちエネルギーの強い電《でん》磁波《じは》だが、その性格からUV-A、UV-B、UV-Cの3種に分けられる。Cは大気で遮《しゃ》断《だん》されて地上には届かないため、日常生活で考えなければならないのはA、Bの2種である。Bのほうは波長が短く強烈で有害であり、肌に炎症（サンバーン）を起こさせる。Aは波長が長く穏やかで、肌を日焼け（サンタン）させる。小麦色の肌は日焼けである。そこで、「日焼けクリーム」はBを妨《さまた》げ、Aだけを通すクリームなのである。一方、「日焼け止めクリーム」はAもBも両方妨げるクリームである。

一概に「日焼けクリーム」や「日焼け止めクリーム」といっても、製品によって効き目は異なる。それを分類したのが**SPF、PAで**表される指標である。SPFはUV-Bの、PAはUV-Aの防止効果を示している。SPFは50までの数値で、PAは＋《プラス》、＋＋《ツープラス》、＋＋＋《スリープラス》、＋＋＋＋《フォープラス》の4段階で表示される。どちらも数が大きいほど防止効果が大きくなる。ただし、塗り方によって効果は大きく異なる。説明書にしたがって丁寧《ていねい》に塗ることが大切である。

ちなみに、UV-Aは一年中降り注いでいる。また、雲やガラスを透過するため、曇りの日や室内にいる場合でも肌に影響を与える。紫外線に弱い人は、十分注意しよう。

太陽光線の波長の区分

太陽からの紫外線はUB-A、UB-B、UB-Cの３種に分けられる。Cは大気で吸収されるので、海ではA、Bだけを考えればよい。

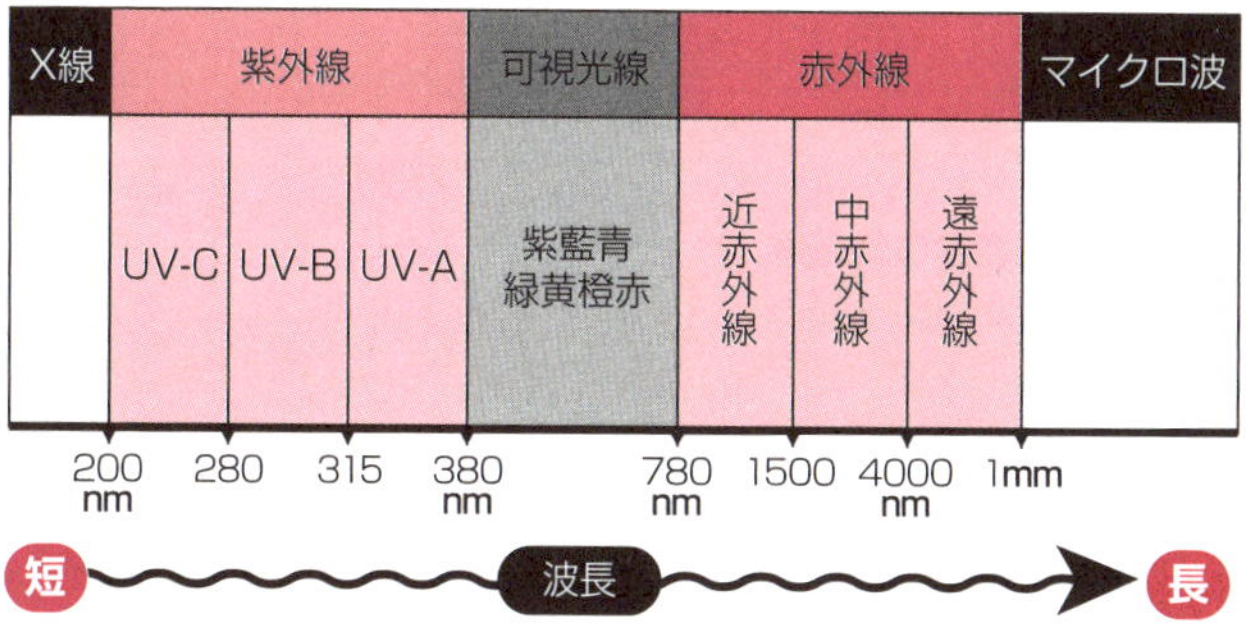

日焼けクリームと日焼け止めクリームの違い

日焼けクリームはUV-Bのみをブロック。日焼け止めクリームはUV-A、UV-Bの両者をブロックする。

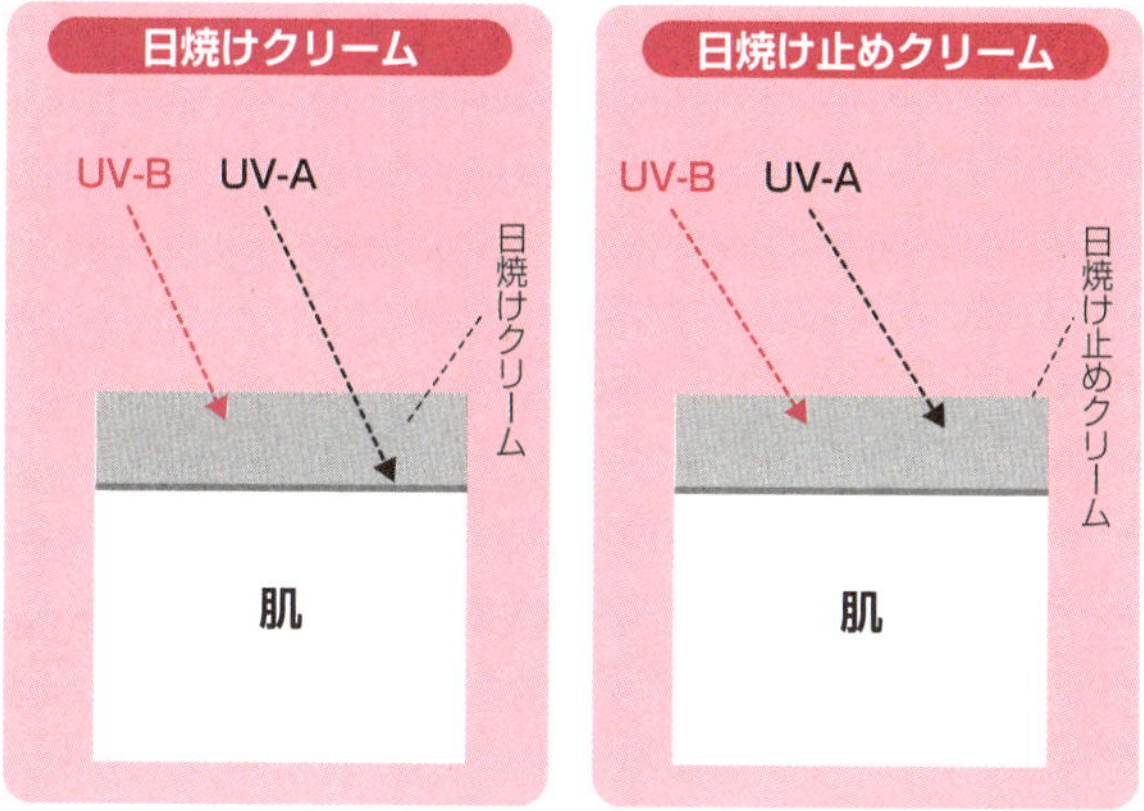

column

羽根のない扇風機

「羽根のない扇風機」が2010年にダイソンから発売され、関心を集めたのはご存じだろう。羽根がないため安全性が高く、ムラのない風を送ることができる製品だ。

羽根がないといっても、実は台座部分にファンが隠れている。ここで吸い込んだ空気を上方へ送り、その空気は、上部（羽根のないパーツ）開口部にあるスリットから前方へ向け、周囲の空気を巻き込み、量が増幅された「風」として送り出されるのだ。

これには航空機にも用いられる流体力学「コアンダ効果」の技術が活かされている。もう技術改良の余地はないとされた扇風機だが、ダイソンの技術革新で、「モノが生活を豊かにする」新たな一例が示されたのである。

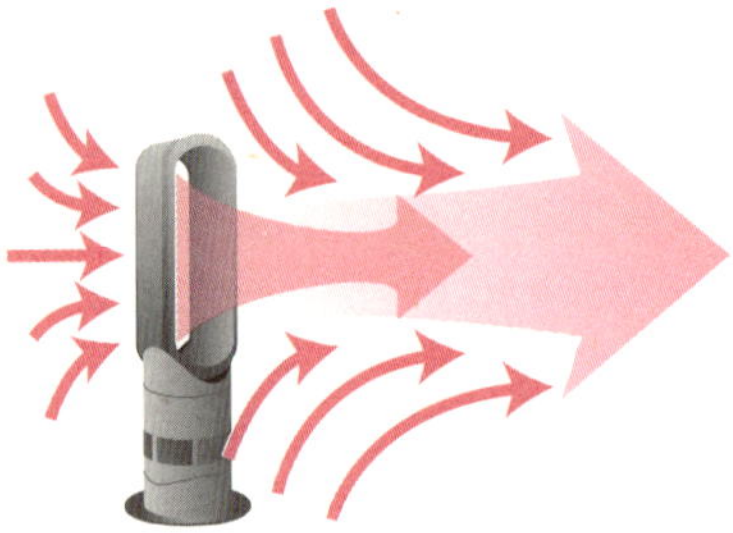

第４章

乗り物に見るすごい技術

飛行機や新幹線など、なじみのある乗り物から、リニア新幹線、電気自動車、自動運転といった次世代技術まで、乗り物に秘められた技術とは？

Technology 047

飛行機

「金属の塊」であるはずの飛行機はなぜ飛べるのか。不思議なことに、そのすべてを完璧に説明する定説はない。

飛行機を間近に見ると、「どうしてこんな金属の塊《かたまり》が飛ぶのか」と不思議に思う。そのメカニズムを調べてみよう。

最もオーソドックスなのは、**ベルヌーイの定理**を用いた説明である。この定理は流線上で「流体の運動エネルギーと圧力の和は一定」と主張する。ということは、流体が速く運動すれば圧力は小さくなることになる。翼《つばさ》の形は上に膨《ふく》らむ非対称な形のため、流体は翼の上側のほうが速い。そこで、翼の上側の圧力が減り、翼を押し上げる力（**揚力**《ようりょく》）が働くという。

この説明の基礎となるベルヌーイの定理は**完全流体**で成立する。完全流体とは粘性がなく渦《うず》が発生しない流体である。しかし、現実には粘性《ねんせい》があり、渦が発生する。電線に強い風が

飛行機の翼とベルヌーイの定理

飛行機の翼は上側が盛り上がった形をしている。そのため、翼の上側の風の流れが高速になり、「ベルヌーイの定理」から、下側よりも空気の圧力（気圧）が低下。飛行機を上に押し上げる「揚力」が生まれる。

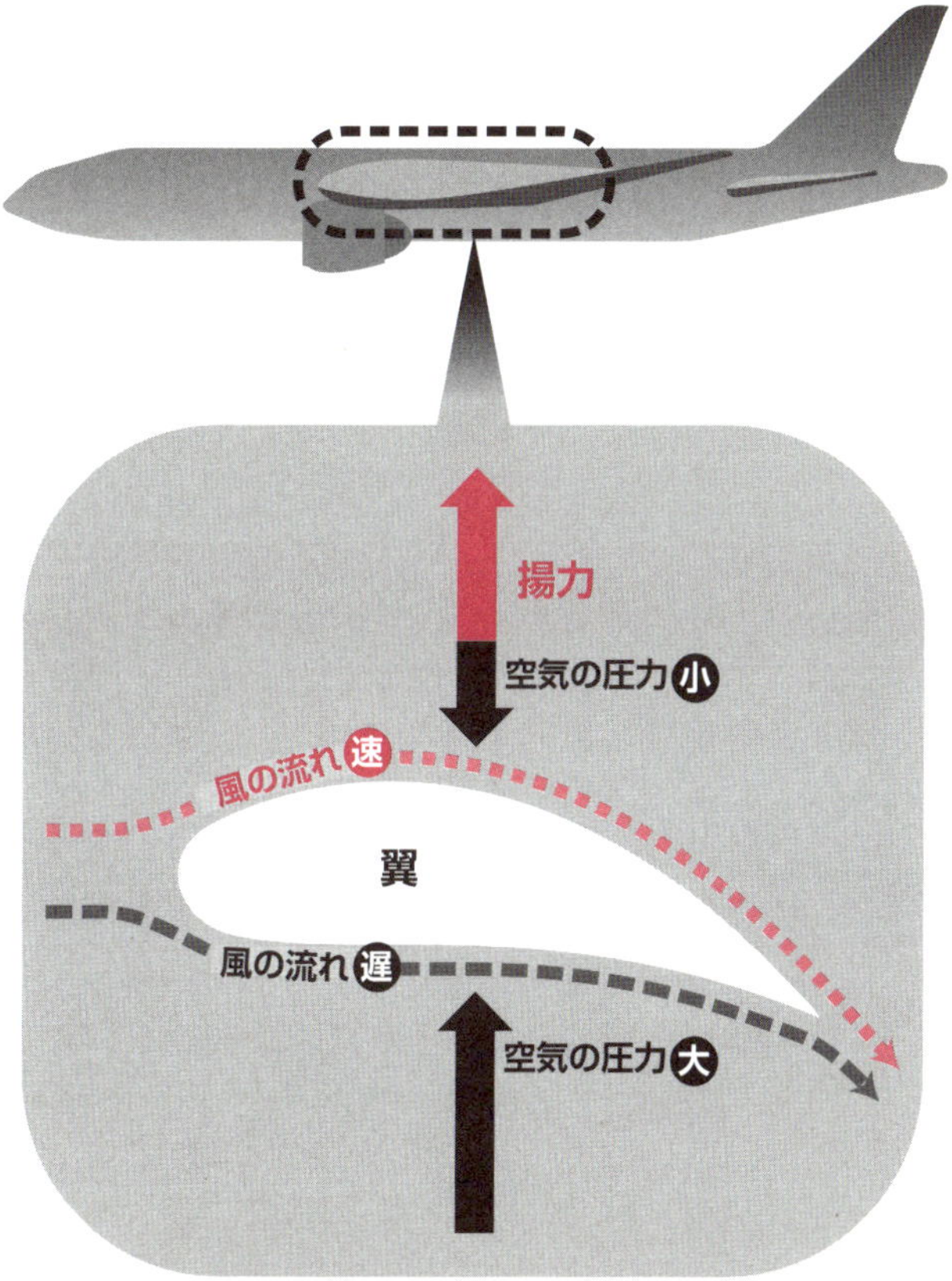

当たるとヒューヒュー鳴るのは、この渦が原因である。したがって、ベルヌーイの定理だけで飛行機が飛ぶ原理を説明するのは十分ではない。実際、直線状の翼を持つ紙飛行機がよく飛ぶことを、これでは説明できないことになる。

そこで、次のような説明もなされる。板が空気の流れに対して仰角をもって置かれると、空気はその板に妨《さまた》げられ、下向きに曲げられる。すると、作用反作用の法則から、板はその反対向きの力、すなわち揚力を得ることになる。この力で飛行機は飛ぶのだ、という説である。しかし、この説明では、かまぼこ型の翼を空気中で水平に動かすと揚力を得るという事実を説明できない。

近年は、翼が空気を切るときに発生する渦が揚力を生むという「渦」説も登場している。実際、紙飛行機が飛ぶのはこの渦が原因であることが知られている。しかし、渦の理論はカオス理論の一つであり、最新のコンピューターでも精度の高い計算はできない。そのため、正確な空気の流れは理論的にはつかめないのである。

飛行機が飛ぶしくみは、これらの説明が一体になったものと考えられている。我々はしくみを完全に計算しきれない怪物に乗って旅行を楽しんでいるともいえるのだ。

作用反作用論とは?

向かい風を受けることで揚力が生まれる、という単純な論理である。空気は板にぶつかって下向きに曲げられ、反対向きの力、つまり揚力が生じる。

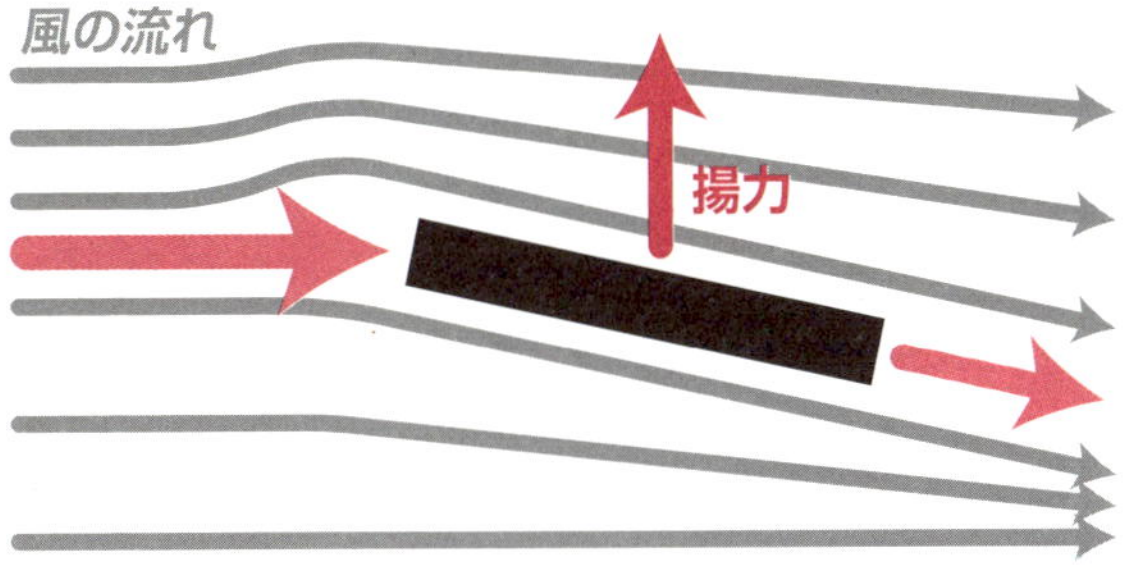

渦が揚力を生む!?

翼が空気を切るときに渦が発生し、その渦が揚力を生むという。ただし、渦はカオス現象であり、正確に計算するのは困難である。

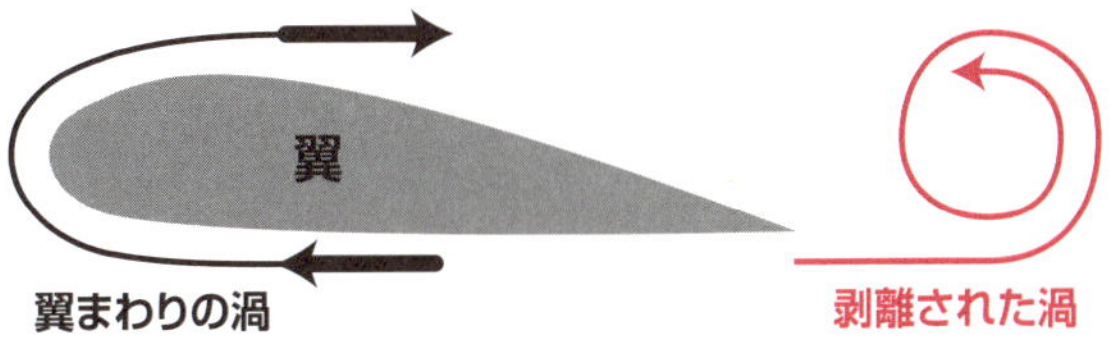

Technology 048

新幹線

新幹線の先頭車の顔は、くちばしが伸びたアヒル顔だが、これは何を意味するのか。初代の「団子鼻」はなぜ消えたのか。

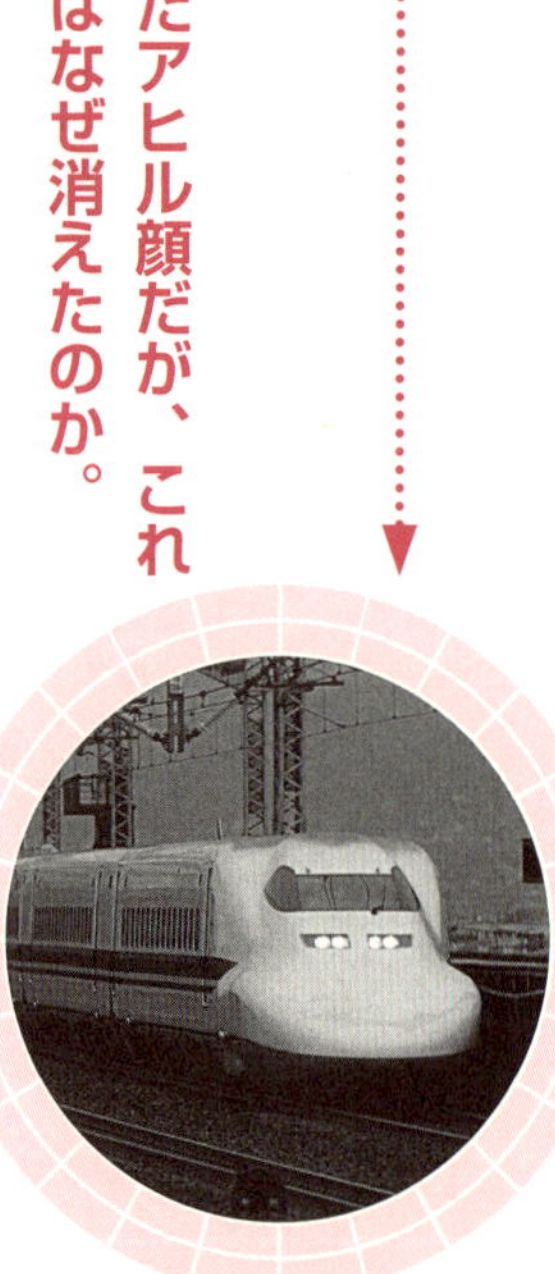

２０１２年３月、初代「のぞみ」の車両（３００系と呼ばれている）が引退した。技術革新にともない、新幹線の変遷も急速だ。だが、最近の新幹線を見ると、皆アヒル顔をしている。

アヒルのようなマスクを採用した理由には、もちろんスピード対策もある。しかし、それ以上に重要なのがトンネル対策だ。「団子鼻」をした昔の新幹線「ひかり」が時速３００キロでトンネルに突入すると、トンネルの出口で「ドーン」という爆発音がしてしまう。逃げ場を失った空気が車両の前で圧縮され、衝撃波となって出口側に伝わり吹き出すからだ。これを**トンネル微気圧波**というが、車両が通過するたびに爆発音がしては、沿線住民に迷惑で

トンネル内微気圧波が爆発音を生む!?

車両が突入すると、トンネル内の逃げ場を失った空気が車両の前で圧縮され、衝撃波となって出口側に伝わり、吹き出す。これが爆発音となる。

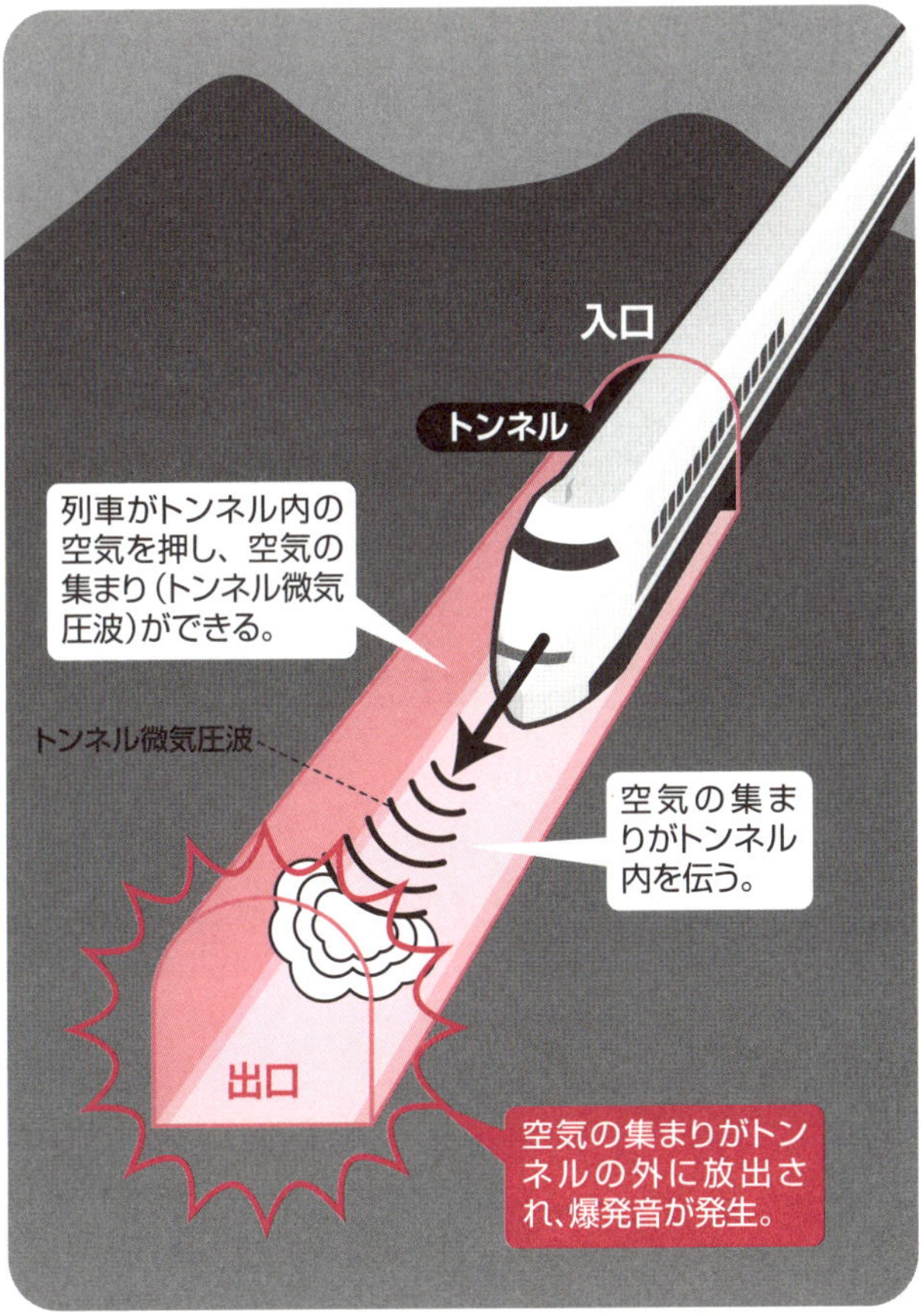

ある。この騒音問題を解決したのがアヒル顔なのである。

トンネル微気圧波をなくすには、列車の先頭形状を鋭《するど》くし、空気の逃げ場を作ればいい。そこで登場したのがジェット機のようなスマートな先端を持つ、500系と名づけられた「のぞみ」。しかし、これはスマートであるがゆえに車幅《しゃふく》が狭《せま》いという欠点があり、鉄道ファンには人気があったが事業者には不評だった。そこで登場したのが700系「のぞみ」である。サイドを削ってアヒルのくちばしのように平べったいデザインにすることで、トンネルに入ったときに空気がくちばしの脇から逃げる。こうして、トンネル微気圧波の発生を抑えることができるのだ。先頭が平べったくなったおかげで、列車の幅を広くとれ、狭さも解消した。

このようなアヒルのくちばし型を**エアロストリーム**と呼ぶが、最新の新幹線車両はさらにそれを発展させた**エアロ・ダブルウィング**と呼ばれる形にリファインされている。新幹線が速くなるにつれ、「アヒルのくちばし」はさらに改良されていくのである。

このように、新幹線車両は騒音対策を常に優先している。これは、人口が密集した日本の宿命《しゅくめい》といえよう。フランスのTGVなど、他国の高速鉄道との大きな違いの一つだ。

300系と500系

時代とともに進化し続ける日本の新幹線。300 系と 500 系の2形式を紹介しよう。

300系新幹線

初代「のぞみ」。営業運転が時速 300km を超えたが、引退。

500系新幹線

飛行機のようにスマートだが、狭いという欠点がある。

700系で採用されたエアロストリーム

アヒルのくちばしのような先頭形状は、コンピューターシミュレーションや風洞実験など、さまざまな研究の末に誕生。空気の流れを乱さず、騒音の原因となる渦の発生を抑えることに成功した。現在はさらに進化した「エアロ・ダブルウィング」のフォームが採用されている。

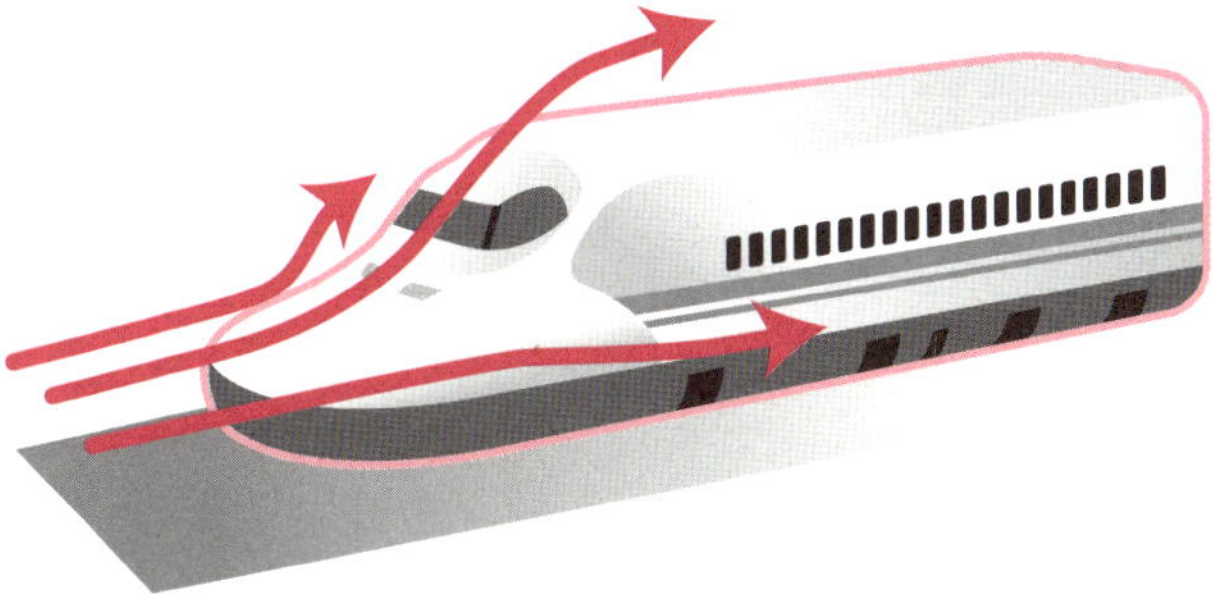

Technology 049

リニア新幹線

JR東海はリニア新幹線開業を2027年とし、その実現に向けて進み出したが、駆動源のリニアモーターはすでに実用化されている。

2012年（平成24）、JR東海はリニア中央新幹線計画を実行に移すと発表した。東京～大阪間を1時間で結ぶ「リニアモーター推進浮上式鉄道」の研究が開始されたのが1962年（昭和37）。実に半世紀が経ってからの決断である。

周知《しゅうち》のように、リニア新幹線は「リニアモーター」を駆動源とし、「磁気浮上方式」を採用した点に特徴がある。

リニアモーターとは、その言葉通り直線状（リニア）のモーターをいう。人が一列に並んで手渡しで荷物を運ぶのに似た運搬方式を実現するモーターだ。車両に搭載されている磁石《じしゃく》と、走行路（ガイドウェイ）の両側の壁に並んで取り付けられている「推進コイル」が同期

電磁石による推進のしくみ

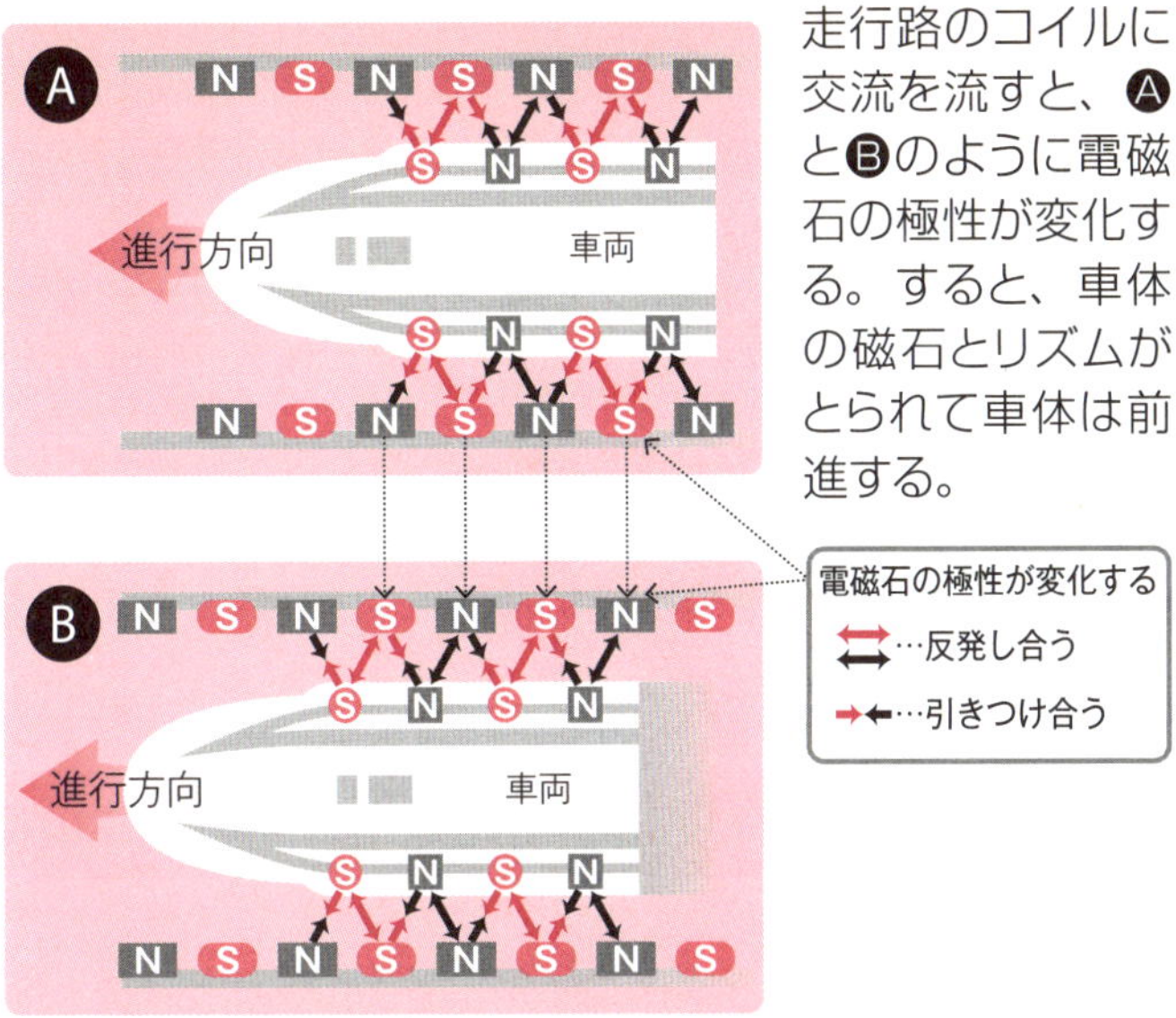

走行路のコイルに交流を流すと、Ⓐと Ⓑのように電磁石の極性が変化する。すると、車体の磁石とリズムがとられて車体は前進する。

単純化した磁気浮上のしくみ

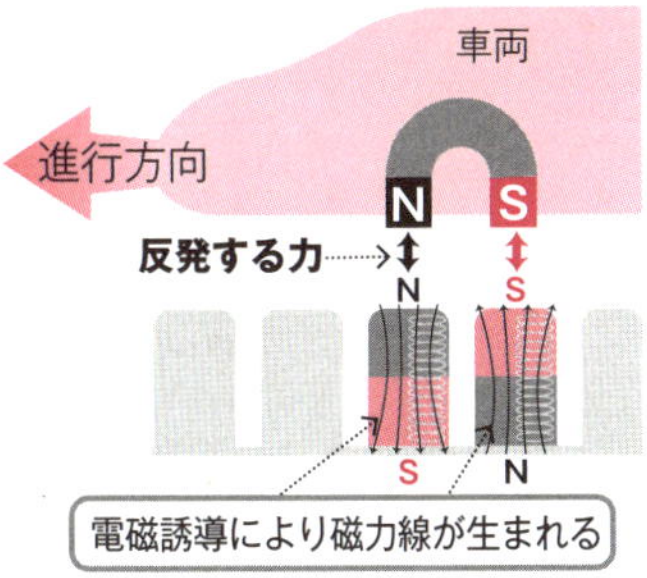

車体に強力な超電導磁石を取り付け、走行路にはコイルを一定間隔に敷設する。コイルに車体が近づくと、車体の磁石が走行路のコイルに電磁誘導を引き起こし、コイルを電磁石にする。この電磁石と車体の超電導磁石との反発力で車体が浮上する。

して推進力を生む。例えば、車両先頭のS極が近づいたら、その前方の推進コイルをN極にするように電流を流し、磁石の引き合う力で加速するのである。

リニアモーターを駆動源とする車両は決して斬新《ざんしん》なものではない。例えば東京の地下を走る都営地下鉄大江戸線の車両は、リニアモーターで走っている。車体を小さくできるためトンネル断面積が小さくでき、建設コストが下げられる。このような理由から、最近建設された地下鉄にはリニアモーターを駆動源とした車両の採用が多い。

次に**磁気浮上方式**を見てみよう。実際のリニア新幹線のしくみは巧妙《こうみょう》なので、まずはしくみを単純化した前ページ下図を参照しよう。浮上の原理は電磁誘導の法則を利用している。つまり、車両の磁石が近づくと、走行路上のコイルに電流が流れて電磁石となり、車両の磁石との反発力が発生する。この力で、車両を浮上させるのだ。

リニア新幹線を現実化した縁《えん》の下の力持ちは、「超電導磁石」と巧妙な「浮上・案内コイル」の配置だ。**超電導磁石**は低電力で強力な力を発揮する。また、8の字に反転させた**浮上・案内コイル**を側壁に配置することで、車体の推進用超電導磁石を浮上力に利用でき、横揺れに対する安定性も生まれる。

浮上・案内コイルが車両を浮上させる

実際のリニア新幹線には、浮上させる磁力が生まれるよう、走行路（ガイドウェイ）の側面に浮上・案内コイルが、車両の側面に推進用の超電導磁石が配置されている。このように配置することで、車体が横に振れた際に、車体を元に戻す力もコイルに生まれる。

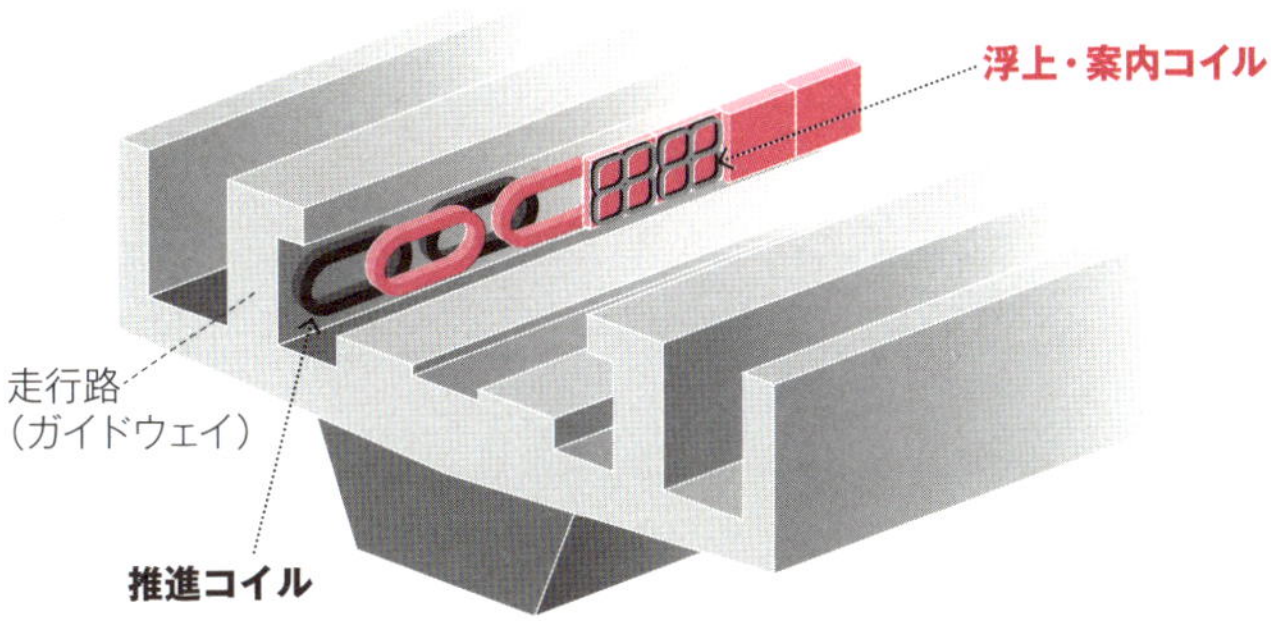

リニア新幹線の磁気浮上

8の字形の浮上・案内コイルに発生した電流は、上部と下部で流れが逆になり、それぞれ逆向きの磁場が発生。上部の吸引する力と下部の反発する力によって車体は浮上する。

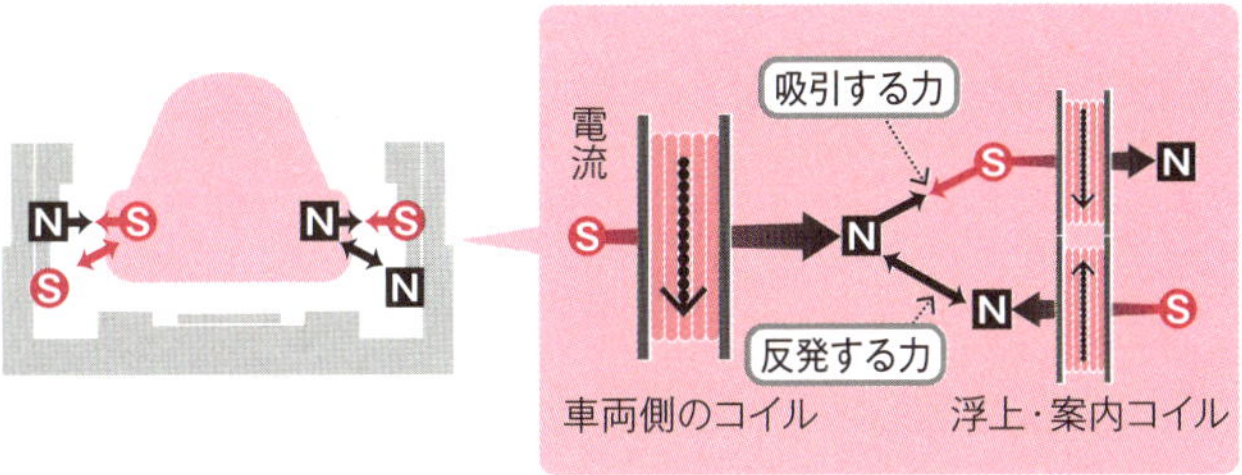

Technology 050

電動アシスト自転車

電気の力で走行を手助けしてくれる「電動アシスト自転車」が人気だ。実はこれ、現代技術の粋《すい》を集めた乗り物なのだ。

1993年（平成5）に第1号車が発売されて以来、一時的な停滞《ていたい》はあったものの、電動アシスト自転車は年々売り上げを伸ばしている。免許が不要で従来の自転車のように手軽に乗れる、などが人気の理由だ。

電動アシスト自転車は、さまざまな現代技術の集大成といえる。上《のぼ》り坂ではペダルを踏む力を助けてくれるが、その力を提供する電動モーターは軽量コンパクト。これは、中国との政治問題で有名になったレアアースを利用した強力な磁石ネオマグのおかげだ。さらに、このモーターに電力を供給するのは、優秀なリチウムイオン電池（262ページ）である。

まさに現代技術の粋を集めたコラボレーションで、電動アシスト自転車は快適な乗り物に

電動アシスト自転車のおもな構造

ドライブユニットにはモーターやトルクセンサー、制御ユニットが内蔵されている。モーターが前輪にあるタイプなど、この図以外の構造もある。

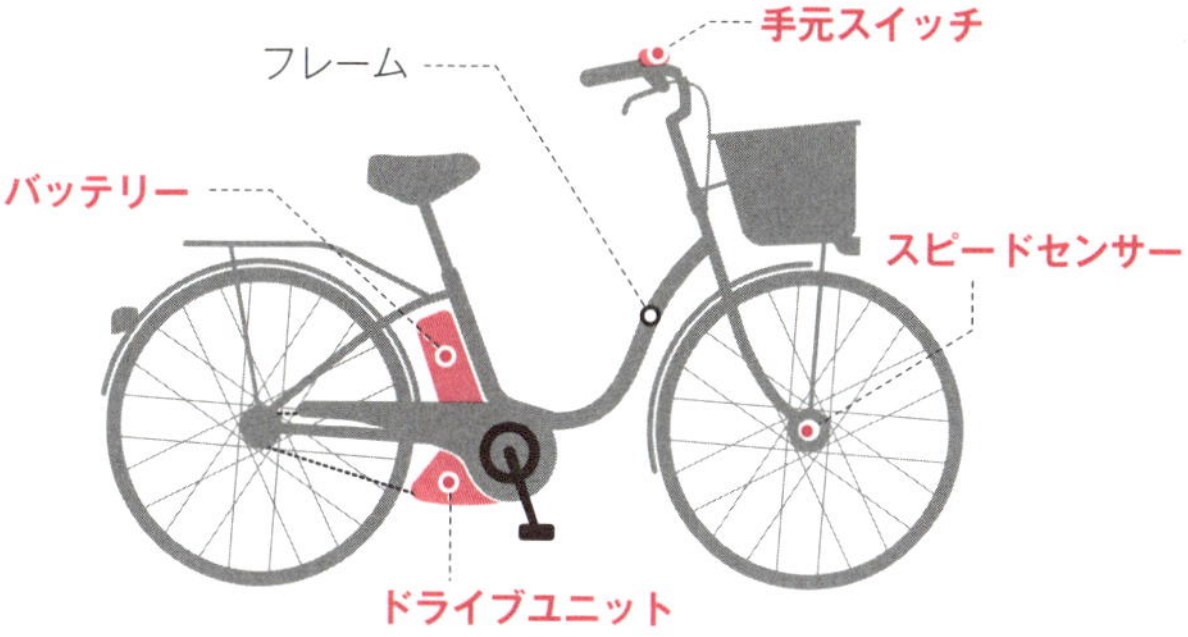

アシスト力の変化

制御ユニットは、スピードセンサーとトルクセンサーから走行条件を判断し、適切な電流をモーターに送ってアシスト力を変化させるようにプログラムされている。

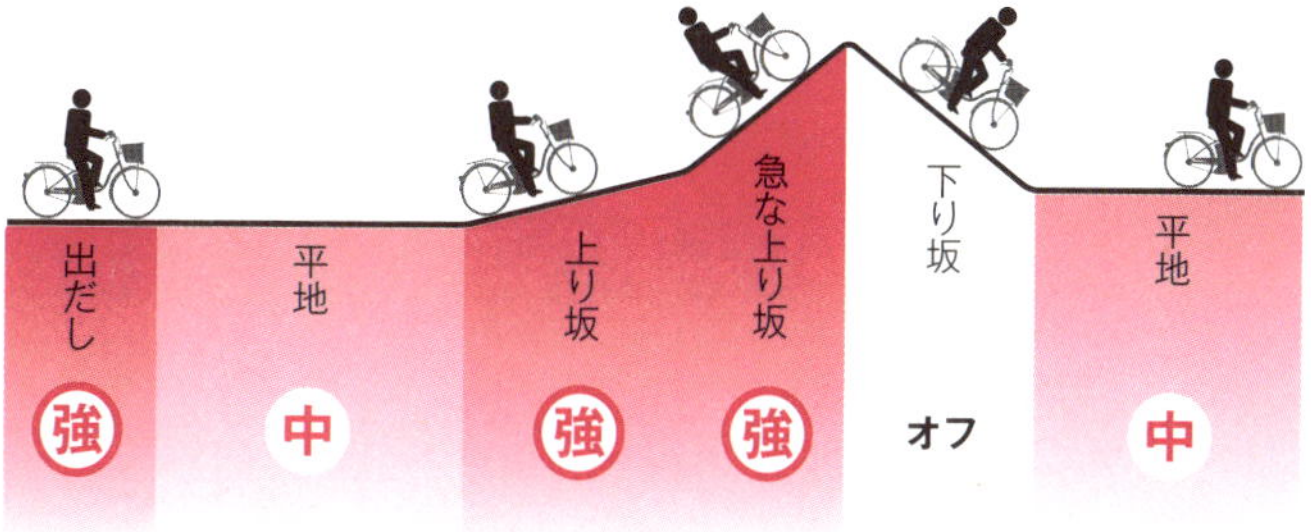

なっているのだ。

ところで、高機能の電動アシスト自転車には発電機能が搭載《とうさい》されている。下り坂で充電ができるのだ。ちょうど、人をエンジンに見立てたハイブリッドカーのようになっている。

電動アシスト自転車は電動自転車（つまり**電動バイク**）ではない。道路交通法の制限があるからだ。法律では、電動アシスト自転車を「人の力を補うための原動機を用いる自転車」と定めている。人の力を補う以上の原動機を搭載してはならないのだ。

「人の力を補うこと」の意味をもう少し詳しく説明しよう。例えば、時速10キロ以下では、人力を1とした場合、最大2までしか補助してはならない。また、時速24キロを超えると補助をしてはならないとの規定もある。踏み出したときの低速時には強くアシストし、ある程度スピードが出たらアシストをなくすよう定められているのだ。

こうしたデリケートなチューニングを実現するには、ペダルを踏み込む力や走行スピードを検知するセンサーが必要である。また、それらの情報をもとにモーターをコントロールする制御用コンピューターも不可欠だ。こうした技術が相《あい》まって、現代の電動アシスト自転車が存在しているのだ。

ドライブユニットの構造例

クランク軸にトルク（回転軸にかかる力）を感知するトルクセンサーが組み込まれている。そのトルクセンサーとスピードセンサーの情報をもとに、制御ユニットは適切な電流をモーターに流す。

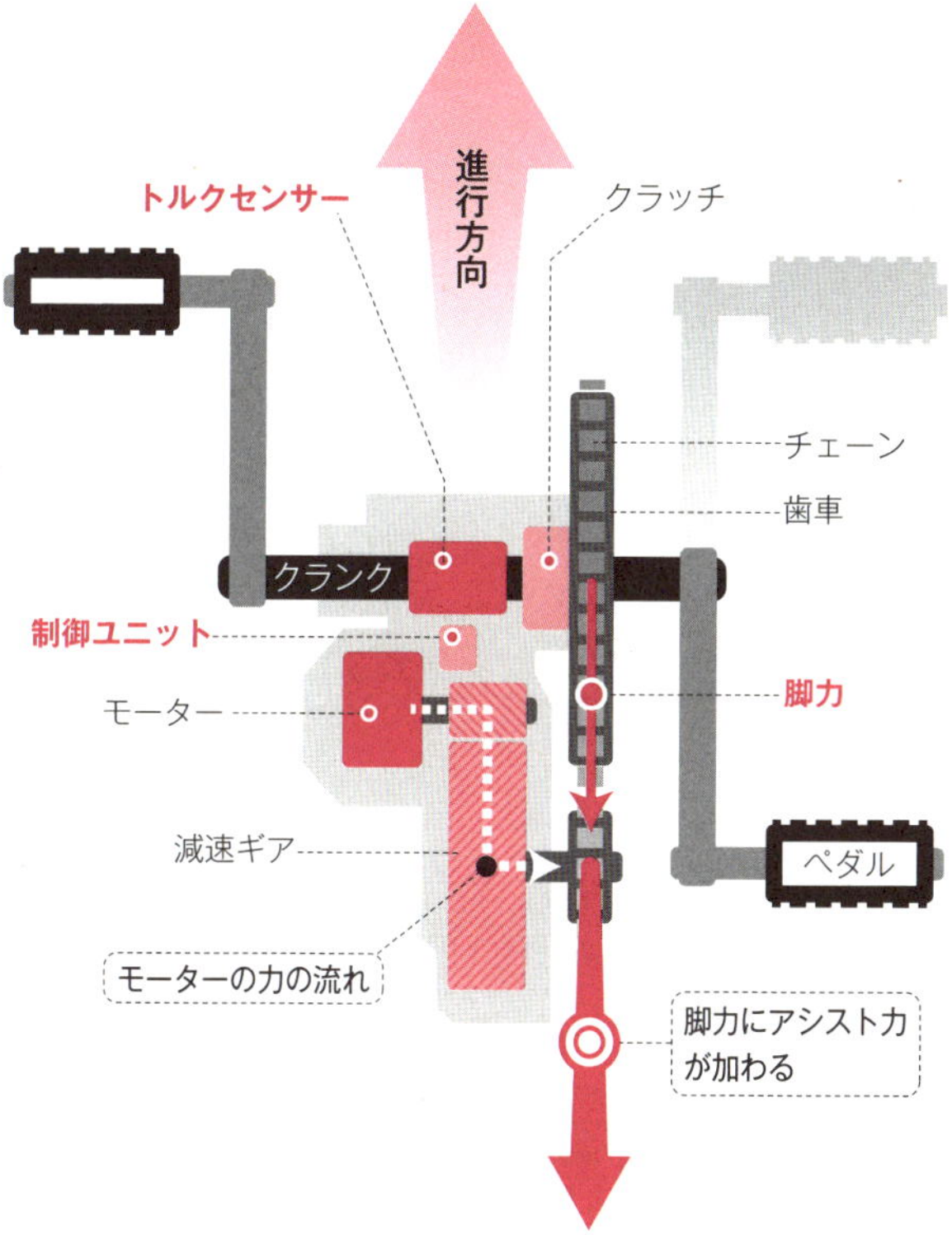

Technology 051

ヨット

飛行機の時代にあってもなお、水上を帆走《はんそう》するヨットには胸躍るものがある。ヨットはなぜ逆風の中でも進めるのだろうか。

大海原を航海するヨットの雄姿はロマンをかき立てる。風に大きな帆《ほ》をふくらませて走るその姿に、古来《こらい》多くの人が虜《とりこ》になった。

そんなヨットは、**ディンギー**と**クルーザー**に大別される。

ディンギーはキャビン（船室）のない小型のヨットで、1～2人で操るのが一般的。近海でマリンレジャーを楽しむのに向いている。一方、クルーザーにはキャビンがあり、寝泊まりできる設備が付いていて、遠洋で航海を楽しむのに向いている。

ところで、ヨットは、風が吹いてさえいれば目的地に船を進められる。逆風に向かってでも進めるのだ。考えてみると不思議である。

ヨットの種類

ヨットと一口に言っても、さまざまな大きさや形のものがあるが、大きく「ディンギー」と「クルーザー」に分けられる。

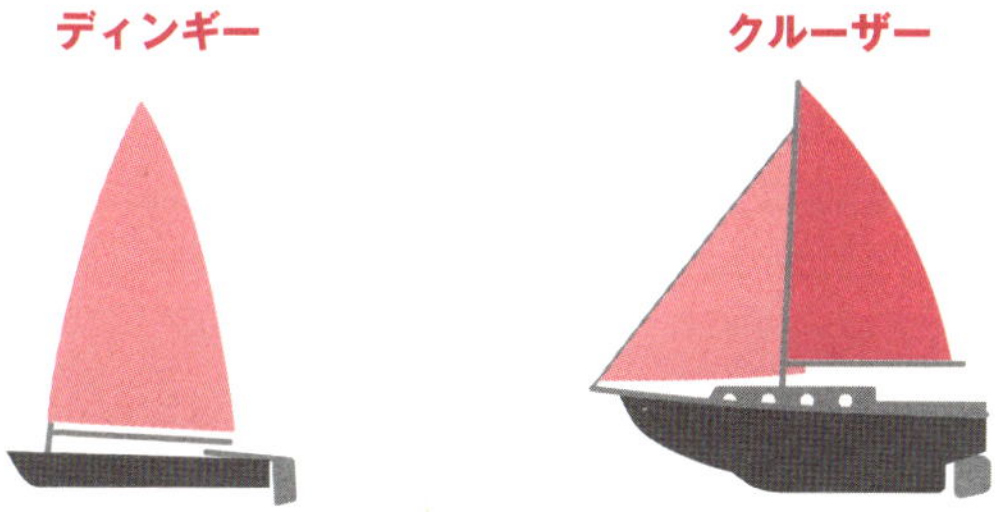

キャビン(船室)のない小型のヨットで、1～2人で操る。

キャビンがある大型のヨットで、寝泊まりできる設備が付いている。

帆が風から受ける力

帆が風から力を受けるしくみについては、いろいろな考え方で説明される。ここでは帆を単純な板と考えて、風の受ける力を図示してみよう。すべての場合、帆に垂直な方向の力を得る。

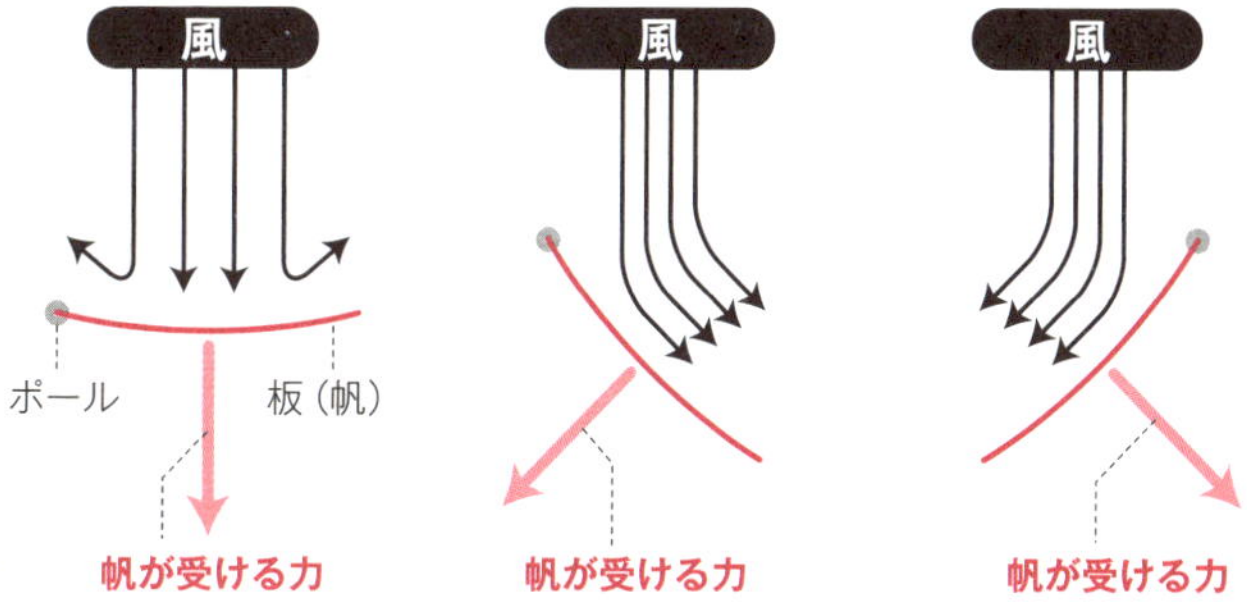

その原理を調べるために、まず帆が風から受ける力を見てみよう。

帆が風から受ける力を簡単に理解するには、風が空気の分子の集まりと考え、その分子をテニスボールに見立てるといい。どのように風が帆にぶつかっても、帆が風から受ける力は帆の面に垂直になることが見て取れる。このことを念頭に置けば、風に対してどのような角度に帆を張ればいいか理解できる。

追い風（つまり順風）のときには、舳先《へさき》を目的方向に向け、帆を風向きに直角に張ればよい。横風のときにも、舳先を目的方向に向けるが、帆は後ろに回して風向きの斜め45度の角度にする。こうすれば、舳先の方向の力が得られるからだ。問題は向かい風（逆風）の場合である。このときは、舳先を目的方向の斜め前に向け、帆を後ろに回し、舳先の方向の力が得られるようにする。しかし、そのままでは目的地から斜めに遠ざかってしまうので、例えば**タッキング**という技法でジグザグ走法し、目的地に向かうようにするのだ。

実際の風は複雑であり、以上のような単純なものではない。そこがヨットのおもしろいところでもある。自分の操縦《そうじゅう》するヨットの特性と風の性質を上手に利用することで、ヨットはすばらしい水上の〝芸術品〟になるのだ。

進行方向と帆の張り方

横風や向かい風の場合、ヨットは船底からの抗力をたくみに利用している。

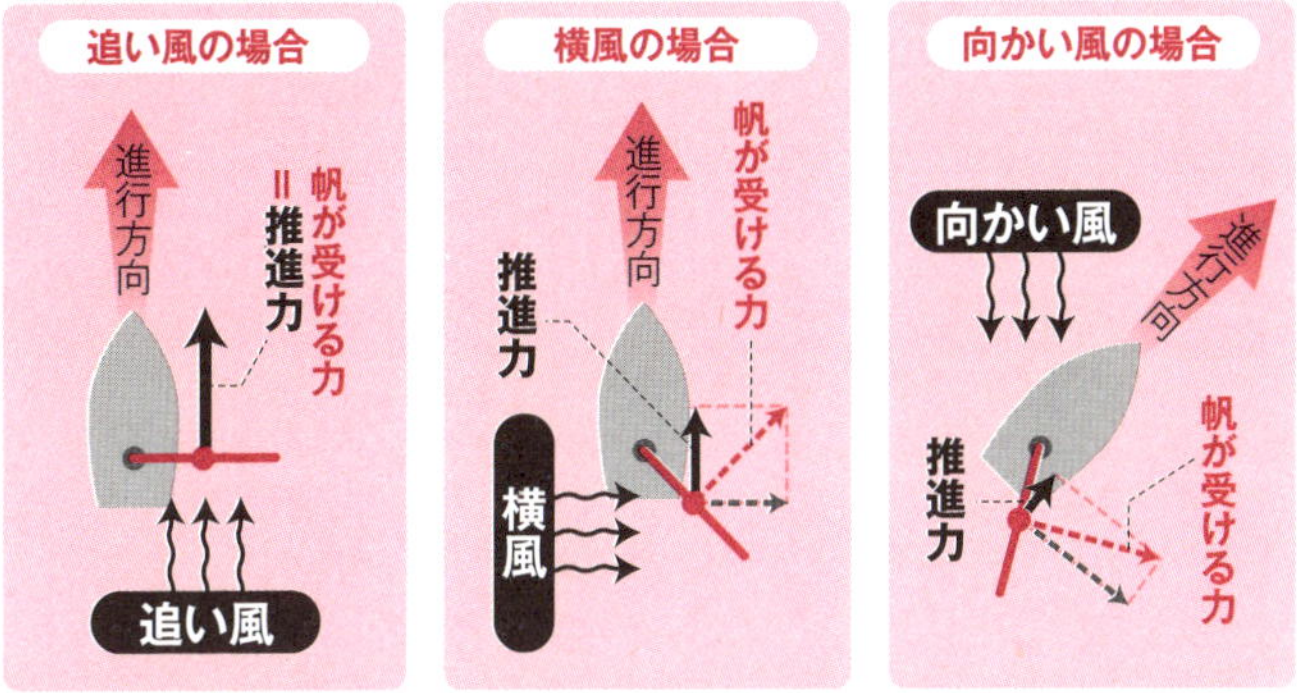

タッキングのしくみ

向かい風に向かってヨットを走らせるには、風上へジグザグに進めばよい。このための帆走技術を「タッキング」という。

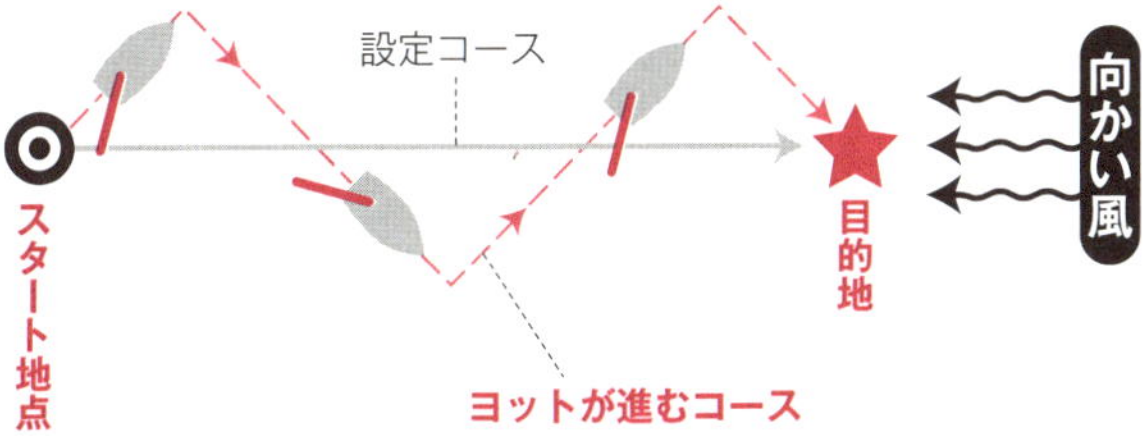

Technology 052

ハイブリッド車と電気自動車

環境問題と石油枯渇問題とが相まって、低燃費・省エネルギーのクルマが人気となっている。そのしくみを見てみよう。

ハイブリッド（Hybrid）とは本来は「雑種」の意だが、異なるものを混ぜ合わせたものを表すのに利用されている。ハイブリッド車は、既存のエンジンと電気モーターとを組み合わせ、両者の長所を活かす駆動方式のクルマである。モーター用バッテリーはエンジンで充電できるため、外部充電が不要である。また、減速時の制動力を発電に利用できるため、燃費がたいへんいい。

ハイブリッド車にはいくつものタイプが開発されている。パラレル方式、シリーズ方式、シリーズ・パラレル方式と呼ばれるタイプの構造を次ページに示しておこう。

２０１２年に入り、トヨタから**プラグインハイブリッド**と呼ばれる新たなハイブリッド車

ハイブリッド車の3つの方式

ハイブリッド車には、大別して「パラレル方式」「シリーズ方式」「シリーズ・パラレル方式」の3種類の方式がある。それぞれの特徴を見てみよう。

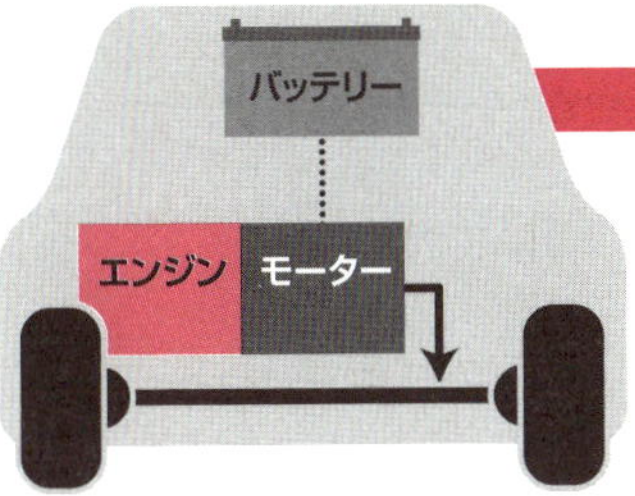

パラレル方式

エンジンが燃料を多く必要とする発車・加速時に、モーターの力を利用して燃料を節約する。

主役はエンジン
モーターが助っ人

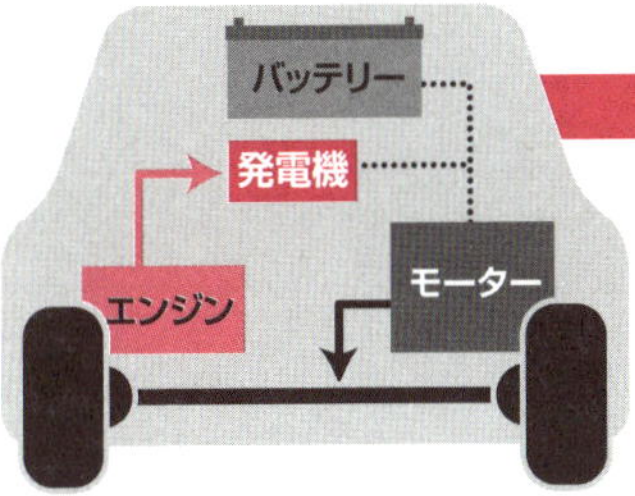

シリーズ方式

エンジンを発電機の動力として使用し、モーターだけの力で走る。動力機構は電気自動車と同様。

主役はモーター
エンジンで発電

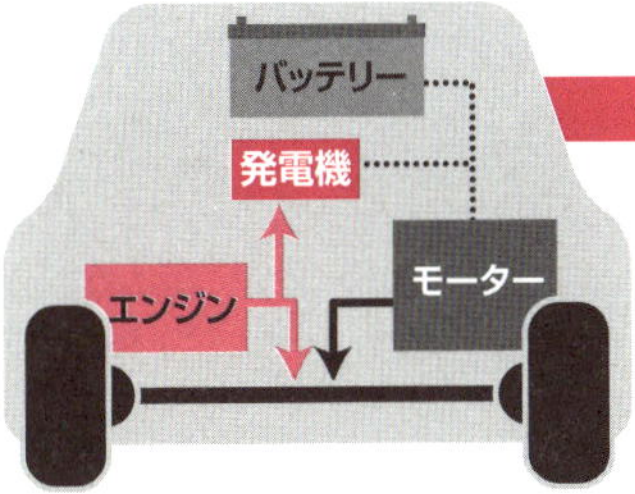

シリーズ・パラレル方式

発進時や低速時はモーターだけで走り、速度が上がるとエンジンとモーターで効率よくパワーを分担する。

モーターとエンジンが
パワーを分担

の販売が開始された。これは、従来よりも強力な電池（リチウムイオン電池）を搭載《とうさい》し、自宅での充電で、買い物などの実用的な距離を電池走行できるようにしている。

ハイブリッド方式より、さらに環境にいいとされるのが**電気自動車**である。原理的には電池で動くおもちゃのクルマと同じだ。ただし、長距離使用に耐えられる安価なバッテリーの開発が遅れているため、一般的な普及にはもう少し時間が必要である。

「電気自動車の電気は発電所で作るのだから、石油を燃やすエンジン車と環境負荷は同じ」という批判もあるが、大きな誤りである。エンジン車の熱効率はせいぜい2割。それに対して火力発電所では4割を超える。送電ロスなどを加味《かみ》しても、電気自動車のほうがエネルギー効率は高い。また、個々のクルマでは環境対策に限りがあるが、発電所ではしっかりと対応できる。風力や太陽光などのグリーン発電を利用すれば、電気自動車は二酸化炭素ゼロエミッションの交通手段になる。

ただ、電気自動車の発展を100％喜ぶことができない人たちもいる。電気自動車は普通のクルマよりも部品点数が少なく、3分の2程度ですんでしまう。当然、リストラのための工場閉鎖などの問題が生じることになるからだ。

電気自動車の基本構造

コントローラーはアクセルペダルと連動し、バッテリーからの電流を調整してモーターの出力をコントロールする。制動時には、その力を利用して車載充電装置を動かして発電し、バッテリーに充電する。

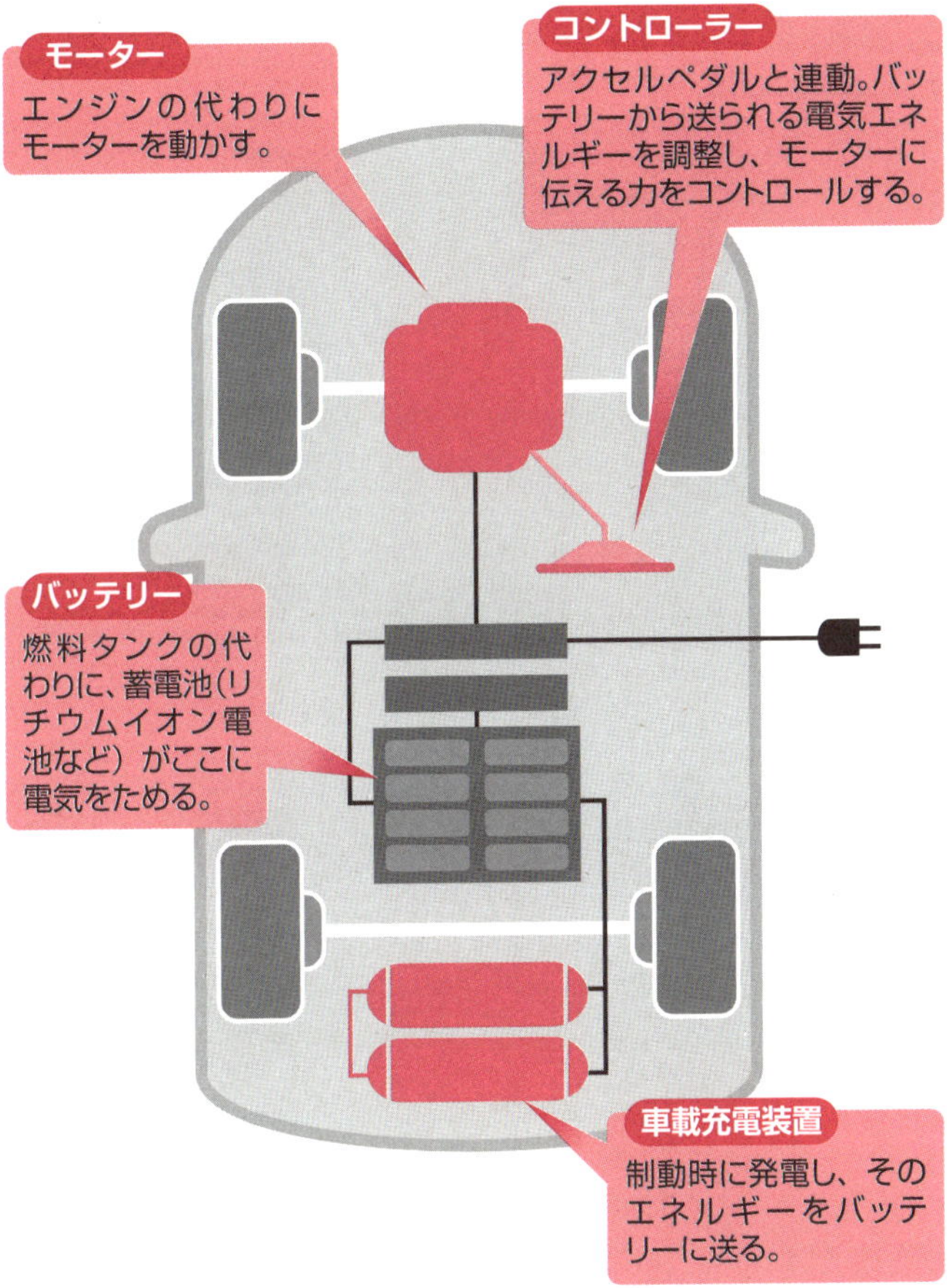
モーター
エンジンの代わりにモーターを動かす。
コントローラー
アクセルペダルと連動。バッテリーから送られる電気エネルギーを調整し、モーターに伝える力をコントロールする。
バッテリー
燃料タンクの代わりに、蓄電池（リチウムイオン電池など）がここに電気をためる。
車載充電装置
制動時に発電し、そのエネルギーをバッテリーに送る。

Technology 053

自動運転

自動車事故では、運転手のヒューマンエラーに起因するものが9割以上を占める。この問題を解決する切り札が自動運転だ。

交通事故は、認知ミス・判断ミス・操作ミスといった運転手に起因するものがほとんどだが、この問題を解決する切り札が**自動運転**であり、高齢社会における移動の解決策としても注目されている。

自動運転といっても、その定義はさまざまである。自動運転のレベルについては現在、アメリカの非営利団体ＳＡＥ（ソサエティ・オブ・オートモーティブ・エンジニアズ）が制定したレベル０〜５の６段階が多く使われていて、レベル３以上は「運転操作の責任をクルマが持つ」ことを覚えておきたい。２０１７年7月には、ドイツのアウディが世界で初めてこのレベル３に対応する自動運転機能を搭載する市販車を発表し、注目を集めた。

SAEの自動運転レベル

アメリカの非営利団体SAEは、自動運転のレベルを以下の6段階に定めている。

レベル0	人間の運転者が、すべてを行なう。
レベル1	人間の運転者をときどき支援し、いくつかの運転動作を実施する。
レベル2	いくつかの運転操作を実施することができるが、人間の運転者はそれを監視する。
レベル3	いくつかの運転操作を実施するが、人間の運転者は制御を取り戻す準備が必要。
レベル4	「日中」「高速道路」など、指定された条件下で、すべての運転操作を実施する。
レベル5	すべての運転操作を実施する。

自動運転に必要な機器

自動運転の実現には、検知機能や高精度の位置情報が必須。センサーやレーダー、カメラが搭載されるのはそのためだ。

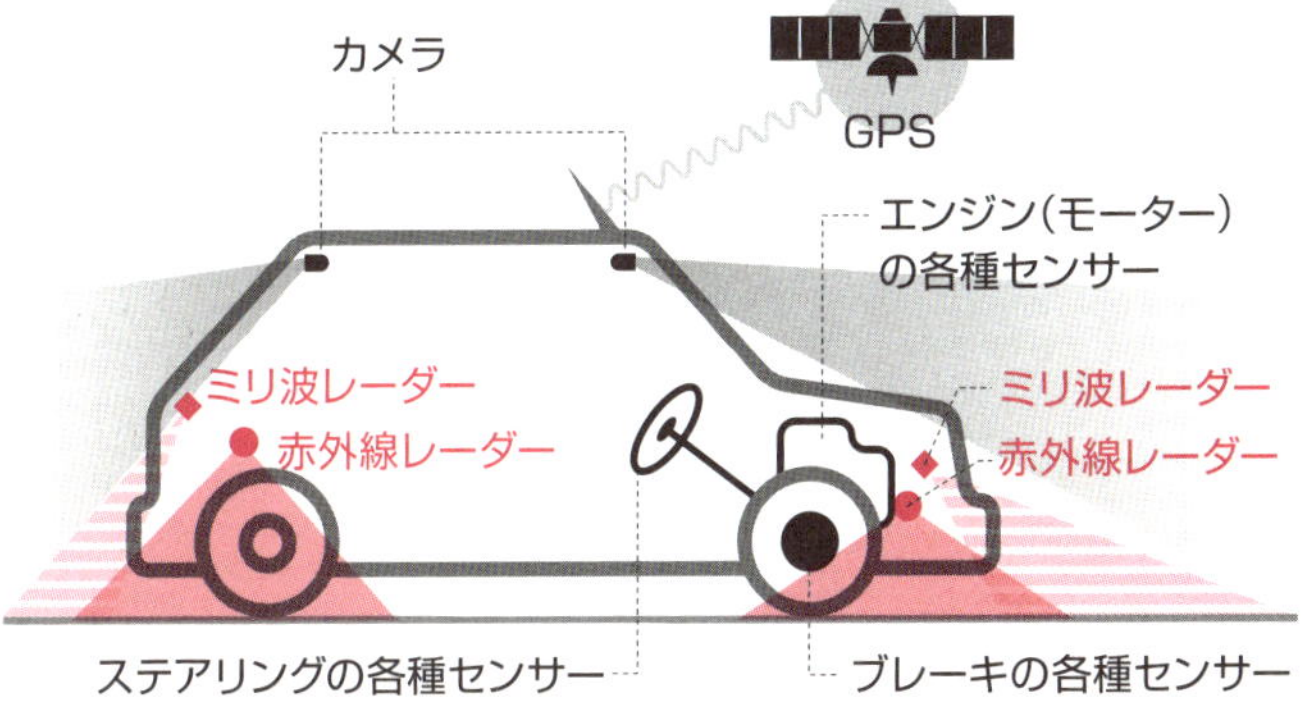

自動運転には、クルマに目や耳となる**検知機能**が要求される。そのため、これらに対応する電子部品をつくる製造メーカーは莫大なビジネスチャンスを得ることになる。

また、自動運転の実現には**高精度の位置情報**も欠かせない。２０１７年に４機目が打ち上げられた準天頂衛星「みちびき」は数センチの誤差で位置特定を可能にする（２２６ページ参照）。これが自動運転の強力な助っ人になるのだ。また、この電波が届かない地下街やビルの中などにおいても正しい位置情報が得られるシステムが必要だ。

ところで、安全運転を指揮するソフトウェア、特に**人工知能（ＡＩ）**は、電子部品同様に重要となる。そこで、この分野には多くのＩＴ企業が参入し、グーグルなどはすでに公道で自動運転の実験を行なっている。

自動運転の実現は、社会的にもさまざまな影響をおよぼす。事故が起こったときに誰の責任になるかという法律上の問題のほか、制御用ソフトウェアが悪意を持つハッカーに乗っ取られないようにするための対策をどうすべきかという課題もある。さらには「トロッコ問題」（左図）など、人ですら判断に迷う場合、自動運転のＡＩにどのような判断をさせるべきかという問題も解決していかなければならない。

自動運転にはソフトウェアが重要

車線変更や追い越しも自動で行なう自動運転には、安全運転を「指揮」するソフトウェアの存在が重要だ。

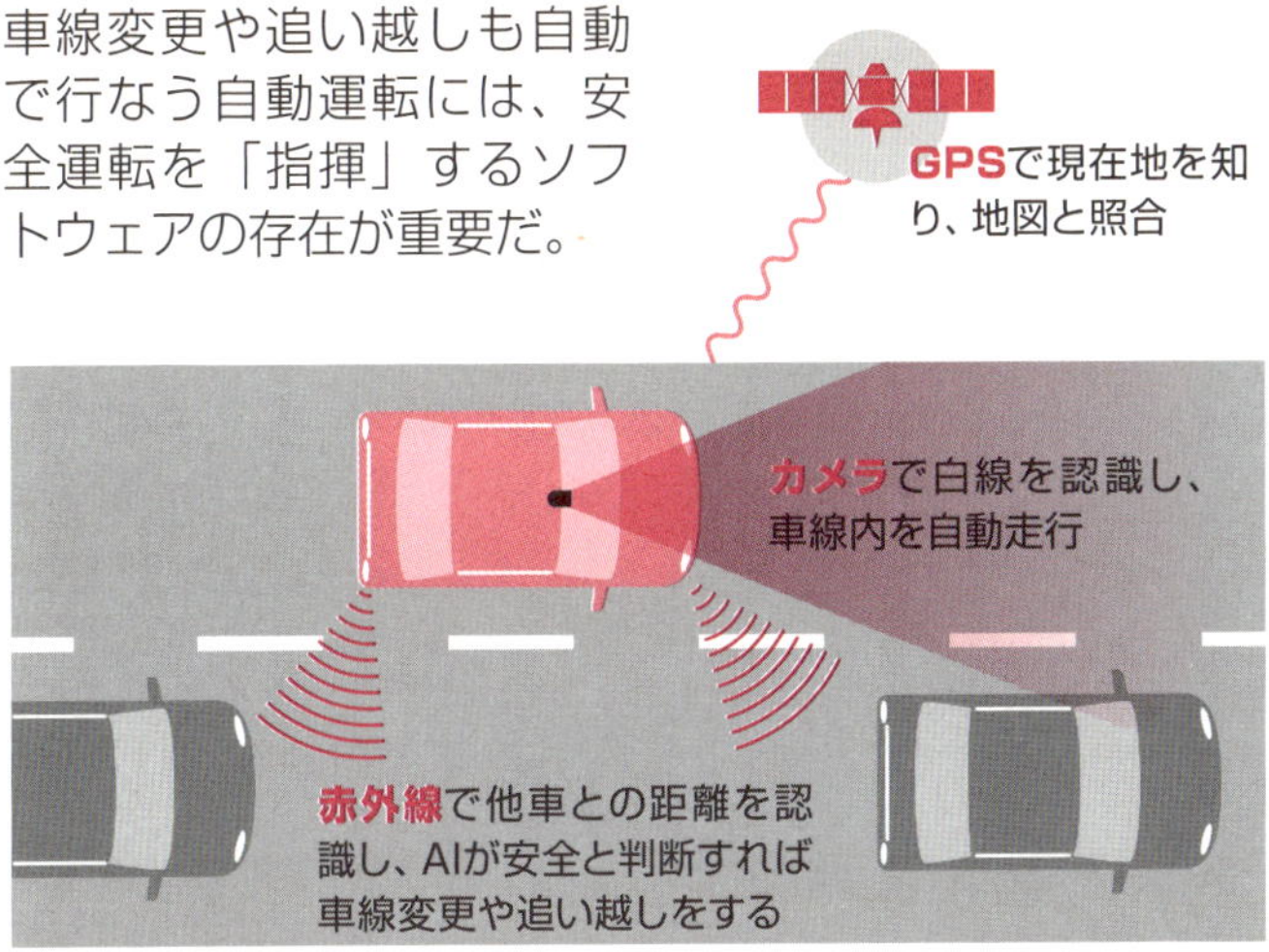
GPSで現在地を知り、地図と照合
カメラで白線を認識し、車線内を自動走行
赤外線で他車との距離を認識し、AIが安全と判断すれば車線変更や追い越しをする

「トロッコ問題」の例

人ですら判断に迷う場合、AIにどう判断させるべきか。図のような問題を「トロッコ問題」という。

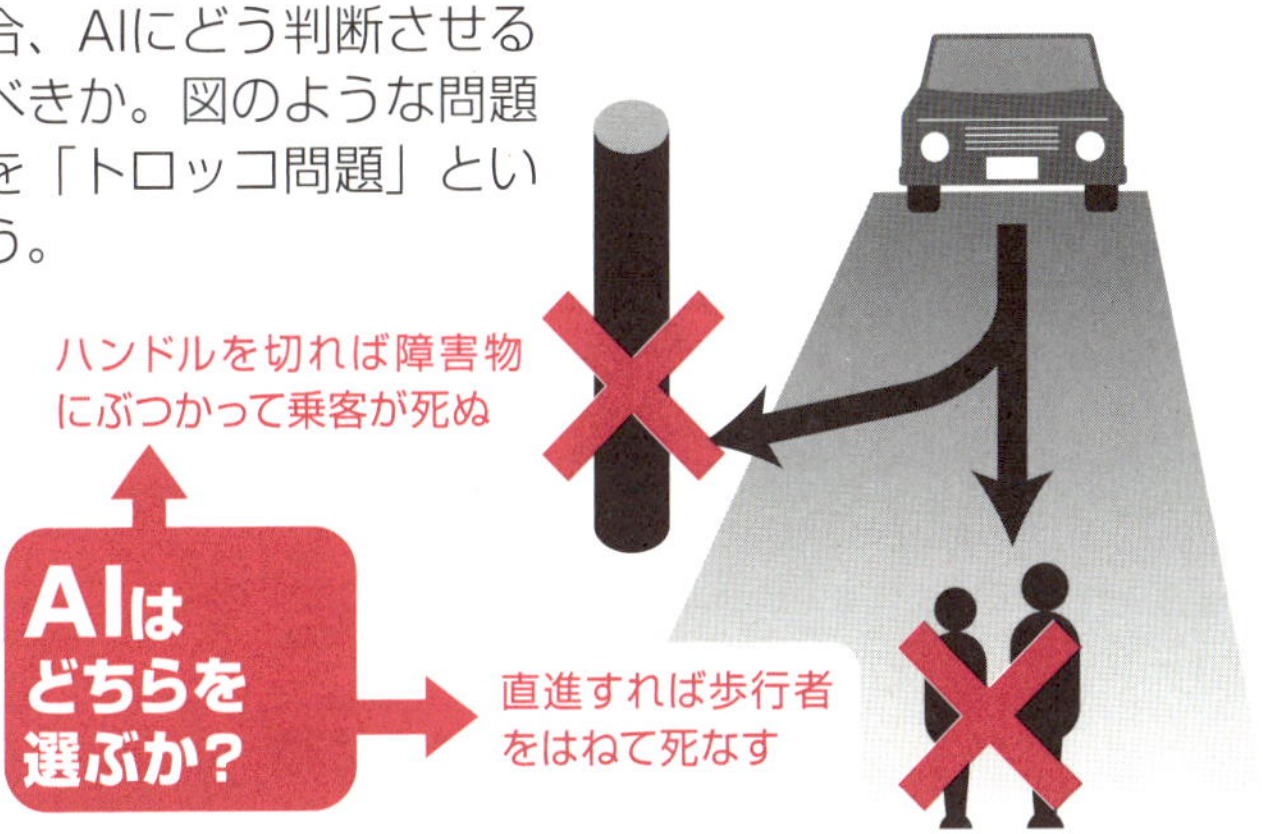
ハンドルを切れば障害物にぶつかって乗客が死ぬ
AIはどちらを選ぶか？
直進すれば歩行者をはねて死なす

Technology 054

カーナビ

クルマへの搭載がすでに当たり前となっているカーナビは、まさにハイテク技術の塊である。その一端を見てみよう。

カーナビ（正式には**カーナビゲーションシステム**）はクルマの現在位置を示し、目的地まで誘導してくれるシステムである。見知らぬ土地でクルマを走らせるときに心強い案内役だ。

カーナビで自分の位置を知ることができるのは**GPS**《ジーピーエス》（Global Positioning System）のおかげである。GPSはアメリカ軍が自軍の位置を正確に知るために作成したシステムで、24個の衛星（GPS衛星）からの電波を利用する。このシステムを使うことで、何も目印のない海上や砂漠でも、正確な軍事行動が可能になる。また、巡航《じゅんこう》ミサイルの位置把握にも利用される。

カーナビの装置は、この米軍のGPS衛星3個からの電波を受け、受信時間のズレから各

カーナビの位置算出のしくみ

3個のGPS衛星から電波を受け、受信時間のズレからGPSまでの距離を測る。得られた距離から三角測量することで、現在位置を特定している。

GPSまでの距離を計測する。そして、三角測量のしくみを用いて、現在位置を割り出すのだ。三角測量とは地図作成に利用されるもので、高校で習う三角関数が使われる。

割り出された現在位置は、液晶モニター上の地図に変換して示される。その地図は本体内部のメモリー（ディスクやフラッシュメモリー）に記録されたものが利用されるため、常に更新しておかないと不都合が生じることがある。

カーナビの高級機には加速度センサーやジャイロセンサーが搭載されている。カーナビ自体が移動距離や進行方向を計算するためである。衛星からの電波が届かないビル街やトンネル内で威力を発揮する。

GPSに代表される位置算出システムを、一般的に**衛星測位システム**と呼ぶ。日本も2010年から順次そのための衛星「みちびき」を打ち上げている。**準天頂衛星システム**を実現するためだ。この衛星は日本を常に見渡せる軌道に位置し、GPSに加えてより正確な位置測定を可能にする。試験運用を経て、実用に供《きょう》する予定である。

近年はスマートフォンがカーナビを代替《だいたい》する能力を備えてきている。通信基地局との関係からも位置情報が得られるという利点がある。

準天頂衛星システム

日本のほぼ真上の軌道に位置する人工衛星を、複数機組み合わせた衛星システム。既存の GPS 衛星とは異なり、常に日本を見渡せる軌道にあるため、日本国内の山間部や都心部の高層ビル街などにも電波が届き、位置を割り出せる。これまで数十メートル程度あった誤差を1メートル程度、さらには数センチへと縮めることを目指している。

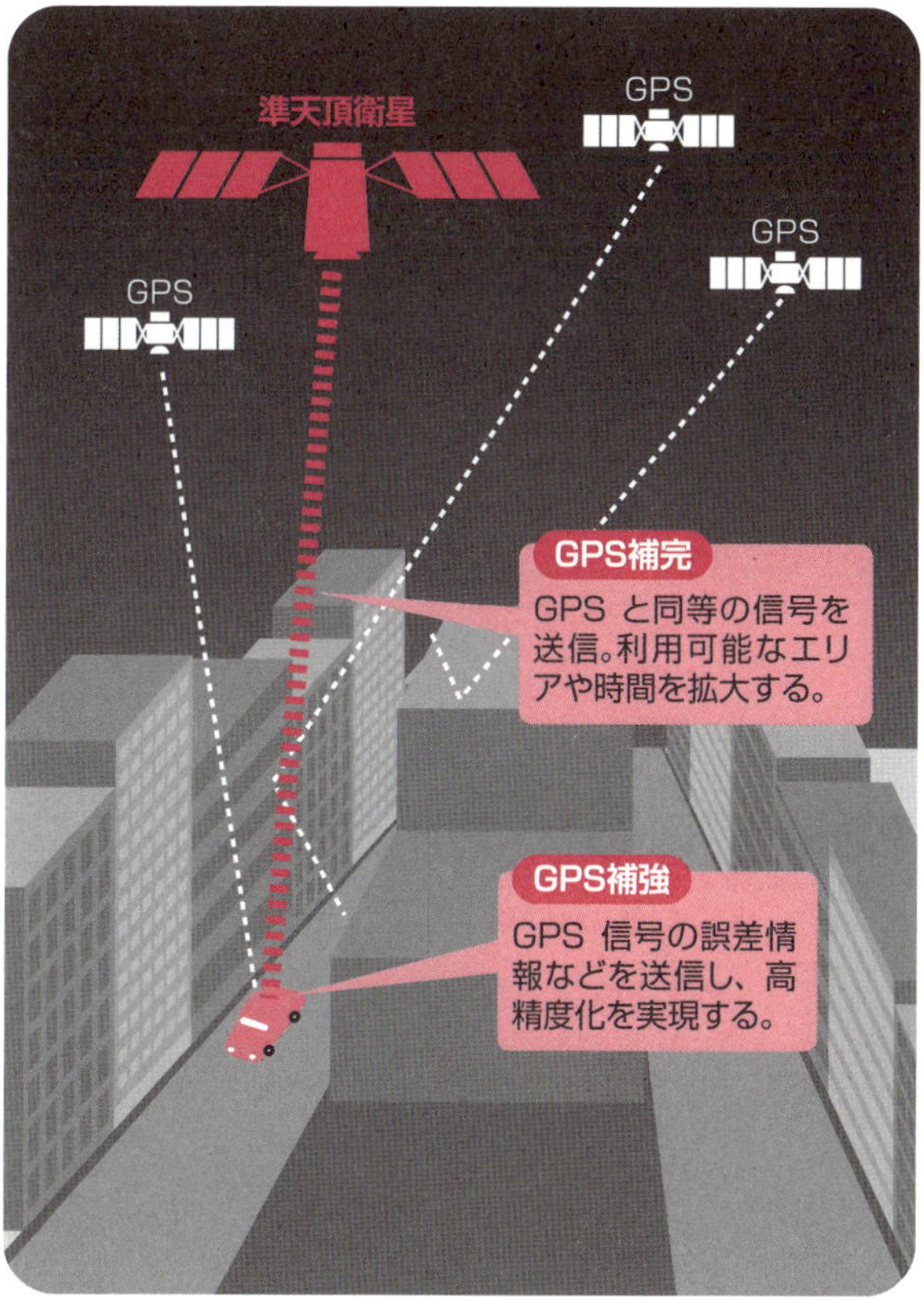

Technology 055

ゴミ収集車

現代における快適な生活を裏で支えてくれている、ゴミ収集車。いろいろな種類があることに注目してみよう。

ゴミ収集の日、家庭から出たゴミを回収してくれるゴミ収集車。作業員がゴミを投入すると、回転板が器用にそれを奥に押し込んでくれる。

ゴミ収集車の中身はどうなっているのだろうか。よく目にする「クリーンパッカー方式」の収集車（略して**パッカー車**）で、そのしくみを説明しよう。

パッカー車は、おもに燃えるゴミを収集するのに利用される。後部に回転板が2枚配置され、これが組み合わさって回転することで、ゴミを運転席側に押し込む。収集を終えてゴミ処理場に戻ったら、詰め込んだゴミを仕切りの排出板《はいしゅつばん》で外に押し出す（ダンプカーのように、荷台を斜めにして圧縮ゴミを排出するものもある）。

クリーンパッカー車の構造

クリーンパッカー車は、都市部でもっともよく目にするゴミ収集車である。後部にある2枚の回転板がゴミを小さく押しつぶし、車内に取り込む。

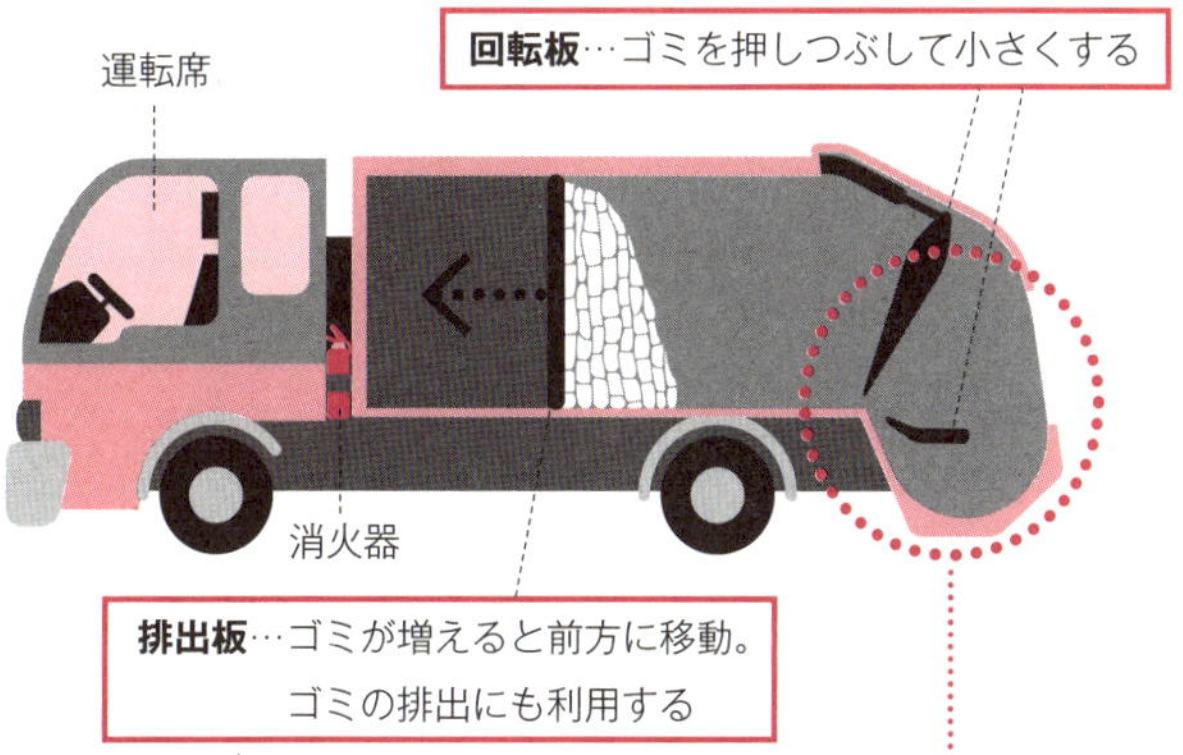

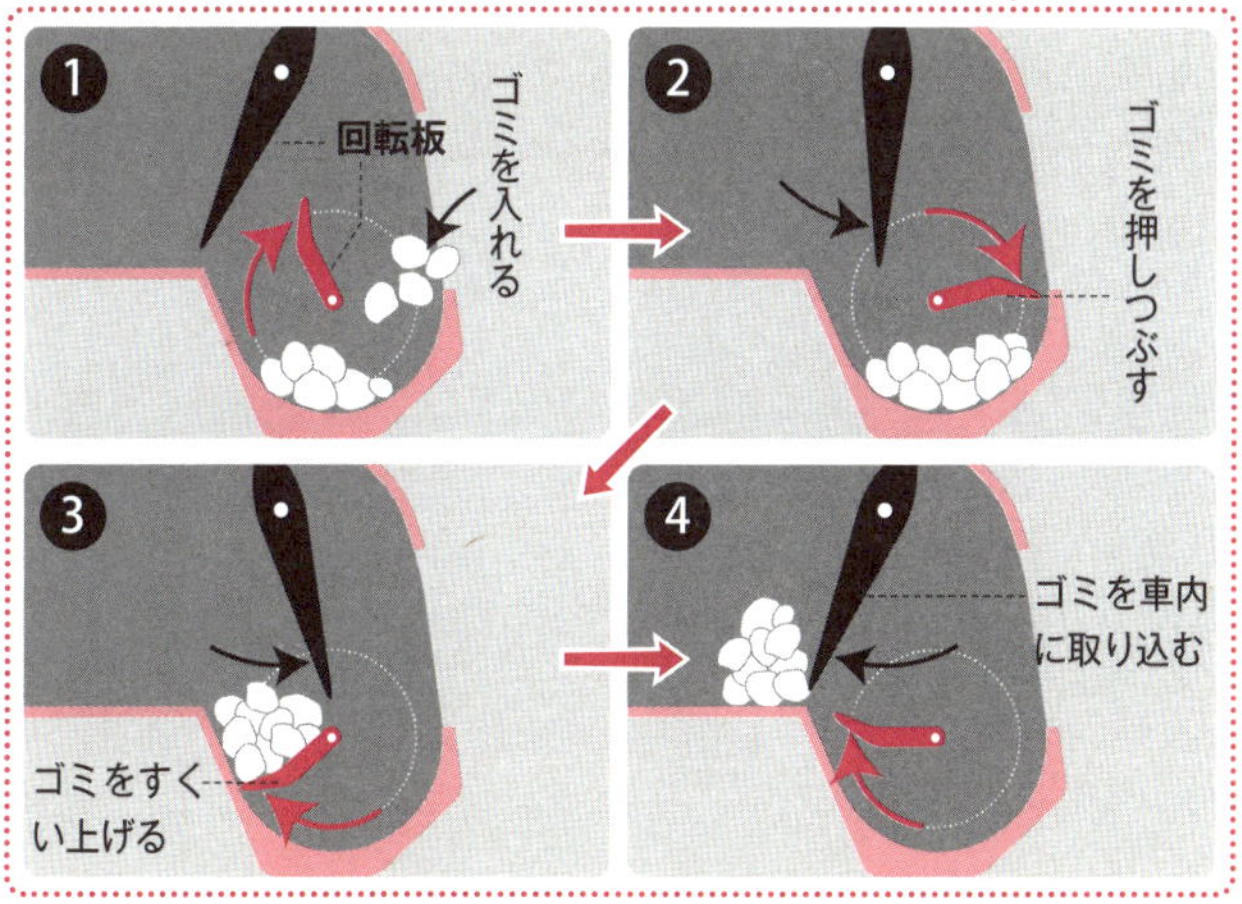

パッカー車以外に街中でよく目にするのが、**プレスローダー方式**のゴミ収集車だ。左ページ上図のように、高い圧縮性能が自慢《じまん》の方式である。

ゴミ収集車には、ほかにもいくつかの方式があり、大きさの違いもあるが、この多様性には理由がある。一つは、集めるゴミ・集める地域に適した方式と大きさが要求されるという、至極《しごく》当然の理由だ。

もう一つ、隠れた理由がある。ゴミ処理施設の建設費が高騰《こうとう》しているからだ。ゴミ処理施設、特に焼却施設は公害対策のために高度な技術が要求される。また、エコ社会実現のために、燃やした廃熱で発電する施設を併設することも時代の流れだ。当然、建築コストは膨大《ぼうだい》となり、小さな自治体ごとに建設するのは財政的に困難だ。そこで、いくつかの自治体がまとまって一つのゴミ処理施設を作り、一手に処理するというネットワーク方式が一般的になりつつある。

そのネットワークに対応するには、多様なゴミ収集車が必要になる。家庭からのゴミは、まず小型のゴミ収集車でゴミ中継施設に集め、そこでさらに圧縮して大型のゴミ収集車でゴミ処理施設に運ぶ。このようにして、効率的なゴミの移動と処理を可能にしているのである。

プレスローダー方式のゴミ収集車

プレスローダー方式は、粗大ごみを圧縮するなど、高い圧縮性能が自慢の方式だ。

ネットワーク化されるゴミ収集

ゴミの処理施設を小さな自治体ごとに建設するのは、コストがかさむため現実的ではない。そこで、複数の自治体が協力し合い、下図のようなゴミ収集のネットワークが構築されている。

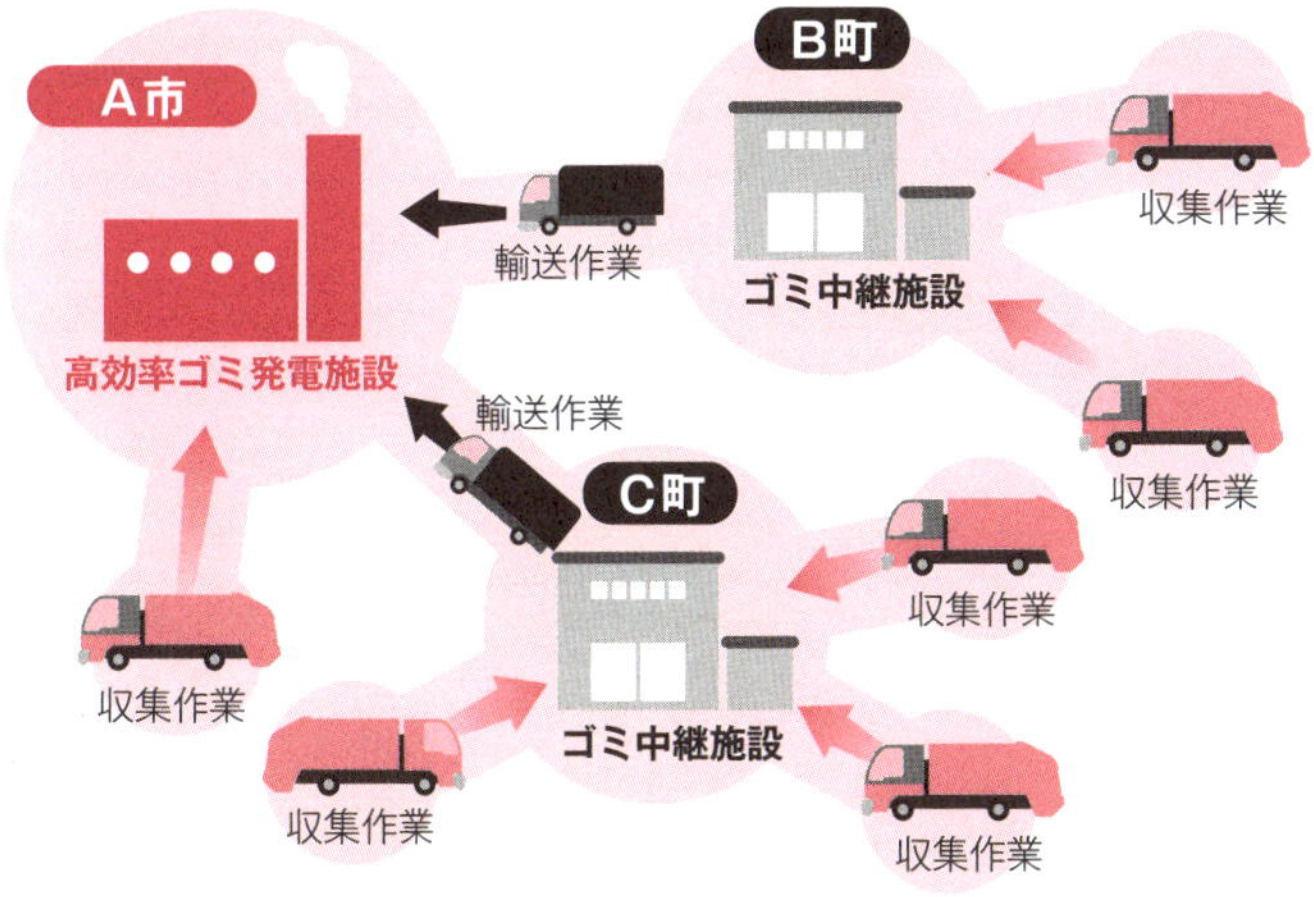

Technology 056

ＥＴＣ《イーティーシー》

有料道路における料金徴収の電子化がＥＴＣだ。クルマの世界の電子化は、カーナビも含めてとどまるところを知らない。

高速道路の渋滞《じゅうたい》原因の一つが料金支払いである。現金を手渡しで支払うシステムでは、混雑時の渋滞は避けられない。そこで登場したのが、料金自動支払いシステム**ETC**（Electronic Toll Collection System）である。

ＥＴＣは車両に設置された装置と料金所のアンテナとが無線通信し、車両を止めることなく料金の支払いをすますシステム。料金所渋滞が緩和され、ドライブは快適になった。また、渋滞にともなう大気汚染や騒音が低減するという効果も得られている。

ＥＴＣシステムを利用するには、二つの準備が必要となる。ＥＴＣカードとそのカードを読み取る車載器《しゃさいき》である。ＥＴＣカードにはＩＣが内蔵され、課金情報、クレジットカード情

ETCのしくみ

ETC は、クルマと道路が「対話」した最初のシステム。有料道路の料金所をクルマで通過した際、どのようなことが起きているのだろうか。

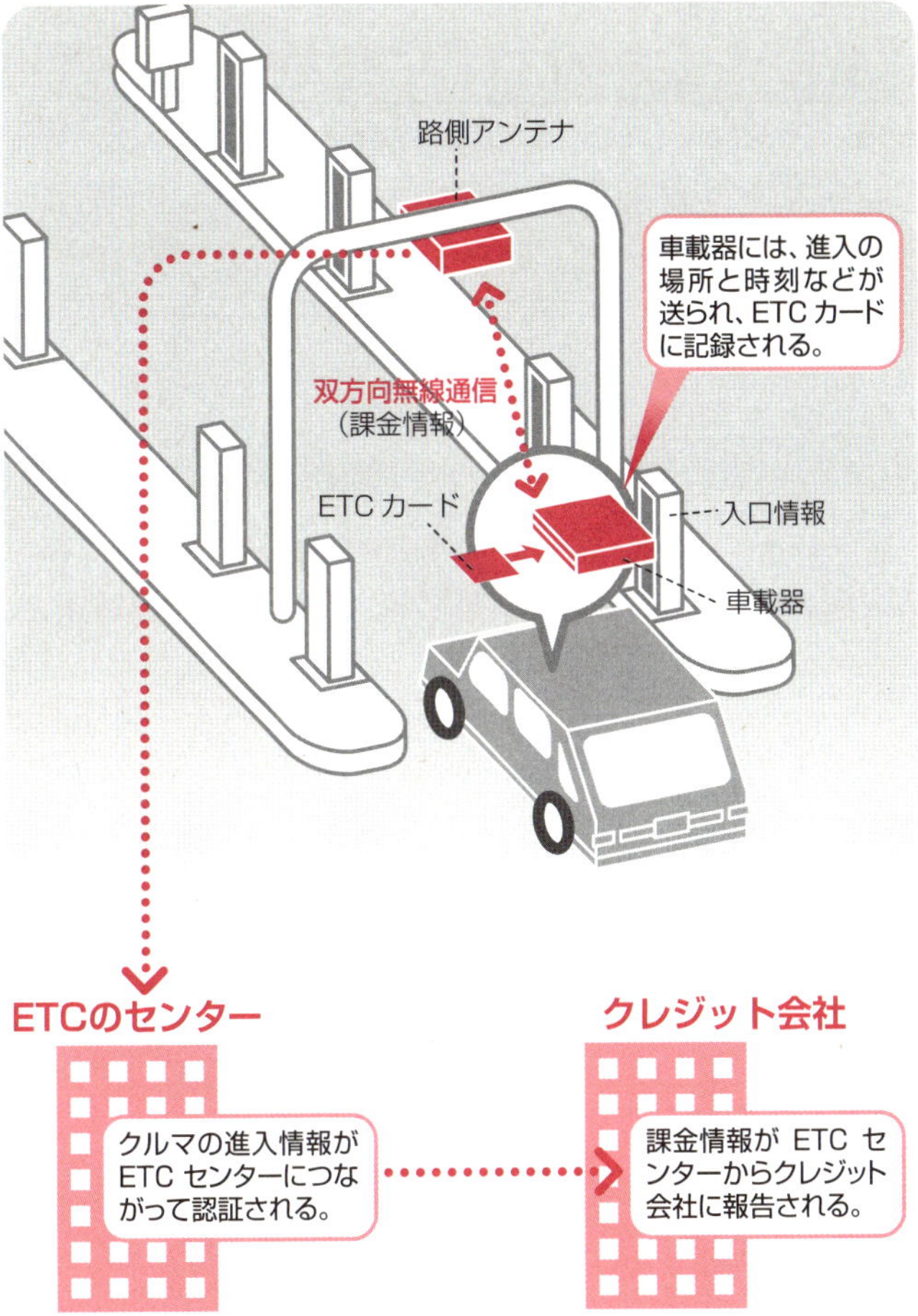

報などが書き込まれている。クルマがゲートを通過すると、車載器とゲートが情報をやり取りし、ＥＴＣカードのデータを更新《こうしん》する。情報はシステムセンターにも送られ、契約したクレジット会社に通知される。

このしくみからわかるように、カードさえあれば、自分のクルマでなくとも利用できる。レンタカーや他人から借りたクルマに車載器がセットされていれば、カードを差し込むだけでシステムを利用できるのだ。

道路とクルマが対話するという意味では、ＥＴＣ同様よく利用されているシステムに**VICS**《ビックス》がある。これは道路交通情報通信システム（Vehicle Information and Communication System）の略称である。渋滞や交通規制などの道路交通情報をリアルタイムに送信し、カーナビなどに文字・図形で表示する。ＶＩＣＳの情報は**ビーコン**と呼ばれる発信施設の電波や光から、またはＦＭ放送から車に伝えられる。

ＥＴＣやＶＩＣＳをさらに発展させたさまざまなシステムが考えられている。例えば、国土交通省などが推進する**ITS**（Intelligent Transport Systems）は人と道路と車両とのネットワークを作り、さまざまな道路交通問題を解決しようとするのが目的である。

VICSのしくみ

道路の渋滞や工事の情報は、ビーコンやFM放送電波でカーナビなどの車載器に送られる。これをさらに発展させたのがITSである。

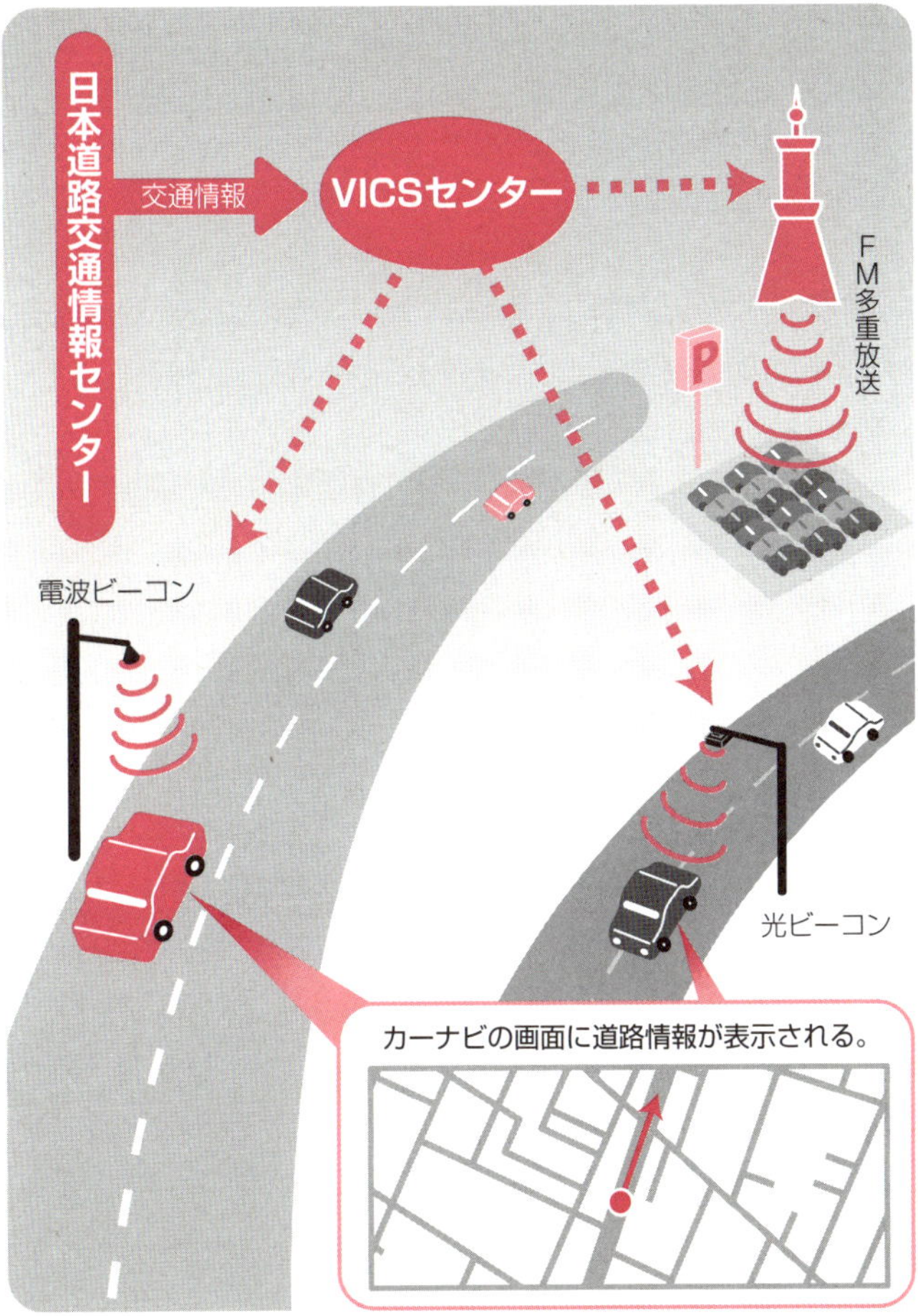

column

さまざまに活用される「レーダー」

レーダーの技術は第二次世界大戦中（1939～45年）に実用化された。電波を当て、その反射波で物体の位置を知るというシステムだ。戦闘機ほどの小さな物体の位置を正確に知るためには電波の波長が短くなければならず、また、検知力をよくするには大出力でなければならない。そこで開発されたのが、現在家庭でも利用されている電子レンジのマイクロ波発信装置マグネトロンである。

ところで、反射波から相手の正確な位置を知るには高性能のアンテナが必要である。そこで利用されたのが、日本人の八木秀次、宇田新太郎の発明した「八木アンテナ」だった。現在、テレビの受信アンテナに利用されているものだ。第二次世界大戦の日本の敗因の一つはレーダー開発の遅れだといわれる。相手国に自国の発明が利用されたのは、歴史的皮肉である。

レーダーは軍事用に開発されたものだが、現在では飛行機や船の運航には不可欠だ。また、自動運転や気象予報にもなくてはならないシステムである。

第5章

ハイテクなすごい技術

最近、5GやVR、ビットコイン、ドローンといった言葉を新聞やテレビでよく見かけるようになった。これらには、どのような新技術が使われているのか？

Technology 057

5G《ジー》

スマートフォンなどの普及で、音楽や動画、ゲームを無線で楽しむことが当たり前になり、電波はパンク寸前。その解決技術が5Gだ。

２００７年にアップルのｉＰｈｏｎｅが登場して以来、スマートフォン人気は衰えることを知らない。コンパクトでありながらインターネットの利便性をフルに享受できるのがスマートフォンの大きな魅力である。しかし、携帯電話会社にとってその人気は痛しかゆし。端末が売れ、契約を増やすのはありがたいものの、回線が満杯になってしまうからだ。

5Gはこうした要求に対応するための無線通信規格だ。５Ｇの「Ｇ」とは世代(generation)の頭文字。これまで利用されてきた名称が「４Ｇ」なので、５Ｇはそれよりも一世代進んだ規格を表現している。

携帯電話の無線技術において、各世代共通のミッションは**高速大容量化**である。１Ｇから

4Gと5Gの違い

従来の4Gと2020年頃にサービスが始まる5Gはどう違うのか。高速道路にたとえて考えてみよう。

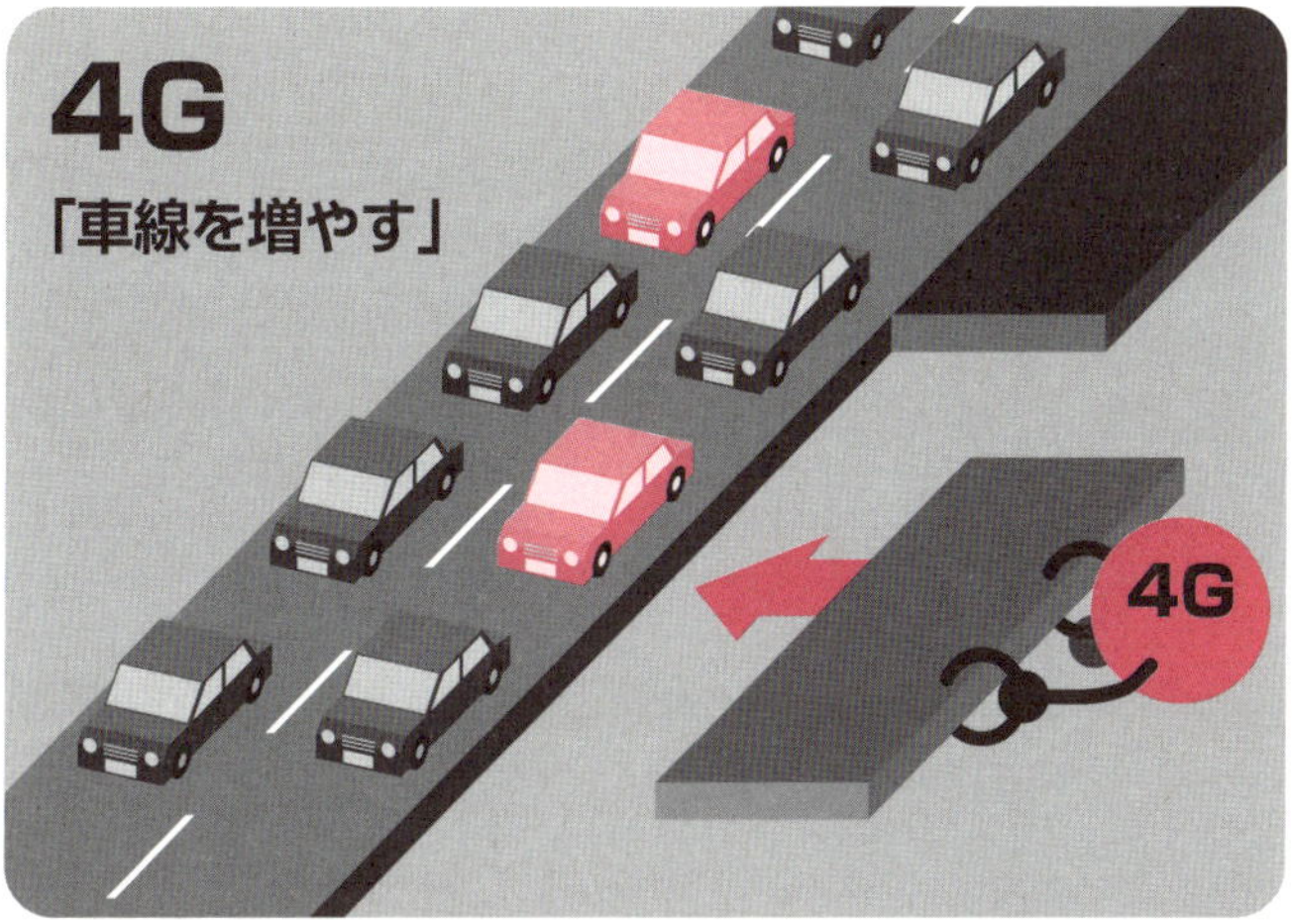

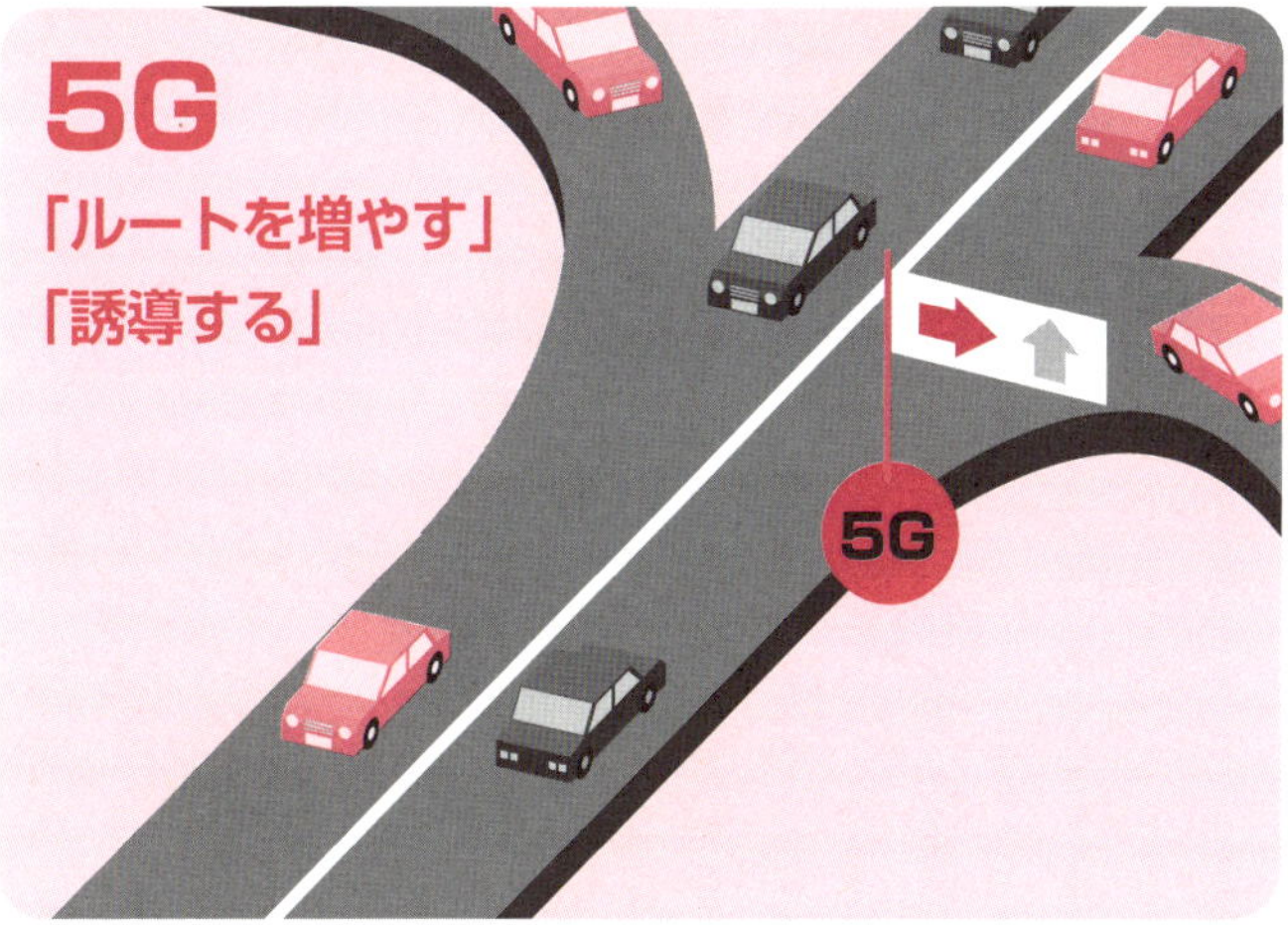

５Ｇまで、いかに多くのデータを高速に安定して送れるかが時代の要請なのだ。さらに現代では、無線通信は**IoT**《アイオーティー》に対応しなければならない。ＩｏＴとは「**モノのインターネット**」(Internet of Things)の略で、家電やクルマ、商品など、あらゆるモノがインターネットにつながることを意味するが、これに適用する無線通信の構築は不可避だ。

以上のような状況に応えるのが、２０２０年のサービス開始を目標に開発が進められている５Ｇなのだ。原理は従来とどう違うのか。高速道路にたとえてみよう。

４Ｇまでは、世代を重ねるごとに道路の車線を増やし、円滑なクルマの往来を実現しようとした。５Ｇもこの考え方を継承するが、さらに支流となるルートも増やし、車両の個性に合わせて交通量を分散させる。こうして高速大容量の通信を実現するのである。ルートを増やすことはＩｏＴサービスに適している。ＩｏＴは同時多接続を要求するからだ。

さらに、５Ｇはもう一つの有用な機能も提供してくれる。それが**低遅延**と呼ばれるものだ。低遅延の必要性は、外科医が手術ロボットを遠隔操縦するシーンを想像するとわかりやすい。医師の指示がロボットに遅れて伝わると、その手術は危険なものになってしまうのだ。

通信速度の進化

1980年代の1Gから2020年頃にサービスが始まる5Gまで、通信速度の進化の歴史を見てみよう。

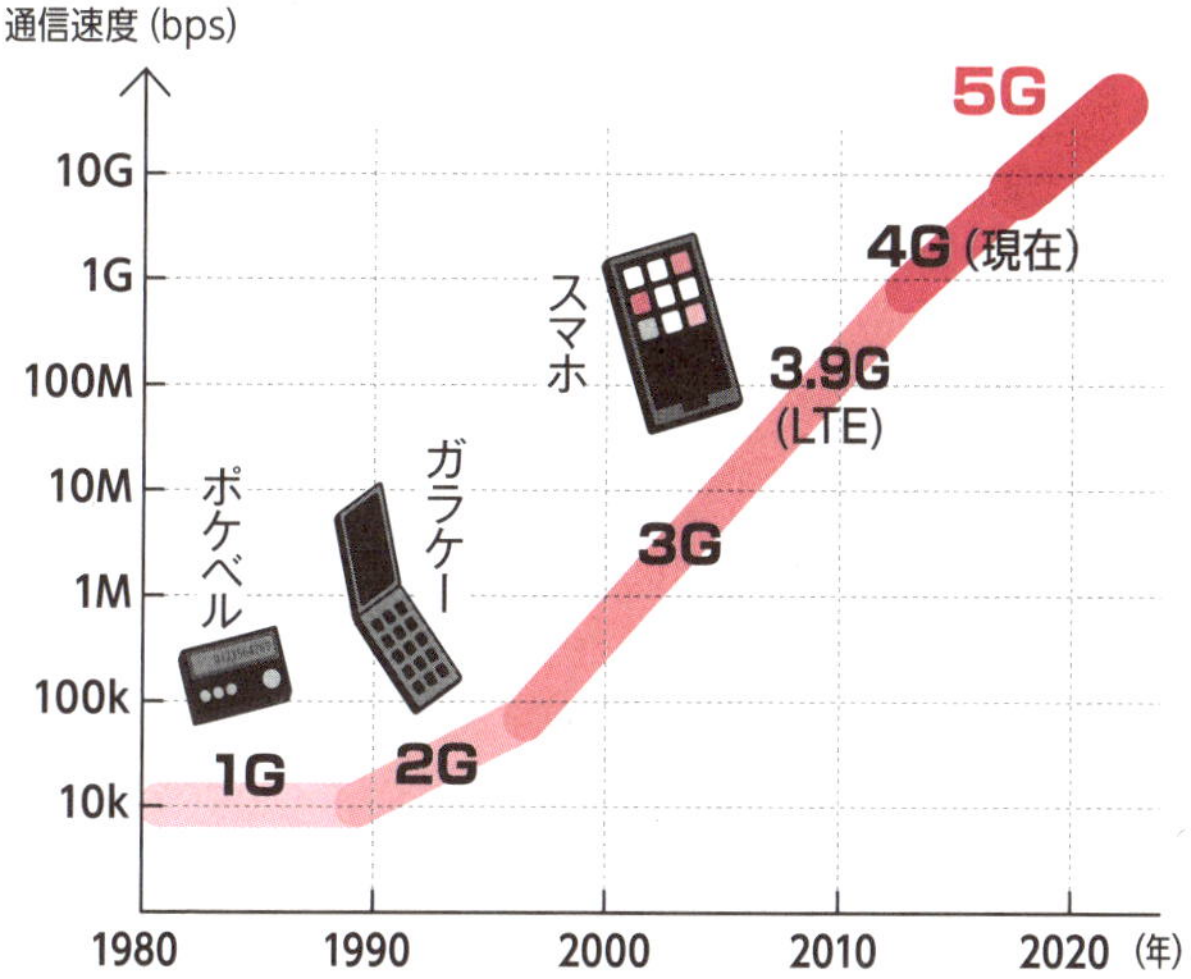

1980年代	1G	アナログ時代（携帯電話以前）ショルダーフォンが利用される。
1990年代	2G	通話用携帯電話が普及する。docomo の「ムーバ」が該当。i モードサービスも始まる。
2000年代	3G	ガラケーが普及。インターネット接続が普及。docomo の「FOMA」が該当。音楽配信・画像のやり取りが一般的に。
2000年代末	3.9G (LTE)	スマホの普及が始まり、ガラケーが退潮気味になる。docomo の「Xi」（クロッシィ）が該当。
2010年代	4G	スマホ黄金時代。携帯端末でパソコンのようにインターネットが利用可能に。
2020年頃	5G	高速大容量、IoT、遠隔操作。

Technology 058

VR《ブイアール》とAR《エーアール》

コンピューターを介し、そこに自分がいるような感覚を演出するのがVR、そこに別モノがあるような感覚を演出するのがARだ。

ゲームの世界では、**VR**（**バーチャルリアリティ**、**仮想現実**とも呼ばれる）は以前からよく知られている。専用のゴーグル（ヘッドマウントディスプレイ〈略して**HMD**〉や**VRヘッドセット**）を装着してコンテンツを楽しむ姿はゲームの発表会場などではよく見られる光景で、ゲームの創る3次元世界に自分が投入されたような錯覚が得られる。

大きな施設では、ゴーグルを装着しなくてもVRを体験できる。スクリーン全体に映像を映し出し、それを3D眼鏡で見るアトラクション施設などだ。現在、VRは家を購入する際に、間取りの使い勝手を体験できるサービスや、海外の有名な博物館の展示を自宅にいながらにして鑑賞できるサービスなど、さまざまな形で実用化されている。

「視差」のしくみ

左右の目が映す映像には、「視差」と呼ばれるズレがある。わずかに異なる映像を見ることで、脳は「立体」であることを感じ取るのだ。

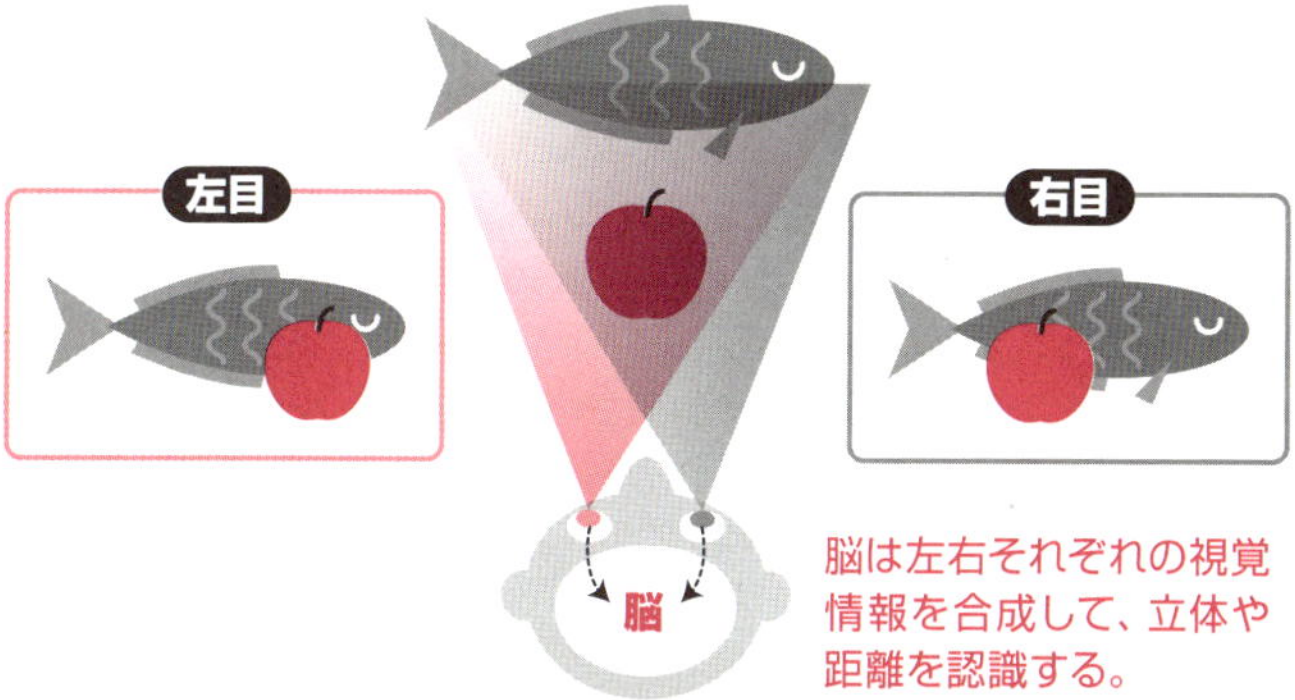

脳は左右それぞれの視覚情報を合成して、立体や距離を認識する。

VRの原理

左右の目に視差のある映像を別々に見せることで、脳はその映像の中に自分がいるように錯覚する。これがVRの原理だ。

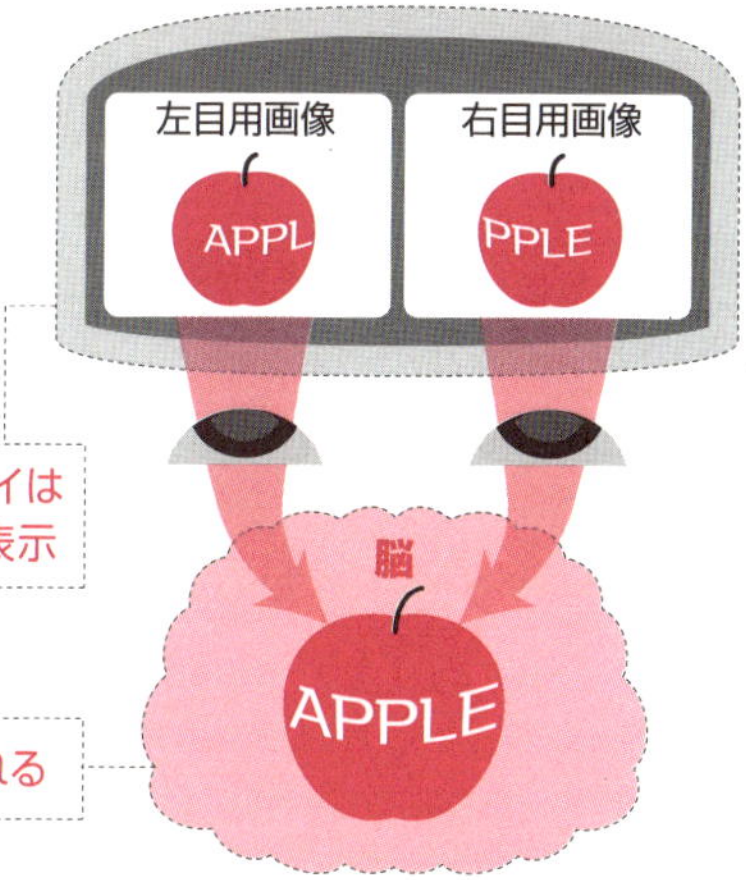

ヘッドマウントディスプレイは左右に視差のある映像を表示

↓

脳内で立体画像に合成される

ＶＲのしくみは昔から知られていた。人が「立体」を感じ取るのは左右両眼に映る映像に**視差**と呼ばれるズレがあるからだが、ＶＲはそれを利用する。この視差をコンピューターなどで意図的に作り出して人の目に投影すれば、あたかもその映像の中にいるように感じるのだ。

ＶＲに対して、**ＡＲ（オーグメンテッドリアリティ、拡張現実**とも呼ばれる）は、現実の中に別のモノが存在するような錯覚を起こさせる技術である。近年まではなじみがなかったが、２０１６年にこの技術を用いたスマホゲーム「ポケモンＧＯ」が発表されるや、にわかに脚光を浴びた。

ＡＲを実現するにはいくつかの方法があるが、基本は**マーカー型ＡＲ**である。例えば、アニメキャラクターを現実風景に拡張現実するには、まず風景中の特定の位置にマーカーを付け、それを目安にキャラクターを重ね合わせればよい。視点を移動しても違和感なくキャラクターが風景に溶け込める。このマーカーを付ける場所を、ＧＰＳを利用してあらかじめ指定しておくこともできる。ポケモンＧＯは、この方法を採用しているのである。

また、マーカーを一般的に「木」「山」「机」などに設定することも可能。画像認識を利用して映像から検出すれば、そこに別情報を重ね合わせることができるのだ。

ARの原理

ARは、現実の中に別のモノがあるような錯覚を起こさせる技術である。

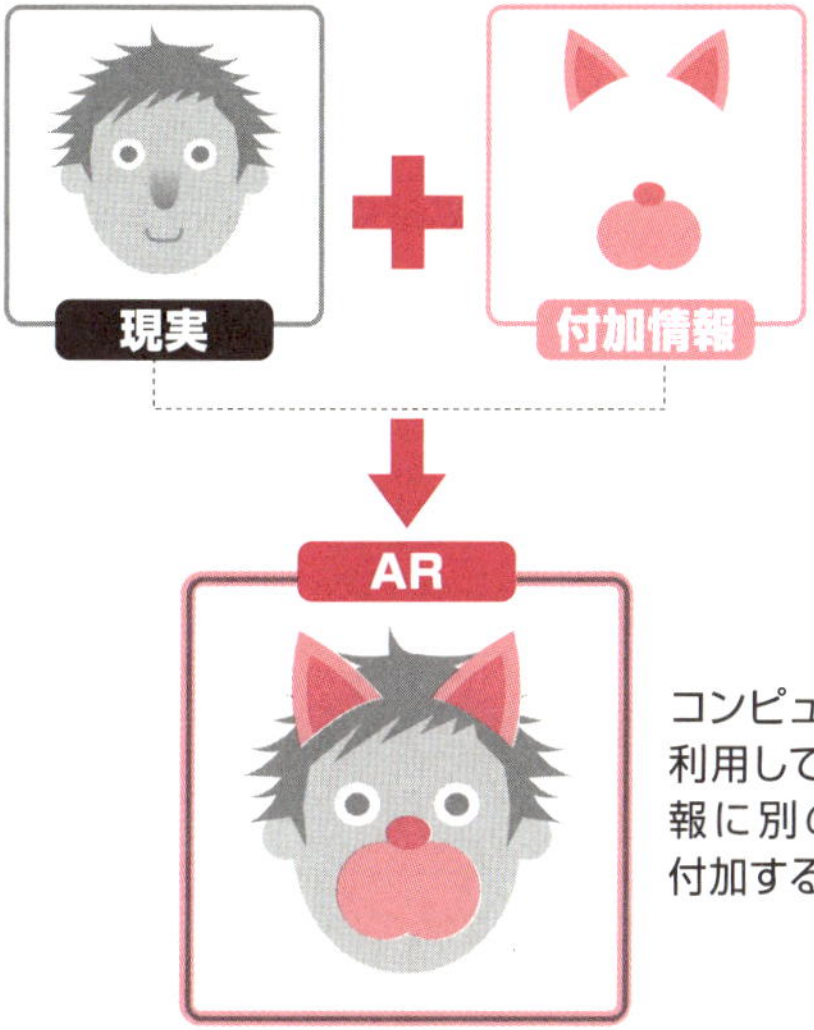

コンピューターを利用して、現実情報に別の情報を付加する。

現実情報（左）にマーカーを付け（中央）、それを目安に新情報を重ね合わせる（右）のがAR 技術の基本である。

Technology 059

ビットコイン

運用開始の2009年、交換レートは1ビットコイン＝0・07円。2017年初冬には200万円に高騰した。どんな通貨なのか。

ビットコインは２００８年、**サトシ・ナカモト**と名乗る謎のプログラマーがネットに公開した論文が出発点となる。目的を「国家から独立した通貨を作ること」とし、その考え方に賛同した世界中のプログラマーが作り上げたのがビットコインである。

ビットコインを得るには、通常「取引所」と呼ばれるインターネット上のサイトにアクセスし、専用の電子財布「**ウォレット**」を作成する。手続きは銀行のウェブ口座を作るのに似ていて、使い方はいたって簡単。スマートフォンなどでＳＵＩＣＡ《スイカ》のような電子マネーとして利用すればよい。ただし、利用法は似ていても、ビットコインのしくみは既存の銀行システムとは大きく異なる。銀行ではセンターにサーバーを設置し、取引記録を一括管理する。

ブロックチェーンのしくみ

下の図のA→Bへの取引はブロックにまとめられ、過去の取引全体のブロック連鎖の最後につなげられる。これがブロックチェーンという名称の由来。この連鎖は「P2P」と呼ばれるインターネットのしくみで共有される。ちなみにP2PはスカイプやLINEのIP電話で利用されている技術だ。

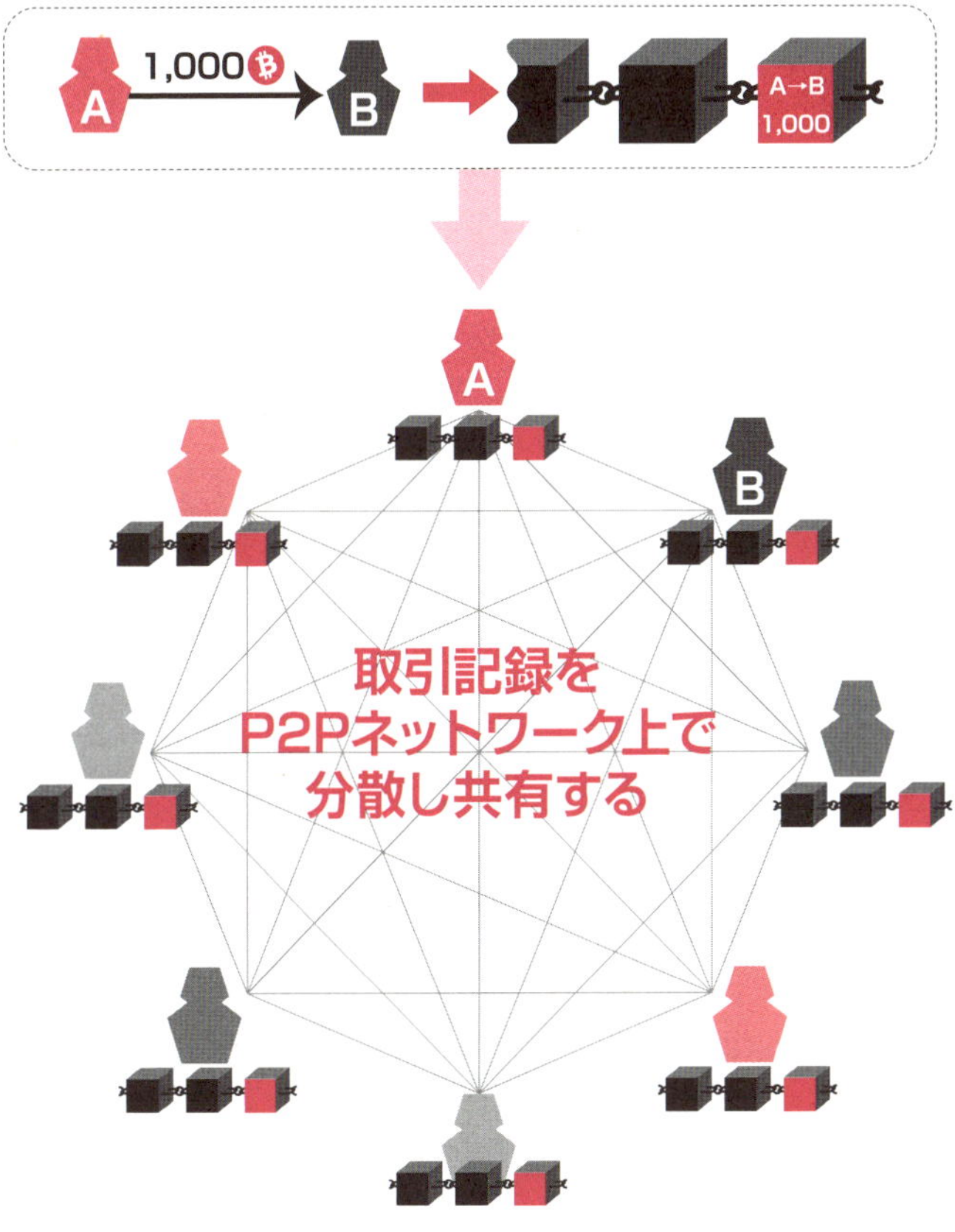
1,000
A
B
A→B
1,000
A
B
取引記録を
P2Pネットワーク上で
分散し共有する

それに対してビットコインは取引記録をインターネットで共有し合う。

そのしくみを支えているのが**ブロックチェーン**と呼ばれるアルゴリズムだ。取引記録をブロックに格納し、時系列順につなげてインターネット上のコンピューターで共有する。こうすることでデータの改ざんは極めて困難になり、共有処理のおかげでシステム障害も起こりにくい。

面白いのはビットコインの管理方法だ。国家が管理する通貨は、その意に従って通貨の量が増減される。それに対してビットコインは、公開されたアルゴリズムの中で通貨量が決められている。ブロックチェーンを作成する**マイナー**（採掘者）への報酬として、決められた分だけ発行されるのだ。そこに管理者の恣意《しい》が入り込む余地はない。

ビットコインのしくみは、センターに高価なサーバーを設置する既存の銀行には大きな脅威である。もしビットコインが普及すれば、高価なサーバーを管理維持しなければならない現在の銀行システムは淘汰《とうた》されてしまう。ビットコインは金融革命をもたらす可能性を秘めているのだ。ブロックチェーンのしくみを使った通貨を一般的に**仮想通貨**というが、今後さまざまな仮想通貨が多様な分野で現れると予想されている。

ビットコインの使い方

ビットコインは、インターネット上の取引所にアクセスし、やり取りする。買い物のほか、送金などにも利用される。

●取引所でのビットコイン購入と使用の流れ

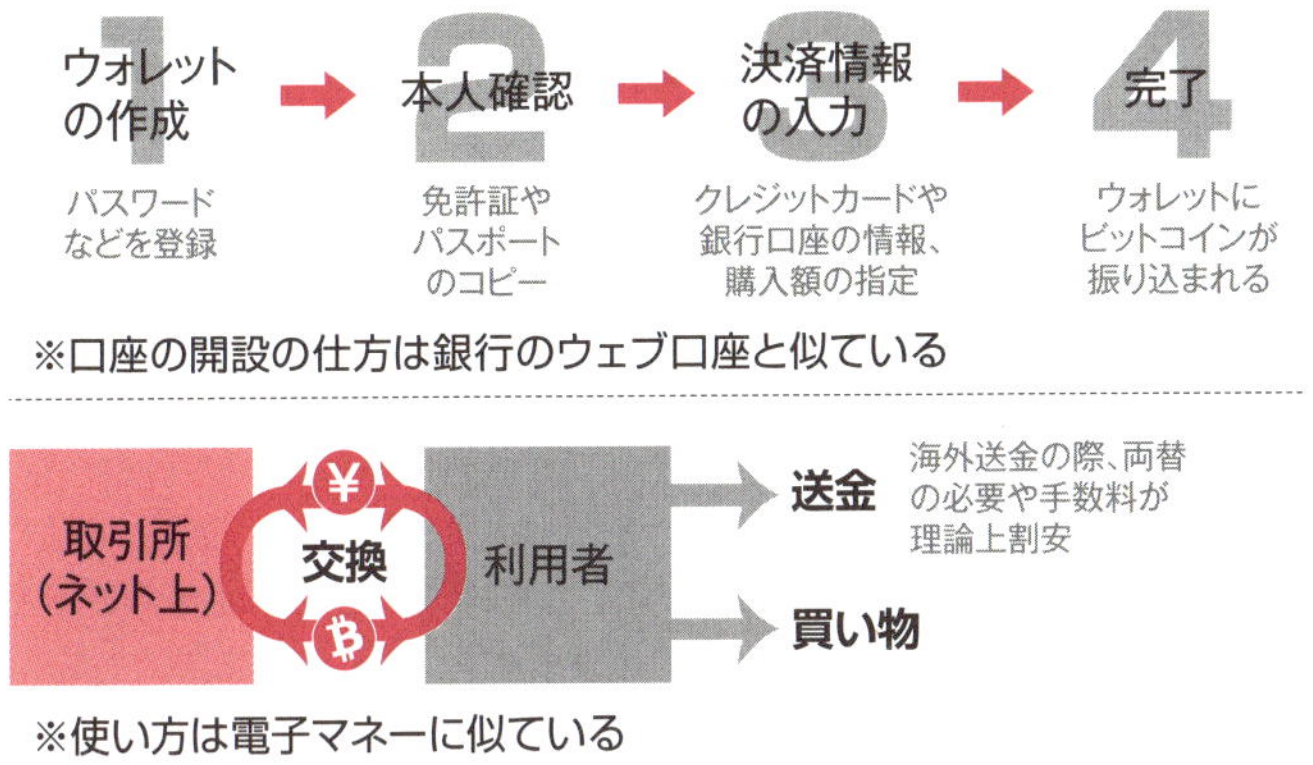

※口座の開設の仕方は銀行のウェブ口座と似ている

※使い方は電子マネーに似ている

ビットコインは取引記録を共有し合う

既存の銀行システムでは、取引記録はサーバーで一括管理されるが、ビットコインは取引参加者が取引記録をインターネット上で共有する。

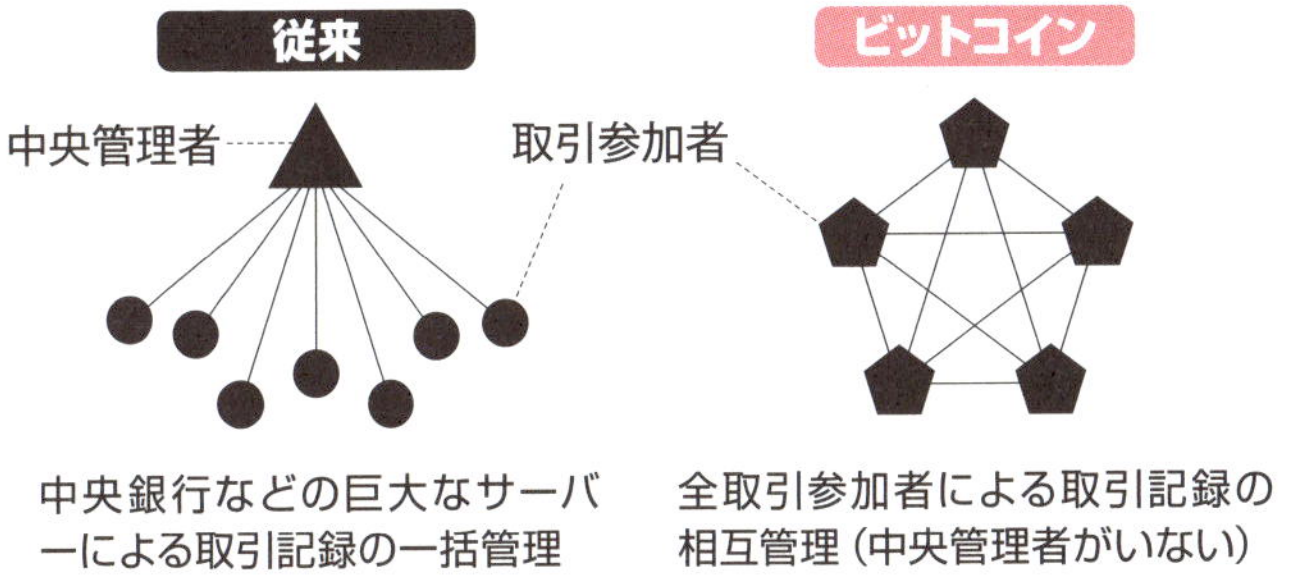

Technology 060

ドローン

事件現場の撮影や作況の確認、被災状況の把握などにドローンが活躍中だ。これまでのラジコン飛行機とどう違うのか。

ドローンとは、英語で「雄のミツバチ」のこと。いま話題の「ドローン」は、その名の通りミツバチのように小回りが利き、動作音もハチの羽音に近い模型飛行機だ。このドローンは、昔ながらのラジコン飛行機やヘリコプターとどう違うのだろうか。

最初に日本でドローンが話題になったのは、アフガン地域における米軍の「テロとの戦い」においてである。そこで投入された無人飛行機が「ドローン」と報道された。自動航行ができ、遠隔操縦もできる飛翔体をそう呼んだのである。

ここからわかるように、ドローンは人の手を介在しなくても一定の飛行ができ、必要なときには遠隔操縦もできる飛行物体をいう。人が完全に操縦する昔ながらのラジコン飛行機と

ドローンの構造

ドローンの基本的な構造を調べると、バッテリーや制御装置など、多くはスマートフォンと共通していることがわかる。

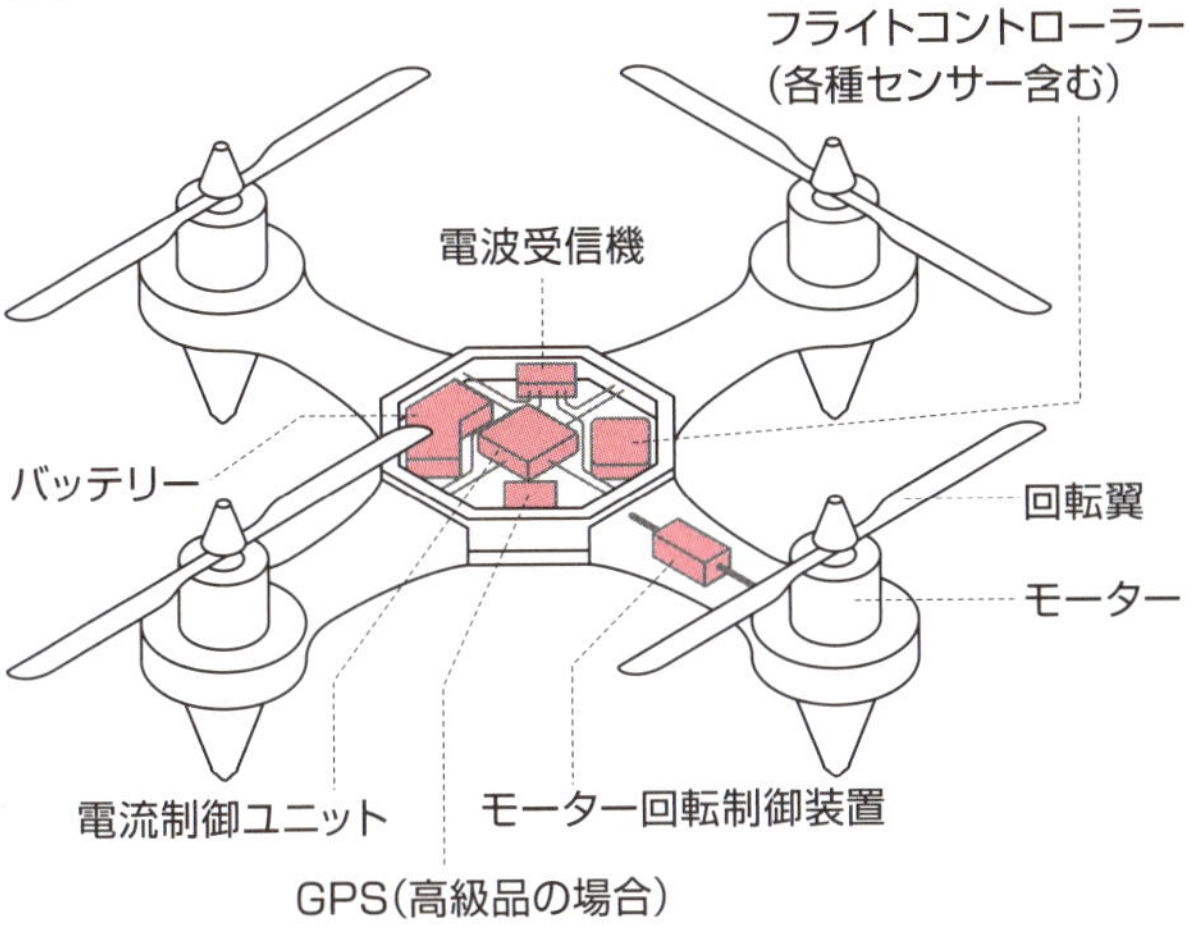

スマートフォンと共通するジャイロセンサー

ドローンが安定して飛べるのは、スマートフォンに搭載されている位置制御センサー「ジャイロセンサー」が流用されているからだ。

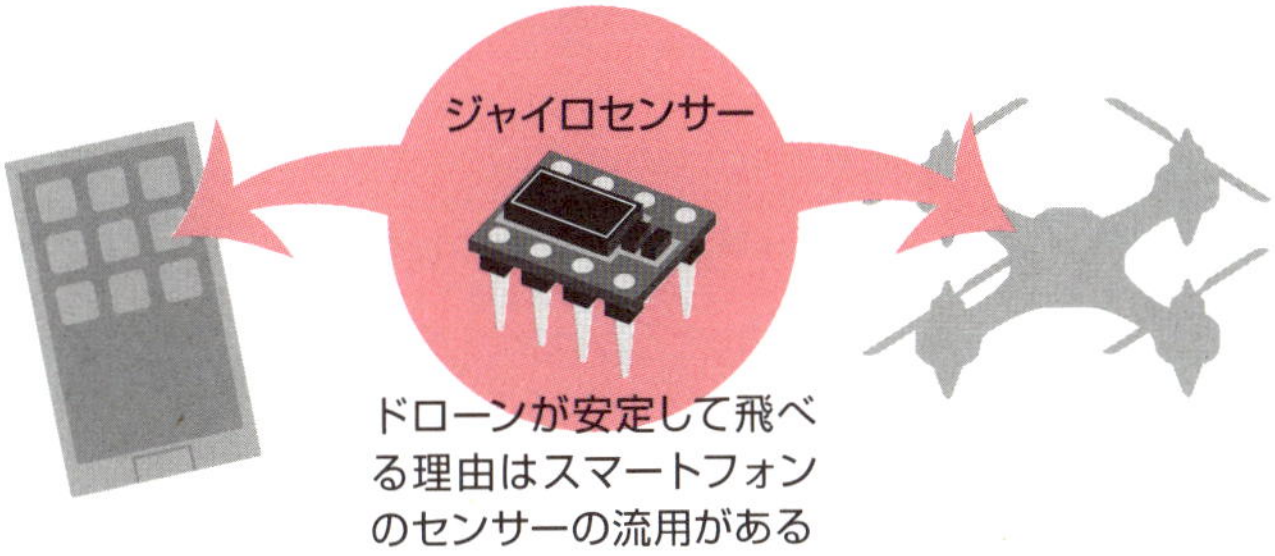

は多少ニュアンスが異なるのである。

いまの日本では、「ドローン」という言葉に「兵器」を重ねる人は少ない。多くの人は複数の回転翼を持つ模型ヘリコプターを連想するはずだ。玩具程度ならば数千円で手に入る。操縦も簡単で、少し練習すれば上手に飛ばせるようになる。一昔前のラジコンの飛行機やヘリコプターが高価で操縦も難しかったことに比べ、これは格段の違いである。

なぜドローンはこれほど安価になり、操縦しやすくなったのだろう。その理由は面白いことに、スマートフォンにある。ドローン技術の多くはスマートフォンからの転用なのだ。

例えば、ドローンが小型軽量になるには、軽くて長持ちする強力なバッテリーが必要だ。それはスマートフォンとも共通する。

また、飛行を安定化させるには、例えば**ジャイロセンサー**と呼ばれる位置制御センサーが必要だが、それもスマートフォンですでに利用されている。ジャイロセンサーは回転や向きの変化を検知するセンサーのことで、**MEMS**と呼ばれる素子がその役割を担う。このセンサーは、ドローンが上下・左右の向きや動きを検知して安定飛行するのに不可欠だが、それは「ポケモンGO」のようなゲームを提供するスマートフォンにも欠かせないものだ。

ドローンはどんな形か？

ドローンといえば、日本では下図のような半自動軽量ヘリコプターのイメージが強い。3つ以上の回転翼を持つものを「マルチコプター」、特に4枚持つものは「クアッドコプター」という。

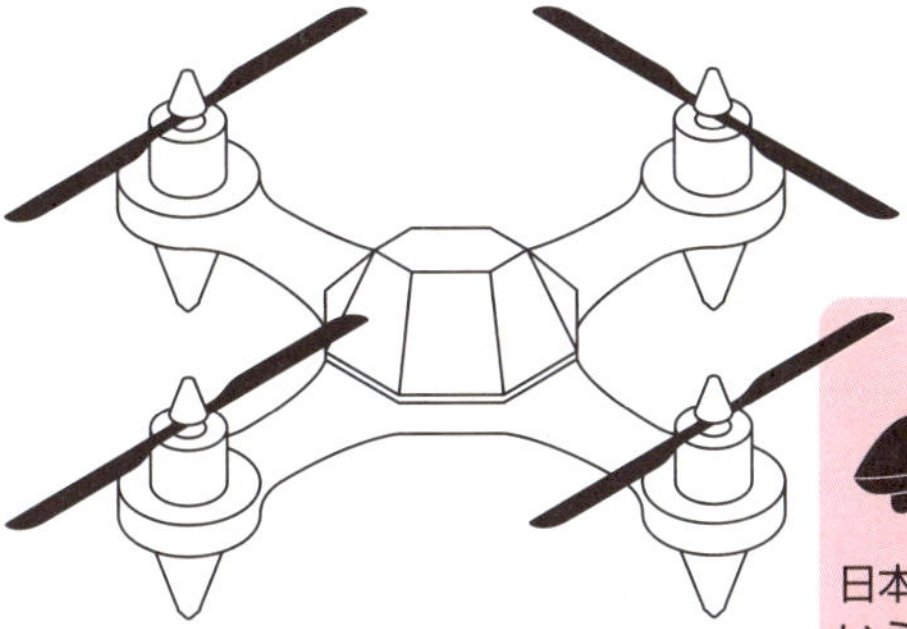

ドローン（クアッドコプター）

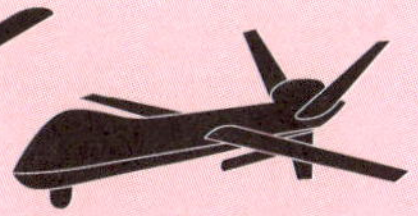

日本に最初にドローンという言葉を知らしめたのは無人兵器だった。

ドローンの方向制御のしくみ

複数の回転翼で飛行するドローンが、上昇や下降、前進や後退など、自由自在に飛ぶことができるのはなぜだろうか。

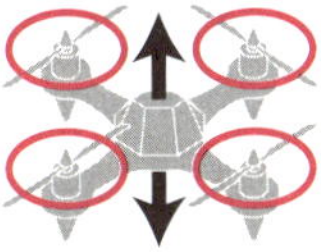

上昇・下降

すべてのモーターを同じ強さで回転すると、上昇・下降する。

前進・後退

進行方向のモーターに強弱をつけることで、前進・後退する。

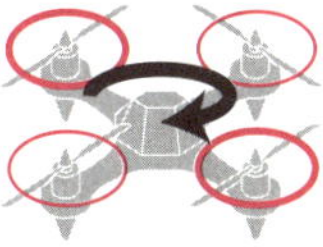

回転

モーターに、交互に強弱をつけることで回転する。

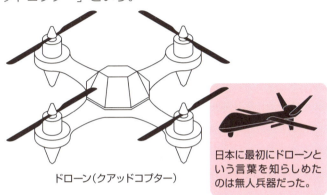

Technology 061

Qi《チー》

従来はスマホ、携帯電話、シェーバーなどの電子機器には別々の充電器が使われた。「Qi」は、このムダを解消してくれる。

携帯機器は便利だが、充電が面倒だ。外出時に複数の充電器を持たなければならないこともあるからだ。パソコンやシェーバー、携帯電話と、メーカーや機種ごとに充電器は異なる。この煩《わずら》わしさを解消してくれる規格が生まれている。日本の家電メーカーなどが参加する団体ワイヤレスパワーコンソーシアムが提案するQ・iである。

この規格は普及の緒《ちょ》についている。例えばドコモでは「おくだけ充電」と呼ぶ充電機能をサポートしているが、これは**Qi**の規格にしたがっている。

Q・iは接触しないで充電する規格の一つである。このような充電法は一般的に**非接触充電**、または**ワイヤレス充電**などと呼ばれる。これまでも、携帯電話やシェーバーなど、非接触で

電磁誘導による充電

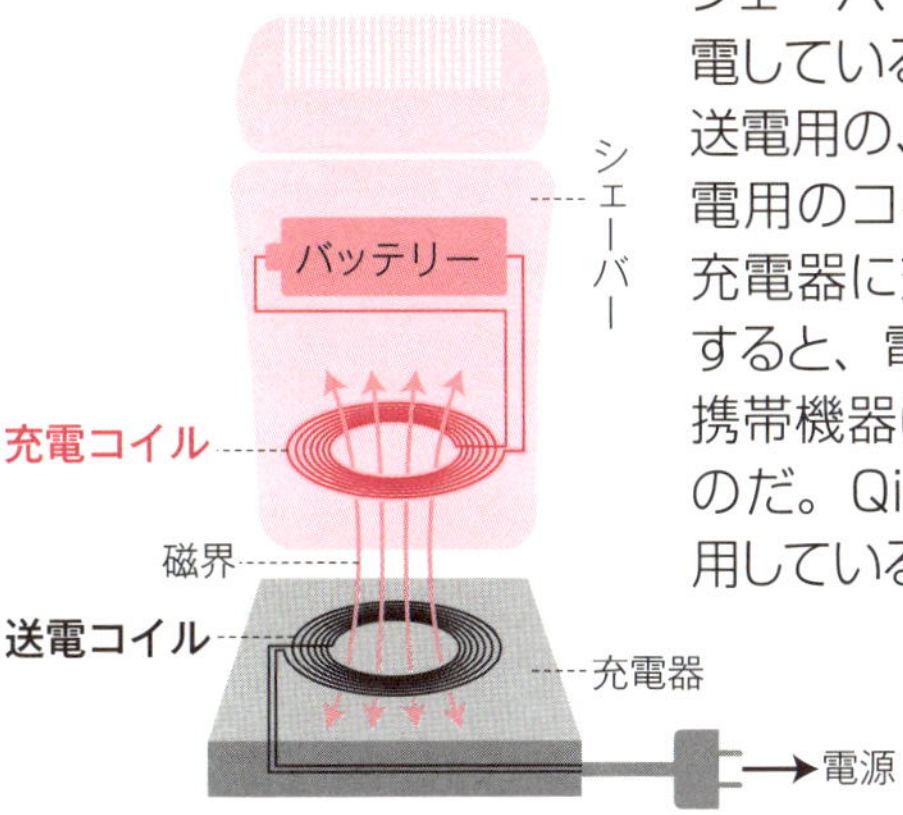

シェーバーにワイヤレス給電している例。充電器には送電用の、携帯機器には受電用のコイルを組み込み、充電器に交流電流を流す。すると、電磁誘導の作用で携帯機器に電気が送られるのだ。Qi はこの方式を採用している。

さまざまな製品が１つの充電器で充電可能

従来の携帯機器は、製品ごとに専用の充電器を使って充電をしていた。ところが、Qi 規格に沿った製品ならば、同規格の充電器でどれも充電できるのだ。

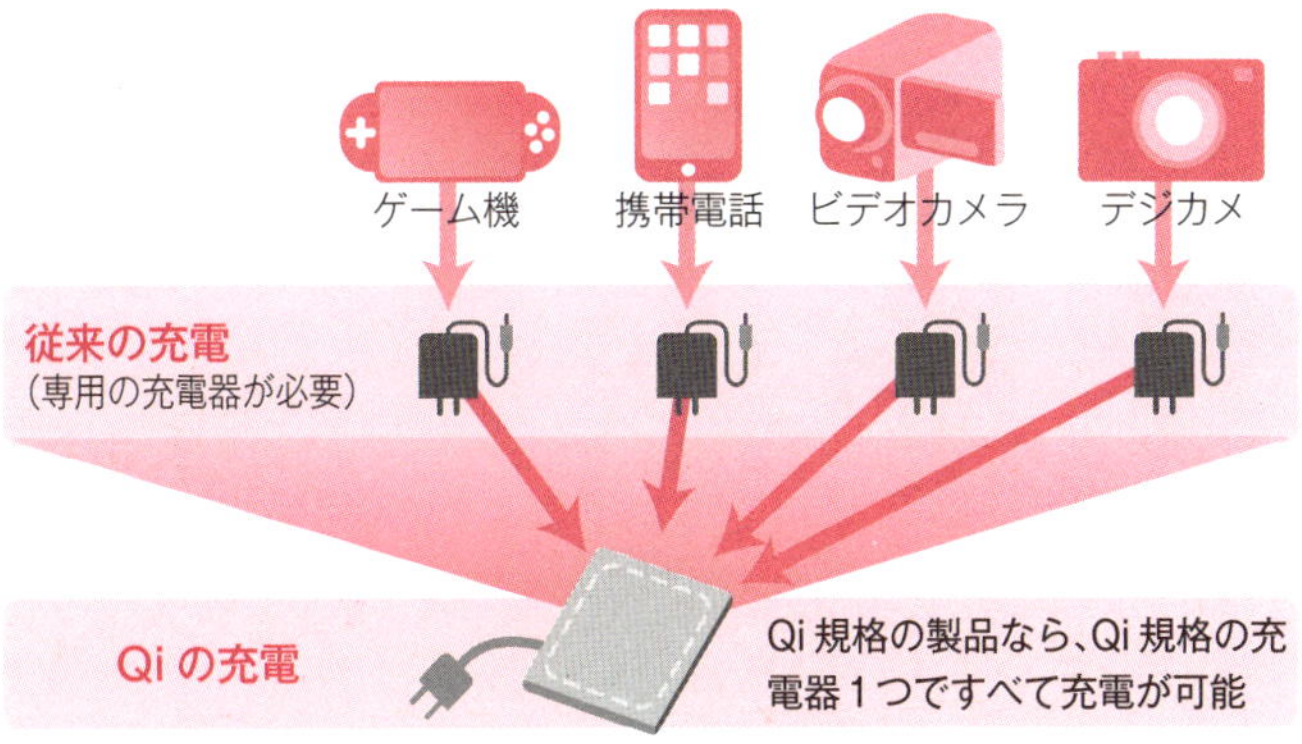

充電できる製品はたくさんあった。Ｑｉの特徴はメーカーや機種によらず、すべて置くだけで充電できる統一規格であるという点だ。したがって、この規格に沿った製品を用いれば、所有する充電器は一つで足りる。また、外出先にＱｉ規格の充電器があれば、それをすぐに利用できる。

Ｑｉの充電方式は、従来の充電器同様に、電磁誘導方式を利用している。二つのコイルを向き合わせ、一方に交流電流を流すと、他方に電気が生まれるという法則を利用した方式だ。

Ｑｉ規格の便利なところは、充電に際して機器を置く場所に神経を使わないですむことだ。充電器のプレート上のどこに置いても、しっかり充電してくれる。また、そのプレートに複数の機器を置くと、置いた順に充電してくれる機能もある。

Ｑｉ以外にも、いろいろなワイヤレス充電の規格が提案されている。例えば、アメリカのクアルコム社が中心となった**WiPower**《ワイパワー》、村田製作所が中心となった**電界結合方式**などだ。前者は磁界共鳴を用いた方法を、後者はコンデンサーを用いた方法を利用してワイヤレス充電を行なう。Ｑｉよりも自由度が高く、効率もよいことをうたっている。

ちなみに、ワイヤレス充電方式は電気自動車の充電にも利用されようとしている。

Qiの便利な機能

機器が置かれた位置を検知し、そこに充電コイルを移動してくれる。したがって、場所を気にせず、置くだけで充電できる。

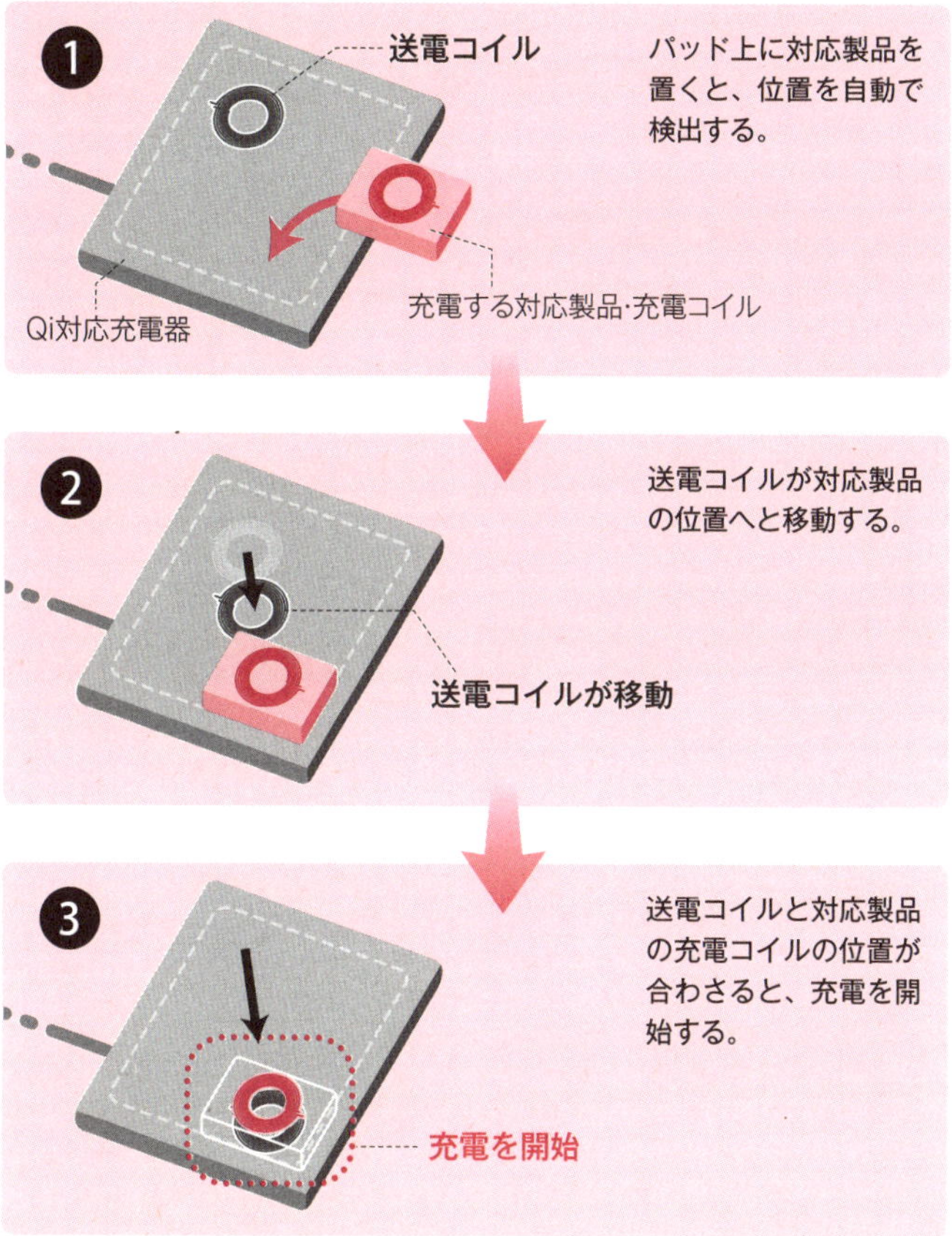

Technology 062

電子ペーパー

電子書籍の専用端末の表示部として好評なのが電子ペーパーである。バッテリーの持ちがよく、目が疲れないというスグレモノだ。

近年、電子書籍が出版界をにぎわしている。書籍の本格的なデジタル化時代の到来である。グーテンベルクの印刷技術の発明から６００年が経過し、本の体裁《ていさい》も大きく変わろうとしている。

電子書籍の表示装置（**電子ブックリーダー**と呼ばれる）として人気なのが**電子ペーパー**だ。液晶と違って自然な明るさで読めるため目に優しく、長時間の読書でも疲れにくい。また、屋外の明るい場所でも読める。発光のための電力や、表示を維持するための電力が不要なので電池の持ちがよく、計量・コンパクトにできる（一部の機種では発光装置を付加しているものもある）。こうした特徴が人気の理由だが、近年はカラー表示も開発され、ますます応

電子ペーパーの文字表示のしくみ

電子ペーパーでは、文字は点（ピクセル）の集まりで表現される。例えば、「E」の文字は下のように表示されることになる。

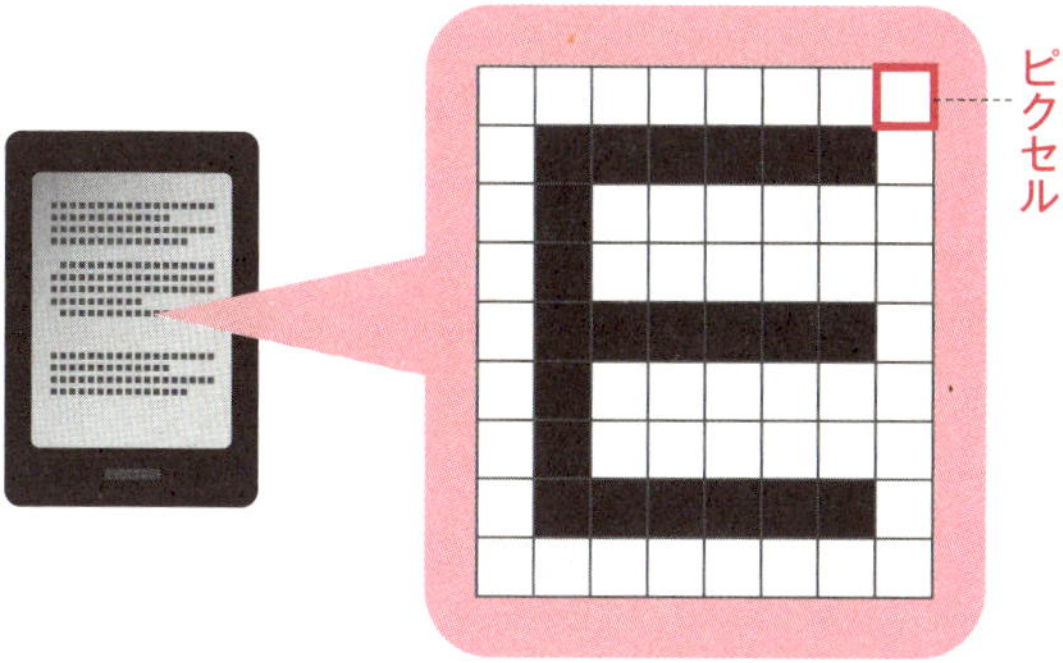
ピクセル

イーインク社のマイクロカプセル

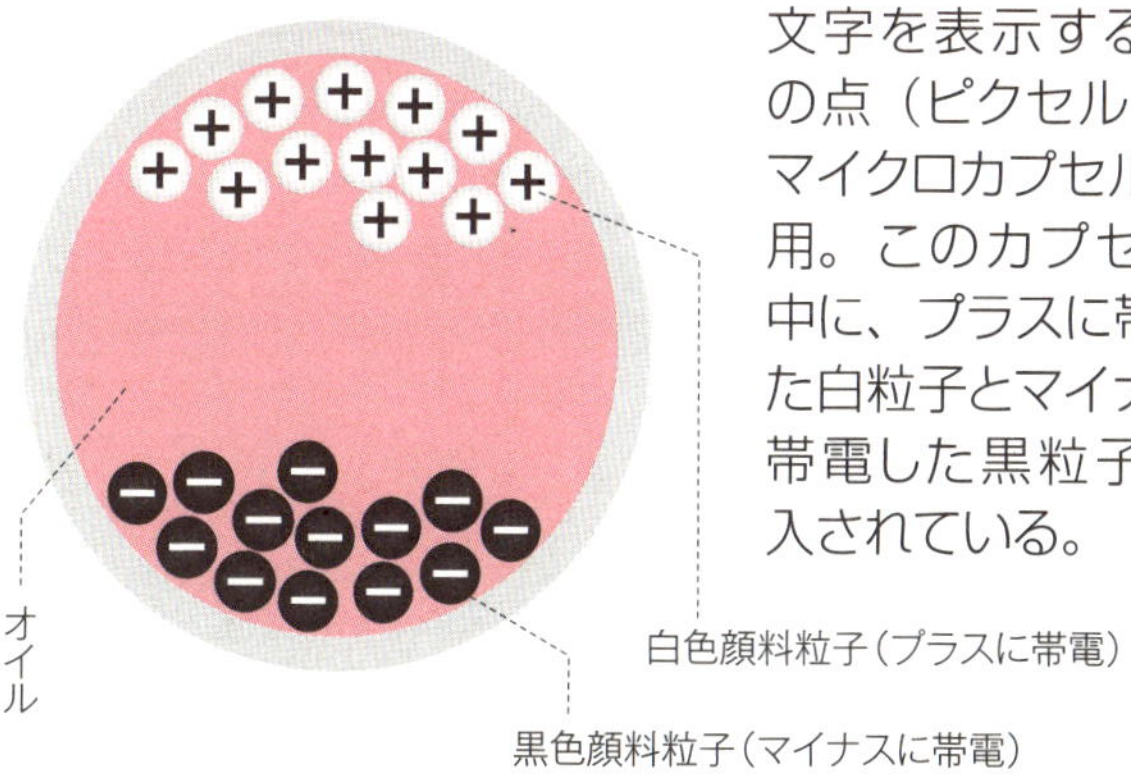
オイル
白色顔料粒子（プラスに帯電）
黒色顔料粒子（マイナスに帯電）

文字を表示するための点（ピクセル）に、マイクロカプセルを利用。このカプセルの中に、プラスに帯電した白粒子とマイナスに帯電した黒粒子が封入されている。

用の場を広げようとしている。

電子ペーパーにはさまざまな方式がある。一番人気はイーインク社が開発した**電気泳動方式**だ。異種の電気に帯電した白黒2種の粒子《りゅうし》をマイクロカプセル中に封入し、それら粒子を電気の力で移動させることでモノクロイメージを表示する。アマゾン、ソニー、楽天などの提供する電子ブックリーダーの表示装置に利用されている。

しかし、電子ペーパーにも強いライバルがいる。スマートフォンやタブレット端末で利用されている液晶ディスプレイだ。これらの端末はアプリを入れることで電子ブックリーダーにも変身する。液晶ディスプレイは電子ペーパーよりも応答性がよく、精細で色も美しい。ゲームや映画鑑賞もできる汎用端末《はんようたんまつ》としては、液晶ディスプレイのほうが優れているのだ。さらに、近未来的には有機《ゆうき》ＥＬ《イーエル》と呼ばれるディスプレイもライバルになるはずである。

モノクロの電子ペーパーに外見が似ている製品がある。**磁気ボード**と呼ばれるものだ。文具コーナーではメモ書き用として、玩具《がんぐ》コーナーではお絵かきボードとして売られている。これは、磁気の力によって、黒い磁性粉を吸い寄せる方法を採用している。単純な構造で安価だが、解像度が低いためディスプレイとしては利用できない。

イーインク社の電気泳動方式

カプセル内に封入された帯電粒子の顔料が、電極の指示で表示面側に集まり、文字パターンを再現する。

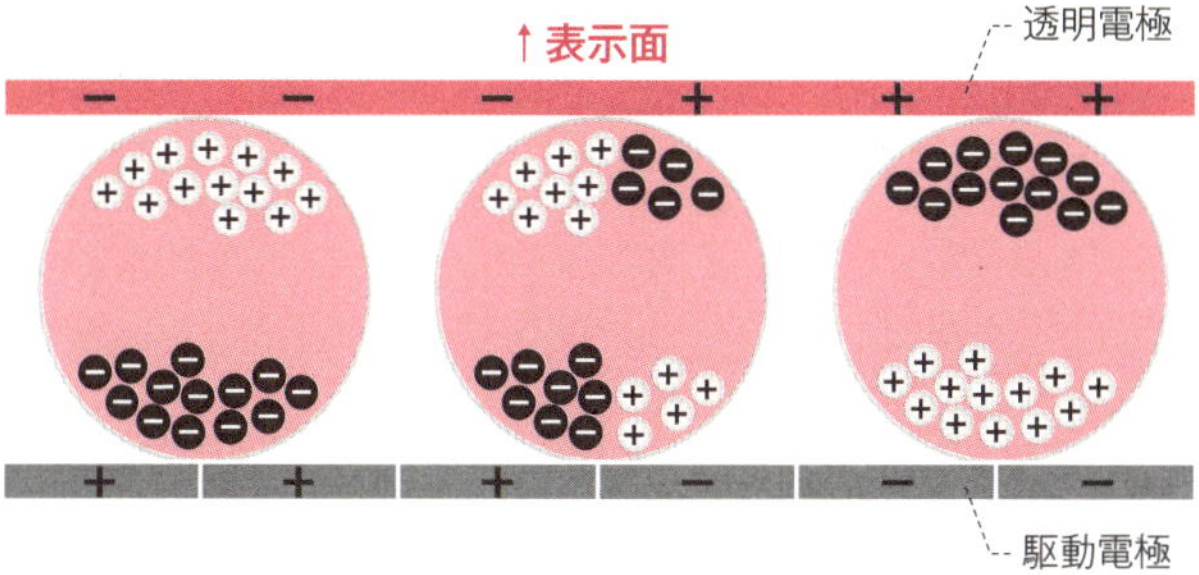

磁気ボードのしくみ

磁気ボードは、黒色の鉄粉を磁石のペン（マグネットペン）で引き寄せることで、文字パターンを表示する。

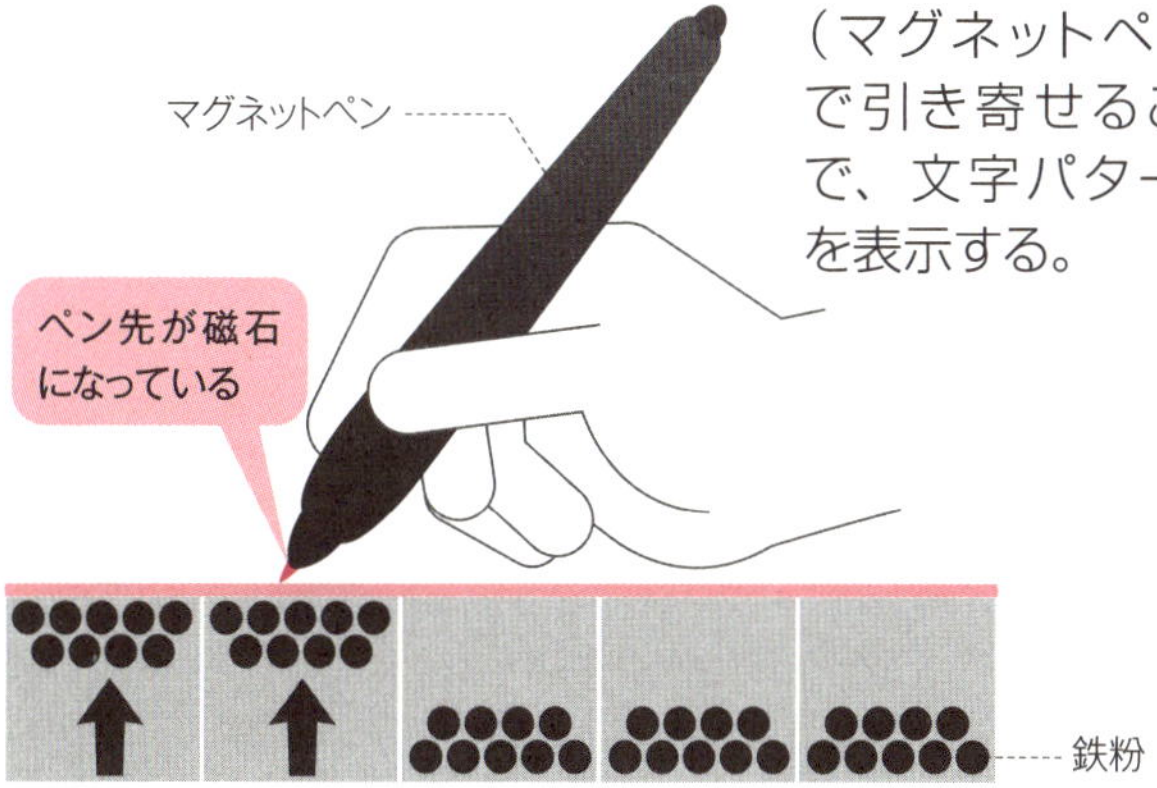

Technology 063

リチウムイオン電池

スマートフォンなどに利用されている電池がリチウムイオン電池。そもそもどのような電池なのだろうか。

　現在、もっとも高性能な電池の一つがリチウムイオン電池である。「発生電圧が高い」「エネルギー密度が高い」「メモリー効果がない」など、いいことずくめだ。カメラや携帯電話、スマホなど、いたるところで利用されている。

　この電池を理解するには、やはり電池の歴史をたどる必要がある。有名な話ではあるが、電池は18世紀末にイタリア人のボルタが発見した。銅と亜鉛《あえん》を塩水に浸《ひた》すと電気が起こることを見つけたのである。この電池の発見で、人類は安定した電流を得てさまざまな実験ができるようになり、電気の世界を開拓できるようになったのだ。

　このボルタの電池で、銅と亜鉛、塩水を他の2種の金属と水溶液（**電解液**という）に代替《だいたい》

ボルタの電池の原理

塩水に触れた亜鉛はプラスイオンになり、亜鉛板に電子を残す。その電子は銅に向かい、水中の水素イオンと結合する。この繰り返しで電流が流れるのがボルタの電池だ。

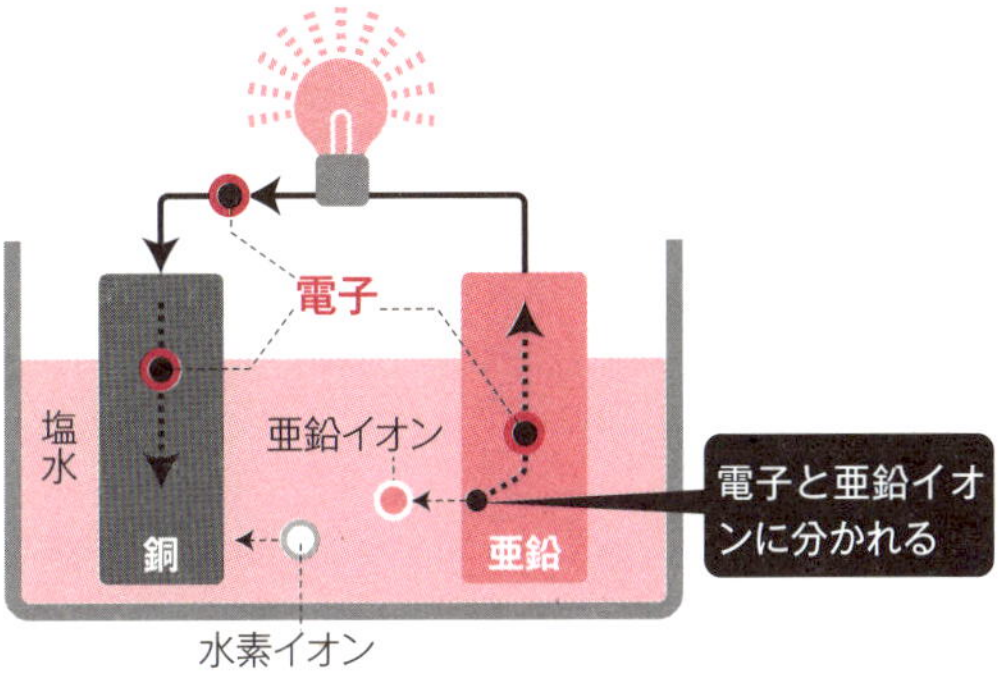

マンガン乾電池の構造

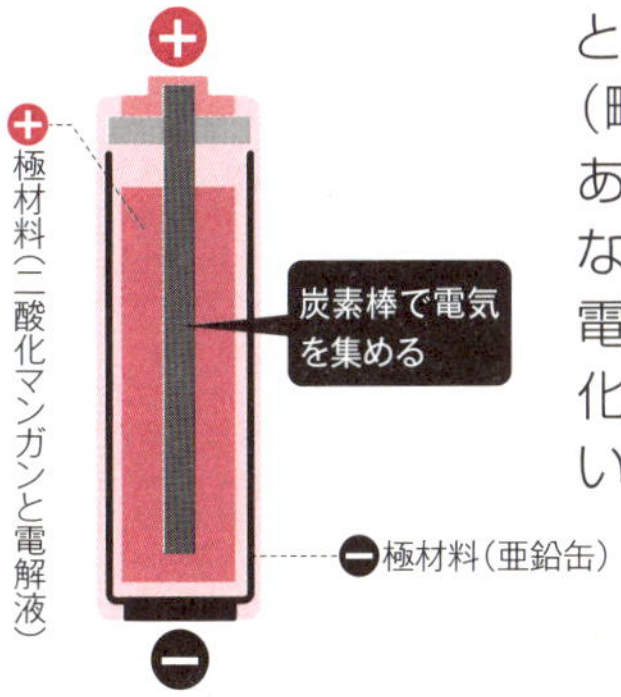

乾電池にはマンガン乾電池とアルカリマンガン乾電池（略してアルカリ乾電池）がある。これらは電解液が異なる。マンガン乾電池では、電解液として塩化亜鉛、塩化アンモニウムが使われている。

すると、さまざまな特性を持つ電池が作られる。その代表が**乾電池**である。「乾」とは、水溶液が液状でないことをいうが、おかげで電気をどこにでも持ち運べるようになった。今でも、懐中《かいちゅう》電灯やリモコンなどで、そのありがたさを享受《きょうじゅ》している。

乾電池以外にもさまざまな電池があるが、ある種の金属と電解液とを組み合わせると、発電とは逆の反応を起こすこともできる。これが「充電できる電池」だ。このような電池を**二次電池**という（充電を前提にしない電池は**一次電池**）。

二次電池で昔から利用されているものが**鉛蓄電池**で、自動車のバッテリーとして現在も標準的に使われている。そして、今話題の二次電池が**リチウムイオン電池**だ。リチウムイオン電池は、正極にリチウムの酸化物、負極に炭素（カーボン）、電解液に六フッ化リン酸リチウム入りの有機溶剤を用いた電池。発生電圧もエネルギー密度も従来の数倍で、現在の携帯機器の多くに利用されている。

リチウムイオン電池は歴史も浅く、しくみが完全に解明されているとはいえない。しかも、電解液が有機溶剤で燃えやすいため、精密に製造して正しく管理しなければ発火の危険がある。こういった意味で、〝飼いならされていない優駿《ゆうしゅん》〟の電池ともいえるのだ。

アルカリ乾電池の構造

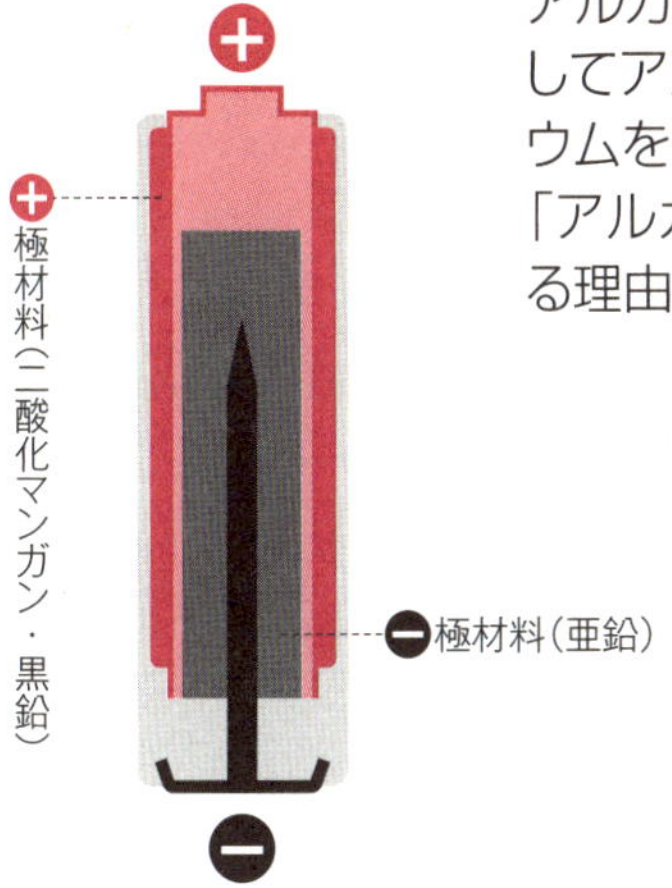

アルカリ乾電池は、電解液としてアルカリ性の水酸化カリウムを使用している。これが「アルカリ乾電池」と呼ばれる理由である。

リチウムイオン電池の原理

リチウムイオン電池は、プラス極にリチウムの酸化物、マイナス極に炭素（カーボン）、電解液に六フッ化リン酸リチウム入りの有機溶剤を用いた電池である。

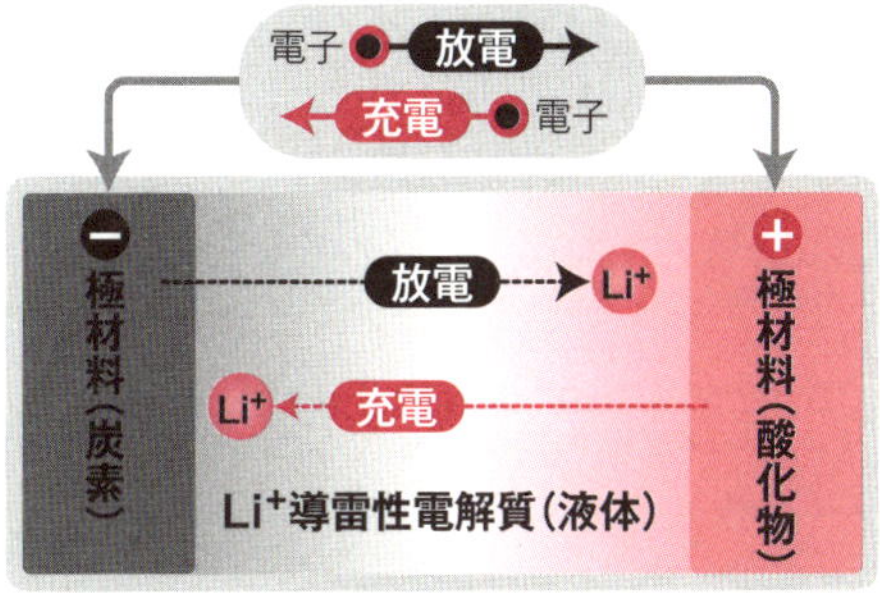

Technology 064

タッチパネル

スマートフォン人気の理由の一つがタッチパネル。フリックやピンチの操作がクールだが、しくみはどうなっているのだろう。

駅の券売機や銀行のＡＴＭには、**タッチパネル**と呼ばれる操作画面が利用されている。指で画面に軽く触れるだけで機械を軽快に操作できるのがうれしい。

近年は家庭にも普及し、カーナビや携帯型ゲーム機でも使われている。このパネルのしくみを調べてみよう。

タッチパネルで最も販売量が多い方式は**抵《てい》抗《こう》膜《まく》方式**である（２０１７年末現在）。構造は単純で、ガラス板とフィルムに透明電極膜を貼《は》りつけ、少し隙間を設けて対面させる。フィルム表面を押すと、フィルム側とガラス側の電極同士が接触して電気が流れる。その電流から電圧の変動を検出し、接点の位置をとらえるのだ。

抵抗膜方式のしくみ

最も普及している方式。押された点で電極が接触して電流が流れ、電圧の変化が生じる。そこから読み取り位置を割り出す。

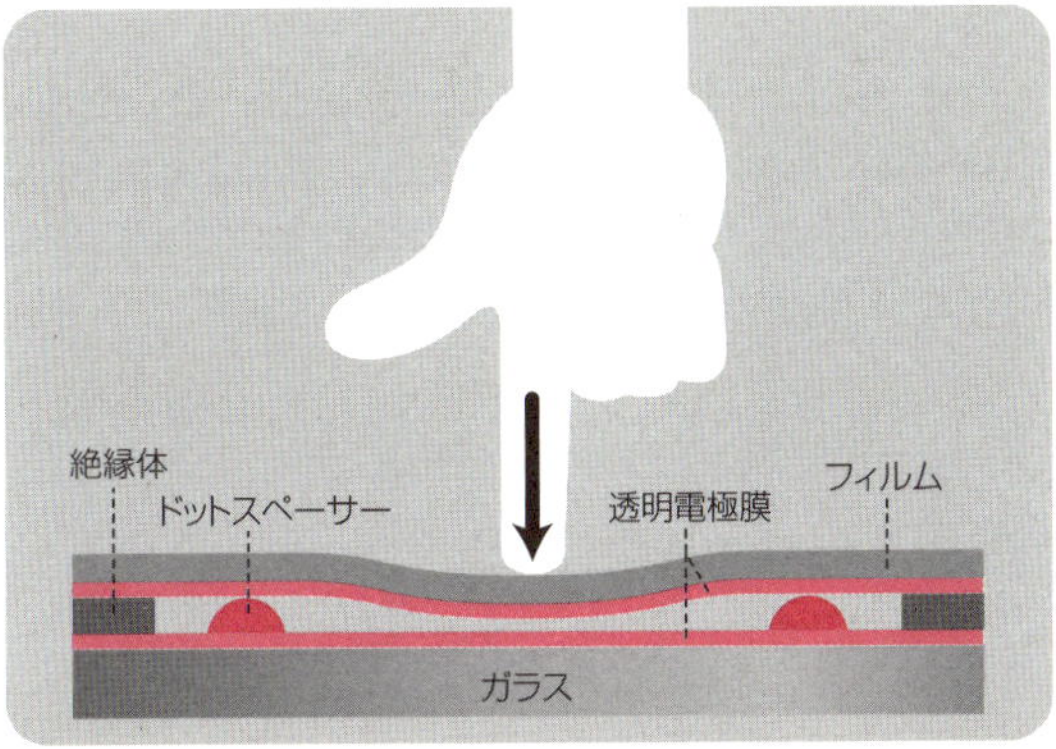

2本の指で操作できる「マルチタッチ」

アップル社が初めて製品で用いた操作性。拡大は2本の指を画面上で広げ（ピンチアウト）、縮小はその逆（ピンチイン）をする。また、1本の指を動かす（フリック、またはスワイプ）ことで、画面がスクロールする。

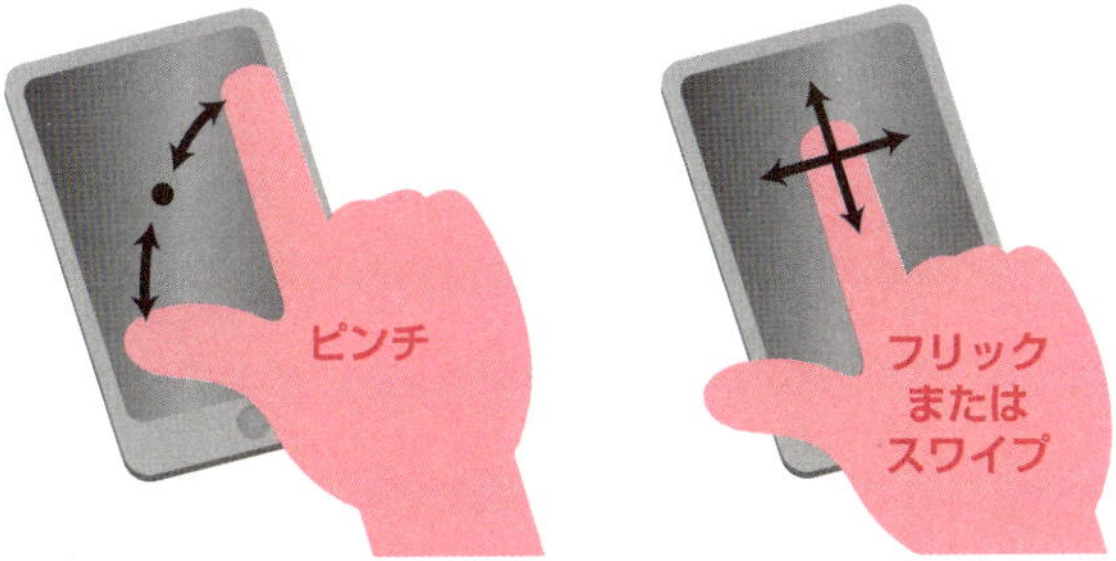

ところで、近年、スマートフォンやタブレットPCが人気である。その人気の理由の一つが、**マルチタッチ**と呼ばれる新しい操作性にある。例えば、画面を拡大する際に2本の指を画面上で広げる「ピンチアウト」。今までにない操作性がクールさを演出したのだ。

マルチタッチを実現するには、抵抗膜方式では困難である。二つの接点の位置を同時に測れないからだ。

そこで採用されているのが、**投影型静電容量方式**である。その構造は抵抗膜方式よりも複雑だが、高速な応答が可能で、精度の高いマルチタッチ操作を実現できる。

投影型静電容量方式のパネルは基本的には電極パターン層と保護膜の2枚の層からできている。電極パターン層は定型パターンを敷き詰めた多数の透明電極からなり、保護膜はガラスやプラスチックの絶縁体《ぜつえんたい》である。保護膜表面に指を近づけると複数の電極間の静電容量が同時に変化し、電極間に電流が生まれる。この電流を測定することで、複数の指の動きや位置を素早く特定できるのだ。

マルチタッチはアップル社が初めて製品化した操作性で、特許成立の可否が問題になった。マウスのクリックやドラッグの操作同様、広く使えるようになることが望まれる。

投影型静電容量方式のしくみ

IC を搭載したガラス基板の上に、特定のパターンで大量に並べた透明の電極パターン層を配置し、表面にはガラスやプラスチックなどの保護カバー（絶縁体）を重ねる。表面に指を近づけると、複数の電極間の静電容量が同時に変化して電流が生まれ、この電流量を測定することで複数の位置を同時に特定できる。

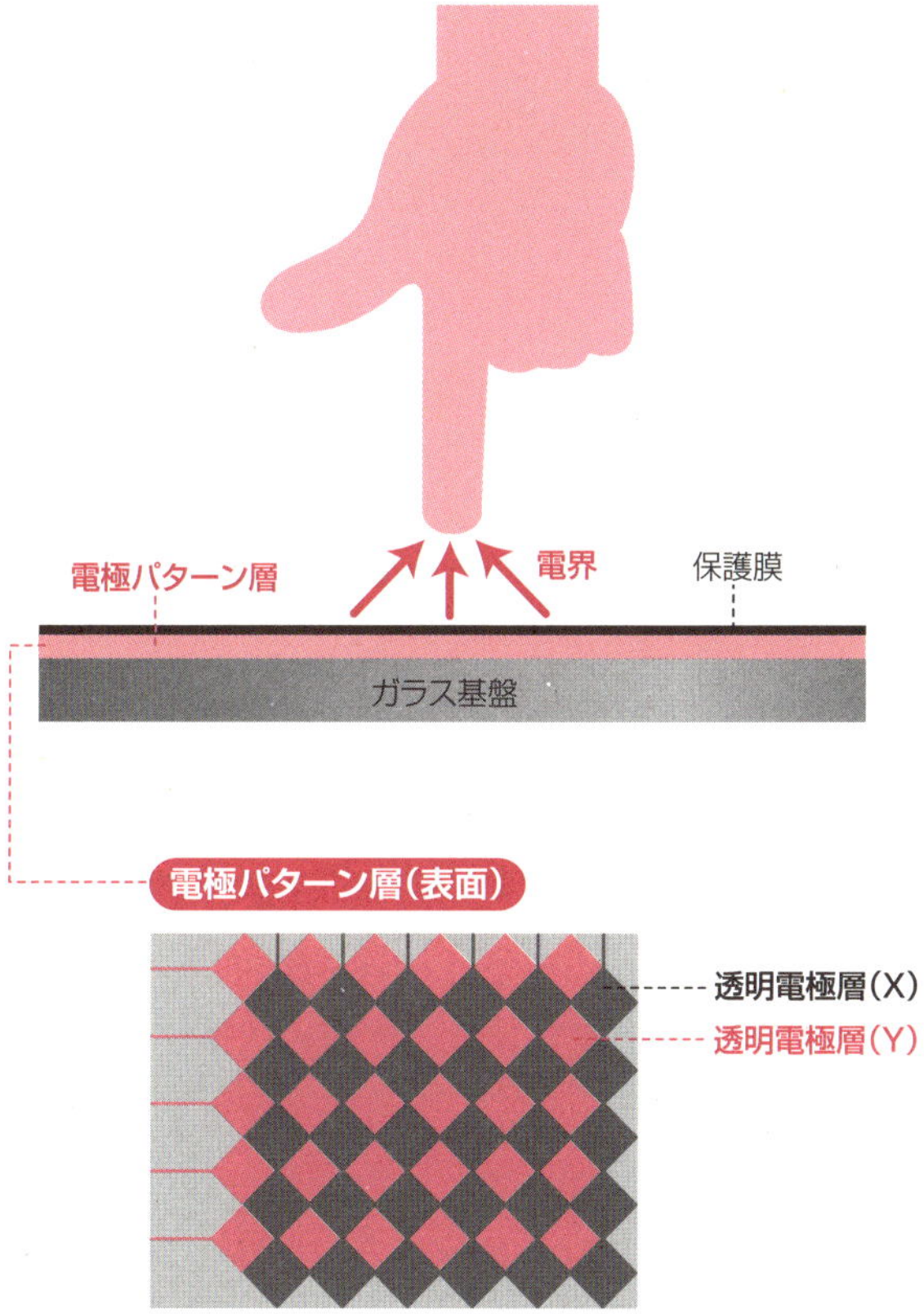

Technology 065

生体認証《せいたいにんしょう》

かつてSF映画などに現れた生体認証が、いまや日常で利用されている。身分証や鍵などが不要になる生活が実現しつつある。

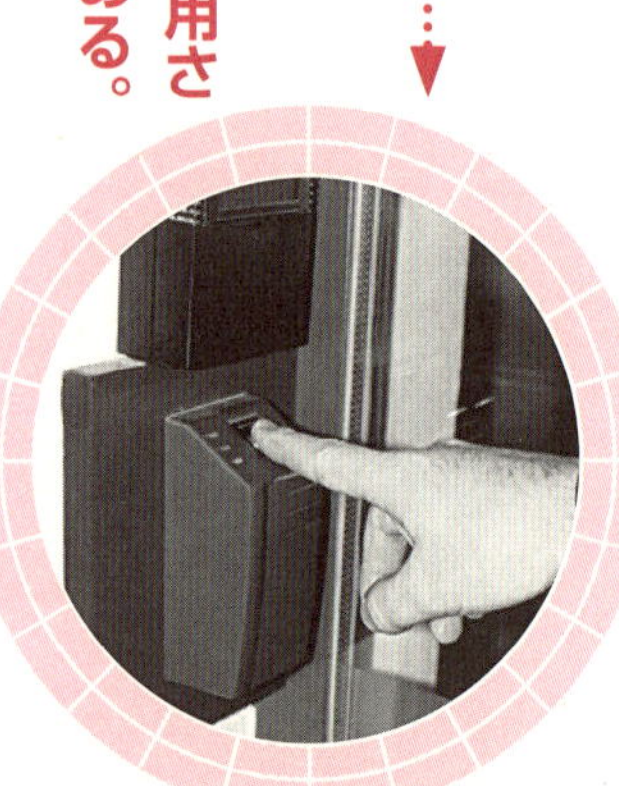

現在、多くの銀行のATMコーナーに**静脈認証**《じょうみゃく》の装置が置かれている。この装置は指やてのひらの静脈パターンを赤外線で読み取り、本人を確認する。体の一部で本人認証をするのである。一昔前まではSF映画の世界で描かれた光景が現実になっているのだ。

静脈が利用されるのは、静脈のパターンが人によって異なるからだ。このパターンを見るには赤外線を当てればいい。静脈を流れている赤血球中のヘモグロビンは、酸素を失って赤外線を吸収しやすい。そのため、当てられた赤外線は静脈で吸収され、パターンが暗く映し出されることになる。

このように生身で本人確認する認証方式を**生体認証**と呼ぶ。**バイオメトリックス**と呼ぶほ

指の静脈認証

静脈のパターンは十人十色。そのため、赤外線を当てることで本人かどうかが認証できる。

1 指に赤外線を当て、カメラで静脈のパターンを読み取る。

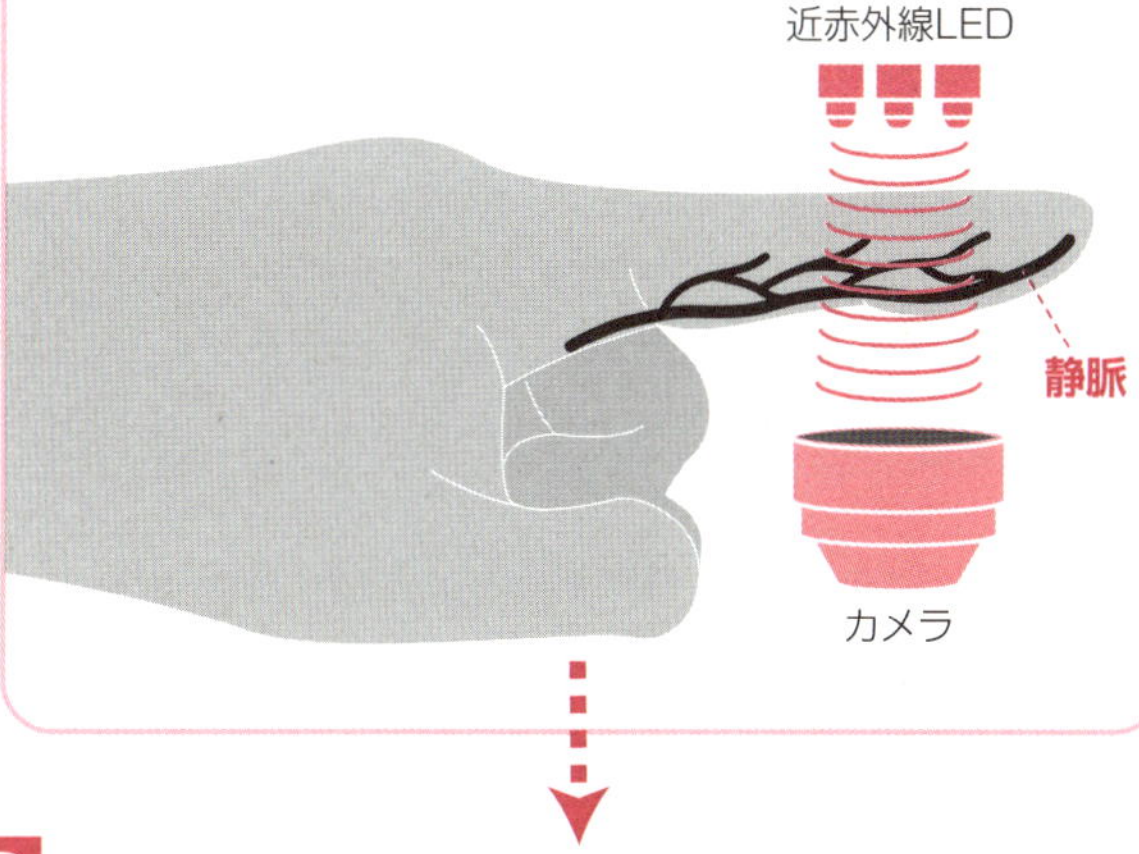

2 血管の中心を基準として、血管のパターンを抽出する。

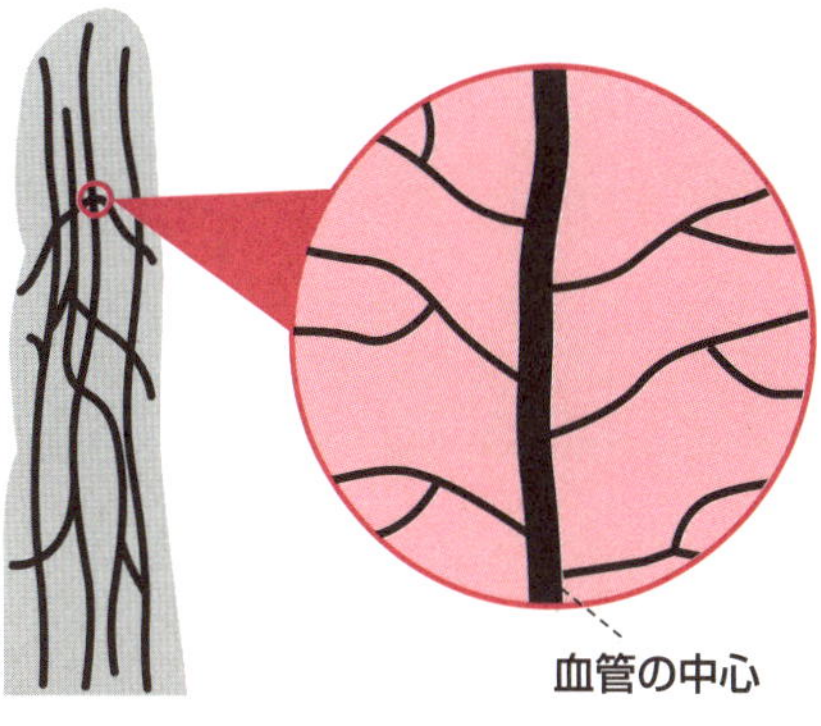

うが有名かもしれない。

生体認証のメリットは、カードなど、本人を確認するためのモノが不要なことである。また、他人が本人の代わりをする「なりすまし」も不可能である。おかげでシステムが安全になり、利用者も身軽になれるのだ。

静脈認証以外の生体認証で、昔から利用されているものに**指紋認証**がある。これは犯罪捜査で知名度が高いが、実用面でも利用されている。例えばパソコンの本人確認用として、指紋の読み取り装置が販売されている。システムの安全性に大いに貢献しているのだ。

SF映画などで有名なのは**虹彩認証**《こうさい》であろう。瞳《ひとみ》の模様のパターンで本人を確認する方法である。虹彩も人によって千差万別だからだ。

最も理想的なのは素顔の生体認証であろう。人間同士の自然な認証方式であり、違和感がない。テロ対策などで研究が進められ、一部では実際に利用されようとしている。

ところで、生体情報は変更が不可能である。カードなどは再発行が可能だが、生体認証はそれができないのだ。したがって、一度登録されると訂正がきかない。悪用されれば一生本人のわざわいになる。むやみに登録するのは危険であることを肝《きも》に銘じておこう。

てのひらの静脈認証

てのひらに赤外線を当て、カーブや分岐という特徴ある場所で静脈のパターンを読み取る。

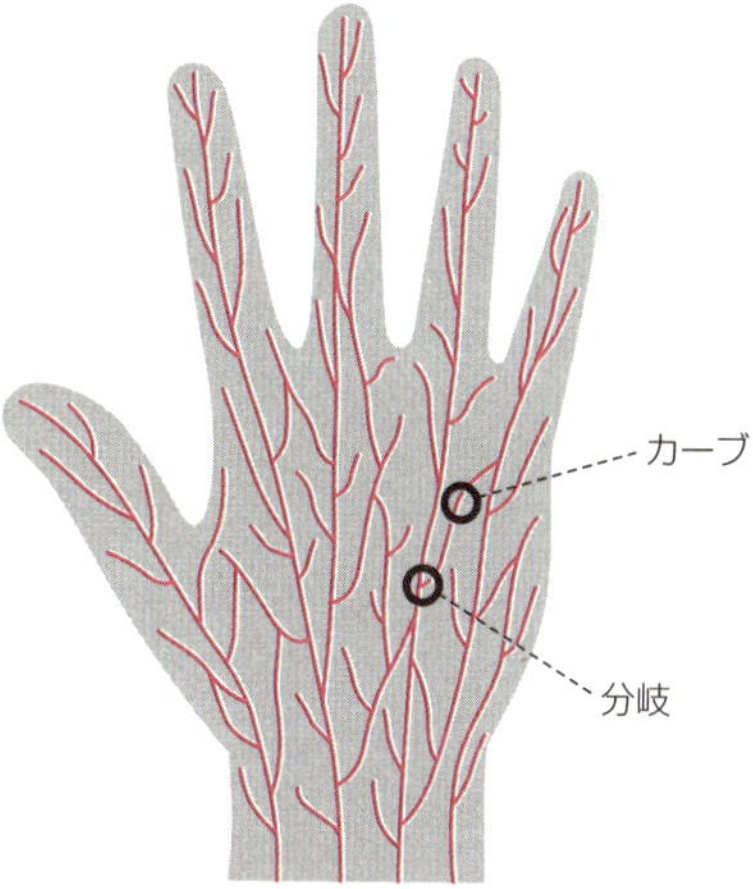

指紋認証の代表的な方法

古くから利用されている指紋認証に、周波数解析法とマニューシャ法がある。この2つのしくみを見てみよう。

周波数解析法

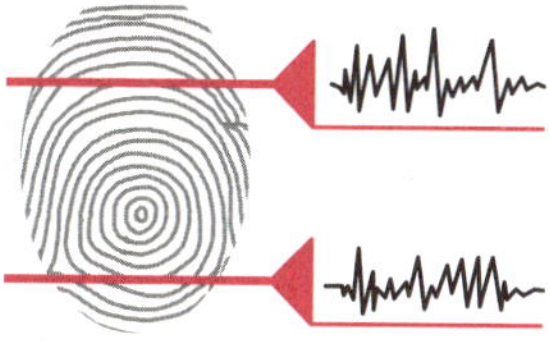

指紋模様の断面を波形としてパターン化する。

マニューシャ法

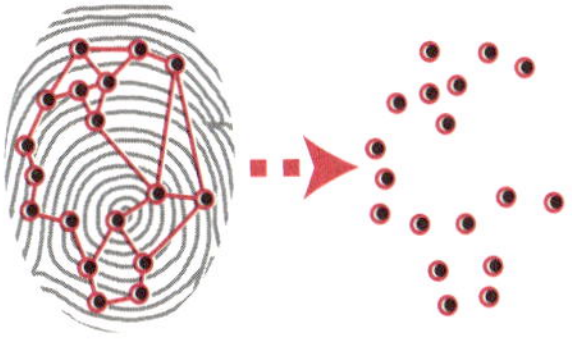

模様の特徴点の位置関係をパターン化する。

Technology 066

ノイズキャンセリングヘッドフォン

都会生活で切り離せないのが騒音の悩み。その騒音をカットしてくれる便利な技術が、ノイズキャンセリング機能だ。

電車の中で澄《す》んだ響きの音楽を聴きたい。そんな贅沢《ぜいたく》な望みをかなえてくれる製品がある。**ノイズキャンセリングヘッドフォン**だ。電車、航空機などの周囲の騒音を低減してくれる機能を持つヘッドフォンである。雑音に抗して音量を上げ過ぎる必要がないため、耳への負担や音もれの心配も軽減されて便利である。また、旅先での友人のイビキを消す、などという裏ワザでも利用されているという。

ノイズキャンセルには、大きく二つの方法がある。**アクティブ方式**と、**パッシブ方式**である。近年のはやりは、アクティブ方式である。

アクティブ方式は電気的にノイズを消すしくみである。ヘッドフォンにはマイクが内蔵さ

アクティブ方式のしくみ

「アクティブ方式」のノイズキャンセリングヘッドフォンは、次の動作をヘッドフォン内部で実行することで、さまざまな騒音を電気的に消す。

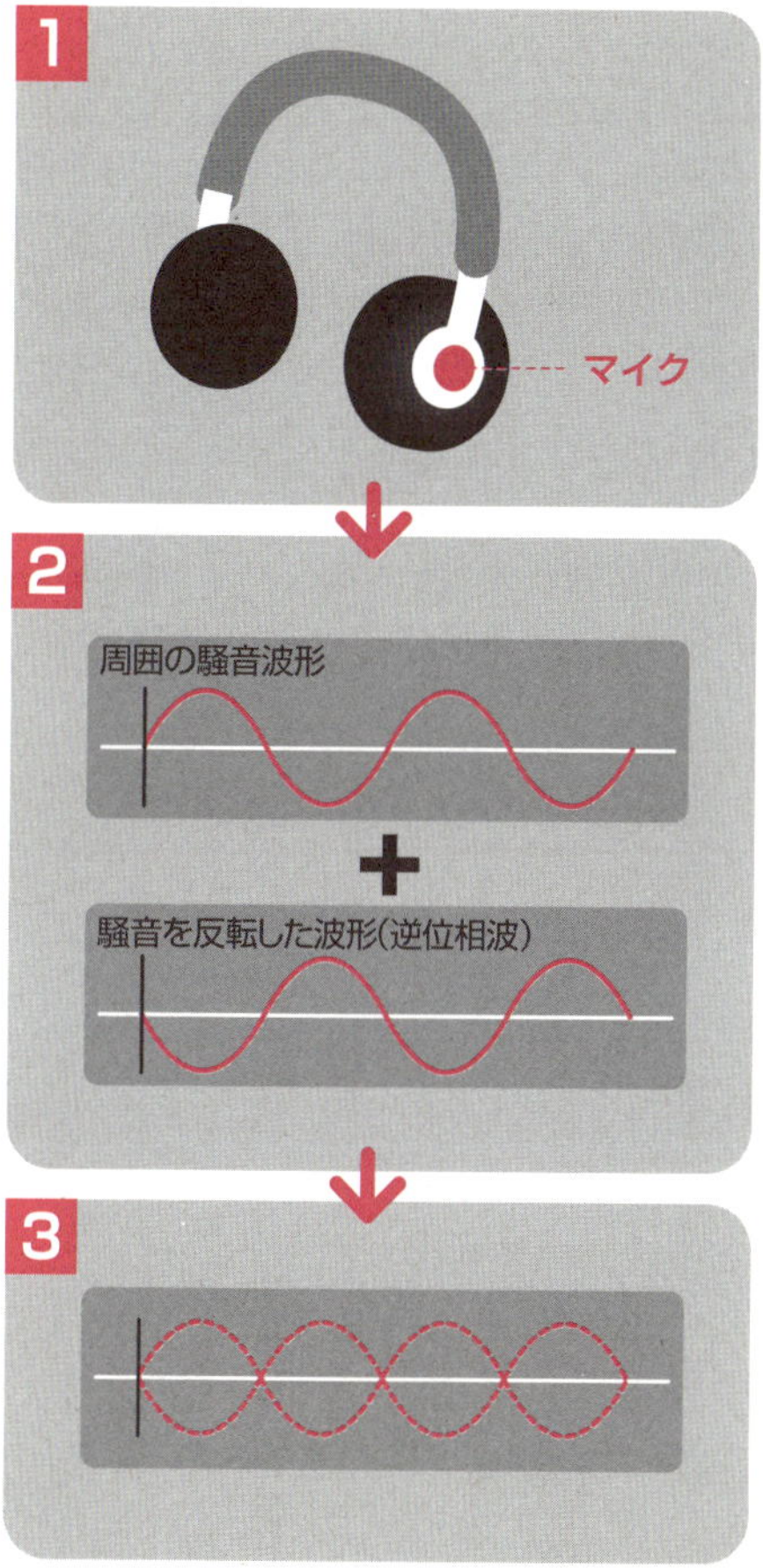

ヘッドフォンに内蔵されたマイクで周囲の騒音を拾う。

ヘッドフォンの LSI が騒音と逆位相の音を生成する。

耳元では騒音が打ち消される。

れている。このマイクが周囲の騒音を拾い、それを打ち消すような音をヘッドフォン内部で発生させる。こうして、周囲の騒音だけを消去するのだ。

騒音を打ち消す音は、騒音の「逆位相」になるように作られる。そのため、ヘッドフォン内部にはその処理を行なうためのLSIも組み込まれており、電池などの電源が必要になる。

パッシブ方式は外部の雑音をバリアで防ぐ方式である。最も古典的なのは音を外耳でブロックする「耳栓《みみせん》」だ。この耳栓的なアイデアを応用して、耳をすっぽりとヘッドフォンで覆い隠す方法がパッシブ方式のヘッドフォンである。電池などの電源は不要だが、耳が圧迫されて蒸《む》れるという欠点がある。

ヘッドフォンで採用されている「逆位相」の技術は多方面に応用されている。例えば、高速道路や新幹線沿線の側壁には防音装置が取りつけられているところがある。道路や線路脇にスピーカーを配置し、騒音と逆位相の音を生成して騒音を消去しているのである。

また、「トナカイ分岐型遮音壁」と呼ばれる防音装置は、音の誘導室を設け、そこで共鳴した音が元の騒音の逆位相になるように工夫されている。電源を必要とせず、道路や鉄道施設にはもってこいの防音装置である。

パッシブ式のしくみ

パッシブ式のノイズキャンセイリングヘッドフォンは、ヘッドフォンで耳を包むことで外部の雑音を遮断する。

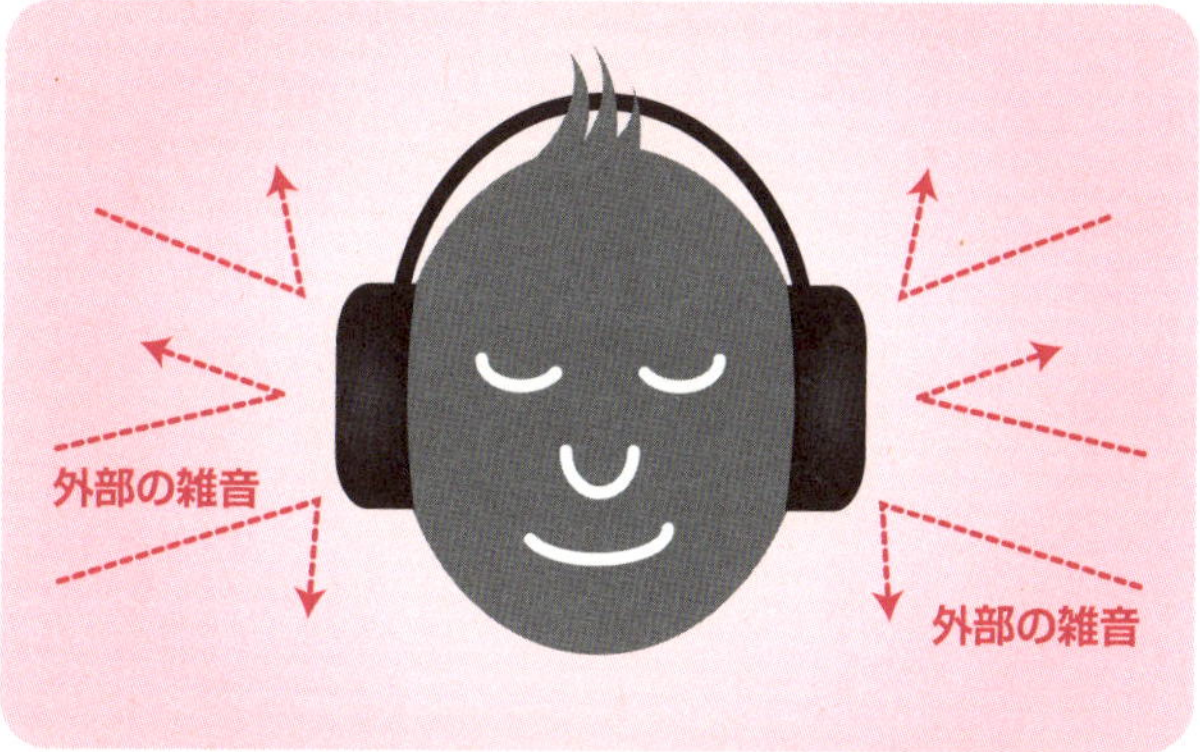

トナカイ分岐型遮音壁

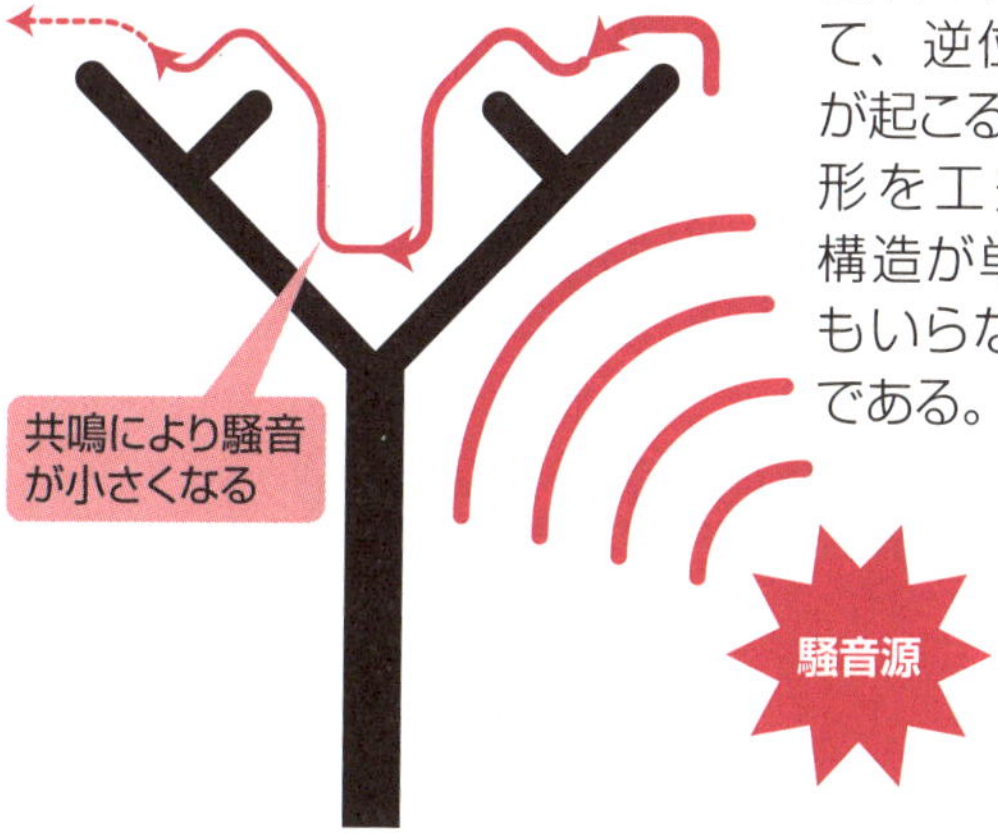

騒音の共鳴を利用して、逆位相の共鳴音が起こるように空洞の形を工夫している。構造が単純で、電源もいらない優れものである。

Technology 067

UV《ユーブイ》・IR《アイアール》カットガラス

ドライブのときに不快なのが、窓から入る紫外線やジリジリ焼けつく暑さ。それをカットしてくれるガラスがある。

紫外線（UV）と赤外線（IR）をともにカットする強化ガラスが装備された、女性にうれしい車が発売され、話題を呼んだ。日焼けやシミの原因となる紫外線は、女性ドライバーにとって最大の悩み。赤外線は肌が焼けるような感じを与える。おかげで、必要以上にエアコンをかけ、エネルギーをムダづかいしてしまう。紫外線と赤外線をカットするガラスが実装された自動車は、たいへんありがたい。

自動車用のガラスで、紫外線や赤外線をカットする基本は三つある。ガラスに紫外線や赤外線の吸収剤を練り込む「**練り込みタイプ**」、ガラスの車内側に吸収剤を含んだコーティング膜《まく》を付着させる「**コーティングタイプ**」、そして吸収剤を含んだ膜を2枚のガラスで挟み

太陽光線に含まれる光

太陽光線は紫外線（UV）、可視光線、赤外線（IR）からなる。そのエネルギー比率は、順に5%、45%、50%である。

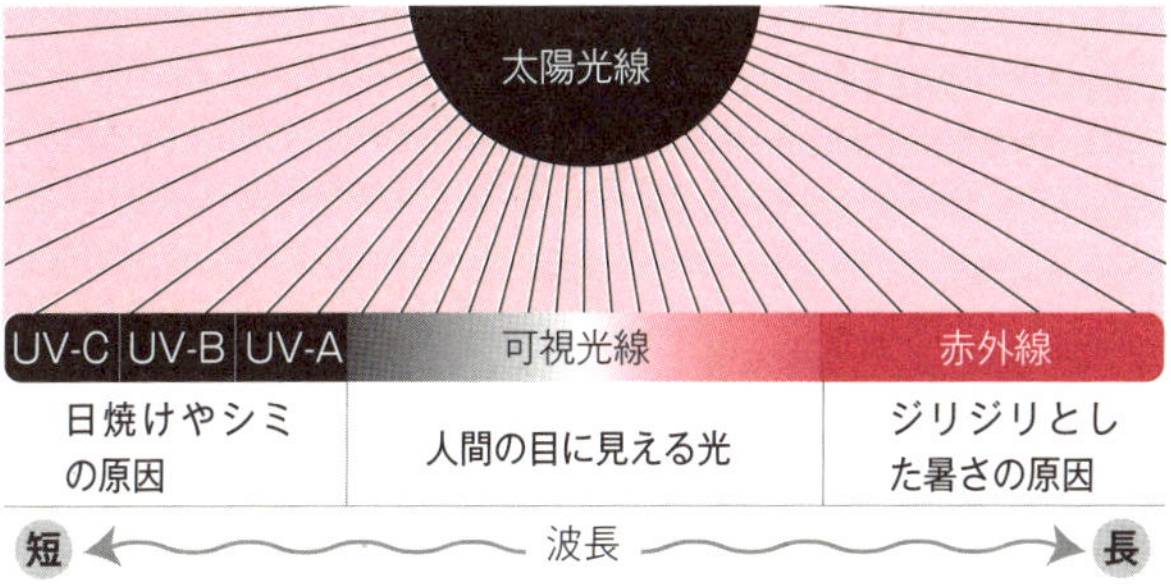

UV・IRカットガラスの構造

UV·IR カットガラスは、吸収剤の位置により練り込みタイプ、コーティングタイプ、合わせガラスタイプの３タイプに分類される。

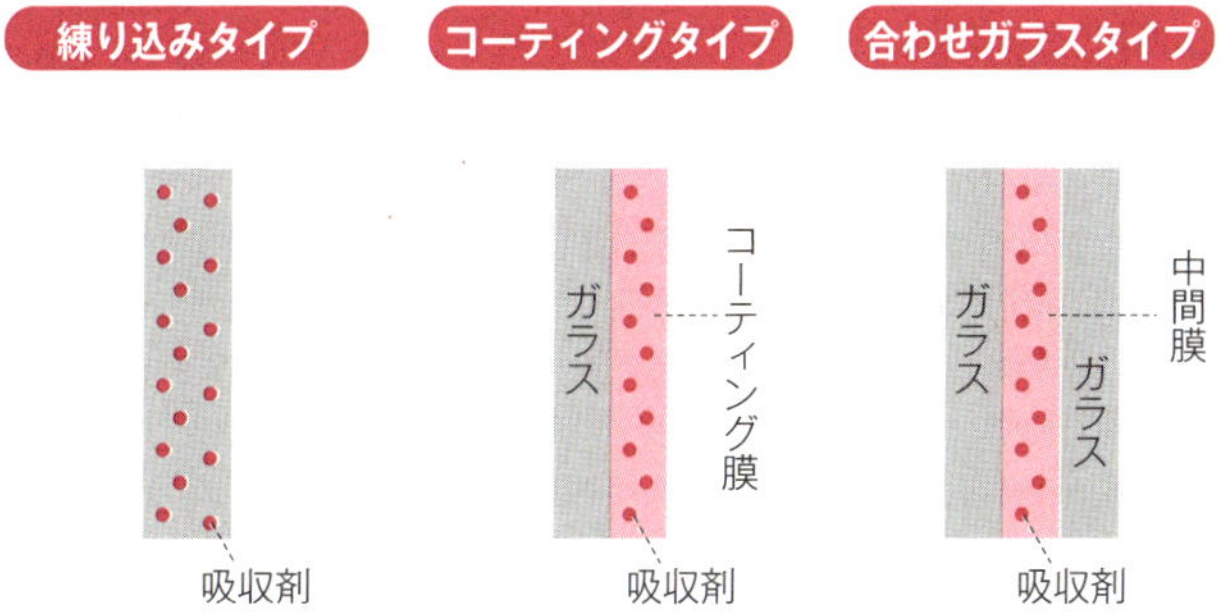

込む「**合わせガラスタイプ**」の3タイプだ。自動車のガラスだから当然、透明性が確保されなければならない。法律でも、可視光線《かしこうせん》の70パーセント以上を透過《とうか》させる決まりになっている。この条件を満たすために、ガラスメーカーは新製品開発に苦心している。

一例として、AGC旭硝子《あきひがらす》の開発した「UVベール プレミアムクールオン」という製品を取り上げてみよう。これは、紫外線吸収剤を練り込んだ強化ガラスの車内側に、紫外線と赤外線を同時にカットするコーティング膜を付着させたガラスである。紫外線の約99パーセントをカットし、赤外線も大幅に低減するという。

たびたび「**強化ガラス**」という言葉を用いたが、これはガラスを650〜700度に加熱して柔らかくした後、表面を一気に均一に冷やして作られる。こうして高強度になり、割れると瞬間的に細かい粒状に破砕《はさい》するという特徴が得られる。普通のガラスが割れた場合、ガラスは鋭利《えいり》な刃先《はさき》となり、人体を傷つける恐れがあるが、強化ガラスではこのようなことはない。

ただし、この特性上、フロントガラスには使えない。そこで、割れても樹脂フィルムの粘着により破片が落下せず、視界が確保される合わせガラスが用いられる。

AGC旭硝子「UVベール プレミアムクールオン」

UVベール プレミアムクールオンは、紫外線（UV）を約99%もカットし、かつ赤外線も大幅に低減するというガラスである。

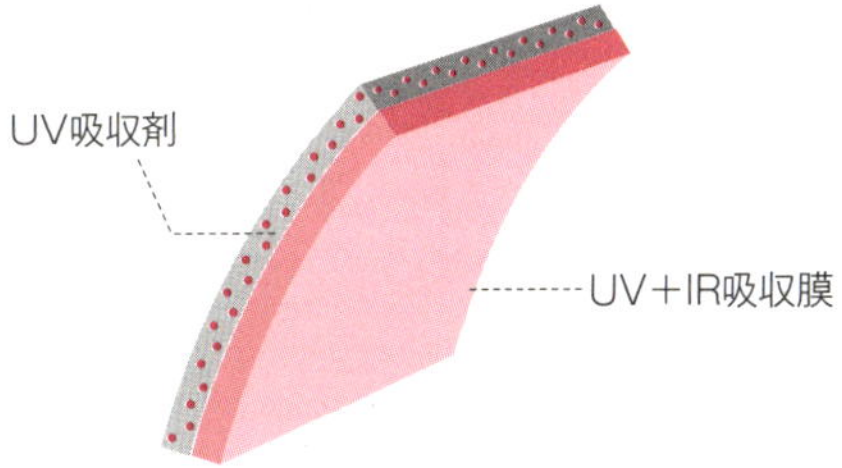

ガラスによって異なる割れ方

強化ガラスは衝撃を受けて割れると瞬間的に細かい粒状に破砕するため、自動車ドア用ガラスに用いられる。フロントガラスには合わせガラスが使用されている。

普通のガラス

力を受けた点を中心にひび割れが広がり、大きく鋭利な破片が生じる。

強化ガラス

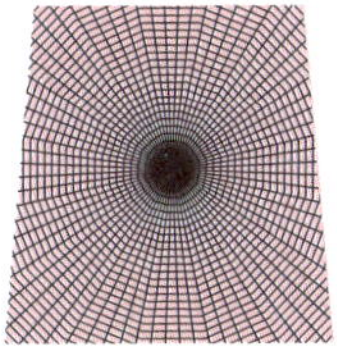

強度は高いが、内部にひびが入るとガラス全体が細かい粒状に破砕する。

合わせガラス

２枚のガラスを樹脂フィルムで接着しているため、ガラスが割れてもフィルムの粘着力により破片が落下しない。

Technology 068

テザリング

最近、ニュースなどでよく耳にする「テザリング」という通信機能。その意味としくみを知っているだろうか。

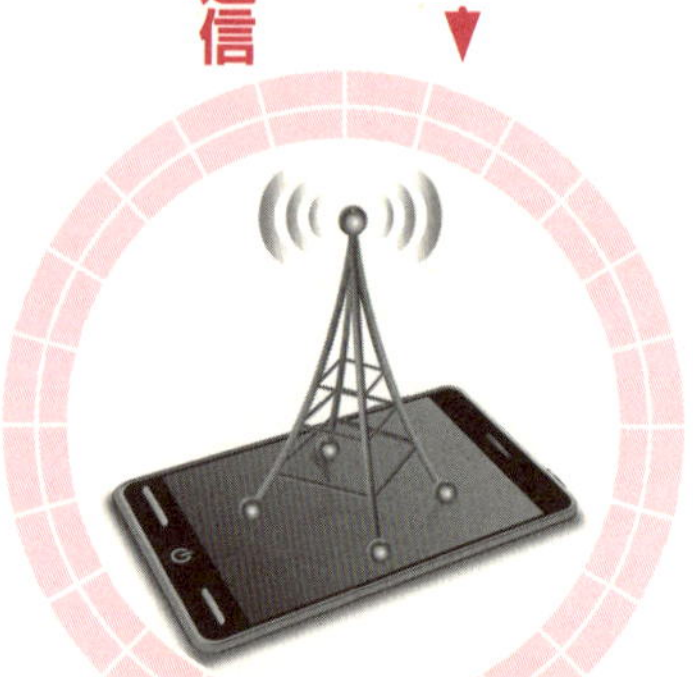

テザリングとは、スマートフォン（スマホ）をインターネット接続用の無線ルーターとして使う機能だ。スマホが「携帯できるルーター（**モバイルルーター**）」に変身するわけである。これで、「せっかくノートパソコンを持参しているのに、インターネットに接続できない！」といった事態が解消される。

だが、ユーザーにとっては便利なテザリングも、携帯電話会社にとっては困った機能だ。通信データ量が爆発的に増加するからである。「ただでさえスマホの普及で通信回線の容量がひっ迫《ぱく》しているのに、テザリングまでされては……」というボヤキが聞こえる。

そこで、一定以上のデータを送受したユーザーや短期間に大量の通信を行なったユーザー

スマホを介したテザリング通信

スマホにPCやゲーム機、カーナビなどを接続し、それらからインターネット接続できるのがテザリング。スマホとこれらの機器とはUSB 、Wi-Fi、Bluetoothなどで接続される。要するに、スマホがモバイルルーターに変身する機能だ。

には規制を設けている。また、**データオフロード**といって、近くにＷｉ－Ｆｉのアクセスポイントがある場合はそれを利用するような設定になっている。さらには**ＬＴＥ**と呼ばれる新規格の高速通信を整備し、通信回線の容量そのものを大きくしている。

ここで少し専門的なしくみを見てみよう。よく知られているように、インターネットで情報をやり取りする際には**ＩＰアドレス**を利用する。ＩＰアドレスとは、インターネットに接続された機器に付けられた正式な名前のようなもの。その名前で互いを呼び合い、情報を交換するのだ。当然、スマホにもＩＰアドレスが付けられているが、スマホにテザリングされたパソコンやゲーム機のＩＰアドレスはどうなるのだろうか。そこで利用されるのが**ＮＡＰＴ**と呼ばれる変換機能である。テザリングで接続された機器にニックネームを付け、スマホが正式アドレスに変換してインターネットと送受する。こうして、テザリングされた機器からも、正確に目的のサーバーにつながるのだ。

ＮＡＰＴを利用しても、世界にはインターネット端末があふれ、各々にＩＰアドレスを付《ふ》与《よ》しきれなくなっている。そこで、さらに多くの端末にアドレスを与えられる**ＩＰＶ６**という新規格も普及し始めている。

NAPTのしくみ

インターネットではデータが郵便小包（パケット）のように送受される。小包に付けられた住所に相当するのがIPアドレス。ゲーム機とPCがスマホにテザリングされている場合を例にして、ゲーム機がサーバーとデータを送受するしくみを見てみよう。パケットの流れは❶→❹の順に行なわれる。IPアドレスは「世界で唯一」であることが前提である。そこで、ポート番号という情報を利用して、スマホに与えられたIPアドレスを皆で共用する。つまり、テザリングされているゲーム機やPCには仮のIPアドレスを付与し、インターネットとは正式アドレスに変換して送受するのだ。

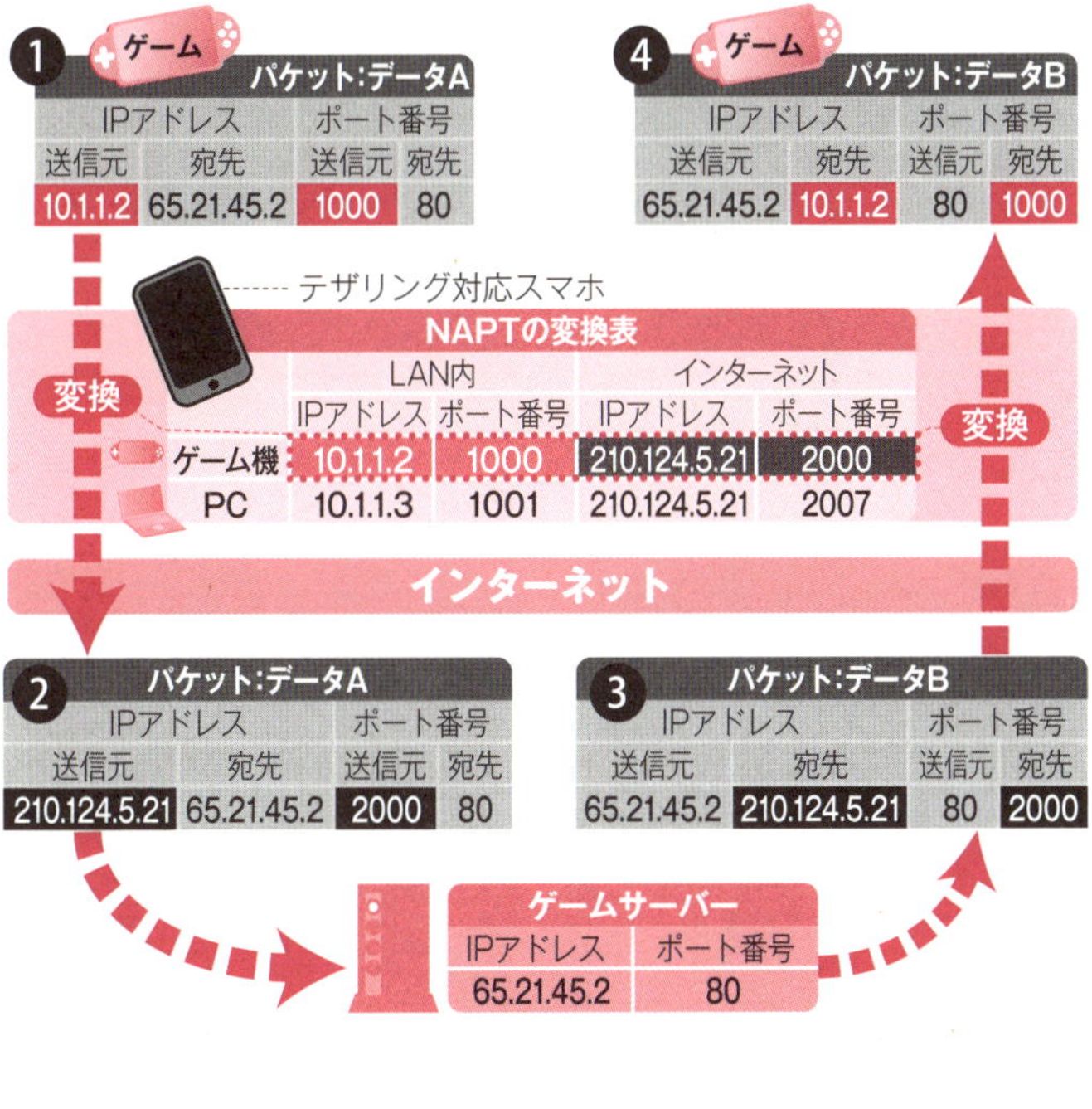

Technology 069

IC《アイシー》タグ

電気店やレンタルビデオ店に行くと、多くの商品にICタグがつけられている。このチップこそが〝流通革命の星〟だった。

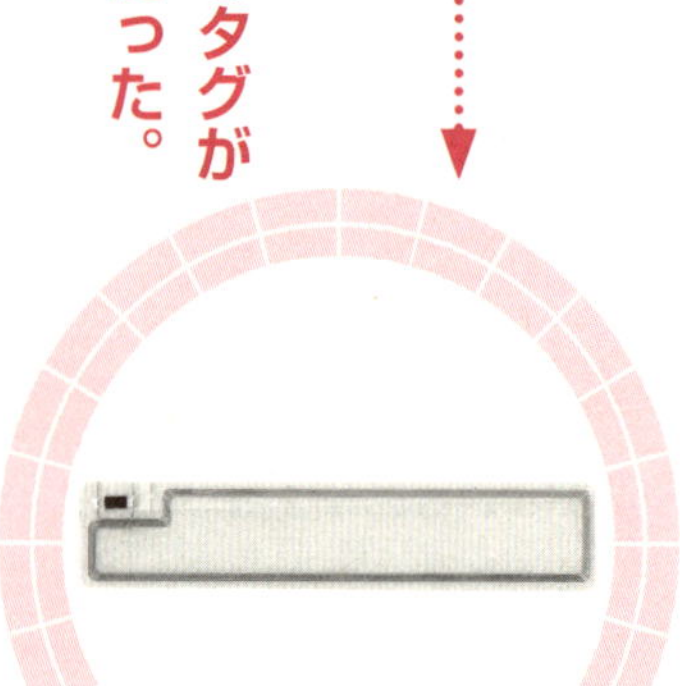

電気店やレンタルビデオ店、大型書店の出入口にはゲートが置かれている。レジを通さずに商品を持ち出そうとすると、アラームが鳴る装置である。おかげで、ずいぶんと万引きが減ったという。ゲートは商品に貼られた**ICタグ**を検知するための門番の役割を担《にな》っている。

ＩＣタグはＩＣチップとアンテナで構成されている。ゲート通過時にゲートからの電波をアンテナで吸収、そのエネルギーを利用して自らを起動し、信号を発信する。ゲートはその信号を読み取り、商品のコードや不正の有無を検知するのである。

ＩＣタグには情報を書き込めるものもある。この場合には、貼られたＩＣタグをレジや受付で取らなくても、電気的にゲートの通過許可を与えられる。例えば、図書館の貸し出しに

ICタグの構造

IC タグは「IC チップ」と「アンテナ」で構成されている。アンテナはリーダーライターから発信される電波から電力と情報を受け取り、IC チップに送る。

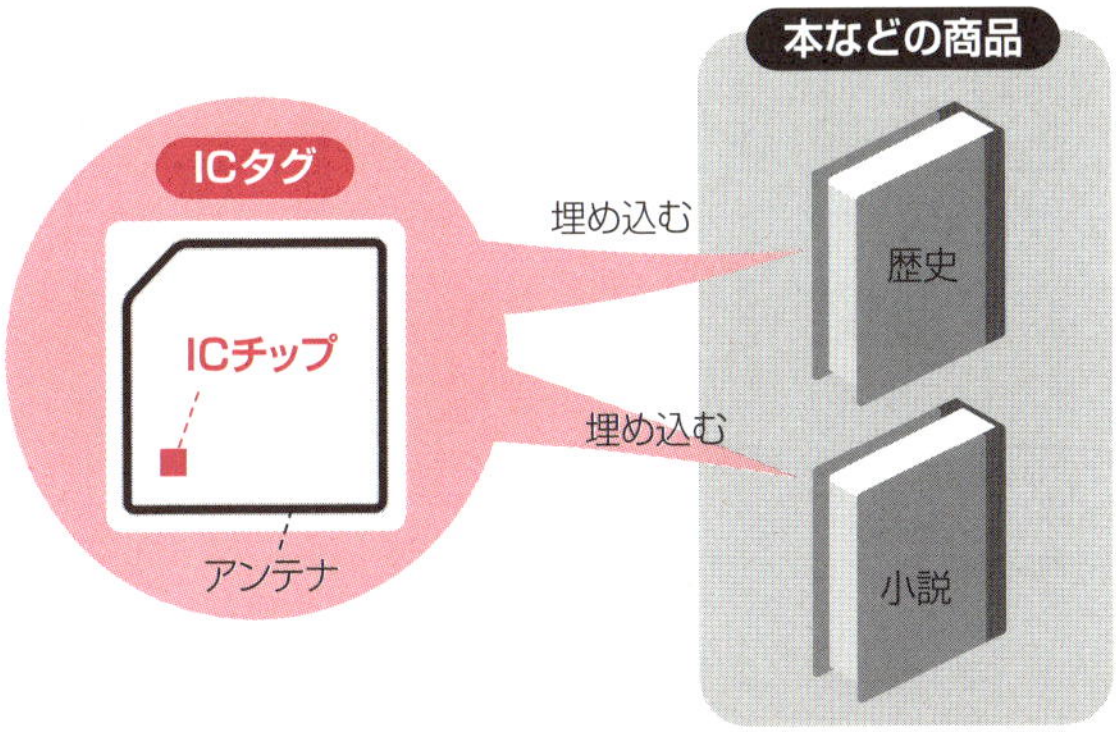

リーダーライターでICタグを読み書き

IC タグの読み書きをする装置が「リーダーライター」。パソコンなどのデータ処理装置と結ばれて、IC タグと情報を送り合う。

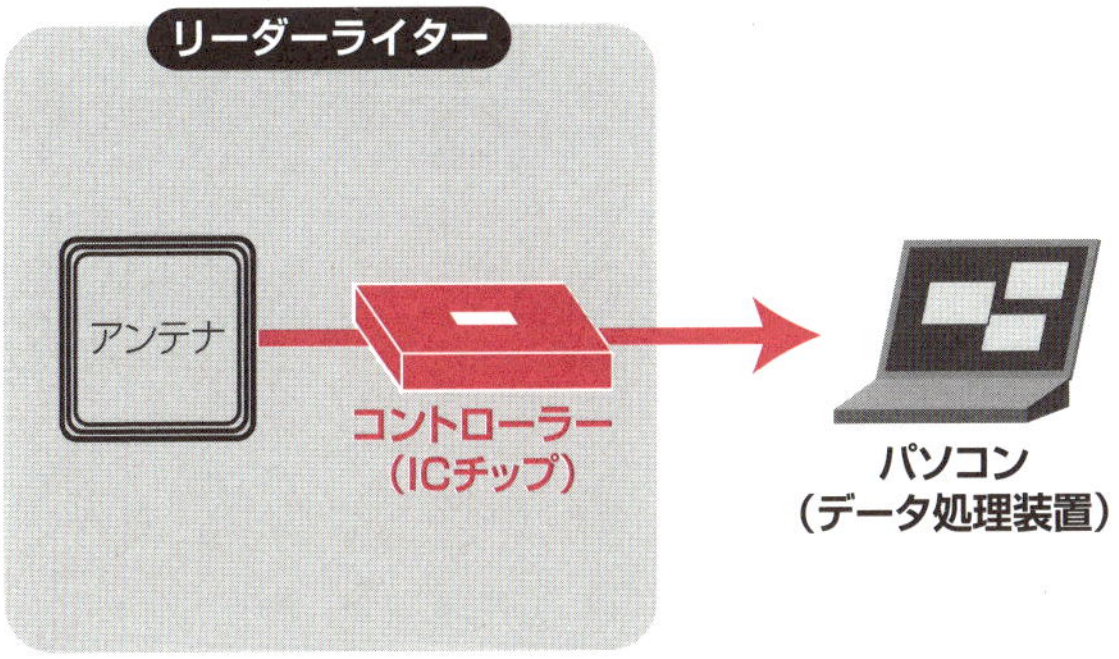

は、この機能が利用されている。このように電波を利用して接触せずにモノを管理識別する技術を、総称して**RFID**と呼ぶ。SuicaなどのFeliCaの技術も、ここに分類される。

近年、食の安全が話題になり、どこでいつ生産されたかの情報の開示が求められている。これを**トレーサビリティ**と呼ぶが、ここでもICタグが主役を演じている。バーコードなどと異なり、豊富な情報量をICに記憶させることができるからだ。

在庫を極力少なくするという**ジャストインタイム方式**は現代の生産管理の基本だが、ここでもICタグが活躍している。工場や倉庫の前にゲートを置けば、いつどこを何が通過したという情報をネットワークで共有でき、どこにどんな商品が何個あるかという詳細な情報がすぐに把握できるのである。

近年、買い物客が自分で清算を行なう**セルフレジ**が普及し始めた。ここにもICタグを利用しようという試みがなされている。ICタグは瞬時にデータを読み取れるので、商品カゴをレジに通すだけで、清算を一瞬にすませることができる。レジに人が並ぶ姿は近い将来見られなくなるかもしれない。

ICタグのおもな役割

万引き防止、生産流通管理をはじめ、ICタグの担う役割はさまざま。近年はトレーサビリティーやセルフレジなどにも活躍している。

万引き防止

ゲート通過時に、ICカードの発信する信号電波を感知し、不正をチェックする。

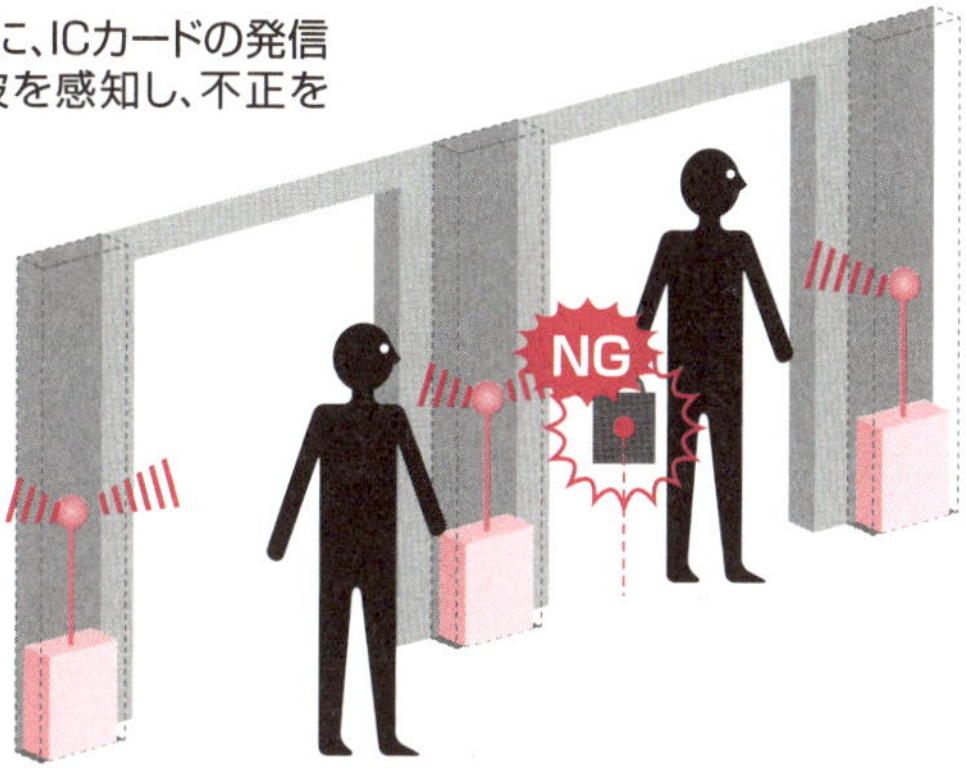

ICタグによる生産流通管理

工場や倉庫の前にゲートを置くことで、商品管理が簡単にできる。

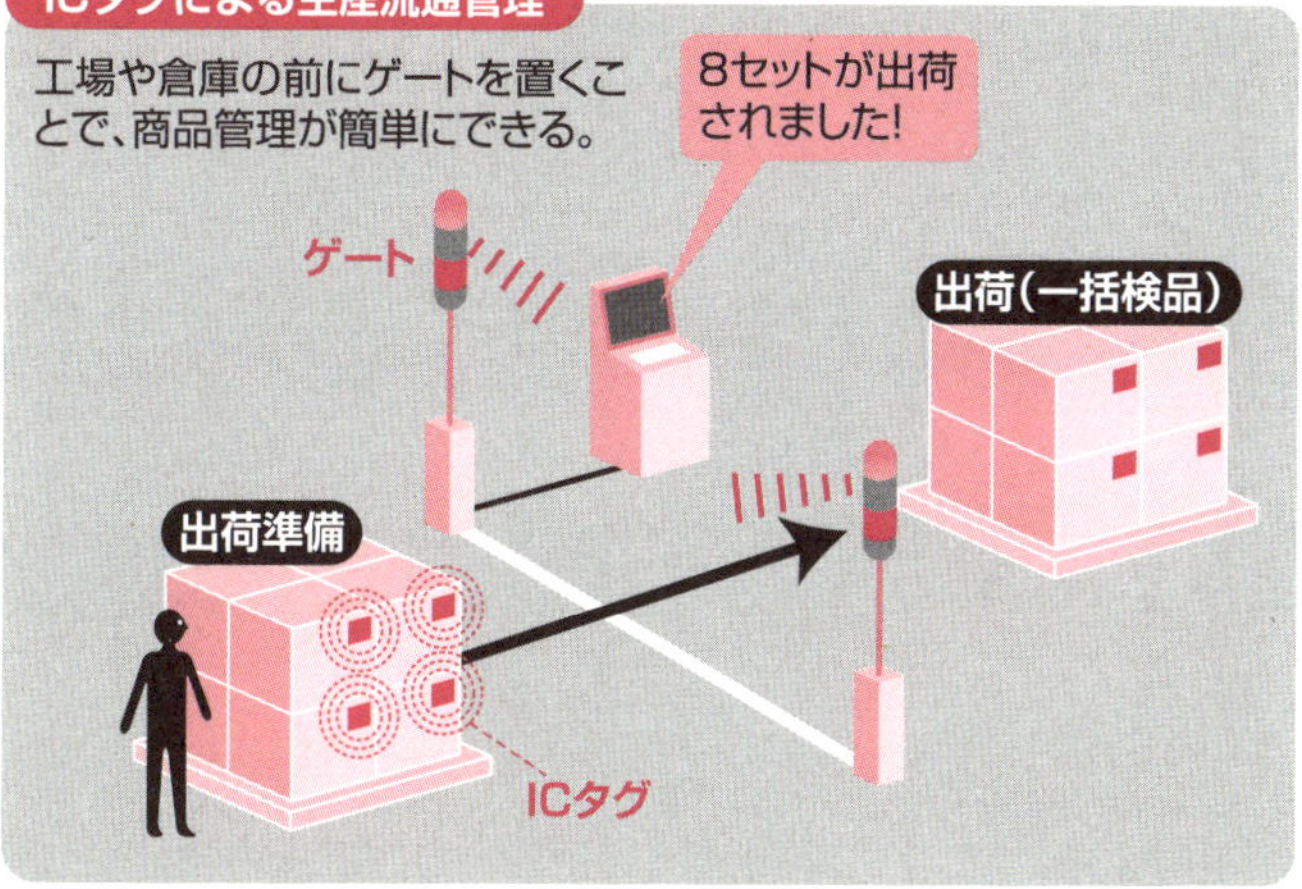

Technology 070

タンクレストイレ

トイレは「化粧」が語源らしいが、その言葉にふさわしく、日々清潔に美しく進化している。タンクレストイレはその代表だ。

幼稚園や小学校には和式トイレが使えない子がいるという。日本でもそれだけ、洋式トイレが普及しているのだ。日本で最初に普及した洋式トイレは、汚物を1回流すのに20リットルを要したという。しかし、今では4リットルですむものもある。格段の進歩だ。

最近は、**タンクレストイレ**が人気だ。タンクの場所が不要ですっきりし、トイレが広く使えると評判である。これは以前からあったが、「低水圧の地域では使えない」「勢いよく流すので排水音がうるさい」といった声があった。最近は、そうした問題を改善した製品が登場している。

汚物を流すしくみは、「洗い落とし方式」と「サイホン方式」の二つが代表的だ。前者は

サイホンの原理

トイレで汚物を流す方法は、「洗い落とし方式」と「サイホン方式」の2種が代表的。サイホン方式では、「サイホンの原理」を利用して吸い出している。

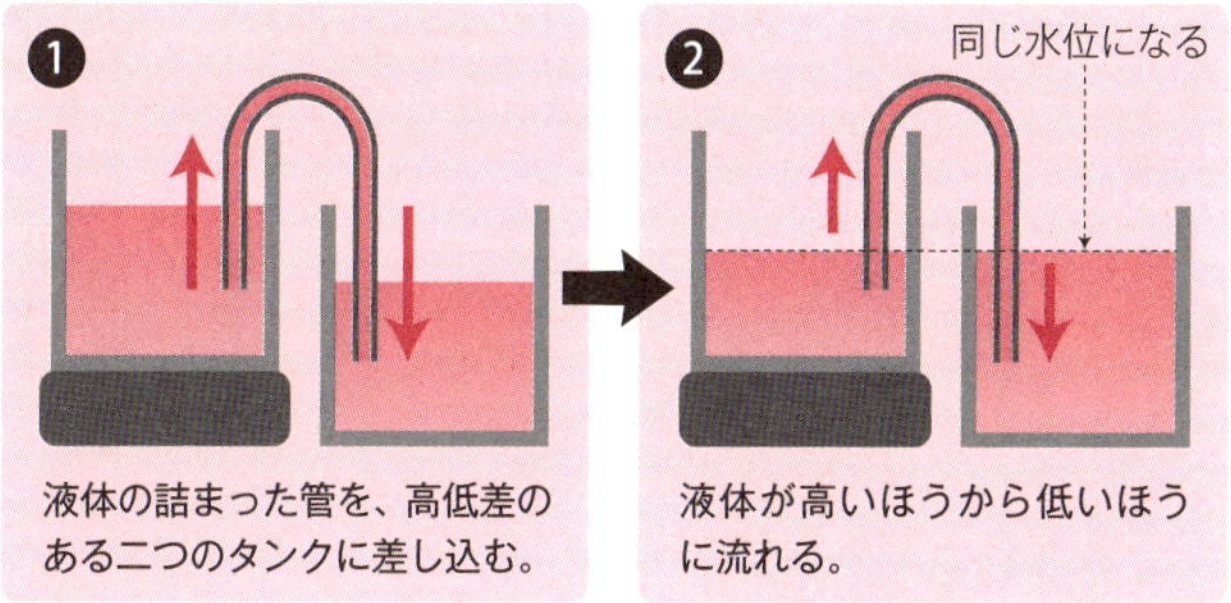
❶
液体の詰まった管を、高低差のあるニつのタンクに差し込む。
❷
同じ水位になる
液体が高いほうから低いほうに流れる。

便器に設けられた「トラップ」

サイホン方式の場合、サイホンの原理を利用するために、便器に堰（せき）が設けられている。それが「トラップ」だ。水をためて下水管からの臭気を遮断するため、洗い落とし方式にも付けられている。

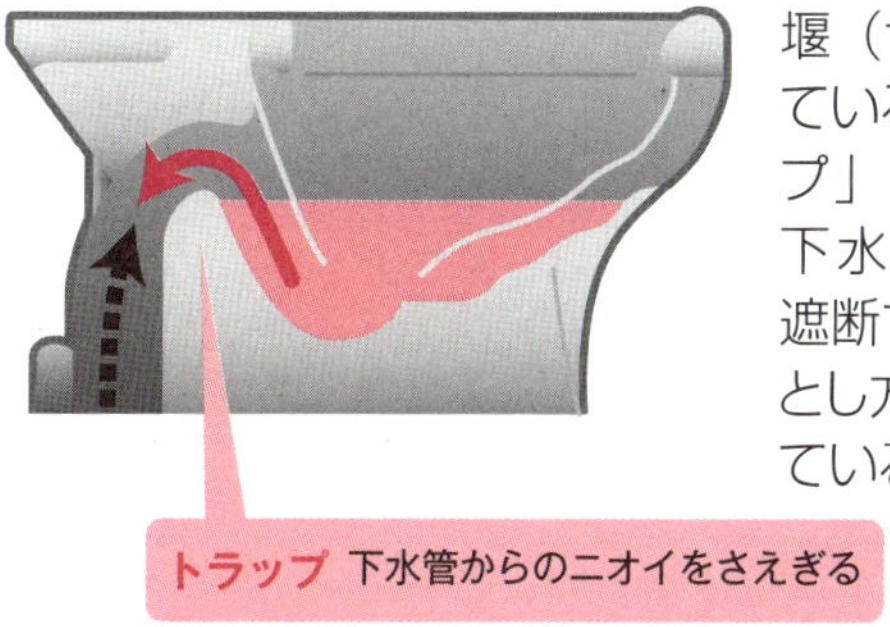
トラップ　下水管からのニオイをさえぎる

水の勢いで汚物を流す方式で、後者は**サイホンの原理**を利用して吸い出す方式である。この原理は、石油ストーブのタンクにポリタンクから石油を移す際に用いる原理だ。

ところで、いずれの方式でも便器には**トラップ**と呼ばれる仕切りが付いている。サイホン方式では「サイホンの原理」を働かせるのに不可欠だが、洗い落とし方式でも必要だ。便器に水をためた状態にしておくことで、排水管からの臭いの逆流を防ぐためだ。

タンクレストイレの話に戻ろう。問題は、給水タンクなしにこのトラップを越えて、いかに汚物を流すかである。現在、トイレメーカーはどのようにこの問題を解決しているのだろうか。

例えば、TOTO《トートー》は補助タンクを便器に内蔵することでこの問題を克服《こくふく》した。水道に補助タンクの水を加勢させるのだ。LIXIL《リクシル》が展開しているINAX《イナックス》では「エアドライブ式」を採用。汚物を流す際にトラップの奥側の空気を減圧し、サイホンの原理を強化している。パナソニック電工は「ターントラップ式」を採用。汚物を流すときにトラップを反転させている。こうすれば、堰《せき》がないぶん、水圧をあまり必要としない。ただし、これらの方法は電力を使う。停電時には利用できなくなることに注意したい。

エアドライブ式のタンクレストイレ

INAX（LIXIL）が開発した「エアドライブ式」のタンクレストイレは、空気ポンプでサイホンの原理を補助する。

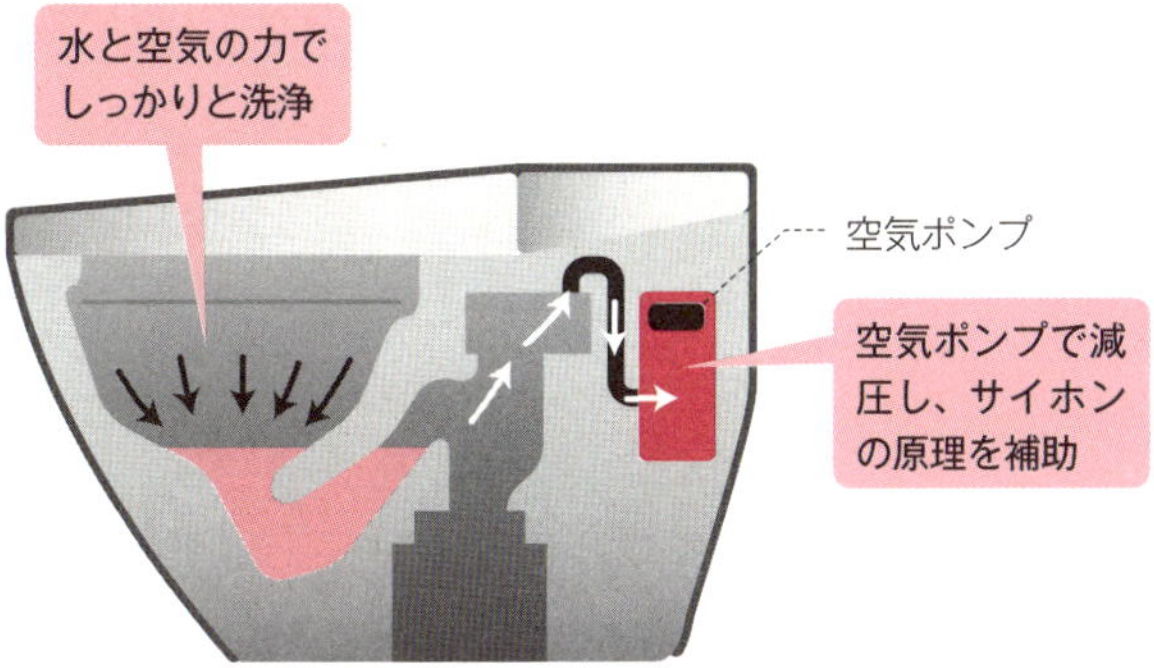

ターントラップ式のタンクレストイレ

パナソニック電工の「ターントラップ式」のタンクレストイレは、トラップをモーターで回転させることで、少ない水量での洗浄を可能にしている。

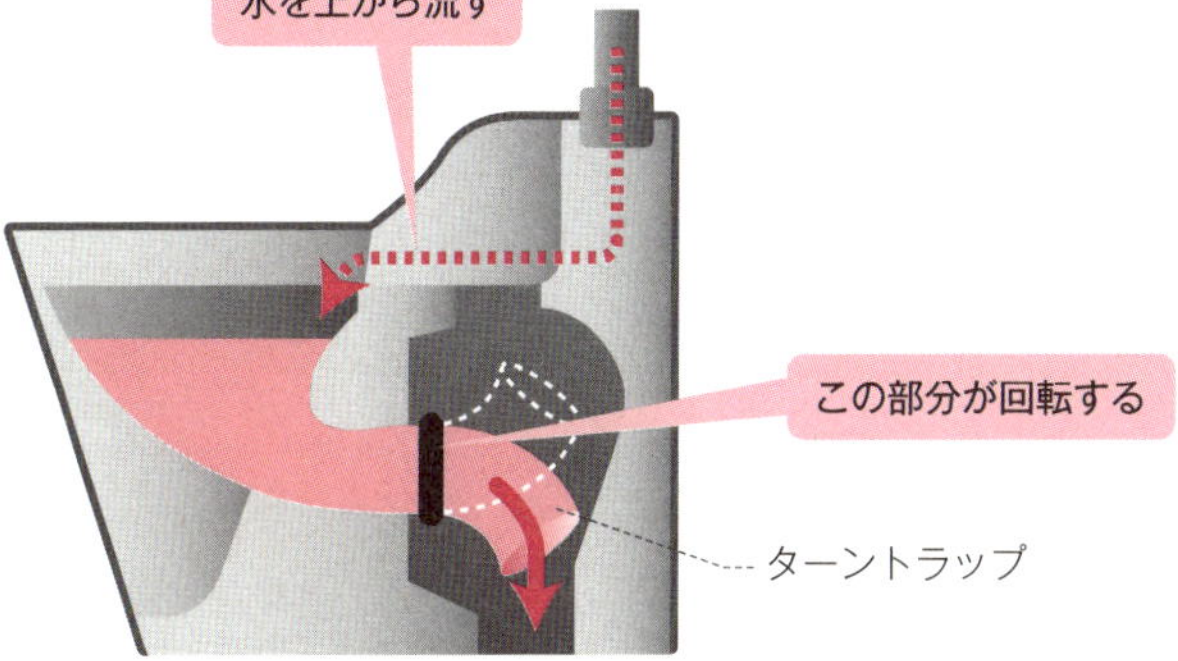

column

電池の起源は「カエル」だった!?

電池を最初に作ったのはイタリア人のボルタといわれる。1800年のことだ。ボルタはどうやって電池を発見したのだろう。そのきっかけは、カエルの足の「けいれん」だといわれている。

1780年、イタリアの動物学者ガルバーニは、カエルの解剖のとき、足にメスを入れると、けいれんが起こることを発見した。ガルバーニは足が電気の源と考えて、それを「動物電気」と名づけた。ボルタはこのガルバーニの考えに疑問を抱き、「2つの異なる金属が触れ合うと電気が起こる」と考えた。この考えをもとに、いわゆる「ボルタの電池」を作ったのである。

電池の起源がカエルの足だと思うと、歴史の妙を感じる。ちなみに、電圧の単位「ボルト」はこのボルタの名に由来している。

第6章

便利グッズのすごい技術

ユニクロのヒートテックをはじめ、私たちの暮らしを快適・便利にするさまざまな商品。シンプルに見えても、やはり知られざる「すごい技術」が使われている。

Technology 071

撥《はっ》水《すい》スプレー

傘やコートにシュッとひと吹きしておくだけで、雨水をはじいてくれる。雨の憂鬱《ゆううつ》が半減するアイテムだ。

古くなった傘《かさ》は、雨の水滴がなかなか取れない。しかし、撥水スプレーをひと吹きしておくと、新品のように水をはじくようになる。スキー場に行って、スキーウエアにかけておくと、雪の上で転んでも濡れることはない。

スプレーの主成分となる撥水剤にはさまざまな種類があるが、服や傘などに吹きかける撥水剤の多くはフッ素樹脂《そじゅし》を成分に持っている。フッ素樹脂はきわめて安定しており、他の物質と作用しない。このことは、フライパンの表面加工に用いられていることからもわかる。他と作用しないというこの性質は、水に対しても当てはまる。したがって、フッ素樹脂の微《び》粒子《りゅうし》を吹きかけておけば、水はなじむことなく弾《はじ》かれる。これが撥水のしくみである。

フッ素樹脂の撥水剤のしくみ

撥水スプレーを吹きつけた生地に水滴が付着しても、表面を覆った撥水剤の疎水性効果で、はじかれてしまう。しかし、撥水剤の配列に乱れが生じると、そこに水が浸透する。こうなった場合は、再度撥水スプレーを吹きつける必要がある。

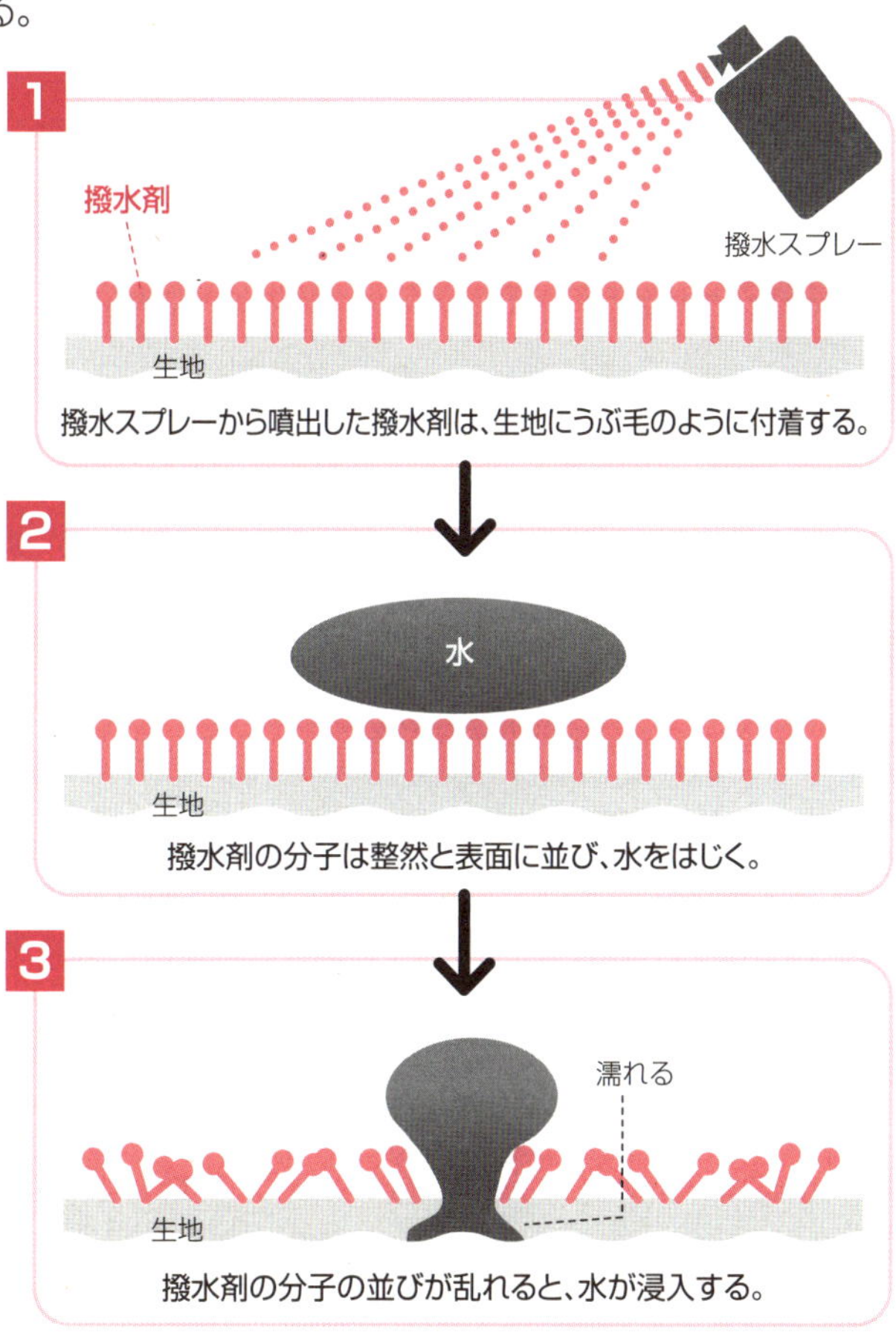

車のガラスに吹きかける撥水剤の多くはシリコーン樹脂を成分とする。シリコーン樹脂はケイ素を骨格にした樹脂である。ケイ素は炭素と親戚《しんせき》であり、炭素からできた油脂《ゆし》が水と分離するように、シリコーン樹脂にも水を遠ざける性質がある。この疎水性《そすいせい》を利用して撥水効果を出すのだ。

ガラスにシリコーン樹脂の撥水剤を利用するのは、ともにケイ素が主成分のため、相性がいいからだ。ワイパーでこすっても落ちにくい。

ガラスに吹きかけられたシリコーン樹脂の撥水性のしくみをミクロに見てみよう。撥水剤をスプレーすると、ガラスと相性のいいシリコーン樹脂の分子はきれいに表面を覆《おお》い、水分子が入り込みにくくなる。さらに、ガラスと相性のいいシリコーン樹脂の分子はガラスから剥《は》がれにくい。これが分子の世界で見た撥水性の秘密である。

ちなみに、ケイ素をシリコン（silicon）という。その有機化合物のシリコーン（silicone）とは異なるものだが、マスコミなどでは後者も「シリコン」と書き表すことがある。

撥水に似た言葉に**防水**がある。撥水は水をはじくだけだが、防水は水を通さないことを意味する。防水加工された衣類が蒸《む》れやすいのはこのためだ。

シリコーン樹脂の撥水剤のしくみ

衣服の場合と同様、ガラス用の撥水スプレーから噴出された撥水剤は、ガラス表面を覆い、撥水効果を出す。用いられるシリコーン樹脂はガラスとなじみやすく剥がれにくい。ワイパーをかけても大丈夫なのはこのためだ。

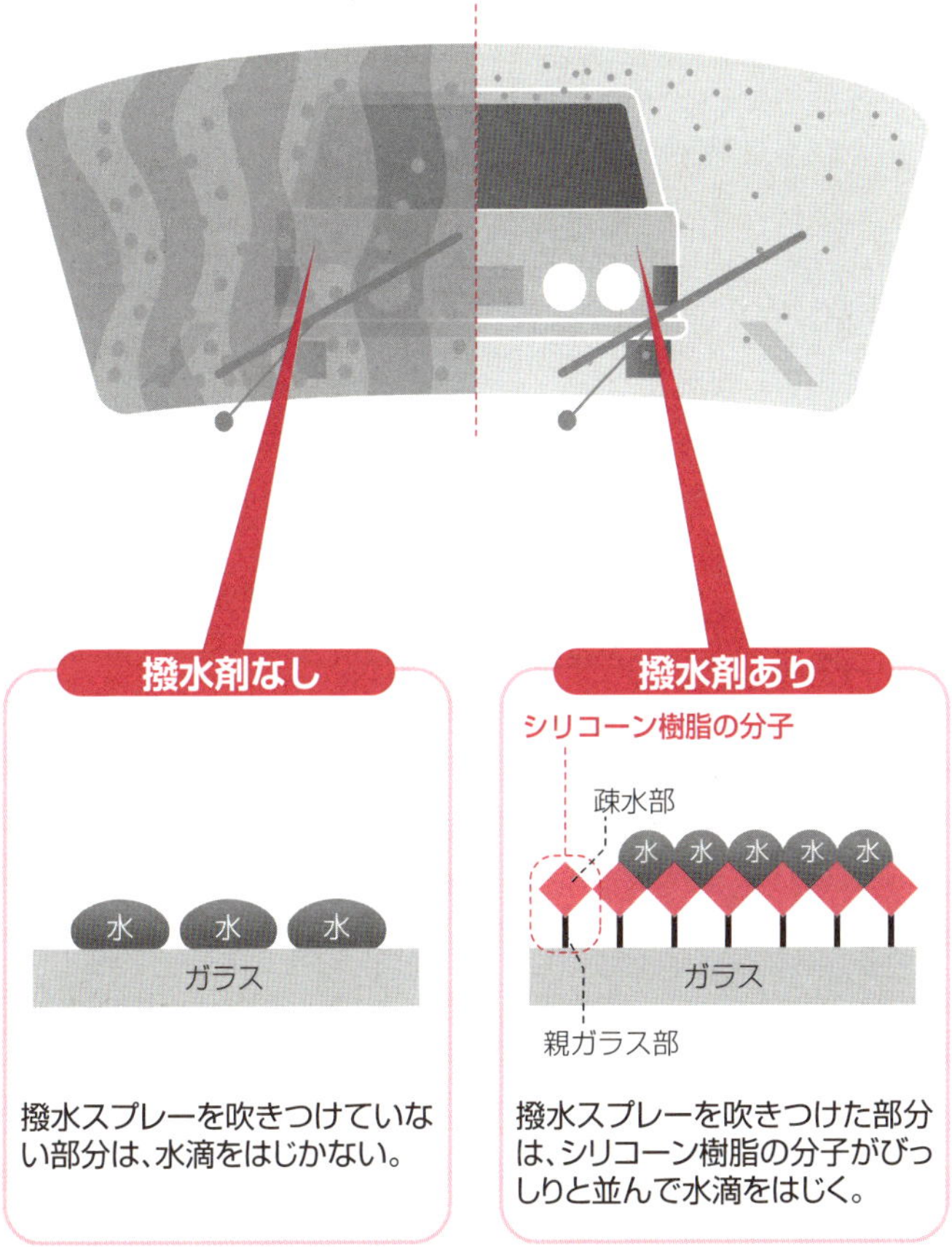

撥水剤なし
水
水
水
ガラス
撥水スプレーを吹きつけていない部分は、水滴をはじかない。
撥水剤あり
シリコーン樹脂の分子
疎水部
水
水
水
水
水
ガラス
親ガラス部
撥水スプレーを吹きつけた部分は、シリコーン樹脂の分子がびっしりと並んで水滴をはじく。

Technology 072

ゴアテックス

水と水蒸気は、元は同じでも大きさが異なる。それを利用したのが、透湿防水素材である。代表ブランドがゴアテックスだ。

防水の施されたウエアを着て、蒸れて不快な思いをしたという経験はないだろうか。「濡れない」と「蒸れない」とは相対《あいたい》する性質なのである。その矛盾《むじゅん》する性質を解決する素材が、**透湿防水素材**である。最初の商品名が**ゴアテックス**と呼ばれているので、こちらの名称のほうが有名かもしれない。

この素材は複数の生地を貼り合せてできているが、中の1枚に無数の微細な孔《あな》がある膜が含まれている。この孔は、空気や水蒸気を通すが、水は通さない。したがって、雨の水滴は外側から入ることはできないが、体から出た水蒸気は外に放出される。こうして「濡れずに蒸れない」という相矛盾する性質を兼ね備えた生地が生まれたのである。

「濡れずに蒸れない」性質のゴアテックス

ゴアテックスを製造・販売するのは、アメリカのWLゴア&アソシエイツ社。「濡れない」「蒸れない」という相矛盾する性質の秘密を見てみよう。

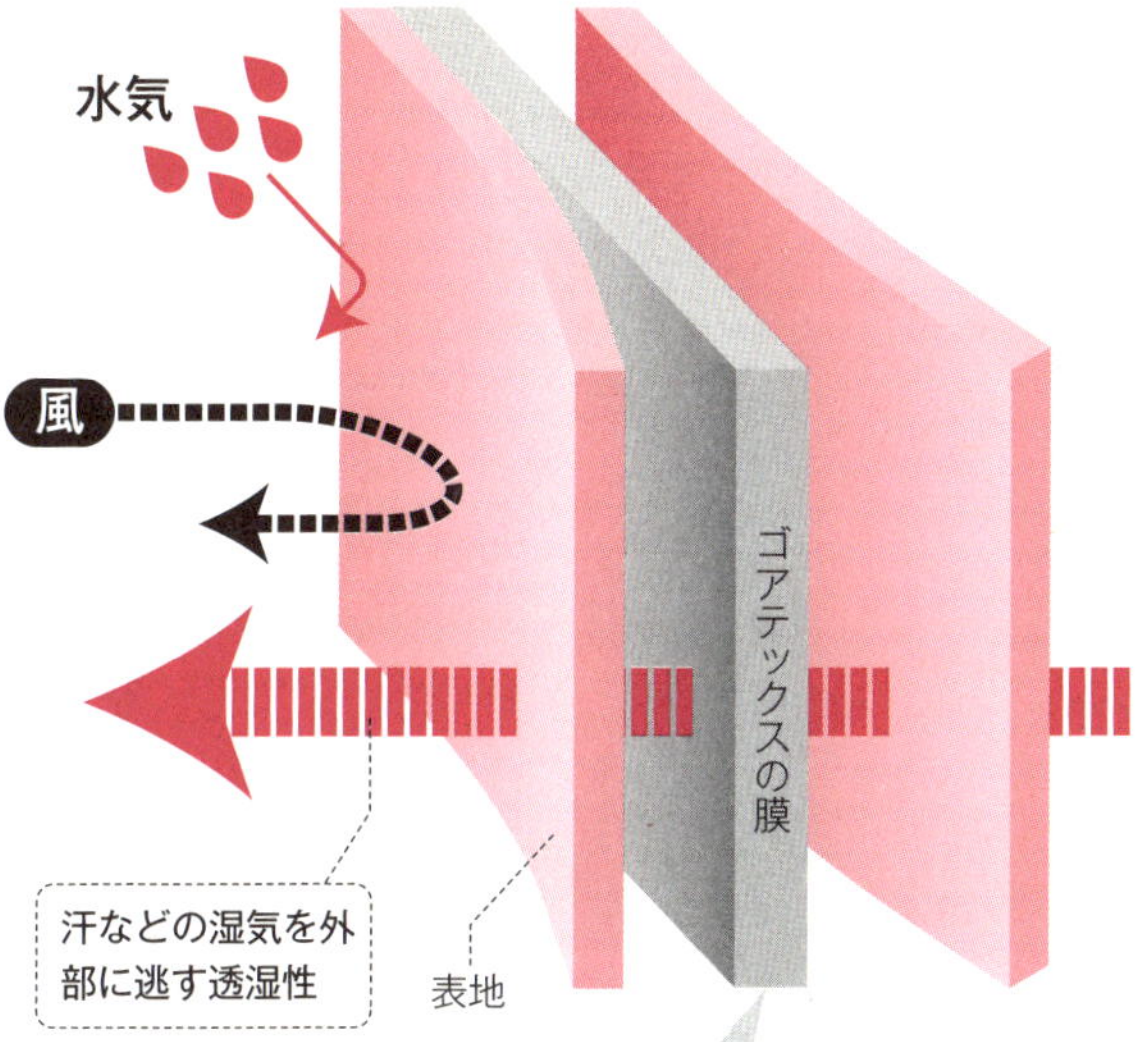
水気
風
ゴアテックスの膜
汗などの湿気を外部に逃す透湿性
表地

「濡れずに蒸れない」のはこの膜の隙間（孔）の大きさに理由がある。空気や水蒸気はこの膜を通過できるが、雨などの水は通過できないようになっている。

水と水蒸気は同じもの、と思うかもしれない。両者とも、水素原子2個と酸素原子1個が結合した水分子（H_2O）からできている。

しかし、分子レベルで見ると、水と水蒸気には大きな違いがある。水は水分子が**クラスター**と呼ばれるたくさんの集合体からできている。それに対し、水蒸気は水分子単体または数個からできている。したがって、ほどよい大きさの孔ならば、水は通さずに水蒸気を通すことは可能なのである。水分子を人にたとえるなら、一人が通れる孔でも、手をつないだ多人数は通れない、ということになる。

ちなみに、「水を通さず、水蒸気は通す」と「水を通さず、汗は出す」は違う。汗は水蒸気ではなく、水である。したがって、濡れた汗は排出してくれない。また、濡れたところに長時間座っていると、外の水分が水蒸気となって内側に逆流してくることがある。しくみを知らないと、素材の長所を生かせないのは、皆同じなのだ。

近年、透湿防水素材が安価に生産できるようになったおかげで、応用範囲が広がっている。例えば「雨が降っても大丈夫」とうたうふとん干しカバーも、この素材を利用している。カバーで包めば、ふとんの水蒸気は外に出てくれるが、雨はしみ込まないのだ。

水のクラスター

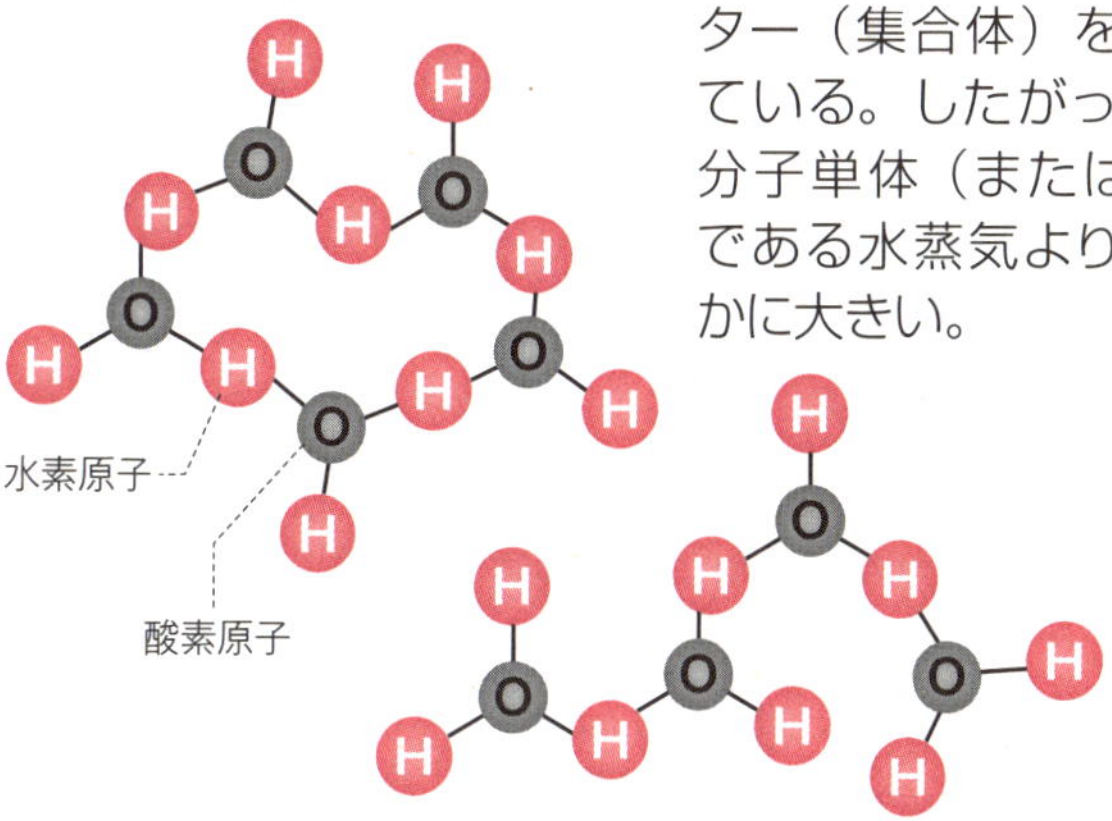

水の状態では、水の分子は水素結合によりクラスター（集合体）を形成している。したがって、水分子単体（または数個）である水蒸気よりもはるかに大きい。

水蒸気は通し、水は通さないしくみ

水はクラスターからできているため、水蒸気よりもはるかに大きい。膜の孔がこれに適合していれば、水蒸気は通し、水は通さないことも可能だ。

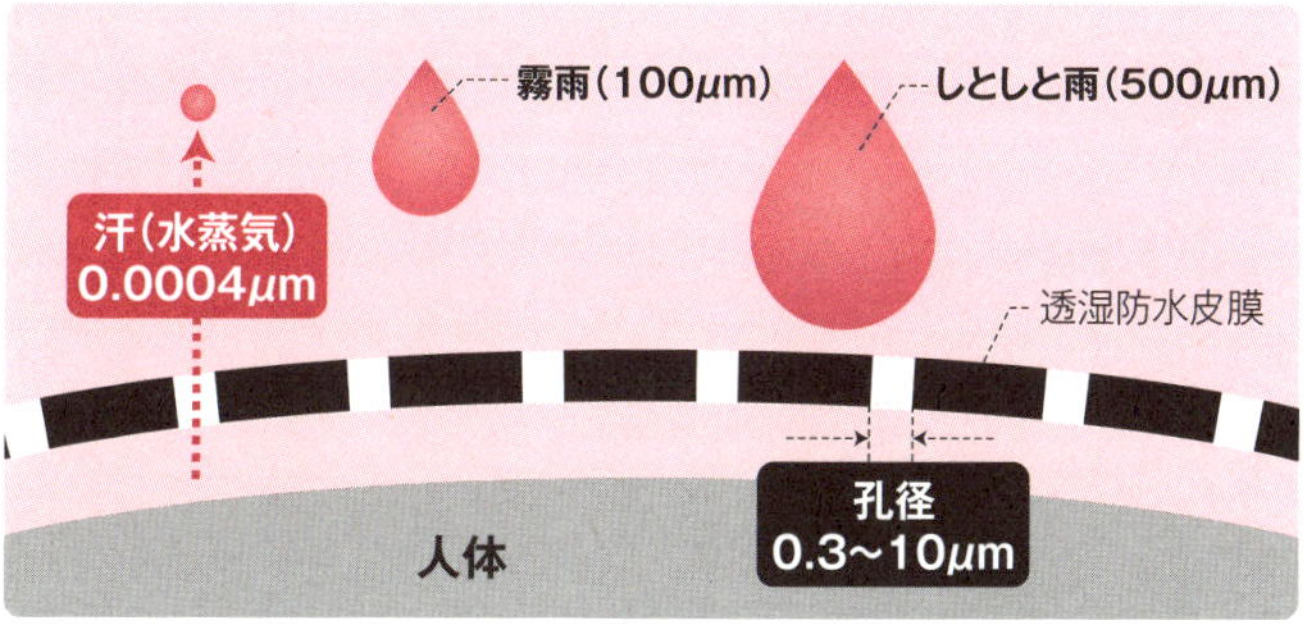

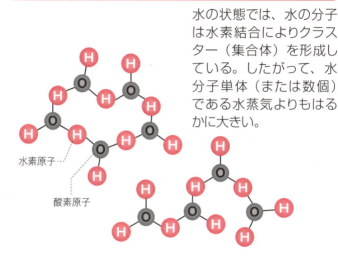

Technology 073

静《せい》電気防止グッズ

乾燥した冬、クルマのドアに触れるとピリッと感じることがある。静電気だ。この静電気から解放してくれるグッズがある。

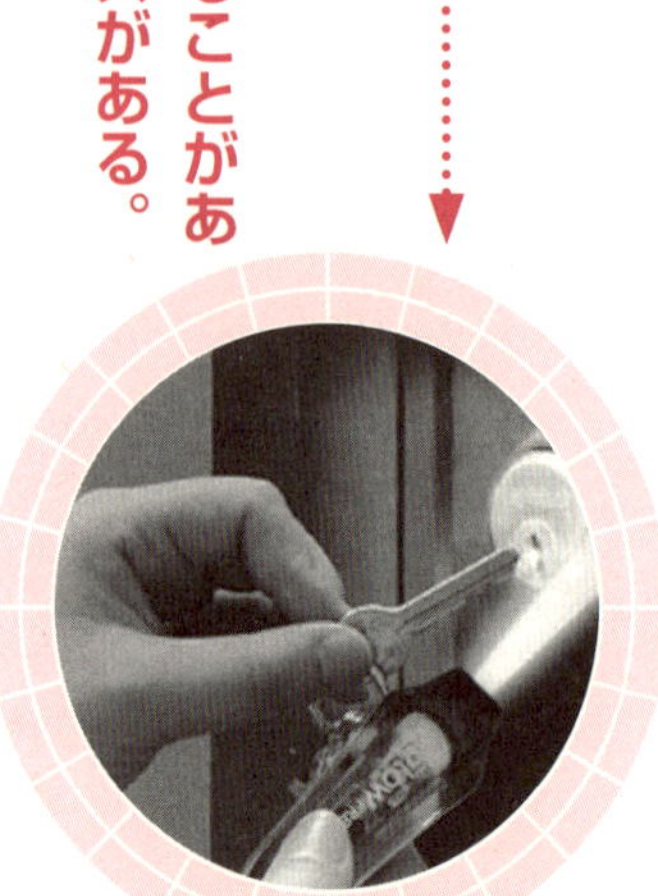

異なる2種のモノが擦《こす》れたり剥《は》がれたりしたとき、**静電気**は生まれる。だが、「静」と名付けられていてもバカにはできない。ドアノブに触れてショックを感じるとき、実は数千ボルトの電圧が生まれている。小さな雷に襲われているようなものなのだ。

では、静電気と電線に流れている電気は違うのか。答えはノーだ。どちらも、同じ電子が演じる現象である。静電気の「静」とは、電子が「動かない」ことを示しているだけ。その動かない静電気が大地に一気に移動するとき、我々は「ビリッ」と感じるのだ。

静電気の被害を受けないためには、二つの戦略がある。一つは静電気を溜めないこと、もう一つはゆっくり流すことである。

静電気が発生するメカニズム

2種のものが擦れたり、引き離されたりするときに静電気が発生する。ここでは、車の座席シートを例に、そのメカニズムを解説してみよう。

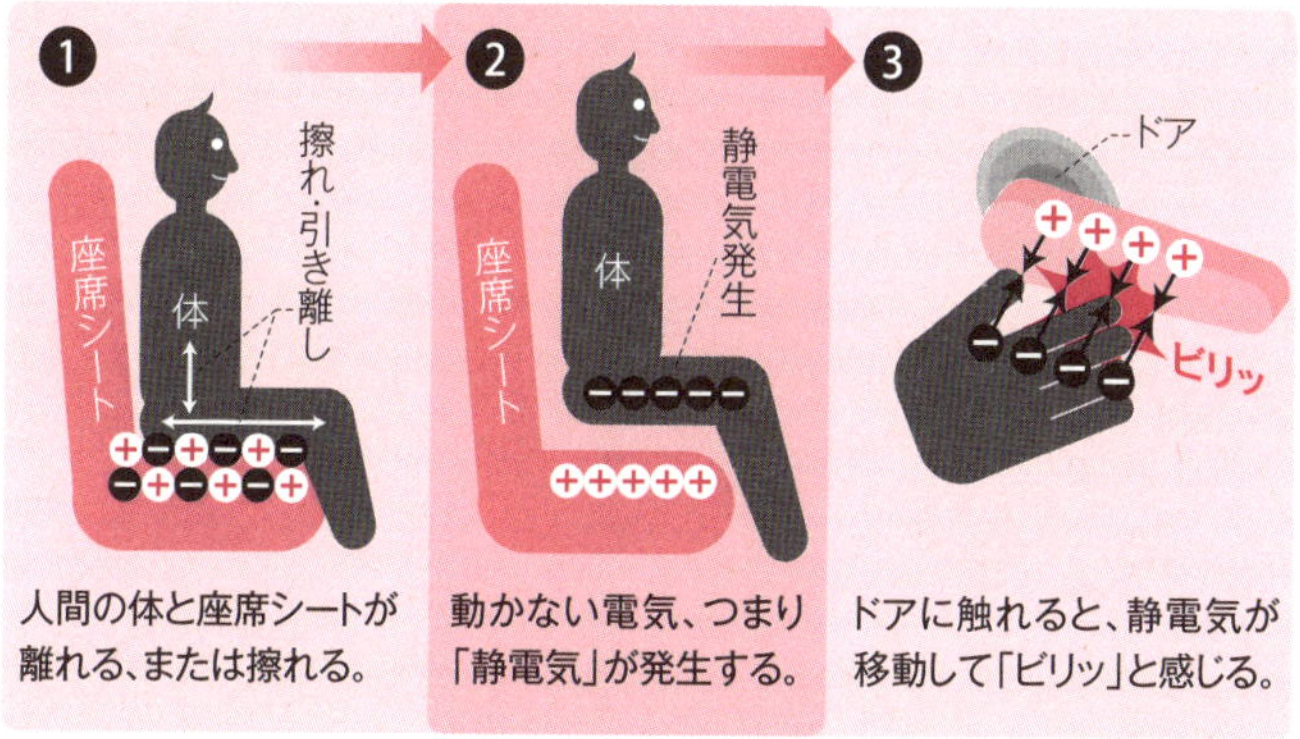

静電気防止スプレーのしくみ

静電気防止スプレーの成分は界面活性剤。それが、この図のように一列になって保湿効果を発揮する。静電気はこの水分を伝って逃げていくのだ。

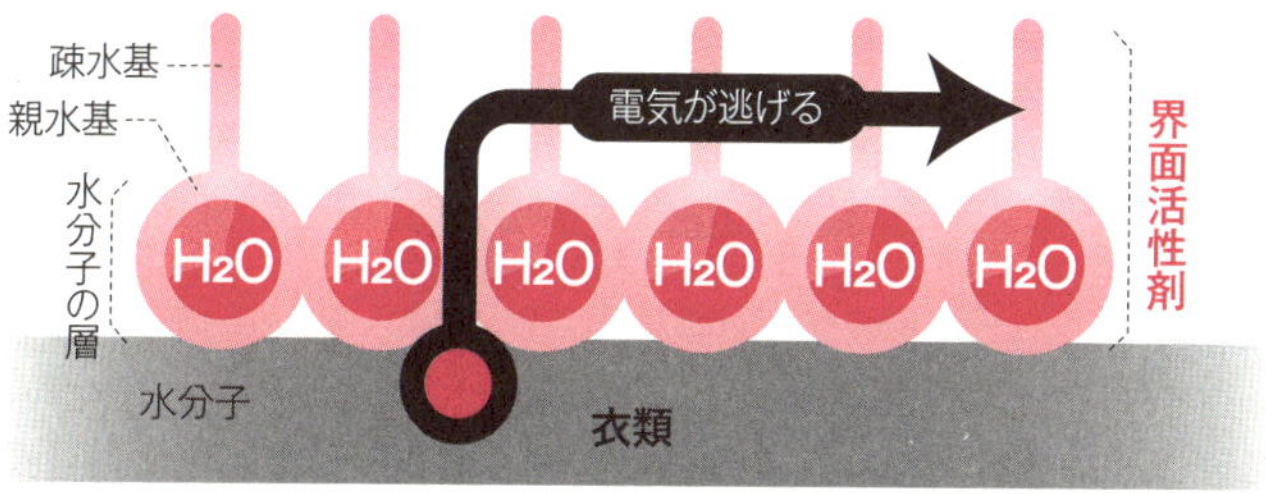

静電気をためないようにするグッズとしては、**静電気防止スプレー**が代表的である。これは洗剤の素である界面活性剤がおもな成分だ。吹きかけると、界面活性剤が表面を覆い、湿度を吸収したり保持しやすくしたりする。その水分から電気が流れるため、静電気がたまらないのである。**柔軟剤**《じゅうなんざい》を用いて洗った衣類を着るのも有効だ。洗濯の仕上げをシットリさせるために、洗濯後の布の表面には界面活性剤の成分が残るようになっている。これが水分を留め、電気を流しやすくしてくれる。

静電気をゆっくり流すグッズとしては**静電気除去キーホルダー**が挙げられる。先端部には導電性のゴムが付けられていて、ほどよい電気抵抗を生むように設計されている。ドアのノブに触れる前にこの先端部を介《かい》して触ると、体にたまった静電気はゆっくり流れ去り、痛さを感じないことになる。

もっとも、これらに頼らなくても、簡単に静電気の痛さから解放される方法がある。一つは、ドアを指ではなく手のひら全体で触るようにすること。もう一つは、ドアを触る前に近くの壁を一度触ることだ。てのひら全体で触ると静電気が流れる面積が増え、痛さが減少する。また、壁に触れると電気はゆっくり流れ去ってくれるのだ。

静電気除去キーホルダーのしくみ

静電気除去キーホルダーは先端部が導電性のゴムになっている。人体の静電気は、その先端部からゆっくりと解放される。静電気除去キーホルダーの中には、放電時に放電管が点灯し、放電されたことを確認できるものも多い。

静電気から逃れるコツ

壁などを触ってゆっくり放電させるのがコツ。ガソリンスタンドの「静電気除去シート」を触るのは同一の原理だ。また、手のひら全体でさわり、静電気の流れを１点に集中させないのも有効である。

◉壁や静電気除去シートにタッチ

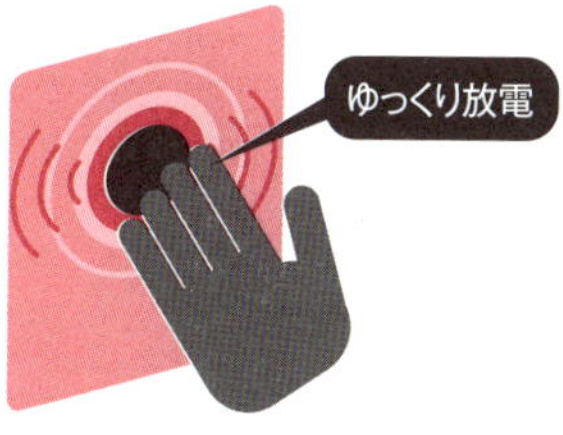

◉手のひら全体でさわる

Technology 074

ヒートテック

節電やウォームビズの広がりを追い風に、大ヒットしている機能性衣類。ヒートテックに代表される新衣料のしくみに迫る。

ユニクロと東レが共同開発して発売した肌着類の「**ヒートテック**」が人気だ。発熱・保温・吸汗《きゅうかん》速乾《そっかん》という肌着として優れた性質を持っている。老若男女を問わず多くの支持を集め、年々売り上げを伸ばしている。最近では、肌着に限らず、その優れた特性が活かされたTシャツやジーンズなども発売されている。

こうした特徴を持つ肌着はヒートテックだけではない。一般的に、保温や発熱などの特別な性質を備えた衣類を**機能性衣類**といい、大型スーパーなども独自ブランドで発売している。国内の繊維産業の生産額が大きく減少するなか、その原料繊維（**機能性繊維**）は大きく売り上げを伸ばしている。

機能性繊維の3つの特徴

機能性衣類を織る繊維が「機能性繊維」である。吸湿発熱性を利用したり、空気を含ませ保ったり、さらにはセラミックなどを練り込んで「赤外線放射」を利用したりするものなどがある。

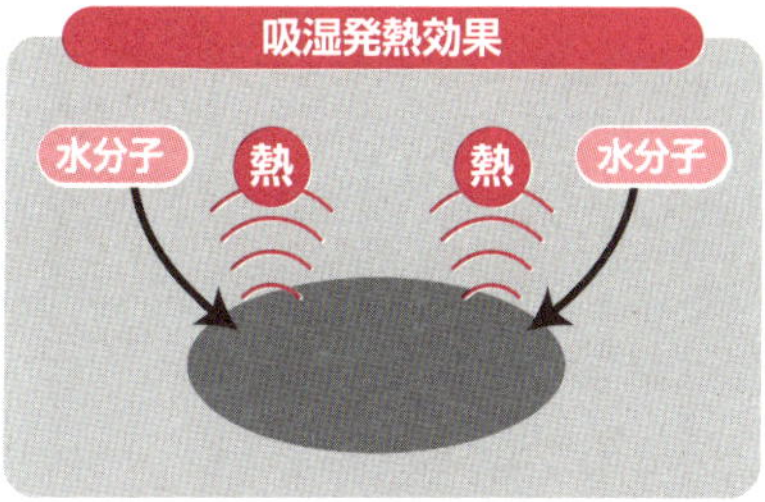

繊維は水分子を吸収することで、水分子の運動エネルギーを熱に変換。

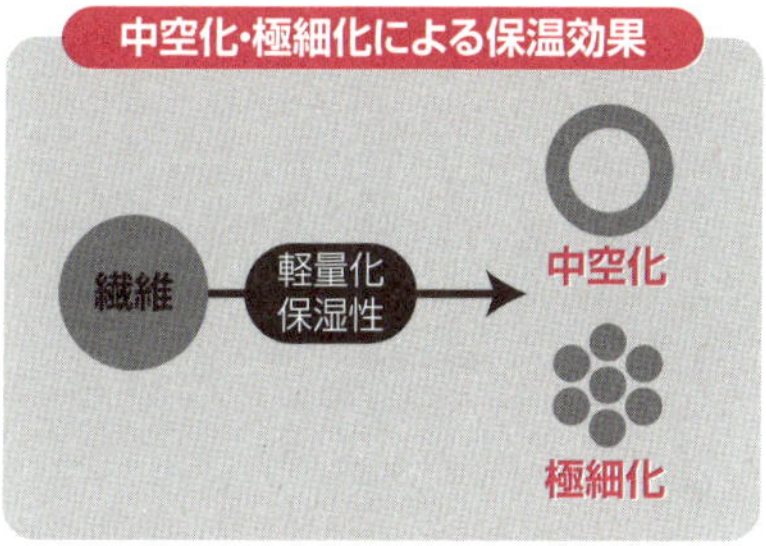

繊維を細くしたり中空化したりすることで空気を保ち、保温効果を高め、軽量化を実現。

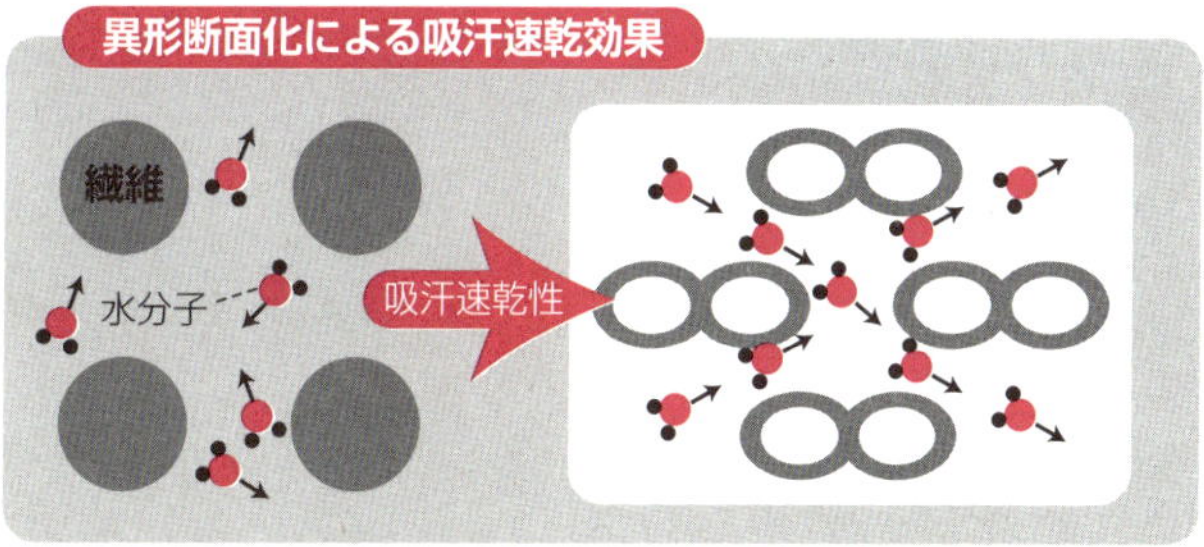

異形化することで毛細管現象が生まれやすくなり、吸水性が向上する。

保温発熱効果を持つ衣類の多くにはレーヨン、アクリル、ポリエステルなどの繊維や生地が組み合わされ、それらの特徴が活かされている。その一例をヒートテックで調べてみよう。肌に接するところには綿の肌触りのレーヨンが配されている。肌から放出される水蒸気は、レーヨンの持つ優れた吸湿性のために水（要するに汗）になる。その際に**凝縮熱**《ぎょうしゅくねつ》が生まれ、繊維の温度が高くなる。これが暖かさを感じさせる秘密だ。2～3度上昇すると宣伝されている製品もある。人間は1日に1リットル近くの水分を肌から放出するが、その生理作用が暖かさの原動力として利用されているのだ。

レーヨンの外側にはアクリルが配されている。極細《ぼくぼそ》に加工されて保温性の高められたアクリル繊維は、体温や発生した凝縮熱で暖められた空気を保持する。また、アクリルは吸湿性が高い。体を冷やしてしまう汗は、ここで外側に運ばれることになる。その外側にはポリエステル繊維が配されている。通常のポリエステルでも水分をはじき速乾性に優れているが、さらに異形断面を持つように改良がなされており、汗をすぐに外へと運んで蒸発させる。

これが薄く軽い肌着が暖かさを保つしくみである。機能性衣類には、現代科学の粋《すい》が織り込まれているのだ。

繊維別の吸湿発熱性比較

どんな繊維でも水分を吸うと発熱する。だが、その程度は繊維の種類によって異なる。下の図は、吸湿発熱性を比較したもの。アクリルが最も高く、ポリエステルが最も低い。

複数の繊維を組み合わせた機能性繊維

繊維が持つ性質を活用するために、機能性衣類はいくつかの繊維を組み合わせて作られている。

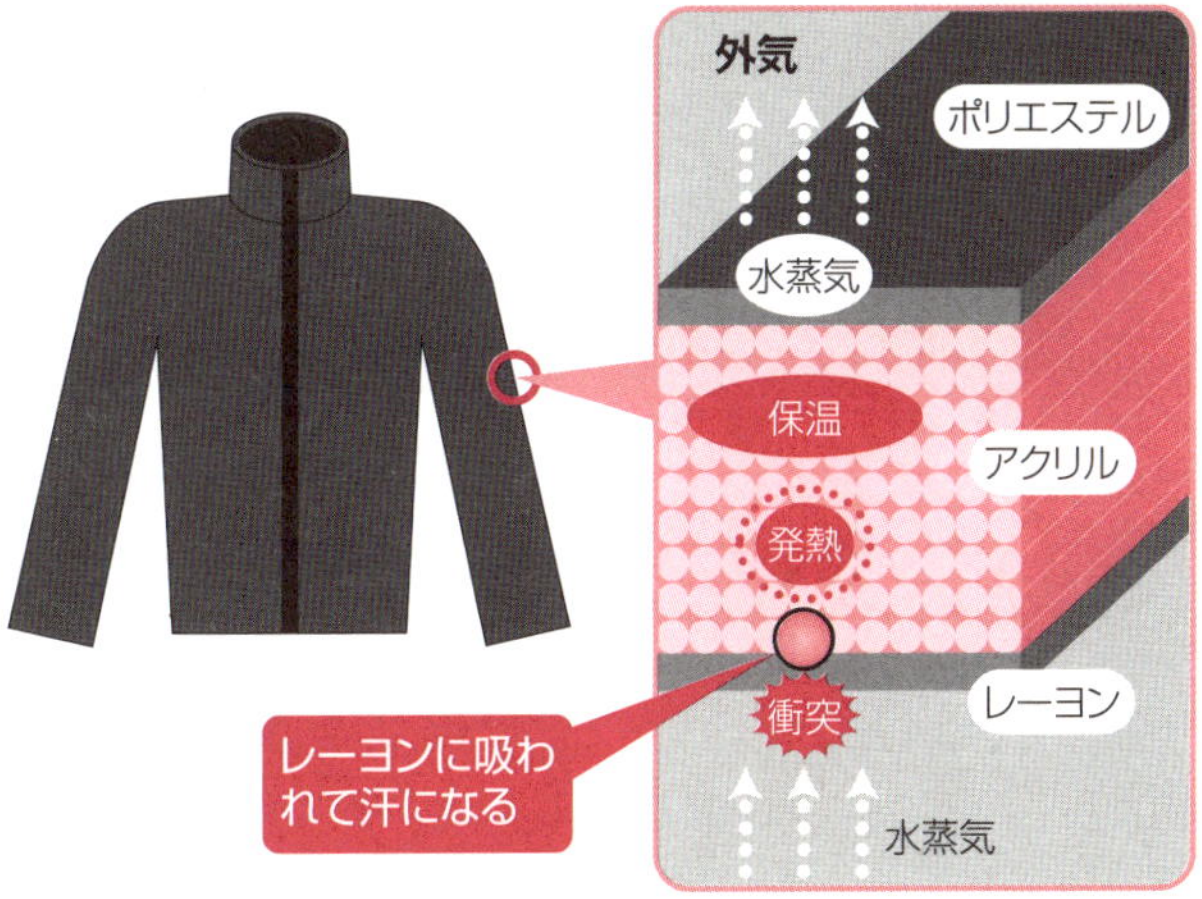

Technology 075

遠《えん》近《きん》両用コンタクトレンズ

50歳前後から、人は近くを見るのが苦手になる。でも老眼鏡を使うのはまだ早い……。そんなときに役立つのがこれだ。

最初に老眼鏡をかけるのには誰もが抵抗を感じる。特に眼鏡をかけ慣れていない人が老眼鏡をかけるのには勇気がいる。そんな人に人気なのが**遠近両用コンタクトレンズ**である。

このレンズ、当然1枚に遠視用とそうでないものとを組み合わせているのだが、その組み合わせ方がメーカーの特徴になる。実用化されている二つのタイプを調べてみよう。

一つ目は遠近両用メガネレンズを模したレンズである。中側から外側に向けて連続的にレンズの曲率を変え、遠視から近視までをカバーしている。

この方式では、遠くを見るときはレンズの中央部を、近くを見るときは、視線を動かして周辺部を使う。したがって、似た使い方をする遠近両用のメガネに親しんでいる人には使い

遠近両用メガネレンズを模したタイプの構造

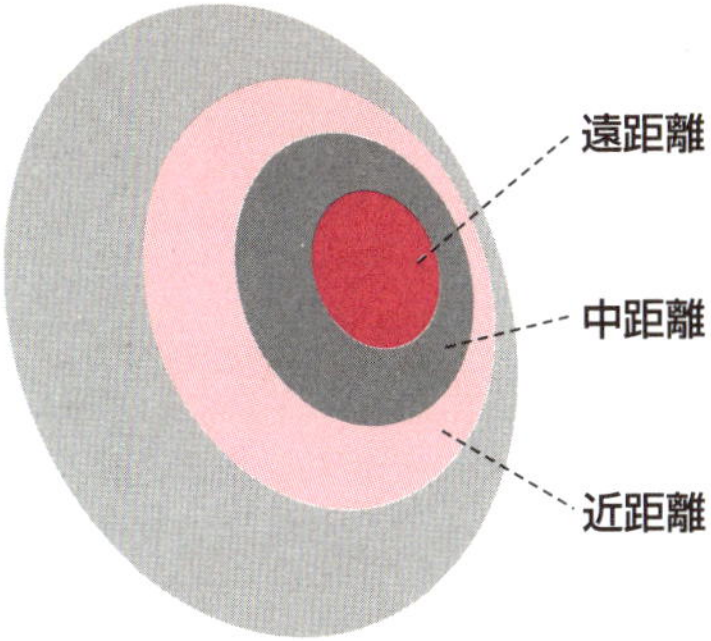

中心から遠距離、中距離、近距離が配され、遠近両用メガネを使っている人にはなじみやすい。

遠近両用メガネレンズを模したタイプの目の動き

このタイプのコンタクトレンズは、遠近両用メガネレンズと似た目の動きになる。

遠くを見るとき

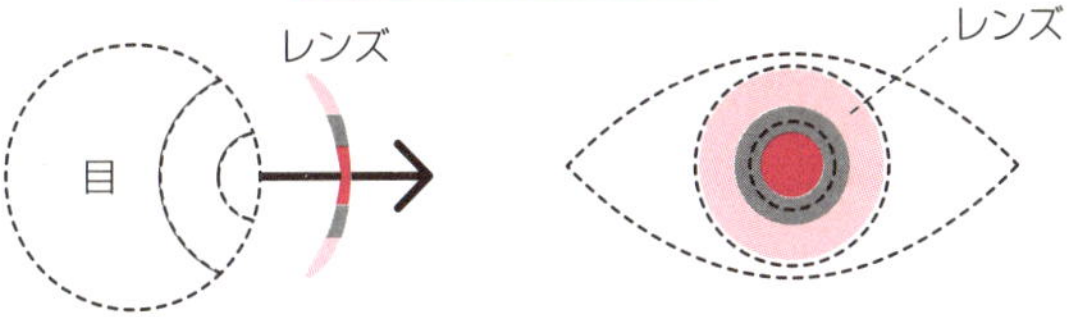

正面を向いて、レンズ中央部を使う。

近くを見るとき

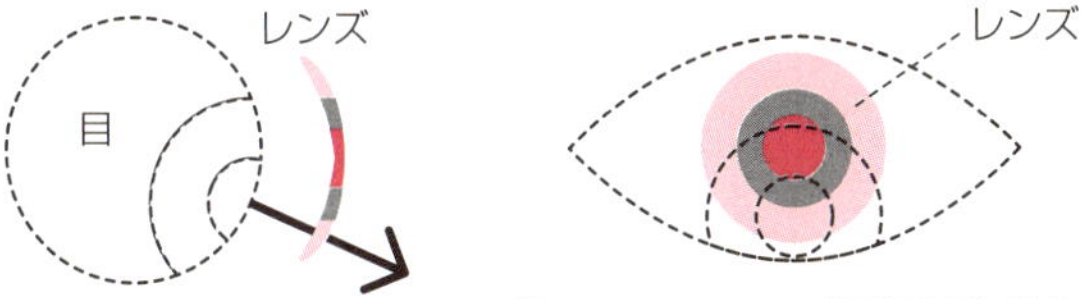

下目使いにして、レンズ周辺部を使う。

やすい。しかし、近くから遠く、または遠くから近くを眺《なが》めるときには、視線を移動しなければならないため、老眼鏡と同様に不自然性な目の動きになる。また、明るさが急変したとき、瞳の大きさが変化して、今まで見えていたものが見えにくくなることもある。

二つ目は、遠視と近視のレンズが同心円状に幾重《いくえ》にも配置されるレンズである。不思議なレンズだが、人間の視覚のしくみを巧《たく》みに利用している。

このレンズで遠近を見分けられるのは、網戸《あみど》越しに窓の外の木を見るのに似ている。外の木を見るときには脳はその遠くの木だけを認識し、近くの網戸の網は見えない。逆に網戸の網を見るときには、遠くの木は見えない。要するに、外を見るときには近くの画像を、近くを見るときには遠くの画像を脳が消してくれるのである。

この二つ目のタイプのレンズに慣れるには多少時間がかかる。しかし、慣れるといくつかのメリットが得られる。

まず、遠近を切り替える際に、視線の移動がほとんど不要なことだ。老眼鏡を使うときのような、下目使いをする必要がないのである。また、明るさが急変しても、今まで見えていたものが見えにくくなることもない。

遠近レンズを交互に配置したタイプの構造

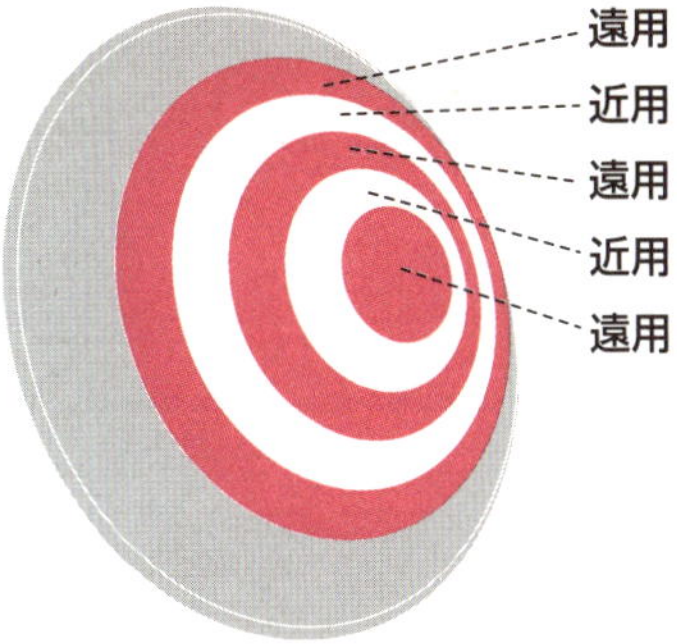

遠近のレンズが同心円状に交互に配されている。慣れるのに時間がかかるが、自然な視線の動きが可能になる。

遠近レンズを交互に配置したタイプのしくみ

このタイプのコンタクトレンズは、脳が遠近の対象物を見分けるのと同じしくみを利用している。

遠くの木を見るとき

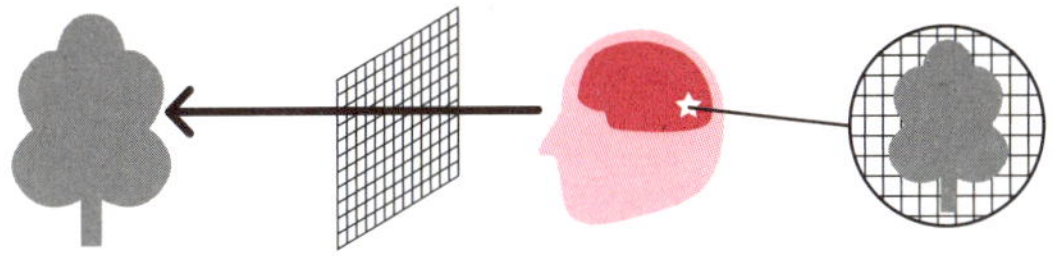

脳は遠くに集中するので網戸は見えない。

近くの網戸を見るとき

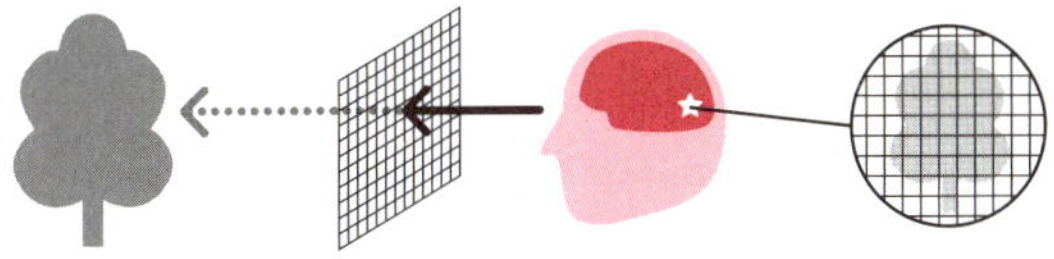

脳は近くに集中するので木は見えない。

Technology 076

紙おむつ

少子高齢化が進み、産業の衰えも目立ち始めているが、逆に元気のいい産業がある。高齢化社会の必需品、紙おむつ業界だ。

1990年頃を境《さかい》にして、家庭の軒先《のきさき》で赤ちゃんの「おむつ」が干される風景が消えた。良質な**紙おむつ**が開発され、従来の布おむつが不要になったからである。

使い捨て可能ながら、排泄物《はいせつぶつ》のもれをしっかりとガードする紙おむつ。その秘密を探ってみよう。

紙おむつは「表面材」「吸水材」「防水シート」の大きく三つの層で構成されている。肌にいちばん近い層の「表面材」は直接肌に触れて尿をキャッチする部分であり、**不織布《ふしょくふ》**という素材が利用されている。不織布は肌の接触面をサラサラな状態に保ちつつ、尿を隣の吸水材に送る働きをする。

紙おむつの構造

三層構造で、表面材には不織布、吸水材にはSAP、防水シートには全面通気性シートが使用されている。ハイテクの塊である。

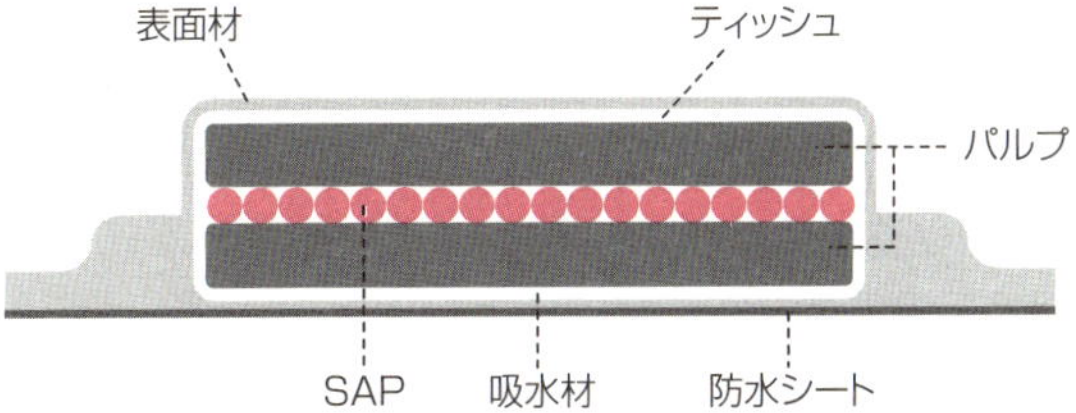

さまざまな用途で使用される不織布

紙おむつでは肌にいちばん近い層に利用されている不織布は、読んで字のごとく「織られていない布」である。マスクやティーバッグなど、身近なものの多くに採用されており、特に自動車シート用が有名。

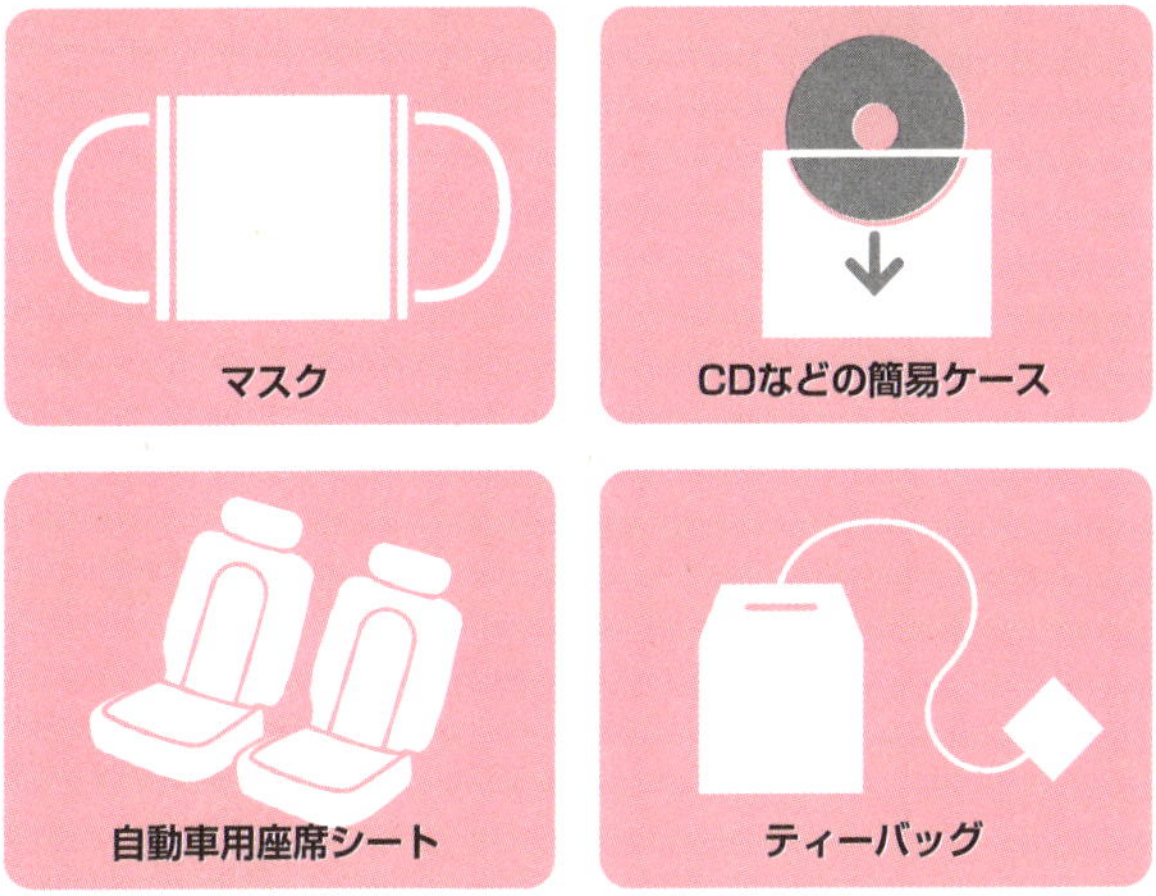

真ん中の層には、表面材から受け取った尿を吸い取り固化する「吸水材」がある。主要な素材は**高分子吸水体**である。高分子吸水体は自重の50倍以上もの尿を瞬時に吸収して固めることができる。しっかり固めるため尿もれを起こさず、体圧がかかっても逆戻りさせない。

高分子吸水体は**SAP**と呼ばれる**高吸水性樹脂**でできている。最初は粉末だが、水分を吸収すると固形のゲル状態になる。SAPが尿を吸収するのに利用しているのが浸透圧《しんとうあつ》だ。浸透圧とは濃度の低い液体が濃度の高い液体に移動する圧力のこと。SAP内部はイオン濃度が高く、尿は低い。その濃度差から生まれる浸透圧で尿を吸収するのである。

いちばん外側の「防水シート」は、尿やニオイを外にもらさないための最後の砦《とりで》だ。しかし、通気性が遮断《しゃだん》されては、肌がかぶれてしまう。そこで、**全面通気性シート**が用いられている。全面に肉眼では見えないミクロの穴が無数に空いた特殊素材である。尿や臭いはもらさず水蒸気だけを外に逃がし、おむつ内の湿度を下げる。こうして、ムレによる肌のトラブルを防いでいる。

おむつには現代科学の粋が詰まっている。日本の紙おむつの輸出が年々増加している理由はここにある。

SAP（高吸水性樹脂）のしくみ

SAPは尿を吸収するのに、スポンジが水を吸収する原理ではなく、「浸透圧」の原理を利用している。つまり、イオン濃度の差から生まれる圧力で尿を吸収するのである。

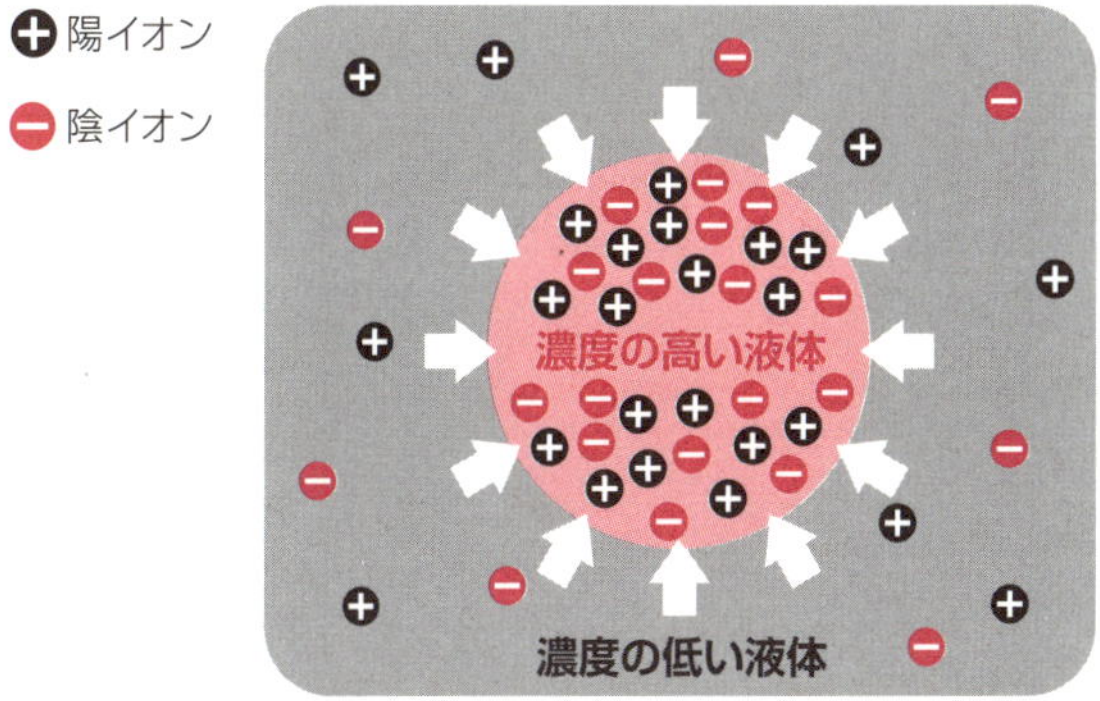

全面通気性シートの役割

全面通気性シートは紙おむつのいちばん外側、すなわちカバーとして利用されている。水蒸気は通すが、水は通さないという「門番」のような存在である。

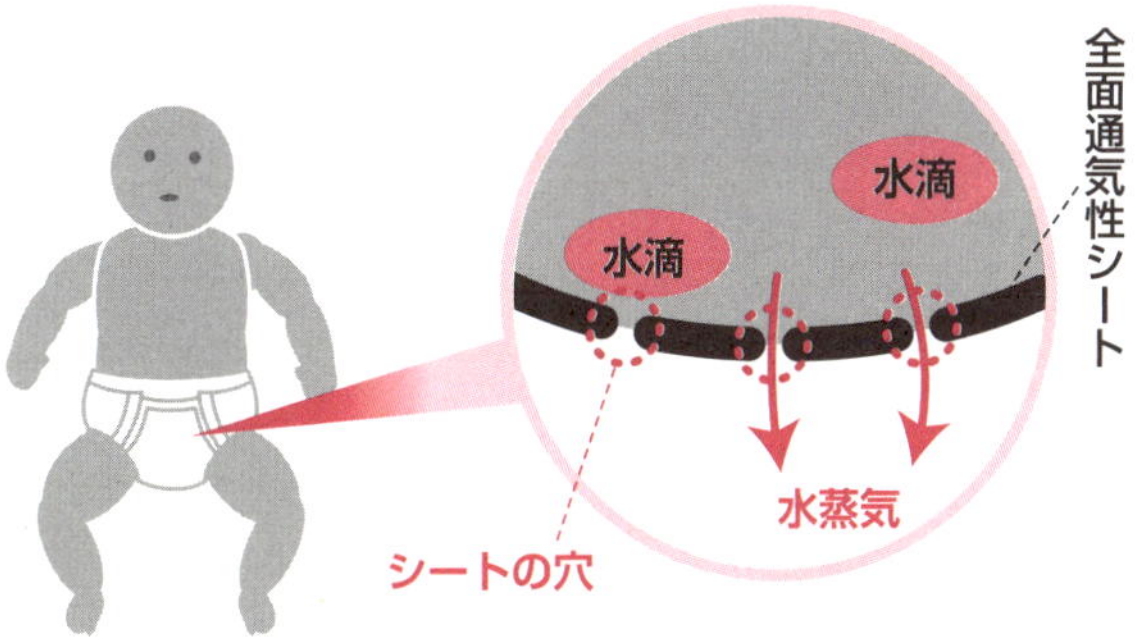

Technology 077

使い捨てカイロ

冬の野外のスポーツ観戦などで必需品ともいえるのが使い捨てカイロ。どこでも暖がとれ、たいへん便利である。

冬のアウトドアで使い捨てカイロは必需品だ。封を開けて揉《も》むだけで暖かくなるのはほんとうにありがたい。最近は防災や節電の要請から、これと同様の製品も人気を呼んでいる。

使い捨てカイロの発熱の秘密は、鉄を錆《さ》びさせることにある。カイロの中身は鉄粉、活性《かっせい》炭《たん》、水や塩類などだが、この鉄粉を錆びさせる際の反応熱で暖をとるのである。水や塩類は鉄粉の錆びる反応を速めるため、活性炭は空気中の酸素を吸着して濃度を高め、鉄と反応しやすくするためにある。

最近はリサイクルできる**エコカイロ**も人気だ。酢酸とナトリウムを反応させてできる酢酸ナトリウムが、本来の凝固《ぎょうこ》点よりも低い温度で安定した状態を保つ特性を利用したアイデア

使い捨てカイロの中身

身近なモノであっても、意外と知られていない使い捨てカイロの中身。そこには、暖かくするためのざまざまな工夫が隠されている。

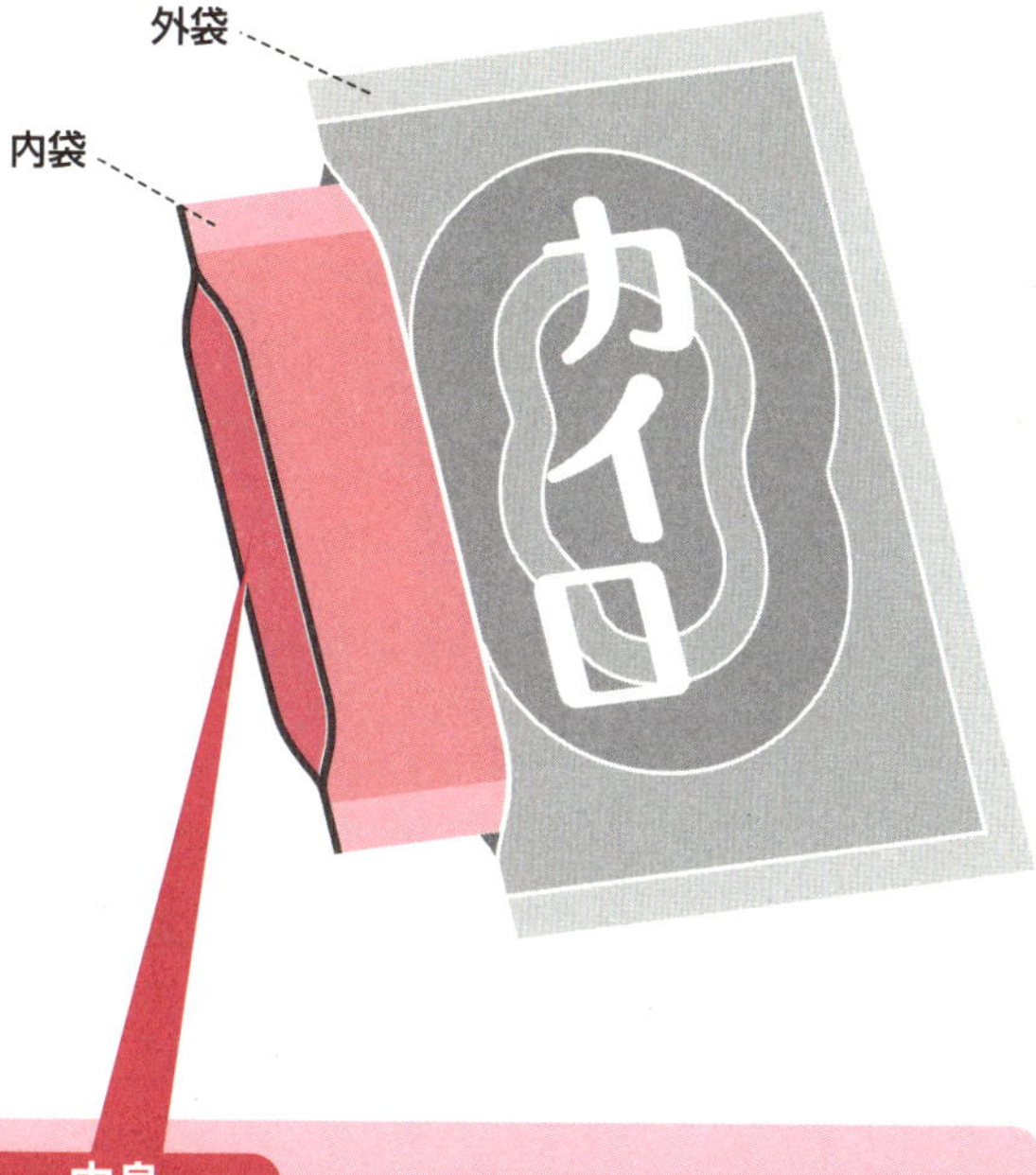

中身

鉄粉　錆びることにより発熱する。

水・塩類　鉄粉の錆びる速度を大きくする。

活性炭　空気中の酸素を吸着して、酸素の濃度を高める（鉄が早く錆びるため）。

保水材　水で鉄粉がベタベタするのを防ぐために水を含ませておくもの。

商品である（この状態を**過冷却**という）。中にセットされた金属を押して刺激を与えると、成分の酢酸《さくさん》ナトリウムが一気に固まって熱を発散する。

カイロというと昔はハクキンカイロが有名であった。長時間使えて何度でも再利用できるため、現在でもファンが多い。ハクキンカイロは白金の触媒《しょくばい》作用を利用している。この作用のおかげで、燃料のベンジンを低温で長時間燃焼させることができるのだ。

防災やアウトドアの利用という意味で、もう一つ有名な発熱商品を調べてみよう。「ヒートパック」「発熱パック」「加熱パック」などと呼ばれている商品である。火や電気を使わずに水を注ぐだけで、高温が発生して食品を加熱調理できるので、災害時には重宝する。駅弁についているものも人気で、紐《ひも》を引くだけで中身が温まる。原理は単純。酸化カルシウム（**生石灰**《せいせっかい》ともいう）に水を混ぜることで高温を発生させているのだ。ちなみに、その反応で生成されるのが水酸化カルシウムである。**消石灰**《しょう》とも呼ばれ、酸化した土をアルカリ化するためにも利用されるほど強塩基なので注意が必要だ。

最後に、老婆心《ろうばしん》ながらカイロは日本語「懐炉」のカタカナ表現であることに言及しておこう。

Technology 078

形態安定シャツ

毎日のアイロン掛けから解放してくれるのが形態安定シャツ。いったいどうやって形が保たれているのだろう。

ワイシャツには綿《めん》がよく利用される。水分をよく吸収し、着心地がいいからだ。しかし、綿のシャツには、洗濯後にシワができやすいという欠点があった。忙しい現代、毎日アイロン掛けするのはたいへんである。

そこで、現在、市販されている多くのワイシャツには**形態安定**という加工が施《ほどこ》されている。形態安定とは「形状記憶」「ノーアイロン」などと呼ばれる繊維《せんい》加工の総称である。この加工が施されていると、洗った後に干すだけでアイロンが不要になる。

形態安定加工のしくみを見る前に、なぜシワができるのかを調べよう。綿繊維は天然のセルロース分子が緩やかに結びついてできているが、内部には大小さまざまな隙間《すきま》がある。洗濯時には、この隙間に水がしみ込んで膨張《ぼうちょう》・変形するのだ。そのまま乾燥すると、繊維が変形状態で固定されてしまう。これがシワの原因である。

シワを作らないためには、水による繊維の膨張を抑えればいい。その解決策として考え出されたのが**架橋《かきょう》反応**だ。繊維と繊維とがしっかり結びつくよう、分子同士に橋を架ける化学反応を利用するのだ。そうすれば、水がしみ込んでも繊維は膨張しなくなる。

架橋反応には最初にホルマリンが利用された。現在では肌や環境にやさしいさまざまな物質が考え出されている。

架橋反応を利用して繊維の変形を防ぐ技術は、何も綿だけに限ったことではない。ウールにも利用されている。「丸洗いできるスーツ」などがそれである。ウール繊維は表面がうろこ状になっていて、水を含むとささくれ立ち、隣の繊維ともつれ合う。これが、水洗いでウール製品が縮む原因だ。そこで、繊維を薄く樹脂で包んで架橋させる。すると、濡れても繊維はもつれ合うことがなく、乾燥すれば元の形に戻る。

ちなみに、形態安定加工された衣服は「濡《ぬ》れ干《ぼ》し」が基本である。雫《しずく》がたれるくらいが理想だ。水分の重みでシワが自然に伸びるからである。

綿繊維にシワができるしくみ

衣類によく使われる綿は、水分をよく吸収する反面、水を吸収するとシワになりやすい。シワができるメカニズムを見てみよう。

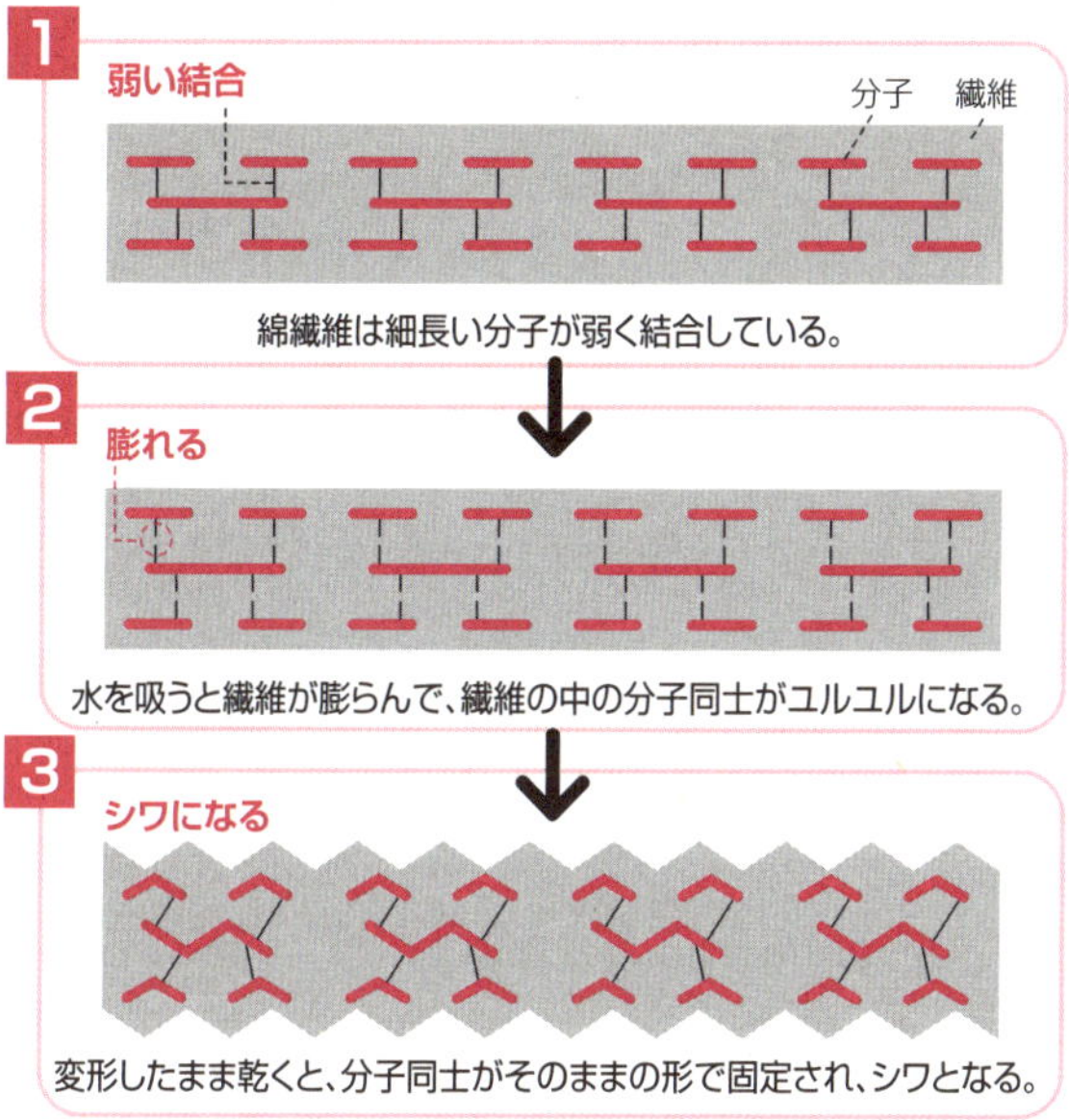

架橋反応による形態安定加工

架橋反応で繊維の中の分子同士を強く固定する。こうすれば、水を含んでも変形しづらくなる。

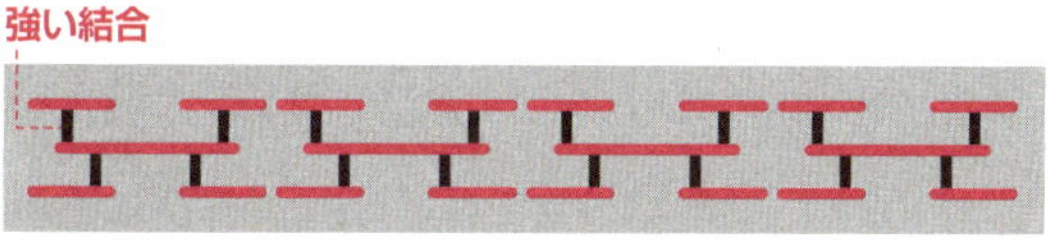

Technology 079

制汗《せいかん》・制臭《せいしゅう》スプレー

女性だけでなく、男性も汗のニオイや体臭を気にする時代になっている。デオドラントグッズの売れ行きは好調のようだ。

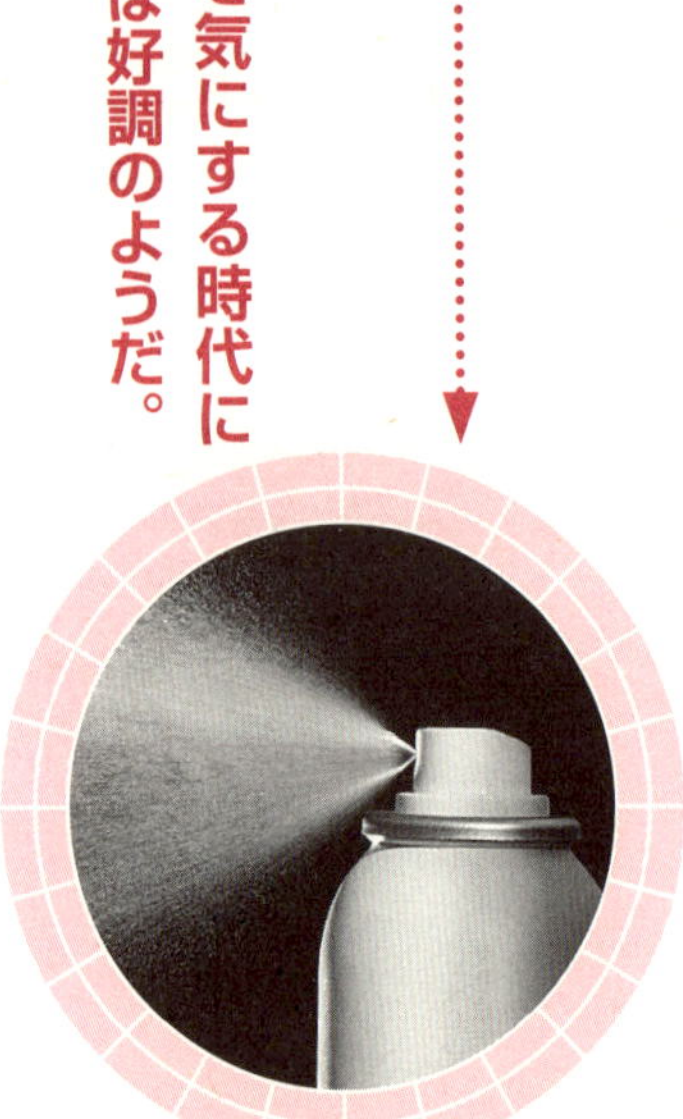

「汗は男の勲章《くんしょう》」などと、汗のニオイが男のシンボルとされた時代があった。しかし、今は「汗臭さ」が疎《うと》まれる時代になった。そんななか、「デオドラントグッズ」が男性に人気だ。デオドラントグッズとは、汗を抑えたり、汗のニオイを解消したりする商品のこと。汗を抑える「制汗」、汗のニオイを取る「制臭」に大別されるが、多くの製品は両者を備えており、その区別は不明確である。

形態としては、ロールタイプ、クリームタイプ、スプレータイプの3種がある。ここでは人気の高いスプレータイプを調べてみよう。

まず「制汗」のしくみについて見てみたい。スプレーならば、それを吹きつけた部分が冷

汗腺をふさぐ制汗剤のしくみ

例としてユニリーバの「レセナ」という制汗剤を見てみよう。成分が汗腺に入り、ジェルになって汗腺をふさぐことで、発汗をブロックする。

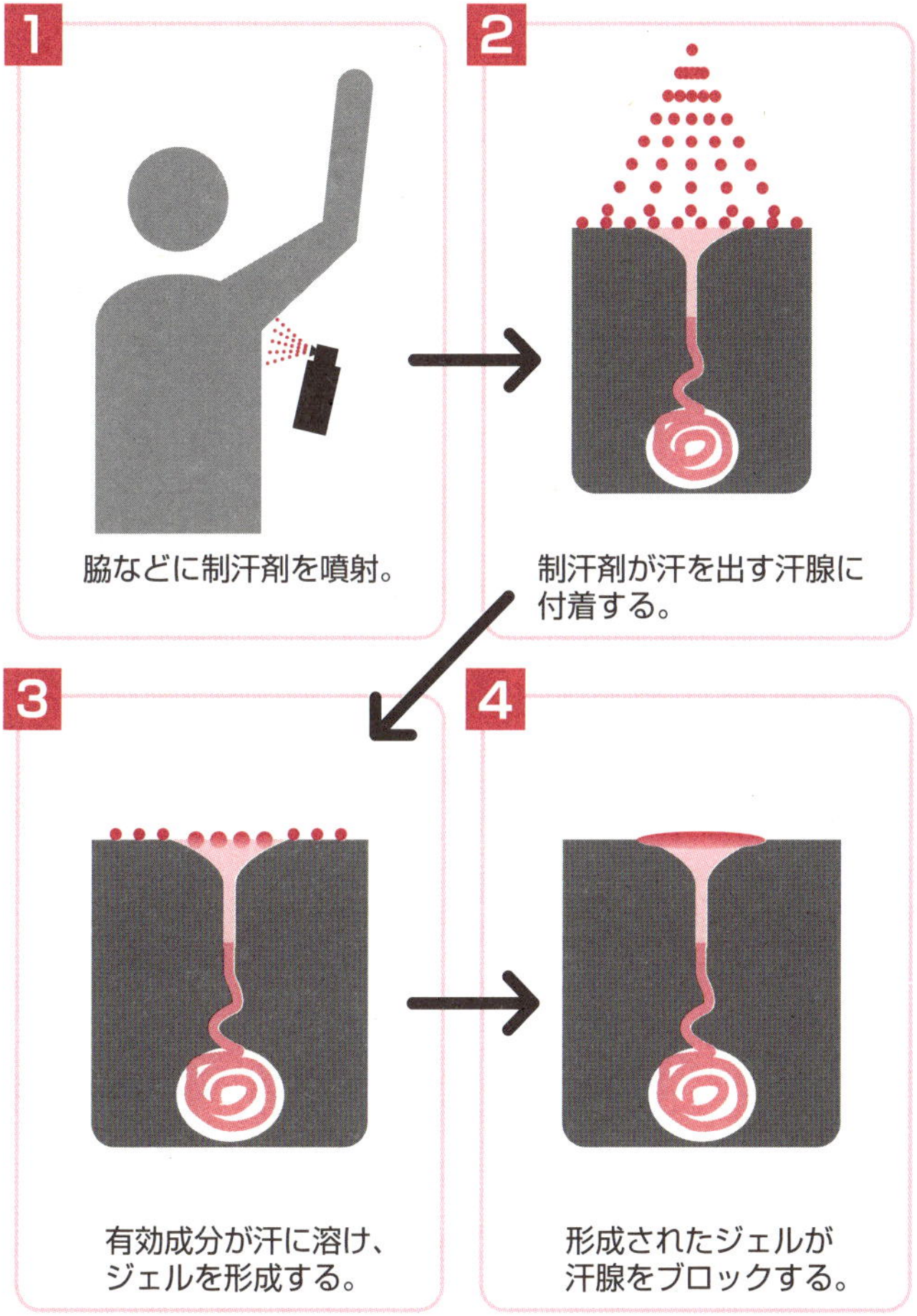
1
脇などに制汗剤を噴射。
2
制汗剤が汗を出す汗腺に付着する。
3
有効成分が汗に溶け、ジェルを形成する。
4
形成されたジェルが汗腺をブロックする。

却されるので、必ず制汗効果は生まれる。そこで、商品の売りとしては、プラスアルファが求められる。いかに汗腺に働きかけて発汗を抑えるかという工夫が商品のセールスポイントになるのだ。例えば、スプレーに混ぜられた成分が汗腺《かんせん》に入り、直接発汗を抑える、という商品もある。

次に「制臭」を見てみよう。意外かもしれないが、人の汗自体にはニオイがない。皮膚の常在菌が、汗を食べて繁殖する際に出す分解物が臭うのだ。そこで、ニオイを出しやすい脇の下などを殺菌すれば、汗のニオイは少なくなる。さらに、出された分解物を浄化してもニオイはなくなる。人気があるのは、銀イオンを含ませた商品である。銀イオンは人には無害で、殺菌や浄化の効果が強いからだ。

現代の日本人はニオイを抑えることに熱心である。実際、デオドラント商品でいちばん売れているのは「石けんの香り」で、たいへん控えめな香りだ。フランスなどに目を転じると、ニオイを楽しみ、積極的にアピールする文化がある。男性も香水をつけるのが当たり前なのが、その一例である。日本も近い将来、「制臭」ではなく「発香」の文化が普及するかもしれない。そのとき、制汗スプレーの香りとしてどのようなものが好まれるのだろうか。

ニオイが発生するメカニズム

汗は脂肪酸やグリセリンから成り立つが、じつは無臭。その脂肪酸が皮膚の菌に分解されてニオイが出る。

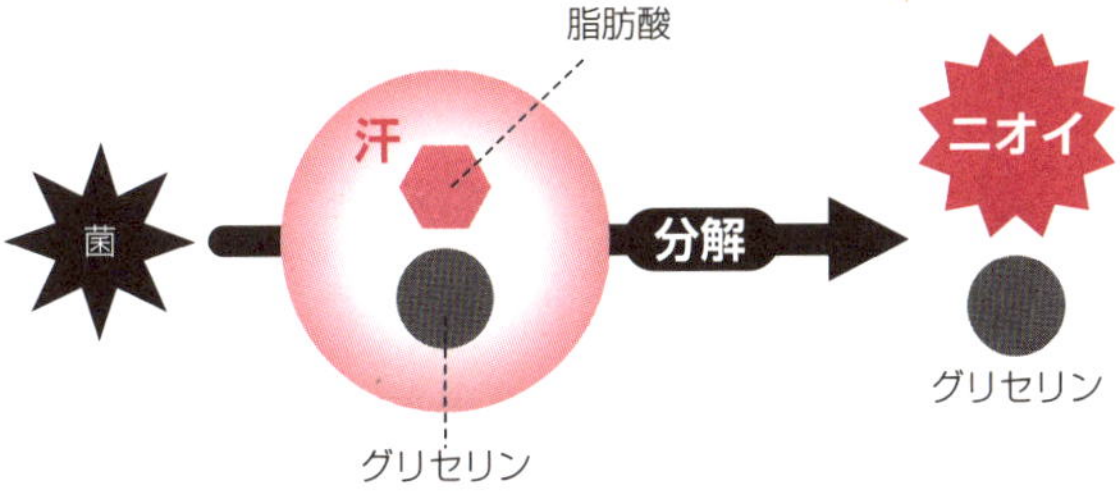

ニオイを抑える「制臭」のしくみ

皮膚の菌の増殖を抑えるか、ニオイ成分を分解するかで、ニオイが抑えられる。制臭に有効で、かつ人体に無害なものとして、銀イオンが知られている。

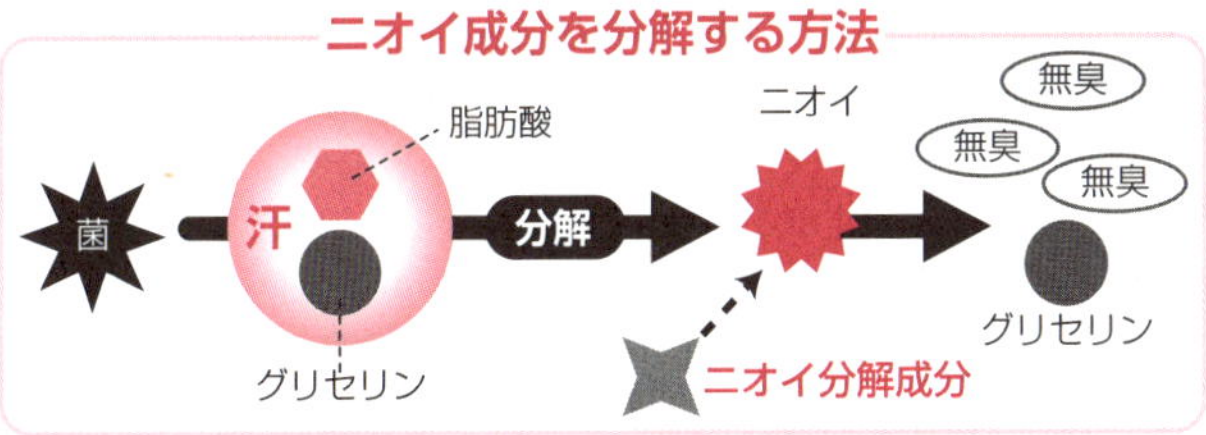

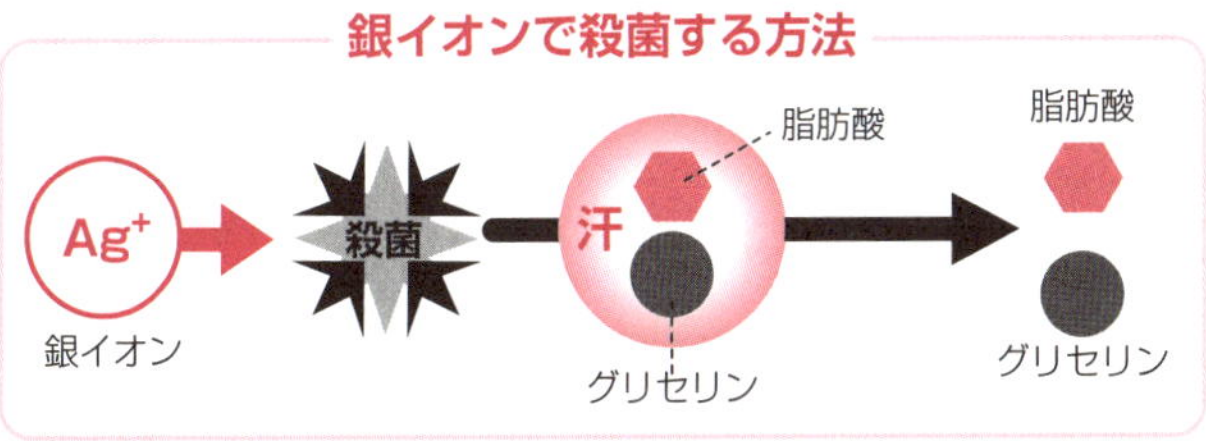

Technology 080

吸汗速乾《きゅうかんそっかん》ウエア

夏の省エネ推進策の一つであるクールビズ。それを裏から支える高機能ウエアが続々と開発されている。

地球温暖化対策などの問題から、冷房だけに頼らずに夏の暑さを乗り切る工夫が求められる。そこで、汗を吸いやすくてすぐ乾くという**吸汗速乾性**をうたったウエアが開発されている。その技術の一端を見てみよう。

まずは、多重構造化された素材から作られたウエア。内側に太い繊維、外側に細い繊維というように多層化すると、毛細管《もうさいかん》現象を利用してポンプのように汗を内側から外側に移動させ、蒸散させることができる。さわやかな肌着やスポーツウエアにちょうどいい。

次に、汗による湿度を感知して通気調整する素材。これは、湿度で変形する繊維で織られた生地を利用している。汗で生地が濡れると、通気性が悪くなって衣服内が蒸《む》れる。それを

多重構造化された素材

太さの異なる糸を複層化し、肌の汗を毛細管現象で吸収して外側に拡散させる。

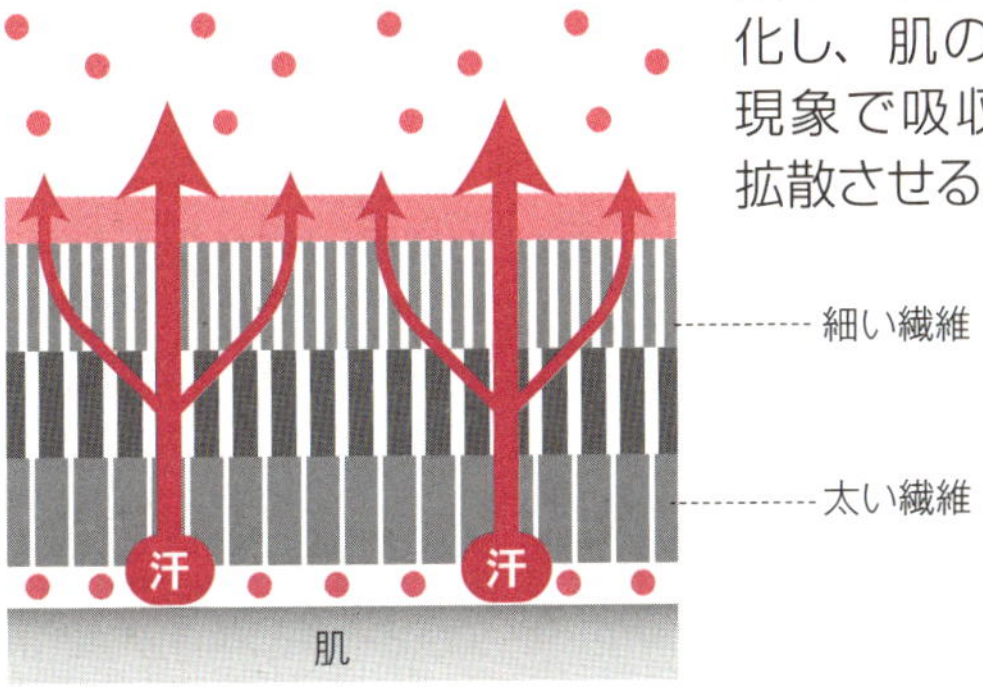

細い繊維
太い繊維
汗
汗
肌

通気調整する素材

湿度で変形する繊維から織られた素材で、生地の織り目を開閉することで通気調整する。

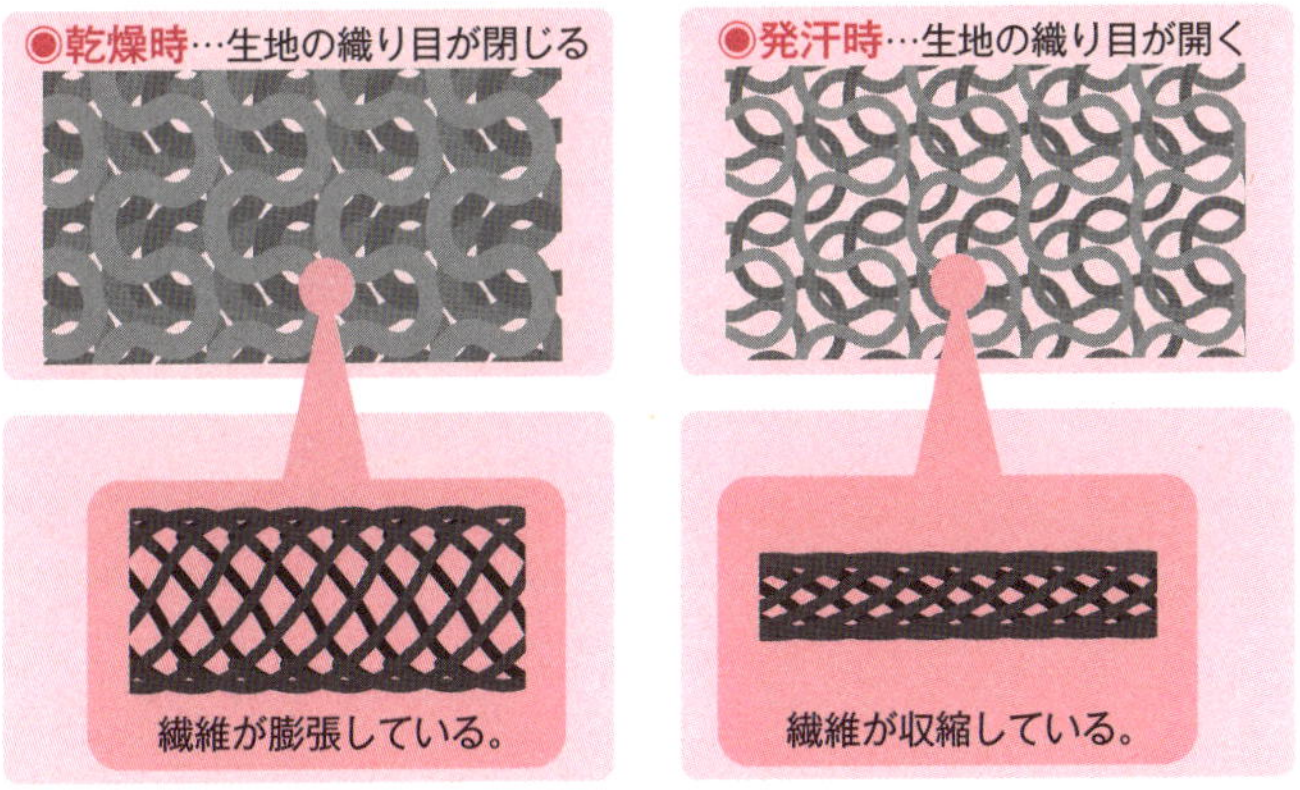

◉乾燥時…生地の織り目が閉じる
繊維が膨張している。
◉発汗時…生地の織り目が開く
繊維が収縮している。

防ぐため、乾燥時には縮れて通気性を抑え、発汗時には伸びて通気性をよくする繊維で生地を織るのだ。こうした生地は、汗をかくと織り目が開き、乾くと元の状態に戻る。そのため、サラッとした蒸れないウエアになる。

さらに、繊維自体が吸汗速乾性を持つ素材から作られるウエアもある。例えば、**キュプラ**と呼ばれる繊維は従来、「ベンベルグ」という名でスーツの裏地に利用されていたが、吸汗速乾の素材として再び脚光を浴びている。綿の種に付く羽毛から作られる再生セルロース繊維で、多孔質《たこうしつ》で吸放湿性に優れ、ムレやベタつきを繊維自体が抑えてくれる。当然、この素材から作られる肌着は夏でも快適である。

スポーツの場では、多少の繊維の工夫だけでは汗はひかない。そこで、さらなる荒業《あらわざ》を施したスポーツウエアも開発された。内側に撥水《はっすい》ポリエステルの突起《とっき》を配し、外側の吸水ポリエステル繊維と組み合わせることで、外側の吸水部分では吸いきれない汗を衣服の下にはじき落とすのである。

古来、日本人は夏場に麻《あさ》の生地の衣服をよく着た。通気性がよく皮膚にベタつかない、優れた「吸汗速乾性」があるからだ。吸汗速乾の開発の原点は、この辺にあるのかもしれない。

繊維自体が吸汗速乾性を持つ素材

キュプラの放汗作用を利用する。ポリエステルと比べると、肌と生地の間に水分がたまらず、空気中へ湿気を放出しやすい。

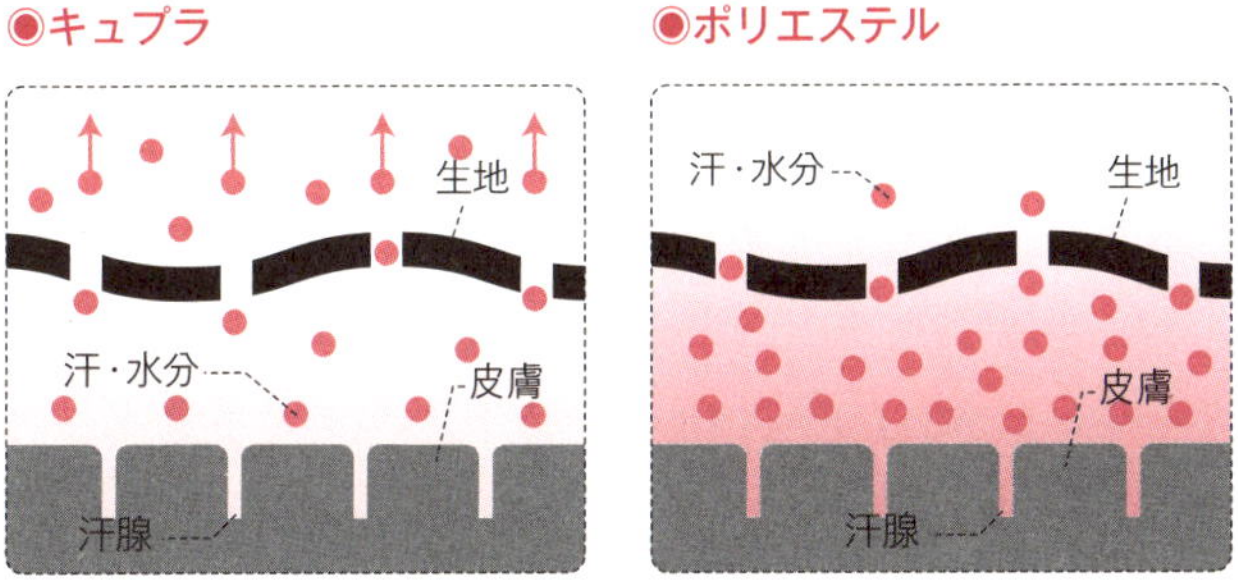

汗を振り払う素材

肌側に撥水ポリエステルを凸状に配置。この凸部分で汗を振り払うとともに、吸水層に移行した汗が逆戻りしないため、肌側はドライに保たれる。

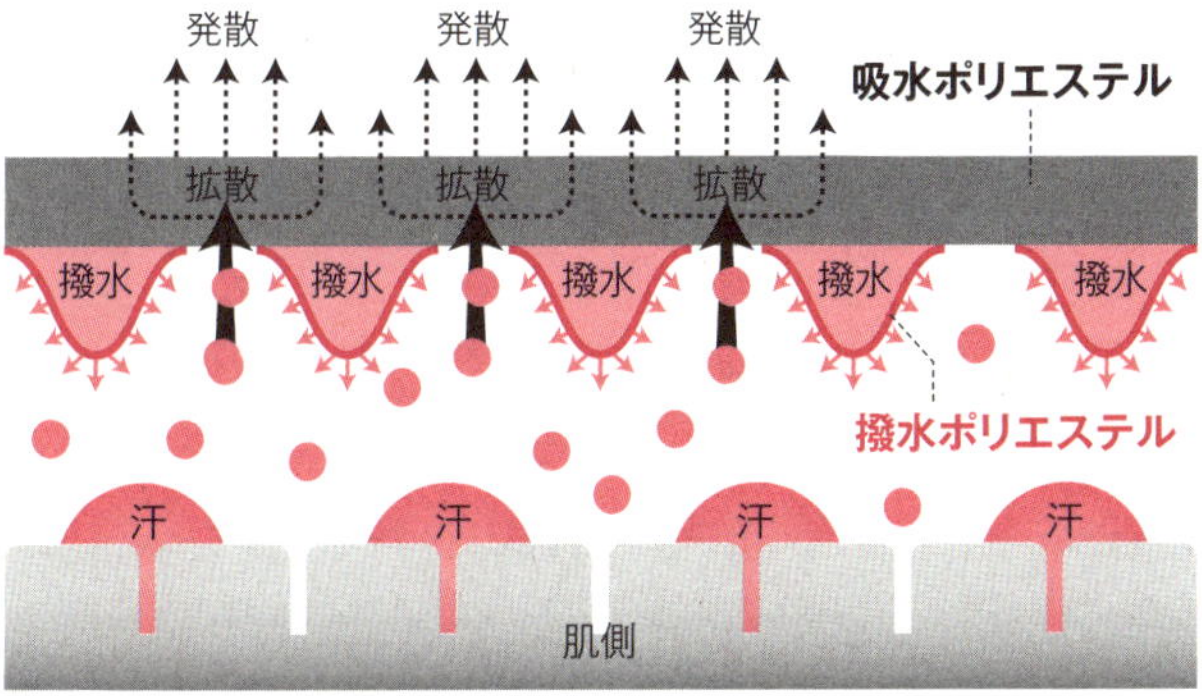

column

生物から学ぶ知恵「バイオミミクリー」

近年、バイオミミクリーあるいはバイオミメティクスという言葉が工学の分野でよく使われる。訳語は「生物模倣《もほう》」だが、この漢字からわかるように、生物の姿や生態などから、人に役立つさまざまな技を盗み取ろうとする技術である。その例を「ヤモリテープ」で見てみよう。

ヤモリテープは日東電工が開発したものだ。ヤモリが壁を自由に上り下りできるしくみを調べる中で、足にミクロの繊維が無数に生えていることを解明した。その繊維が微小な壁の表面の隙間に入り込むことで、ガラスの壁すらも簡単に移動できるのだ。そこで、ミクロの繊維を無数に植えつけたテープを作成したところ、ヤモリの足のようにどこにでもくっつき、すぐに剥《は》がせることが確かめられた。こうして「ヤモリテープ」が完成したのである。

この例からわかるように、生物には学びきれないほどの知恵と情報が詰まっている。これからの発展が楽しみな分野である。

第７章

文房具のすごい技術

鉛筆でなぜ字が書けるのか。消しゴムでなぜ字が消せるのか。意外と考えたことがない人は多いはず。身近な文房具を「技術」の観点から調べてみよう。

Technology 081

鉛筆

鉛筆という単語には「鉛」の文字があるが、本当に鉛は入っているのか。そもそも、なぜ鉛筆で紙に字が書けるのだろう。

鉛筆は「鉛《なまり》の筆」と書く。そのため「鉛筆の芯《しん》には鉛が含まれている」という迷信があった。しかし、実は鉛筆に鉛は含まれていない。その代わり、漢字で書くと「鉛」とまぎらわしい「**黒鉛**《こくえん》」が入っている。この黒鉛と粘土から鉛筆の芯ができているのだ。

黒鉛は炭素からできているが、同じ炭素からできているものに、ダイヤモンドがある。しかし、これらは似ても似つかない。このように、同一の元素からできているのに性質がまったく異なるものを**同素体**《どうそたい》と呼ぶ。

ナノの世界で見ると、黒鉛はすべりやすい炭素の層構造をしている。このすべりやすさが大切で、筆圧で層が簡単にはがれ落ち、黒い粉となる。これが字やイラストの線になるのだ。

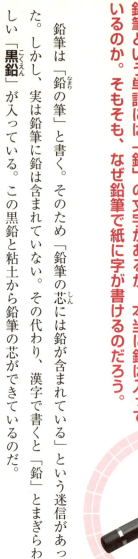

黒鉛とダイヤモンドは成分元素が同じ

黒鉛（グラファイトともいう）とダイヤモンドは、いずれも「炭素原子」からできているが、結合の仕方が異なる。このように、成分元素が同じでも物質として異なるものを「同素体」と呼ぶ。黒鉛は炭素の層が重なり、互いの層は滑りやすい。この滑りやすさが字の書ける秘密だ。

◉黒鉛（グラファイト）

◉ダイヤモンド

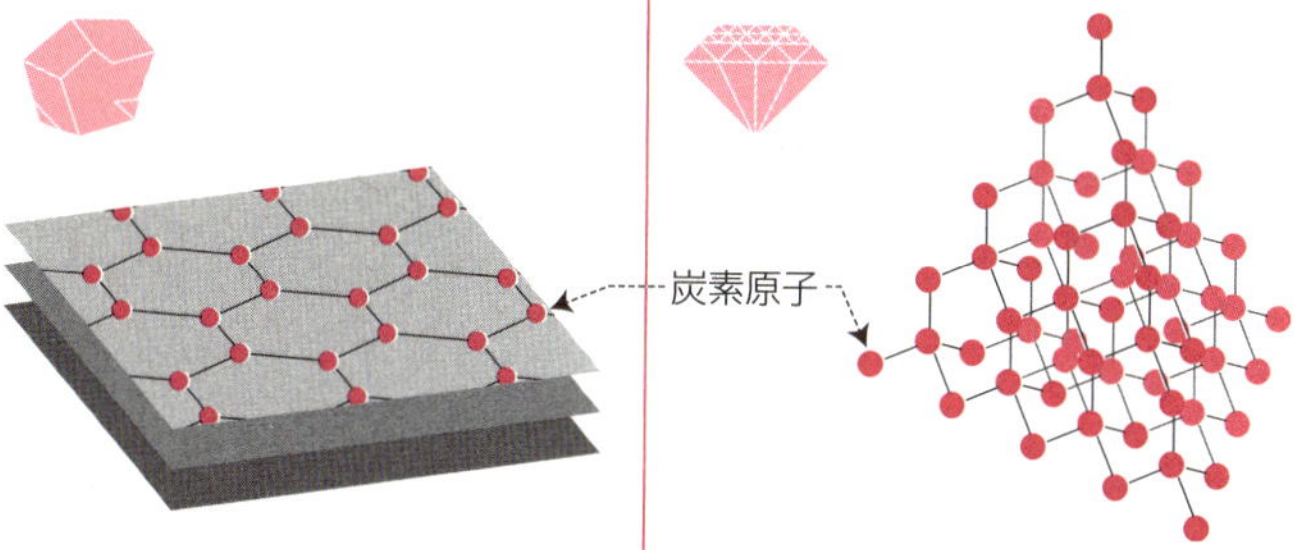
炭素原子

層状の結晶構造をしている。

固く結合した結晶構造をしている。

鉛筆で紙に字が書けるしくみ

紙の表面は植物繊維が折り重なってできている。その繊維のすき間に黒鉛の粉が入り込むことで、字が書けるのだ。

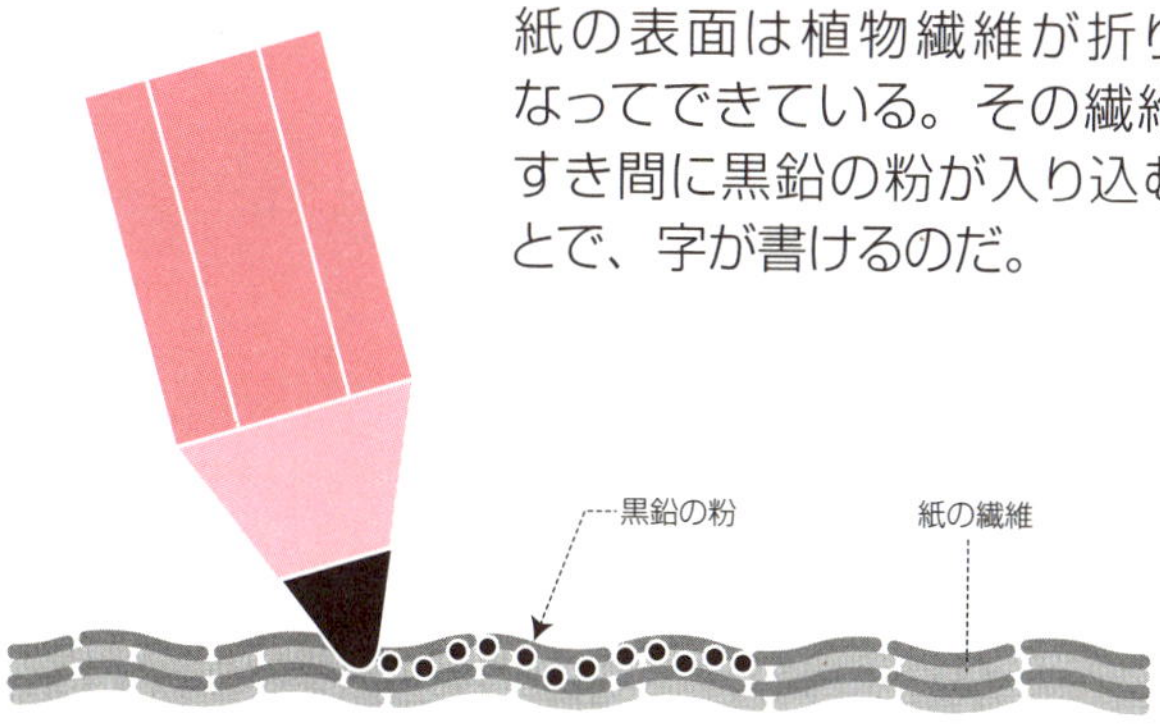
黒鉛の粉
紙の繊維

黒鉛はおよそ450年前にイギリスで発見され、すぐに筆記用具として利用されるようになった。これが鉛筆の始まりだ。もっとも、今のような鉛筆の形になるのは、それから200年後の話である。

では、紙に書けて鉄やガラスに書けないのはなぜだろうか。この理由は先に述べた黒鉛の性質にある。炭素の層が筆圧で剥がれ落ちるには、引っかかりがなければならないからだ。鉄やガラスの表面は、硬《かた》くスベスベしているため黒鉛の層が引っかからない。一方、紙は植物繊維でできているため、表面はザラザラしている。この凹凸に黒鉛が引っかかり、黒い粉は繊維内部に入り込む。これが紙に鉛筆で字が書ける秘密だ。当たり前と思っていることに、こんなミクロの世界の理由があるのだ。

鉛筆の芯の濃さと硬さはBとHからなる**硬度記号**で表される。BはBlack、HはHardの頭文字で、Bにつけられた数が大きいほど軟らかく、Hにつけられた数が大きいほど硬い。鉛筆の硬さは黒鉛と粘土の割合によって決まる。例えば、HBでは黒鉛70%に対して、粘土30%である。Bの数が多いほど黒鉛が多く含まれることになる。ちなみに、HとHBの中間にFがある。FはFirm（ひきしまった）の頭文字だ。

普通の鉛筆と色鉛筆の材料

前項で述べたように、普通の黒の鉛筆（墨芯鉛筆という）の芯は粘土と黒鉛を練り合わせ、焼き固めたもの。一方、色鉛筆の芯はロウや顔料など、油性的なものがタルクなどと練り固められたもの。ちなみに、タルクは書くときの滑りをよくする材料で、ベビーパウダーにも利用されている。

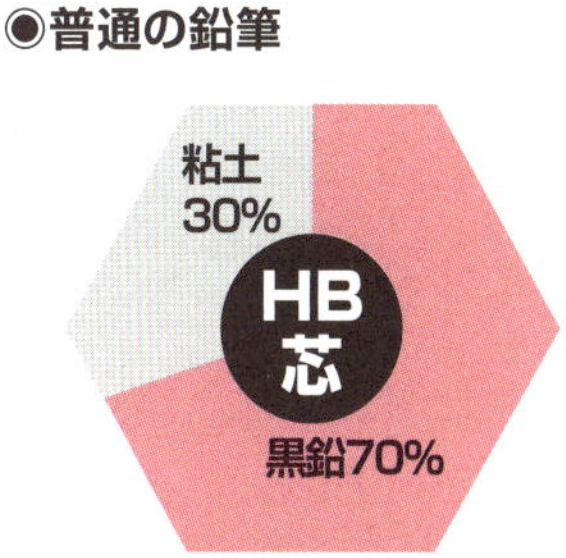
◉普通の鉛筆
粘土
30%
HB
芯
黒鉛70%

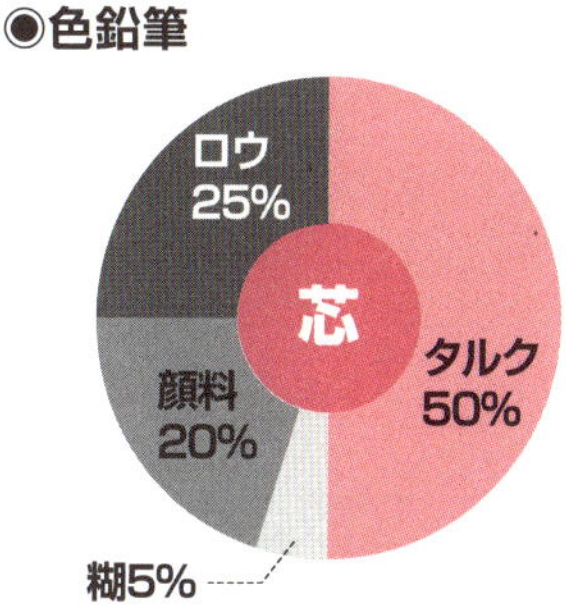
◉色鉛筆
ロウ
25%
芯
タルク
50%
顔料
20%
糊5%

色鉛筆が消しゴムで消えない理由

一般的に、色鉛筆で書いた文字は、消しゴムで消しづらい。これは、色鉛筆の芯の成分が「油性的」だからだ。

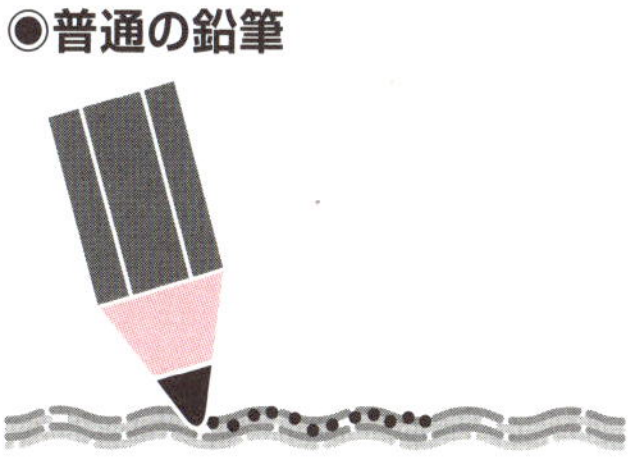
◉普通の鉛筆

芯の粉が紙表面に付着しているだけなので、消しゴムで絡め取ることができる。

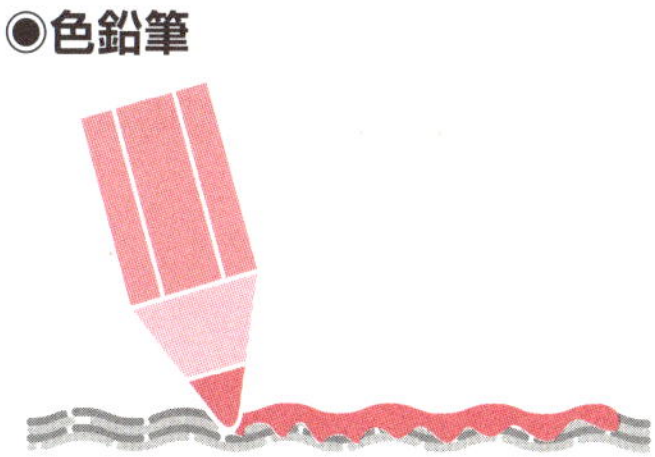
◉色鉛筆

色鉛筆の芯の材料は軟らかく油性的で、紙の繊維に入り込むため消しゴムで絡め取りにくい。

Technology 082

シャープペン

芯を削らずに使えるシャープペン。この名称は、大手電機メーカー「シャープ」の創業者が製品化したことに由来する。

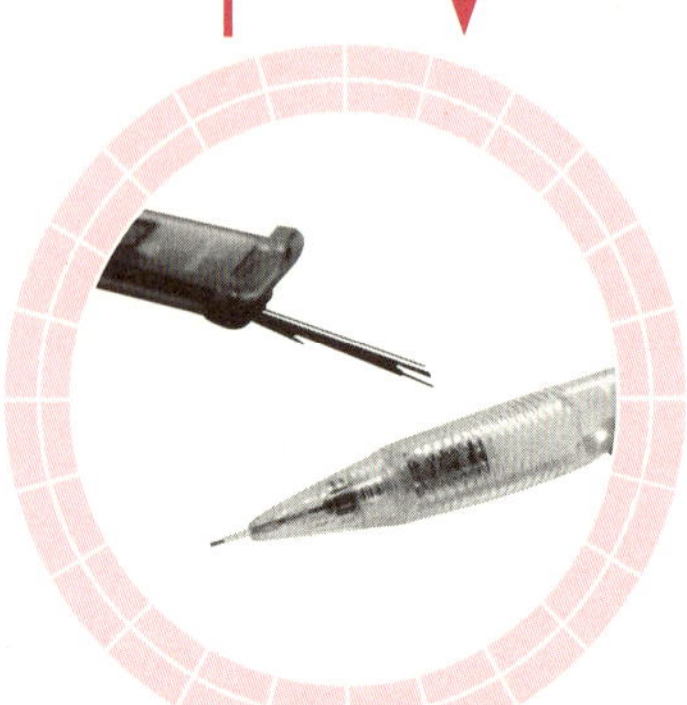

小学校では鉛筆を使うことが奨励《しょうれい》される。だが、普段の生活で鉛筆を使う機会は少なくなった。シャープペンに取って代わったからだ。若者は親近感から「シャーペン」と呼んでいる。

ところで、このシャープペン、カタカナ表記なので欧米生まれとも思えるが、製品として最初に開発されたのは日本である。家電大手シャープの創業者早川徳次氏が開発・命名したもので、今から100年近く前の話だ。最初の製品はノック式ではなく回転式だったといわれる。ノック式が発売されたのは、半世紀後の1960年である。

100円もしないシャープペンも売られているが、そのしくみは精巧《せいこう》だ。指でノブを押す

ノック式シャープペンのしくみ

ノック式のシャープペンのしくみは精巧だ。指でノブをノックするたびに、チャックが芯を挟んで外へと押し出している。

指でノブを押してノックする。

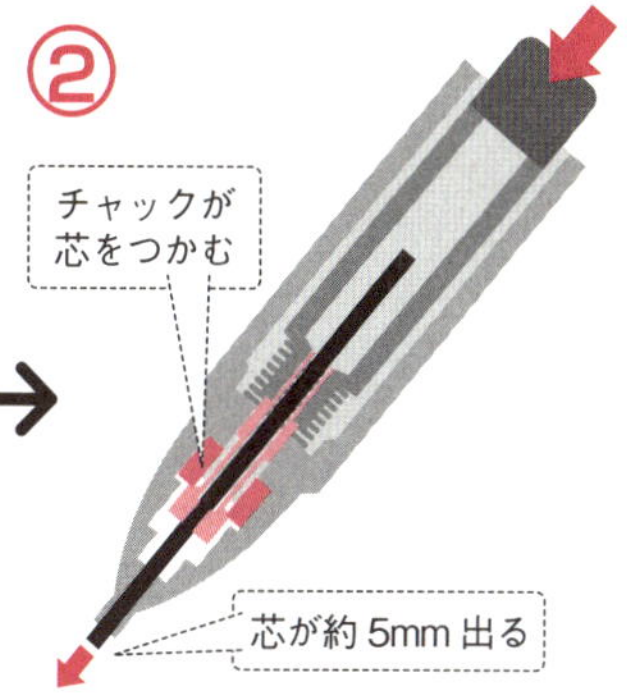

芯を運ぶ役割のチャックにつかまれた芯が、約 0.5mm 前進する。

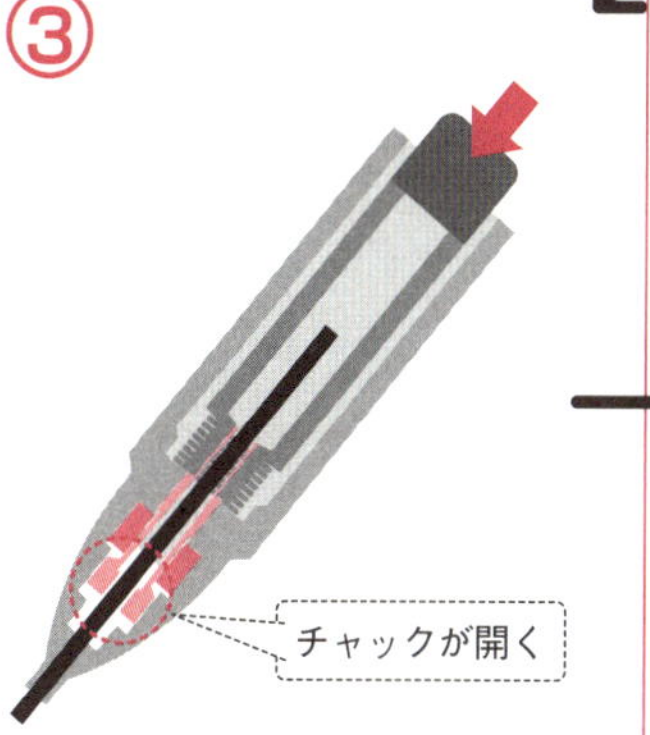

ノブを押し切ると、チャックが開いて芯が停止する。

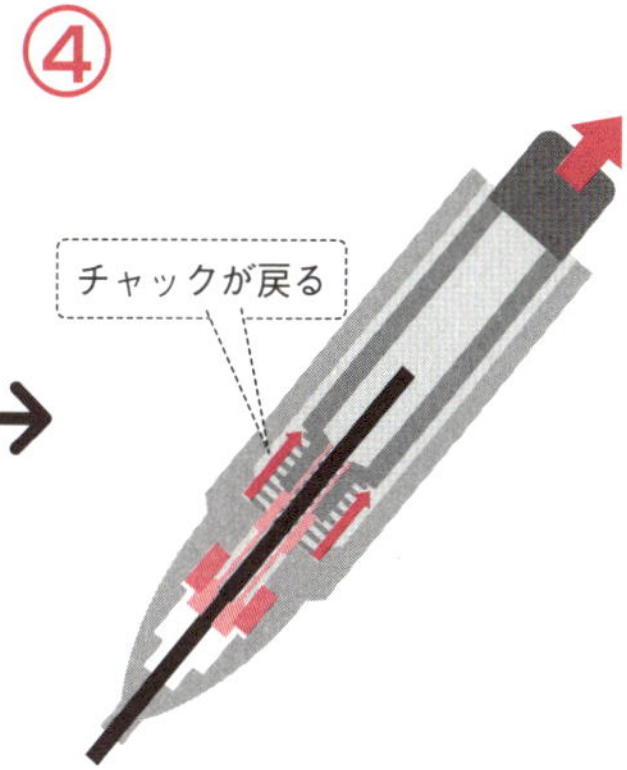

ノブから指を離すと、スプリングの力でチャックは元に戻る。

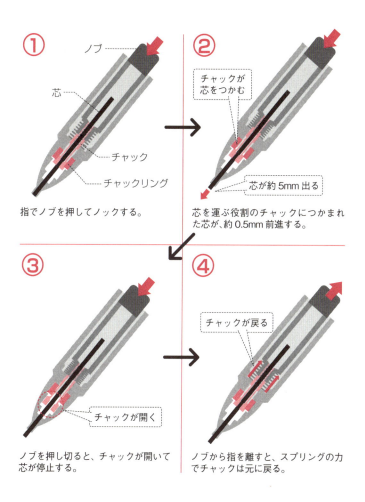

（ノックする）と、チャックが芯を捕まえて押し出す。

押し切るとチャックが開き、一定の長さ以上は芯が出ない。ノブが戻る際は先端にあるゴム製の保持チャックが芯を捕まえ、芯が戻ることはない。これら摩擦《まさつ》力の絶妙のバランスで、芯のコントロールがなされているのである。

余談だが、ノックすると出る「カチカチ」は、中のチャックリングが弾かれて壁にぶつかる音である。チャックリングはチャックの動きをガードし、芯をつかむ手伝いをする。このリングが金属性の場合にはいい音がする。

シャープペンの芯（略して**シャー芯**）は、発売当初、直径が1ミリメートルを超えていたという。普通の鉛筆の芯が用いられたからだ。鉛筆の芯は粘土と黒鉛でできているため、あまり細くはできない。だが、現在のシャープペンの芯は0・5ミリメートル以下と細い。この細さを実現したのが、プラスチック樹脂と黒鉛を原料に用いた芯（**樹脂芯**という）である。細い芯に整形して焼き固めて作り、完成後はプラスチックが炭素化するので、炭素ほぼ100％の強い芯ができあがることになる。このとき練り合わせるプラスチックの量で、芯の硬さが決まる。

芯ガイドの構造

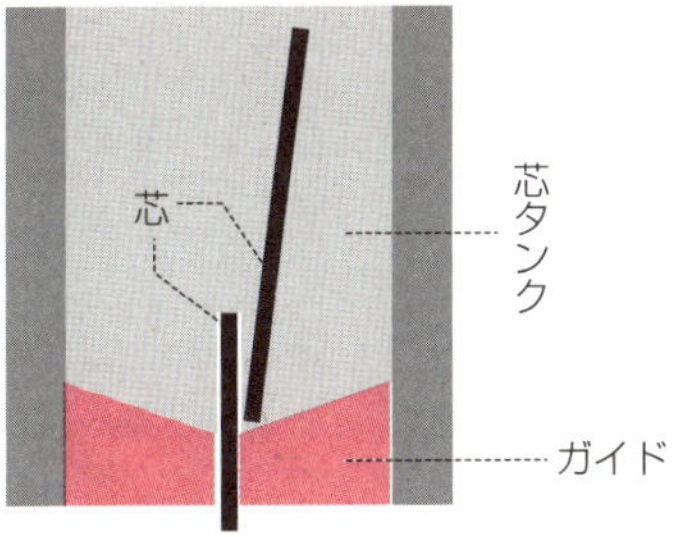
芯
芯タンク
ガイド

芯を連続的に繰り出す芯ガイドの穴径は1本の芯径よりも大きく、2本分の芯径よりは小さく設計されている。そのため、シャープペンの芯はちゃんと1本ずつ繰り出されるのだ。

シャープペンの芯の作り方

シャープペンの芯の製造方法は、鉛筆の芯とは異なる。粘土ではなくプラスチック樹脂を混ぜて焼き上げ（たくさん混ぜると軟らかい芯ができる）、油を染み込ませることで滑らかさを実現。こうすることで、細くても折れず、滑らかな書き心地の芯ができる。

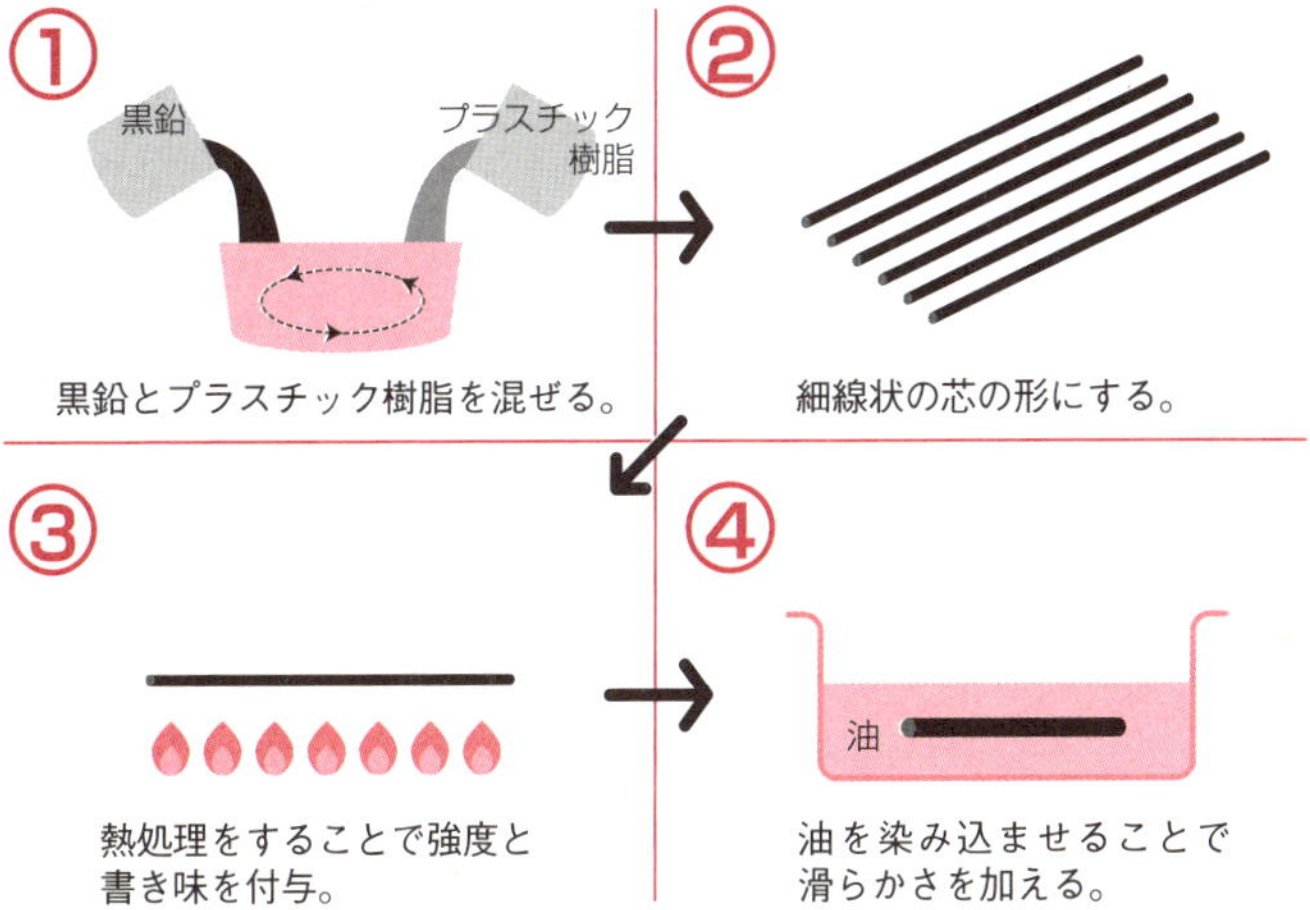
①
黒鉛
プラスチック
樹脂
黒鉛とプラスチック樹脂を混ぜる。
②
細線状の芯の形にする。
③
熱処理をすることで強度と
書き味を付与。
④
油
油を染み込ませることで
滑らかさを加える。

Technology 083

ボールペン

普段、当たり前のように利用しているボールペンだが、いろいろな種類の製品が出回っている。それらの工夫を見てみよう。

文具店の筆記コーナーに立ち寄ると、色の鮮やかさと形の豊富さから、ついつい買いたくなってしまうのがボールペンである。その豊富さは外見だけではない。内部のインクや構造もバラエティーに富んでいて面白い。

まずボールペンの基本構造を押さえておこう。ボールペンという名称が示すように、先端には金属ボールが埋められている。それが筆の役割になってインクを紙に運ぶのだ。安価なボールペンでも、先端にはミクロ単位の加工が施されている。一見頑丈《がんじょう》そうだがデリケートで、突いたり落としたりすると破損《はそん》するので注意しよう。

最初にも述べたように、ボールペンのインクや構造はバラエティーに富む。技術的には飽《ほう》

ボールペンのしくみ

ペン先に金属ボールがあり、それが回転することで、インクが繰り出される。

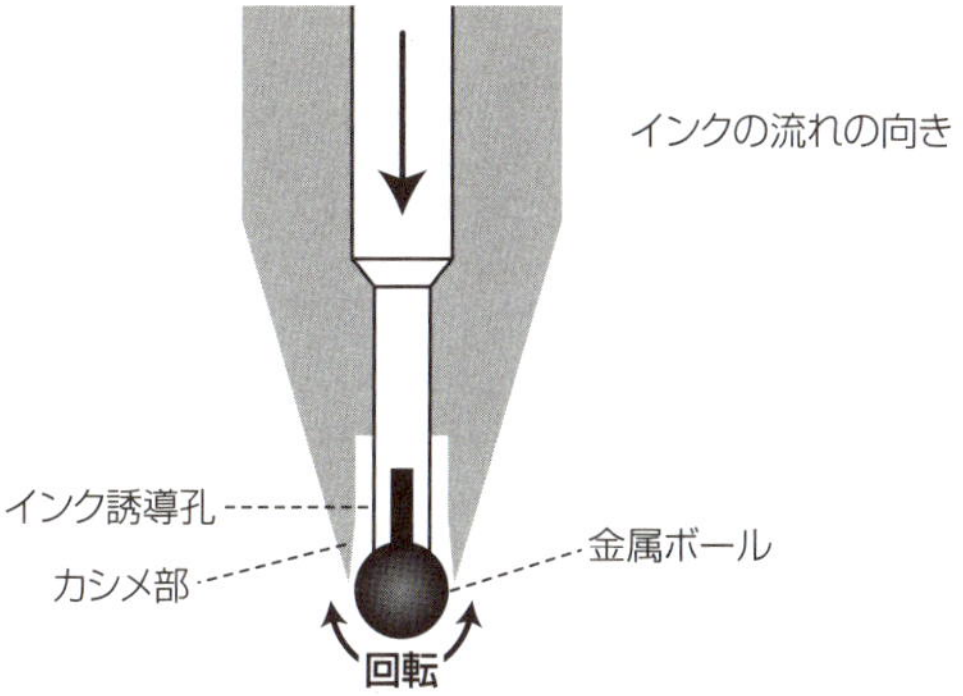

加圧ボールペンのしくみ

インクに圧力を加えることで、ボールとインクとのかい離を防ぐ。どんな持ち方でも、滑らかに字が書ける。

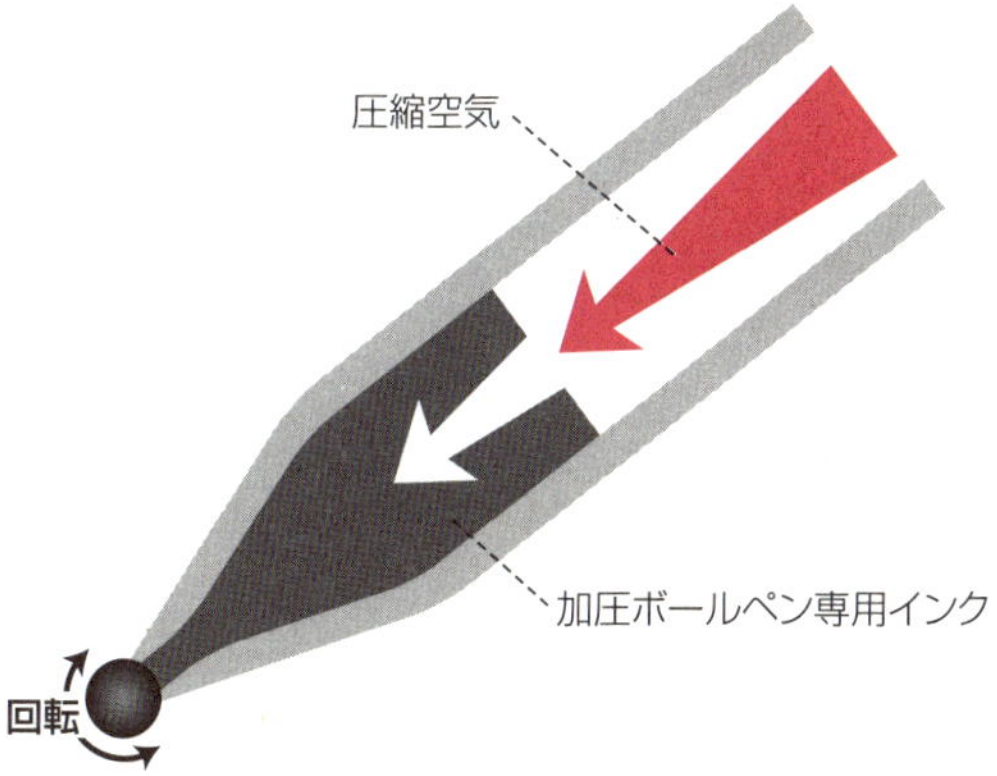

和《わ》しているように見えるボールペンの世界だが、さまざまな工夫が新たに加えられている。
一例として**加圧ボールペン**を見てみよう。普通のボールペンは、芯を上に向けて書くとインクが出なくなってしまう。上に向けると自らの重みでインクが下がろうとし、筆記中に空気を巻き込んでしまうからだ。インクとボールとの間に空間ができると、字が書けなくなる。そこで、インクの芯の空気圧を高め、常にインクがボールに向かうようにしたのが加圧ボールペンである。これならば、上向き筆記をしても大丈夫である。
もう一つの例として**消せるボールペン**を見てみよう。その名の通り、消しゴムでこすると書いた文字が消せる不思議なペンである。その秘密は、消しゴムでこするときに発生する摩《ま》擦《さつ》熱にある。インクとしてロイコ染料、顕色剤、変色温度調整剤を一つのマイクロカプセルに入れた顔料を用いている。摩擦で温度が上がると、発色していた顕色剤とロイコ染料の結合が分離する。こうしてロイコ染料が本来の無色に戻り、インクの色が消えるのである。
このしくみは、小売店のポイントカードで利用されるリライトカードでも用いられている。また、ノーカーボン紙（380ページ）にも応用されている。

文字が消えるしくみ

「消せるボールペン」で書いた文字が消せる秘密は、ゴムでこするときに発生する摩擦熱にある。温度が 60 度以上になると、発色していたロイコ染料が元の無色に戻るのだ。

常温

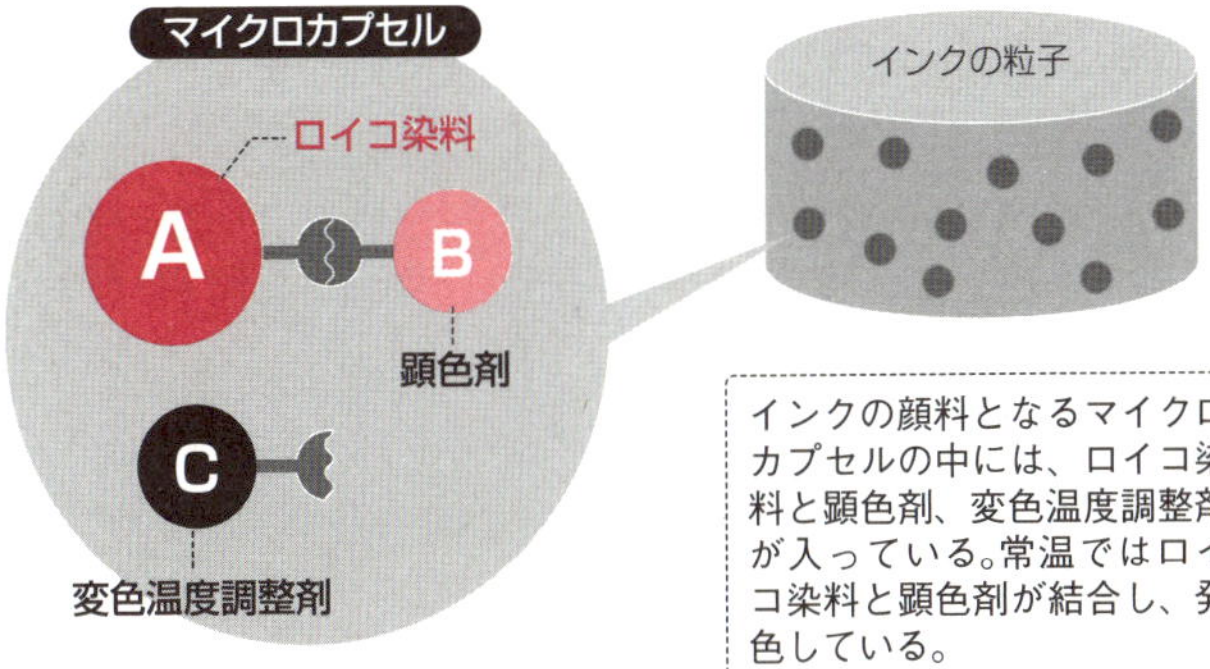

インクの顔料となるマイクロカプセルの中には、ロイコ染料と顕色剤、変色温度調整剤が入っている。常温ではロイコ染料と顕色剤が結合し、発色している。

摩擦で加熱

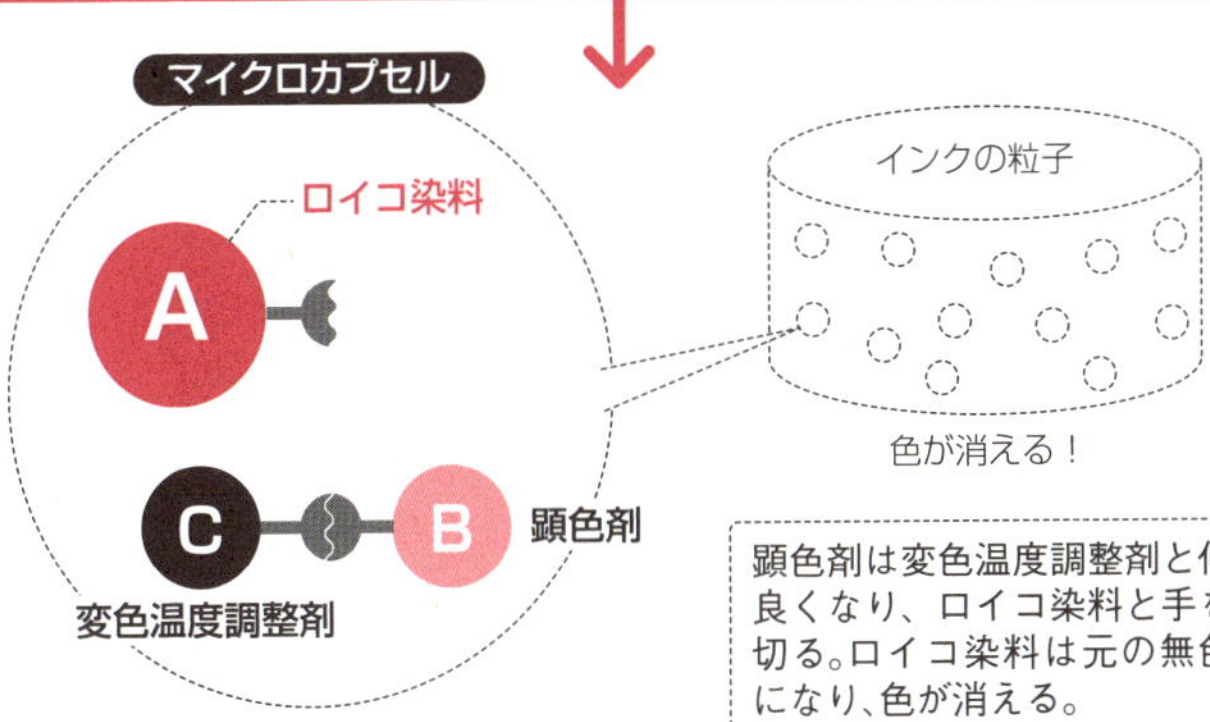

顕色剤は変色温度調整剤と仲良くなり、ロイコ染料と手を切る。ロイコ染料は元の無色になり、色が消える。

Technology 084

蛍光《けいこう》ペン

1970年代初めに開発された蛍光ペン。多くの人のペンケースに1本は入っているという人気商品に成長している。

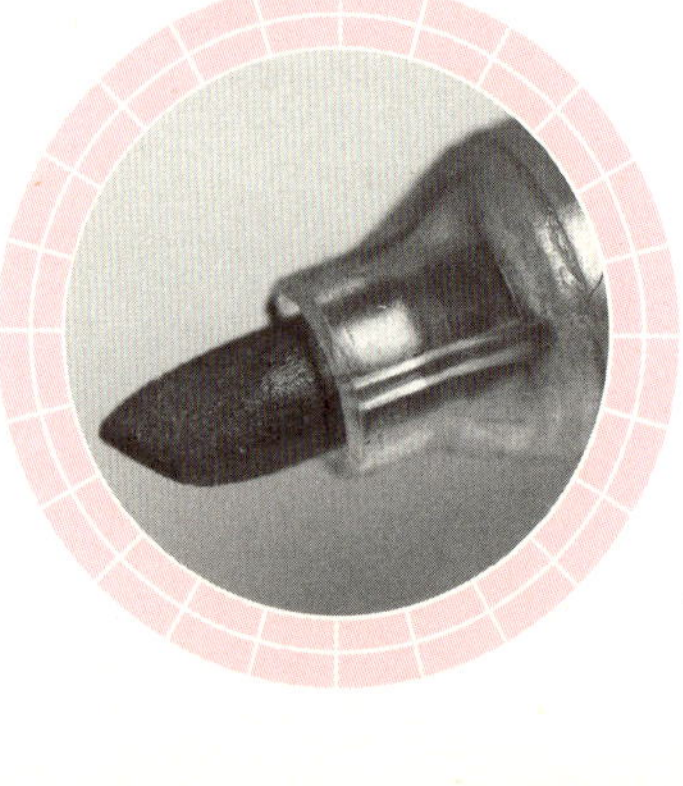

発売当初、見たことのない鮮やかさと透明感を持つ蛍光ペンのインクの色に人々は感銘を受けた。それから40年、ペンケースに1本は入っている定番商品に成長している。

蛍光ペンのインクはなぜ光って見えるのだろう。それはインクの中に**蛍光物質**が含まれているからだ。蛍光物質とは、外の光を浴びて吸収し、固有の色に変換して光る物質である。その光を**蛍光**という。蛍光ペンのインクが明るく見えるのは、この蛍光の分だけ光が増えるからだ。

身近なところでは、蛍光物質は蛍光灯に利用されている。蛍光管の内側に塗られ、管の中で放射される紫外線を可視光《かしこう》に変換している。

蛍光物質が発光するしくみ

光を浴びて高いところに上がった電子が、少しエネルギーを捨てて元の位置に戻る。この光が蛍光だ。蛍光物質が発光するしくみを見てみよう（図はイメージ）。

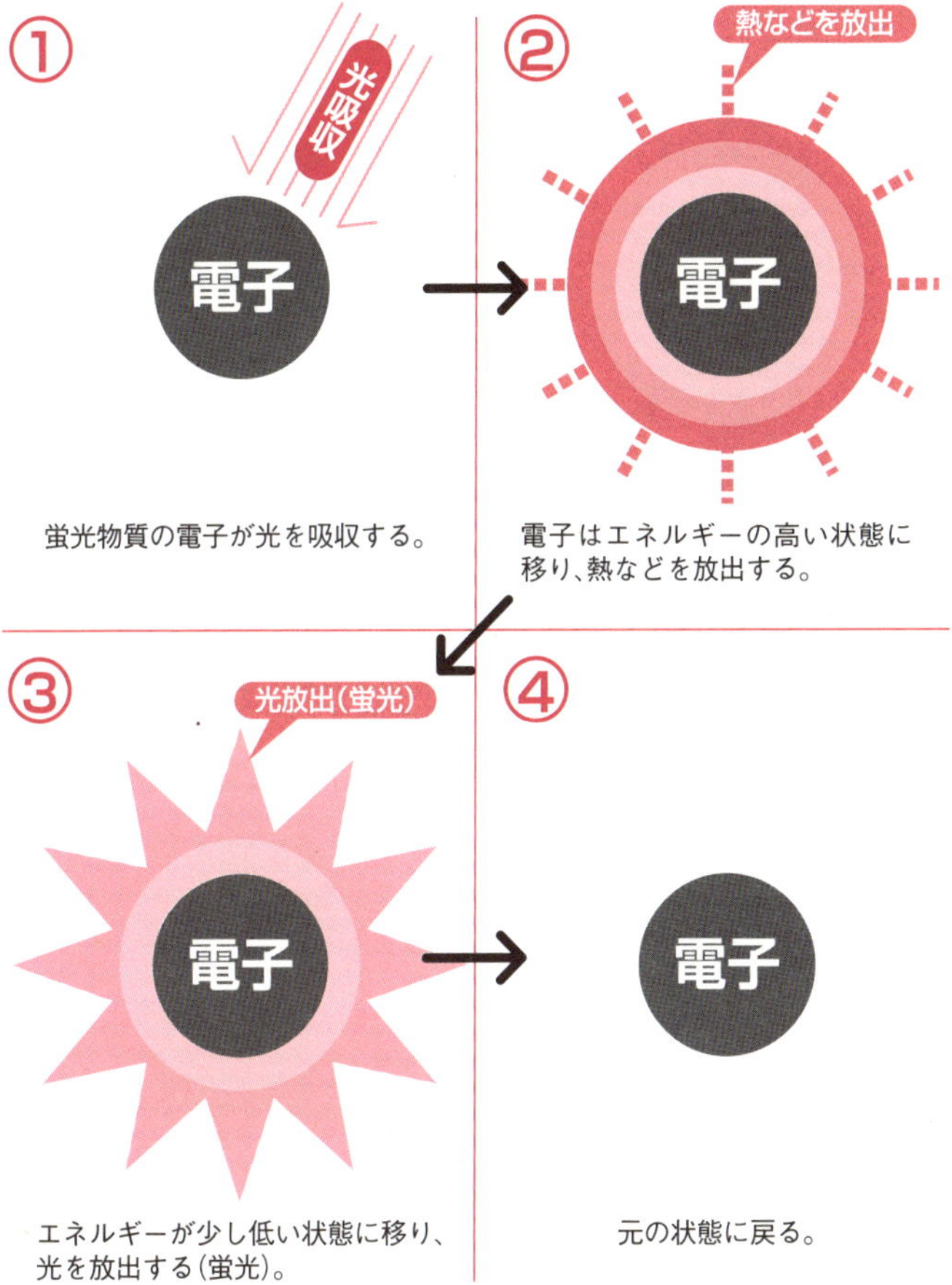

① 蛍光物質の電子が光を吸収する。

② 電子はエネルギーの高い状態に移り、熱などを放出する。

③ エネルギーが少し低い状態に移り、光を放出する（蛍光）。

④ 元の状態に戻る。

また、LED《エルイーディー》照明でも利用されている。そこには青色発光ダイオードが使われているが、普及型の場合、青の光の一部は蛍光物質に吸収され、黄色の光に変換される。この黄色の光が元の青の光と混じり、白色になるのだ。

蛍光という言葉からホタルを連想し、自らが光ると誤解する人が多い。しかし、蛍光物質は自ら光ることはない。また、蛍光物質を含む塗料を**蛍光塗料**と呼ぶが、これも**夜光塗料**と混同されやすい。夜光塗料は光を蓄積（**蓄光**）する。夜光塗料が塗られた場所は蓄光によって暗所でも光る。時計の文字盤に利用されているので有名だ。

蛍光ペンで書いても下の文字が透けて見えるのは、サインペンに比べてインクの中の顔料や染料の量が少ないから。水彩絵の具を薄めて塗ると、画用紙の地が透けるのと同じ原理だ。

では、蛍光とまぎらわしい「ホタルの光」は何が光っているのだろう。ホタルが光るのは**生物ルミネッセンス**と呼ばれるもので、新世代テレビのパネルとして有名な有機EL（エレクトロルミネッセンス）のしくみと似ている。ある物質は電気や化学のエネルギーを受け取ると、特有な光に変換する。この現象を**ルミネッセンス**と呼ぶが、ホタルはそのような物質を体内で合成しているのだ。

蛍光ペンのインクが光るしくみ

普通のインクと蛍光ペンのインクの違いを見てみよう。蛍光ペンのインクが明るく感じられるのは、反射光以外に蛍光の援軍を得ているからだ。

◉黄色の普通のインク

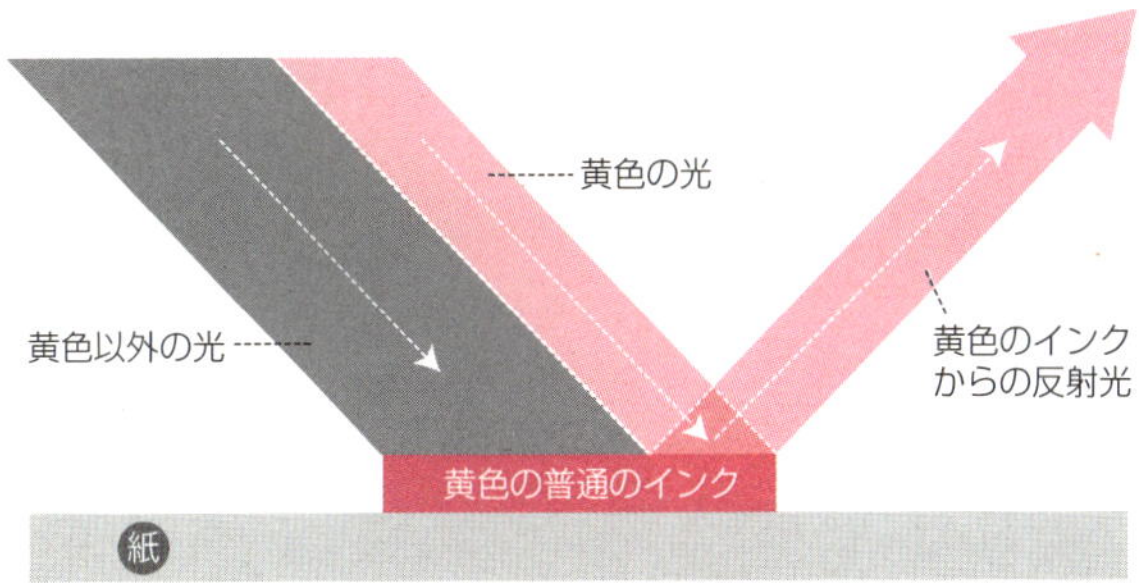

◉黄色の蛍光ペンのインク

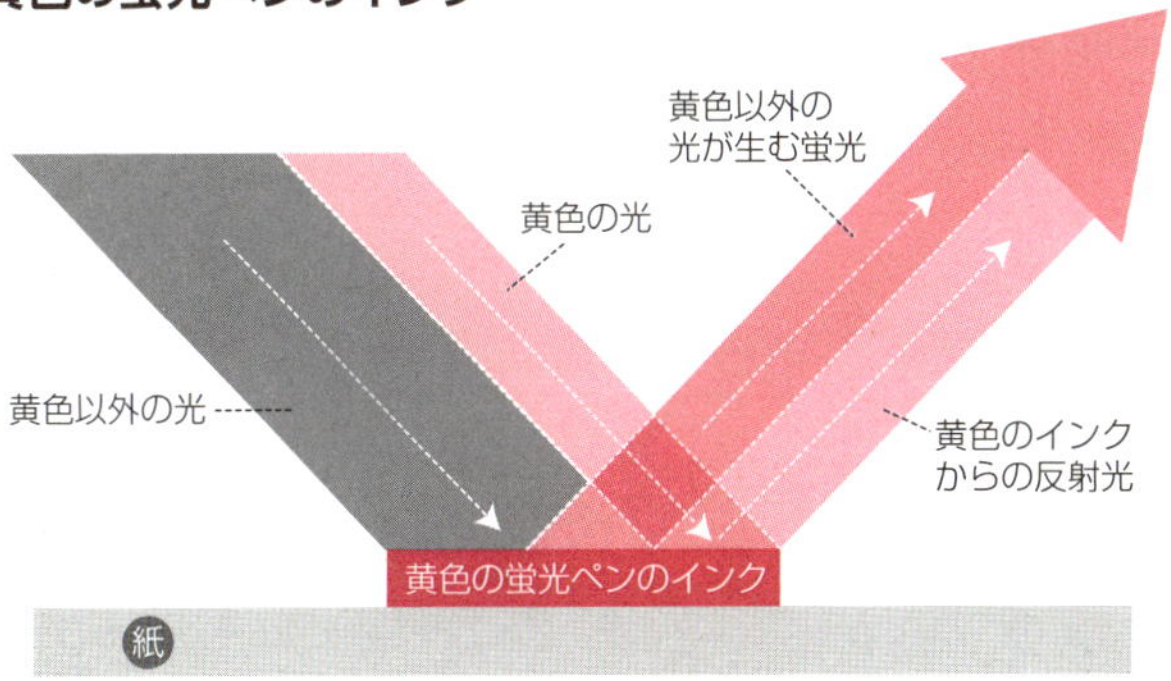

Technology 085

消しゴム

消しゴムといっても、今はゴムではなくプラスチック製のものが主流。そもそも、なぜ鉛筆の字は消しゴムで消せるのか。

最初の消しゴムは、1772年にロンドンで製品化されたという。一方、1564年に黒鉛が発見され、ほどなくそれを棒に挟んだ鉛筆の原形が発明された。その発見から消しゴムの発見までには大きなタイムラグがある。人類はベストの組み合わせを発見するのに、ずいぶんと時間を要したことになる。

さて、消しゴムで鉛筆の字が消せるのはなぜだろうか。その秘密は黒鉛粒子と紙との関係にある。鉛筆で紙に書いた点や線は、紙の表面に黒鉛の粉末が付着しているだけの状態だ（336ページ）。そこで、こすってはぎ落とせば字は消える。しかし、こするだけでは字は消えない。拡散してしまうからだ。消しゴムは黒鉛の粉末を中に絡め取り、消しくずとしてま

消しゴムで文字が消せるしくみ

紙に書かれた文字が消しゴムで消せるしくみは、鉛筆とインクで異なる。鉛筆の場合は紙の上の黒鉛を絡め取り、インクの場合は紙の繊維ごと削っているのだ。

◉鉛筆の場合

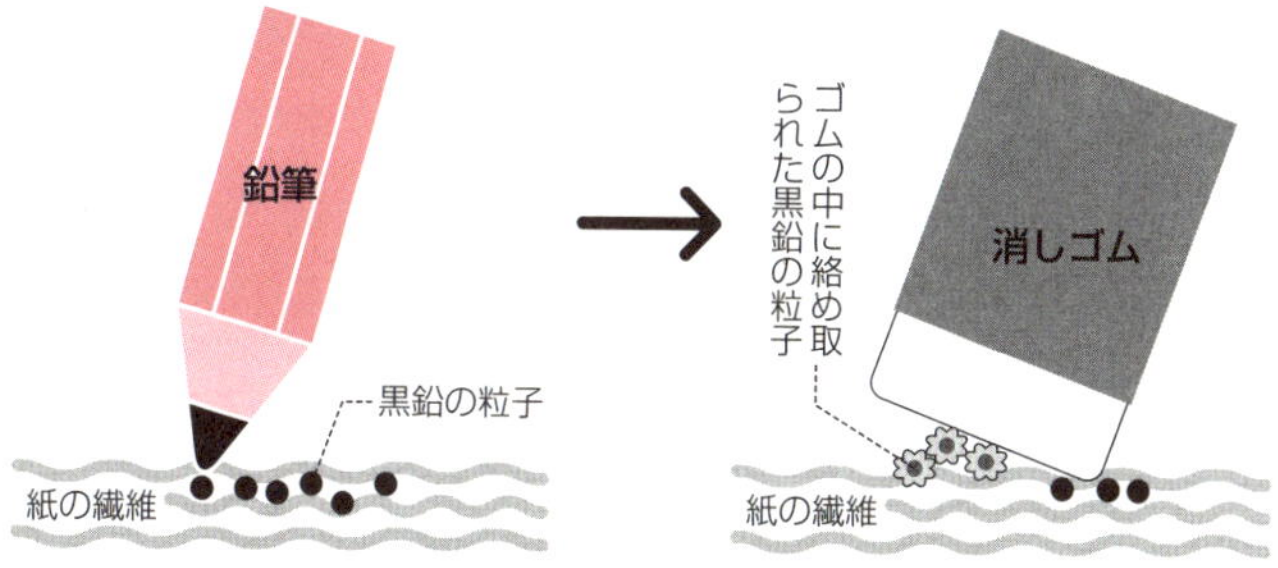

鉛筆で書いた字は、紙の繊維に黒鉛の粒子が絡まっている状態。

消しゴムで紙をこすることで、黒鉛の粒子を絡め取る。

◉インクの場合

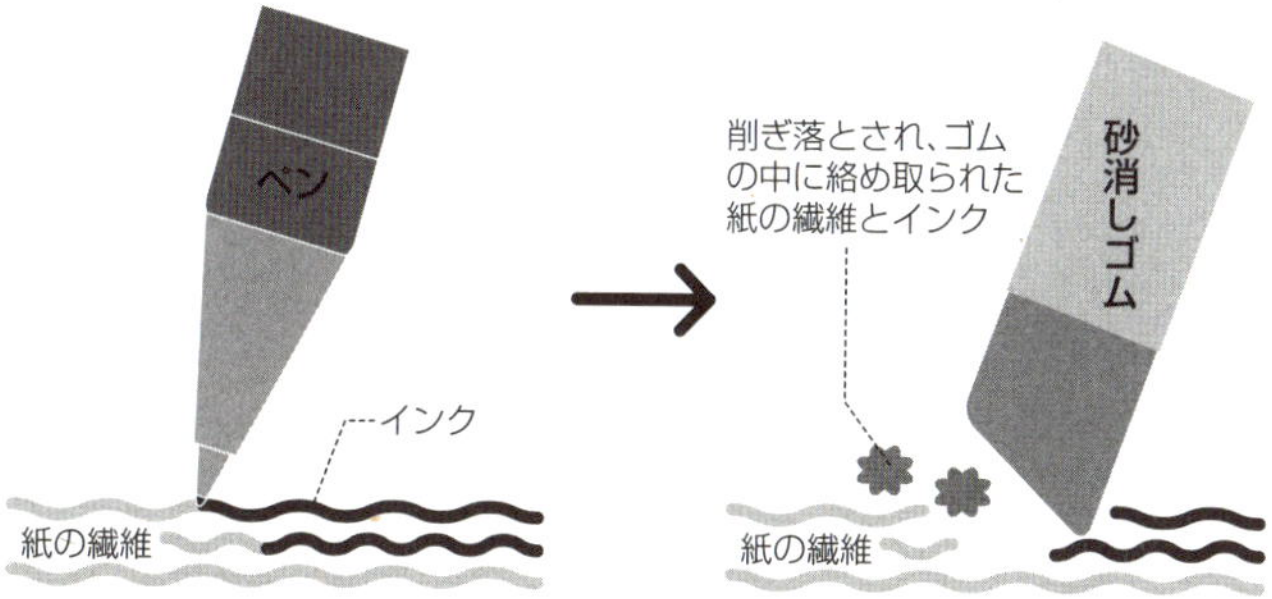

ペンで書いた字は、インクが紙の繊維に染み込んだ状態。

染み込んだインクを消すには、砂消しゴムで削ぎ落とすしかない。

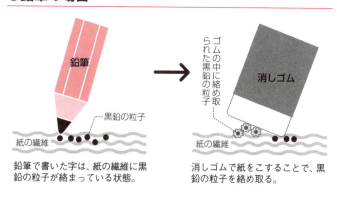

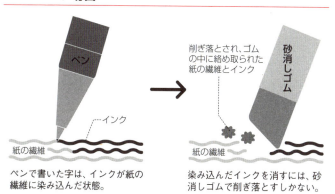

とめてくれる。これが消しゴムで鉛筆の字が消える秘密だ。

最近の消しゴムはプラスチックでできている。ゴムよりもよく消えるということで、急速にシェアを広げた。そこで、鉛筆の字を消すゴムやプラスチックは**字消し**と統一して呼ばれる。しかし、「消しゴム」のほうが通りがいい。

左ページにプラスチック消しゴムの製法を示したが、完成品は一つひとつ紙ケースに収められる。消しゴムのプラスチックは接触すると、再結合してしまうからである。

周知のように、インクで書かれた文字は消しゴムでは消せない。インクの文字は紙の繊維に染み込んでいるからだ。これを消すには**砂消しゴム**が必要となる。ゴムに含まれる砂で、染み込んだインクを紙から削ぎ落とすのだ。もっとも、最近は修正液や修正テープのほうが手軽で人気ではある。

近年、消しゴムにもさまざまな工夫が凝《こ》らされている。例えば「カドケシ」と命名された消しゴムは何度も新しいカドで消すことができ、細かいところを消すのにたいへん便利だ。また「ブラック消しゴム」と呼ばれるものは、黒いプラスチックを利用して、ゴム部分の汚れが目立たずきれいに使える。また、消しクズが黒く見やすいため、片づけも容易である。

プラスチック消しゴムの作り方

プラスチック消しゴムの製造方法を見てみよう。消しゴムが紙のケースに入れられるのは、プラスチックの再結合を防ぐためだ。

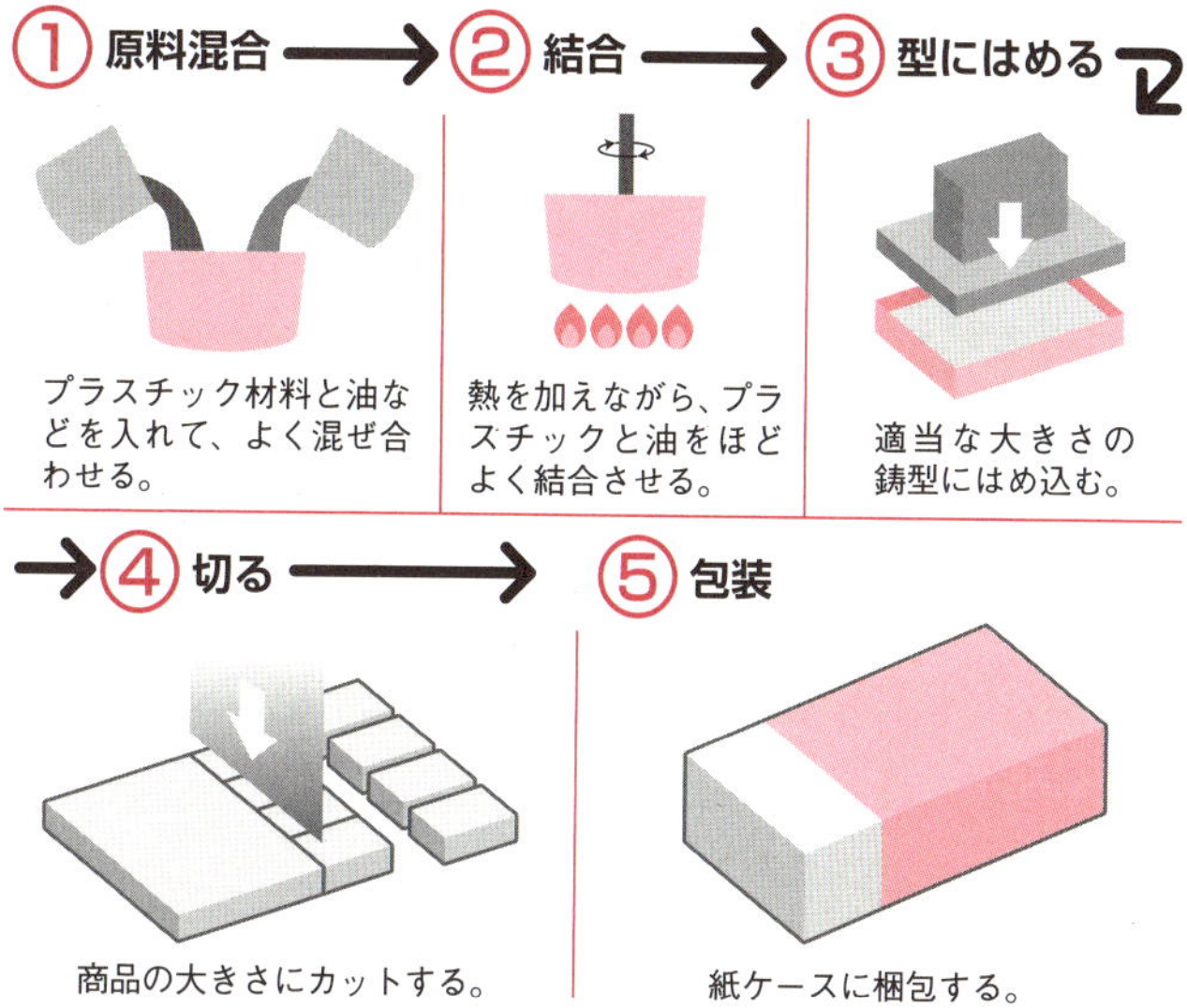

消しゴムケースの角に切り込みがある理由

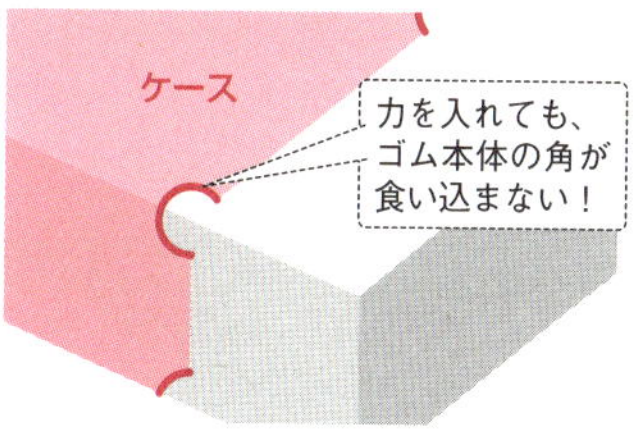

トンボ鉛筆の消しゴムをはじめ、消しゴムケースの角には切り込みが入れられていることがある。これは、強い力で消しゴムを押し当てた場合でも、消しゴム本体がケースの角に食い込むのを防止するための工夫だ。

Technology 086

修正液

ボールペンで書いた文字を消すのに便利なのが修正液である。修正液の白は、日焼け止めに使われる酸化チタンだ。

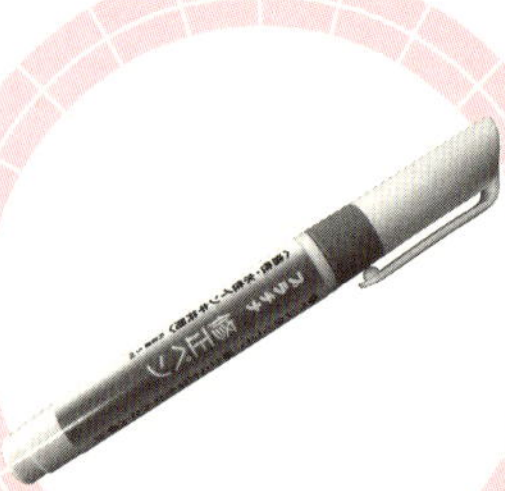

インクで書いた文字やイラストを修正するのに便利なのが修正液。発売当初は刷毛《はけ》で修正箇所を塗りつぶすタイプが主であったが、現在ではペンタイプが一般的になっている。また、テープ形式も人気だ。

修正液の成分には、溶剤として**メチルシクロヘキサン**が、字を消すための白の顔料として**酸化チタン**が、その顔料を固まらせるための固着剤としてアクリル系の樹脂が利用されている。顔料の酸化チタンは重く、放置しておくと溶剤の中で分離して沈んでしまう。そこで、長く放置した修正液は、上部に透明の溶剤が集まり、使い物にならなくなる。そんなときは、使用前にキャップをしてよく振ることだ。ペンタイプの修正液には攪拌用《かくはんよう》の玉が入ってい

修正液の作り方

白い粉の主成分は酸化チタン。この白が紙の字を隠す。溶剤はすぐ乾くものが利用され、メチルシクロヘキサンという物質がよく使われる。樹脂は、乾いたとき、白い粉が紙に定着するためのもので、アクリル系樹脂などが利用される。

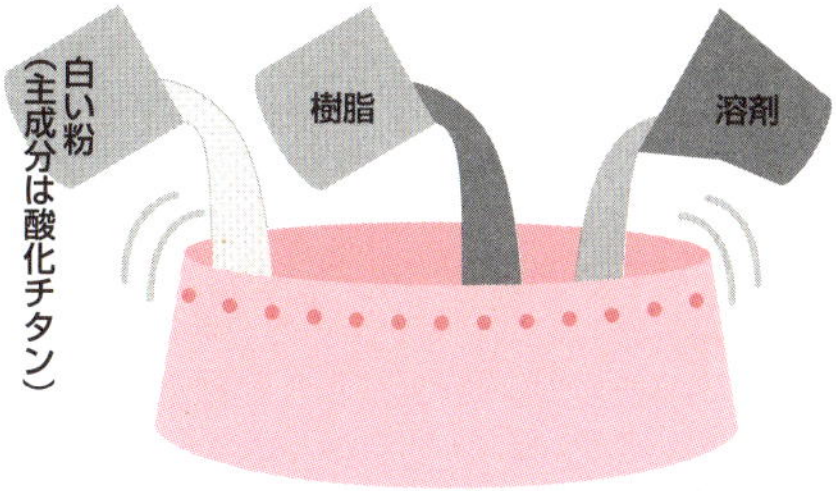

修正ペンのしくみ

修正液の成分の酸化チタンは溶剤と混ざりにくいので、よく攪拌させるために玉が入っている。使用前によく振るのはこのためだ。

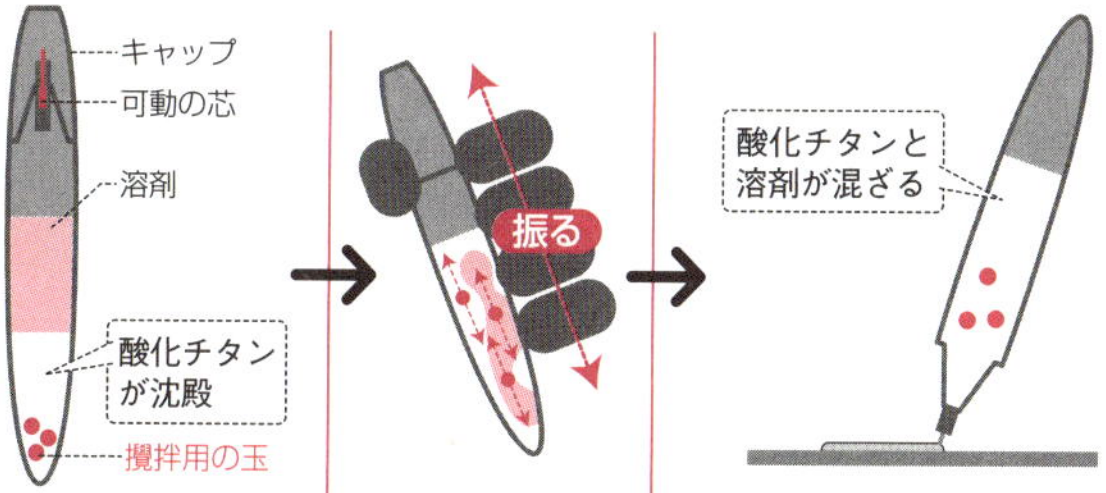

使用していない修正ペンの内部は、酸化チタンが沈殿している。このまま使うと溶剤と混ざらず、文字が消せない。

修正ペンを振ると、球が溶剤と酸化チタンを攪拌される。

酸化チタンと溶剤が混じった状態になり、キレイに文字が消える。下向きで保管すると酸化チタンが固まり、修正液が出なくなるので注意。

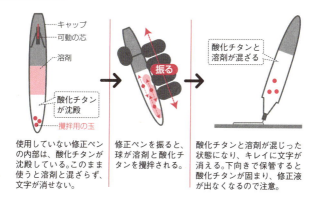

て、振るとカタカタ鳴る。よく鳴らしてから利用しよう。

修正液で注意すべきことは、消す文字を書いたインクとの相性だ。相性が悪いと、消したい文字のインクが浮き出て、かえって汚くなってしまう。使う前に相性を確認しておきたい。

日常生活の中で「白」はすべての色の基礎となっているが、**酸化チタン**にまさる白はないといわれる。そこで、修正液では酸化チタンが白の原料として利用されている。絵の具でも白の顔料としては酸化チタンがよく用いられる。余談だが、酸化チタンは多少高価なので、安価な絵の具には酸化亜鉛がよく代用されている。

「酸化チタン」という言葉には、文具以外でも聞き覚えのある人も多いと思う。化粧のファンデーションや日焼け止めクリーム、抗菌剤に利用されているからだ。酸化チタンには不思議な性質があり、光に当たると分解作用や親水作用の触媒《しょくばい》として働く。触媒とは、自らは変化せずにほかの化学変化を促進する性質を持つ物質のこと。光の作用で触媒作用が生まれるものを**光触媒**と呼ぶが、酸化チタンはその代表だ。「掃除不要のトイレ」「汚れない塗装」「曇らない鏡」などの材料として、その性質は多様な分野で活用されている。

修正テープの構造

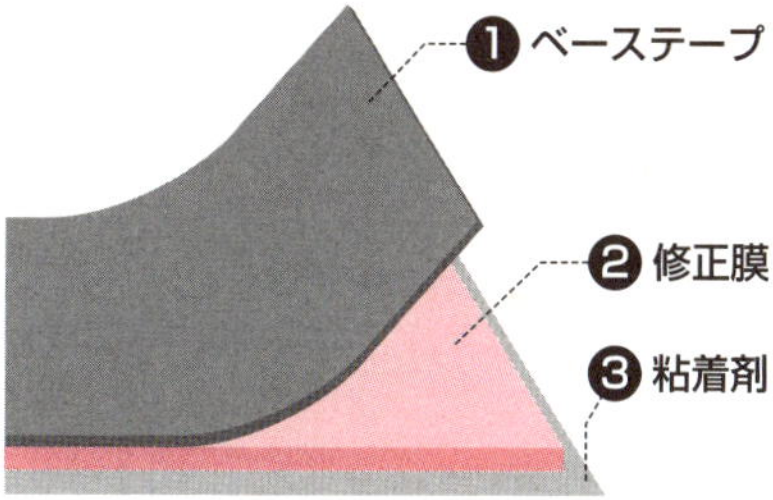

修正テープは3層からなる。ベーステープは修正膜と粘着剤をのせるもので、紙やプラスチックフィルムが用いられている。修正膜は修正液と似たものが利用される。粘着剤は修正膜を修正する紙に接着させる。

修正テープ本体の内部構造

基本的にはふたつのリールとヘッドからできている。使用済みテープを巻き取るリール上のテープは、紙に白インクと糊を接着した後なので、生テープのリールより多少薄い。

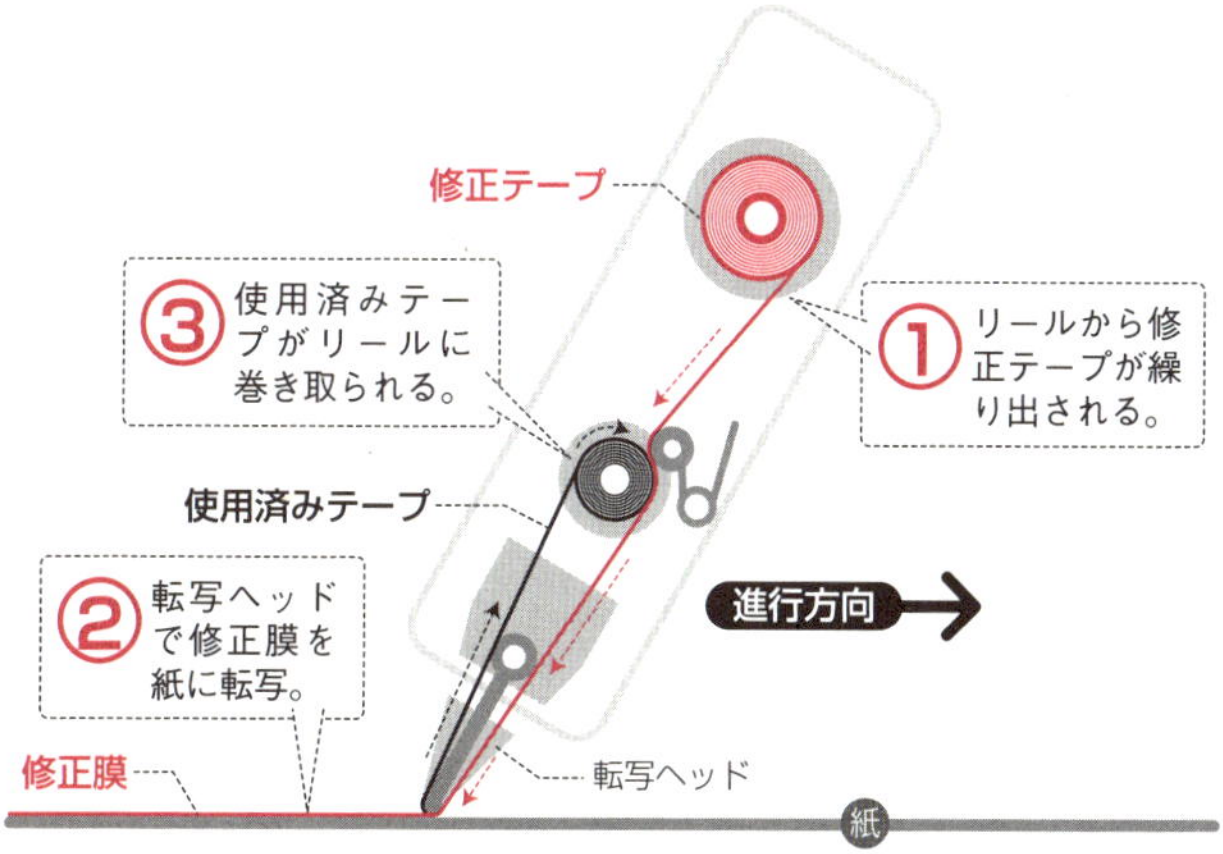

Technology 087

瞬間接着剤

モノを壊したときの力強い助っ人が瞬間接着剤。瞬く間に壊れた部分を貼りつけてくれる。その瞬間の秘密は水分にある。

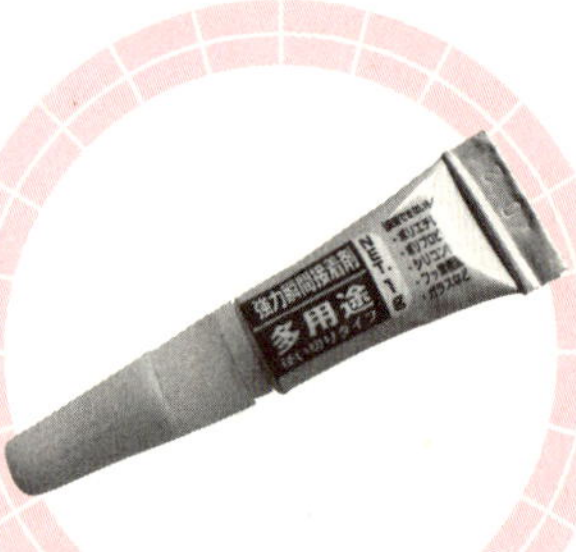

瞬間接着剤がモノを瞬間的に接着するしくみを調べる前に、接着剤の基本を知っておこう。

接着剤は液体であり、接着対象のふたつの表面に広がりなじんで分子レベルで結合する。そして、乾燥して固化することでしっかりと2面をくっつける。このしくみからわかるように、接着剤は最初は液体、そして塗った後は固体になる。

接着の時間を大きく決定するのは液体の固化である。瞬間接着剤はこの「固まる」動作が一瞬の接着剤なのだ。では、どうやって一瞬に固化するのか。秘密は空気中の水分にある。

空気中の水分に触れると瞬間的に固まる物質を、瞬間接着剤は利用しているのだ。

普通の生活の環境では、常に空気中に湿気があり、モノの表面はわずかながら湿っている。

瞬間接着剤のしくみ

文字通り、モノを“瞬間的”に接着してくれる瞬間接着剤。
液体が瞬時に固化する秘密は、空気中の水分にある。

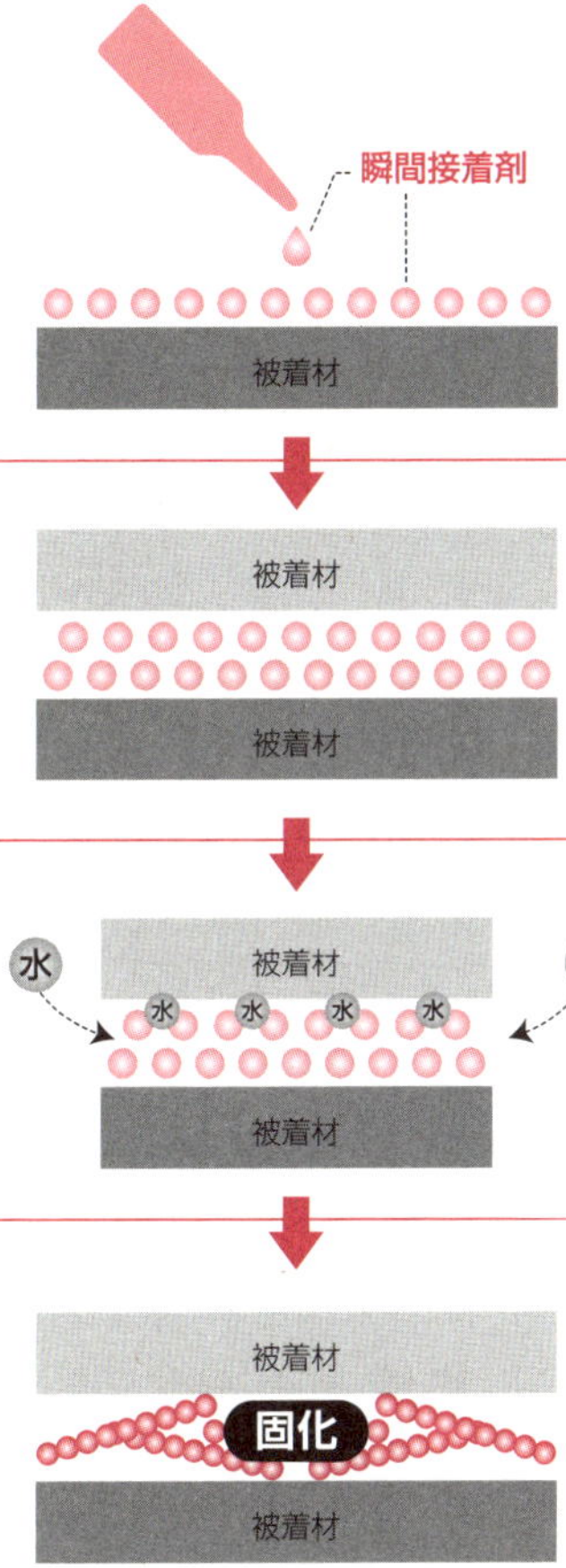

① 瞬間接着剤を塗る。液体の接着剤は被接着面に広がり、しっかりとなじむ。

② ２枚の被接着面を合わせる。

③ 被接着面上の水分や空気中の水分に瞬間接着剤が反応し、急速に固化する。有機化合物のシアノアクリレートなどがこの性質を持つ。

④ 接着剤が固まり、２面は接着される。

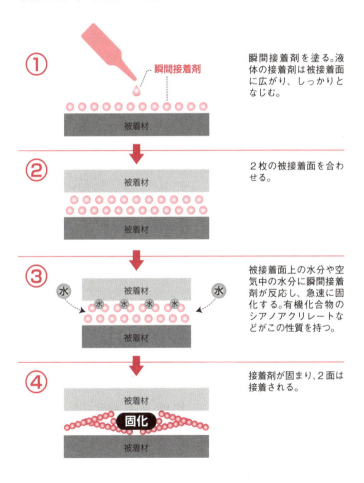

瞬間接着剤はそのわずかな水分をきっかけとして、一瞬にして固まってしまうのだ。

瞬間接着剤の代名詞になっているアロンアルファでしくみを見てみよう。主成分は**シアノアクリレート**と呼ばれる物質だ。この物質はまさに先ほど述べた「水分に触れると固まる」という性質がある。通常は液体の状態で分子がバラバラの分子（モノマー）になっているが、空気中の水分に触れると瞬間的に分子同士が手をつなぎ、固まって固体（ポリマー）になる。こうして瞬間接着が可能になるのである。

この水分に相当するものを化学の世界では**触媒**《しょくばい》と呼ぶ。化学反応の速度を速めるが、自らは反応しない物質のことだ。化学工業の世界で、触媒はとても重要である。モノを作る時に時間の尺度が重要だからだ。早く製造できなければ、いくらいい製品でも工業的には意味がない。そこで触媒が利用されるのである。

身のまわりの触媒として有名なものに、灰がある。燃え残りの灰はそれ以上燃焼することはないが、燃焼を促進できるのだ。例えば、角砂糖はそのままでは火をつけても燃えないが、灰をまぶして火をつけると燃え始める。これが灰の触媒作用である。

ミクロで見た接着のしくみ

瞬間接着剤が固化するメカニズムを、ここでは「ミクロの視点」で見てみよう。

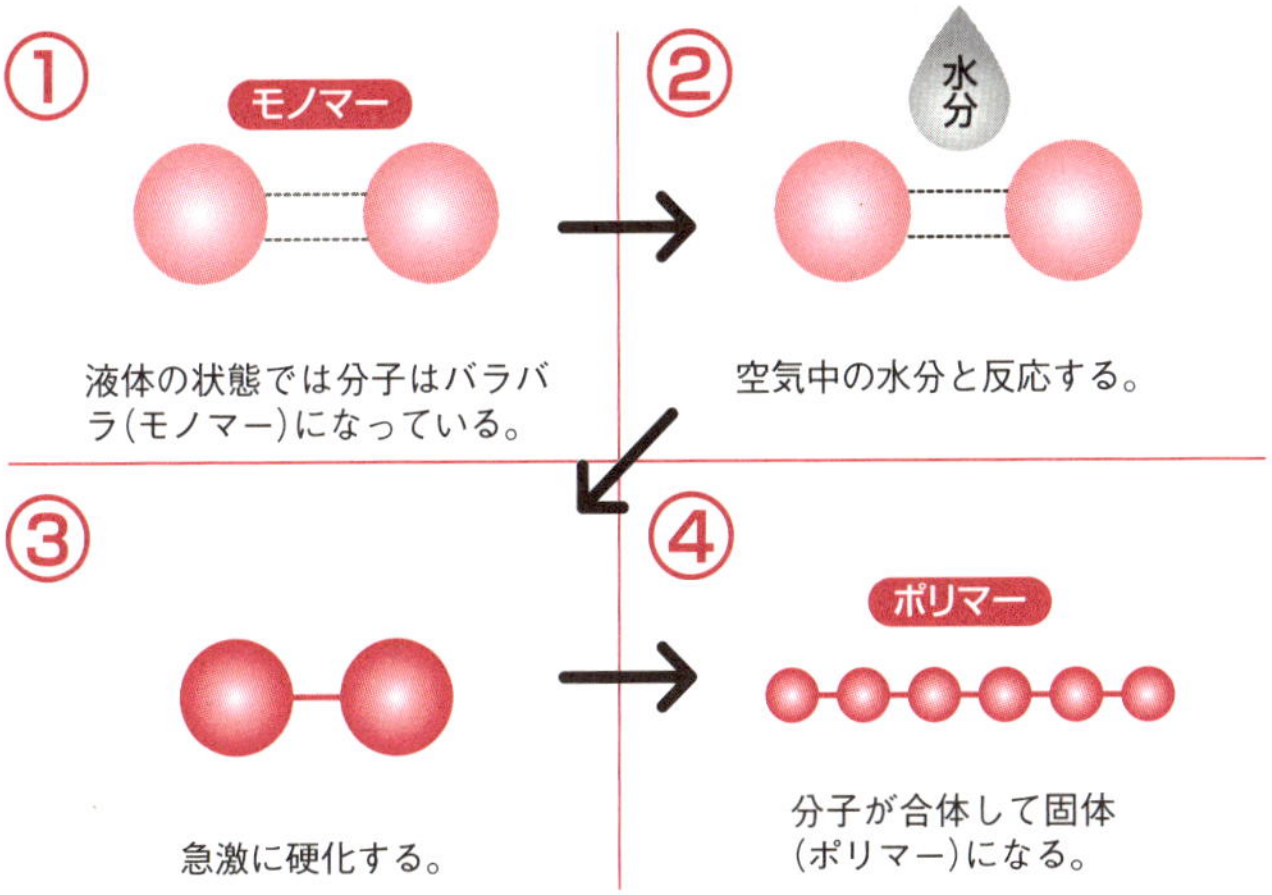

灰の触媒作用

化学反応を早めるが、自らは反応しない物質のことを「触媒」という。下図のような角砂糖を用いた実験では、灰の中の炭酸カリウムが燃焼の触媒になっている。

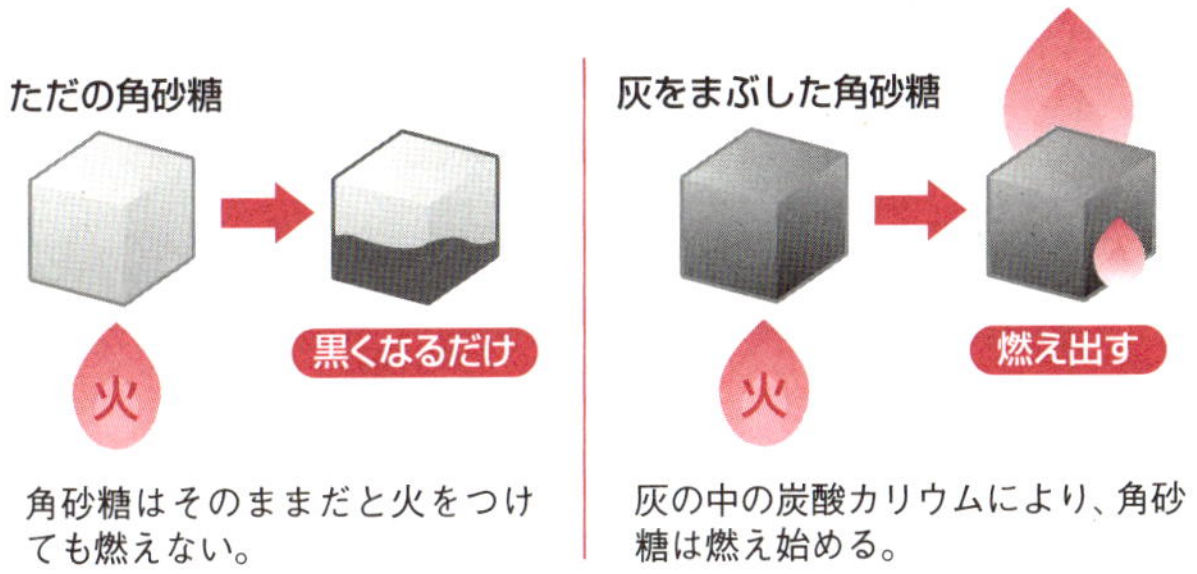

Technology 088

ポスト・イット

覚書や学習のメモ書きなどに欠かせないポスト・イット。机や本、ノートにペタペタ貼れて、すぐにはがせるので便利だ。

ポスト・イットは米国3M《スリーエム》の商標で、一般名詞は**粘着メモ**（**付箋**《ふせん》）。しかし、商標のほうが通りがいい。どうして何度もくっつき、きれいにはがせるのか。この秘密を知るには、開発の歴史をたどるとわかりやすい。

今から半世紀ほど前、接着剤を研究する3Mの研究者の一人が、開発の過程ではがれやすい粘着剤を偶然作成した。接着剤の研究者としては、当然強く接着するものを期待し、「失敗作」と思ったが、気になって調べてみると、粘着剤の分子が球状になって均一に分散していることがわかった。粘着剤の分子が球形となって並べば、くっつけたりはがせたりする糊になることが発見されたのである。

付箋を貼ってはがせるしくみ

一度貼った付箋が簡単にはがせるのは、糊となる粘着剤の構造が球状のため、被着体と接する面積が小さいからだ。

①接着前

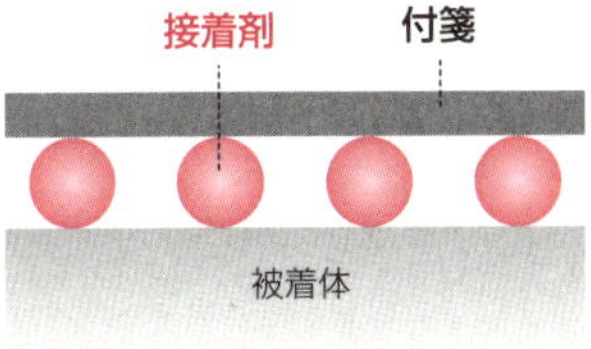

付箋を紙などの被着体に貼る前は、接着剤が球状になっている。

②接着

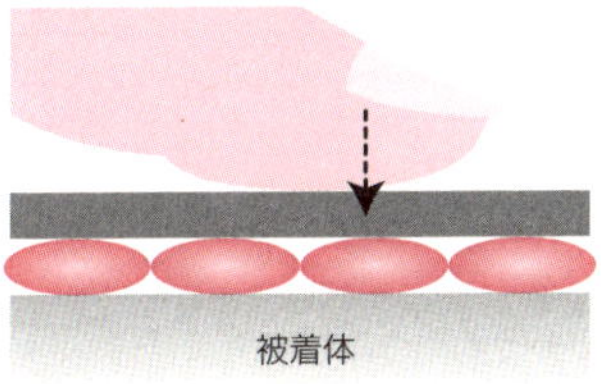

上から指で圧力を加えると、球が横に広がり被着体にくっつく。

③はがす

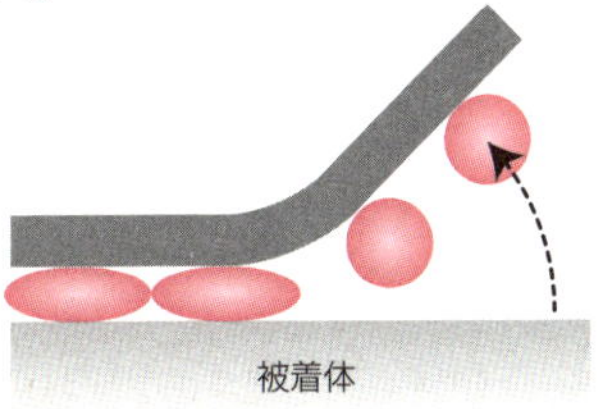

引っ張ると、糊が元の球状に戻ってきれいにはがれる。

これには後日談がある。この粘着剤がすぐに付箋と結びついたわけではない。当初、使い道が不明で、3Mの社内でこの糊の用途を公募しても、企画が出なかったのだ。それから5年後、開発者とは別の研究員が合唱で歌う最中、挟んでいた栞《しおり》を落とした。このとき閃《ひらめ》いたのだ。「貼ってはがせる用紙があると便利」と。1974年、ポスト・イット誕生の瞬間である。

この「貼ってはがせる」糊を利用した製品は、多方面で活躍している。例えば、紙切れを付箋に変える「はがせるスティック糊」や、ボードに画びょうやマグネットのように紙を掲示できる「粘着グミ」(「粘着画びょう」ともいう)がそうだ。また、文具以外でも利用されている。例えば掃除用具の「コロコロ」。くっついてはがれるというポスト・イットの粘着剤の性質を上手に生かした商品である。2種の粘着剤のついた円筒をコロコロ回転することで、ゴミを吸着するしくみだ。

ポスト・イットの内容をスマートフォンで撮影し、それをメモ編集で有名なクラウドサービス「エバーノート」に取り込む、というデジタル文具としての利用も話題である。ポスト・イットのメモ書きをデジタル化して整理し、分類や検索ができるようになるのだ。

Technology 089

ステープラー

書類綴《と》じの必須文具の一つがステープラーである。日本では「ホッチキス」と呼んだほうが通りがいいだろう。

小型のステープラーが日本で発売されたのは１９５２年。**ホッチキス**の商品名を冠されたこの文具は、またたく間に世に広まった。以来、ステープラーという一般名詞よりもこの商品名のほうが通りはいい。

ステープラーの基本的なしくみは、今も昔も変わらない。金属加工でいうプレス加工を専用の針に施しているのである。**ドライバー**と呼ばれる板の力で**クリンチャ**という金型部分に針が押しつけられ、メガネのような形に曲げられる。こうして紙は綴じられるが、この一連の動作をクリンチと呼ぶ。

従来のステープラーでクリンチされた針はメガネの形をしていた。そのため、書類を綴じて何部も積み重ねると、針の部分だけが厚くなって重ねづらい。

そこで、**フラットクリンチ**（または**フラット綴じ**）と呼ばれる針の曲げ方が人気を呼んでいる。ガイドの金属板を取りつけることで針先がフラットに曲げられるようになったもので、おかげで綴じた書類を何部重ねても、書類を平らに置くことが可能になった。

ところで、針はどのように製造されるのだろうか。材料となる針金をメッキして針金にした後に、意外かもしれないが、接着剤でくっつけて完成しているのである。クリンチするたびに接着された針が1本1本はがれていくのはそのためだ。

不要書類をリサイクルする際、「ステープラーの針取りが面倒」という嘆きも聞かれる。しかし、鉄針は再生紙をつくる際に邪魔にはならないという。古紙は水に溶かされドロドロになるため、比重の重い鉄は簡単に除去されるからだ。ステープラーの針箱に「ホッチキス針は古紙の再生紙工程で支障ありません」と記載されているものがあるのは、これが理由だ。

普及してから還暦を過ぎたステープラーだが、最近になって革命が起こっている。針のいらないもの、針が紙のもの、そして何十枚も軽く綴じられるものなど、これまでになかった新しいアイデアの新商品が次々と開発されているのだ。

クリンチのしくみ

プレス加工で金型に金属を押しつけるように、ドライバーがクリンチャに針を押し込むようになっている。

①貫通初期　→　②クリンチ開始　→　③クリンチ完了

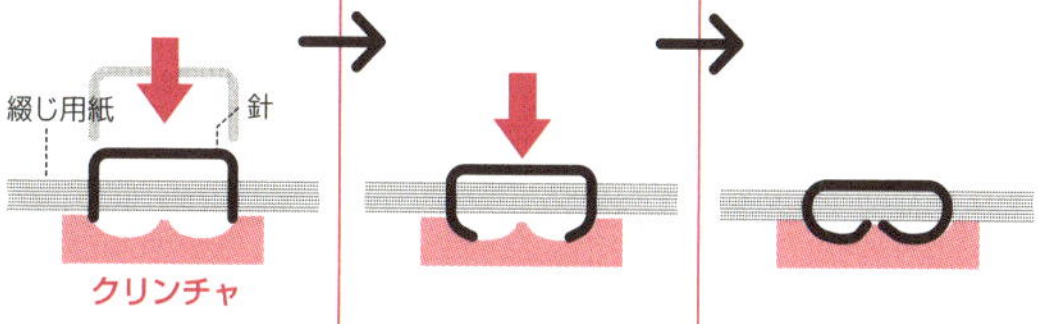

① 綴じ用紙に針が貫通する。

② さらに針が押し込まれ、紙をしっかりと固定する。

③ さらに針が押し込まれ、紙をしっかりと固定する。

フラットクリンチのしくみ

従来のステープラーは針をクリンチャでメガネのような形に曲げていた。フラットクリンチは、針の曲げ方を文字通りフラット（平ら）にしたものだ。

①貫通初期　→　②クリンチ開始　→　③クリンチ完了

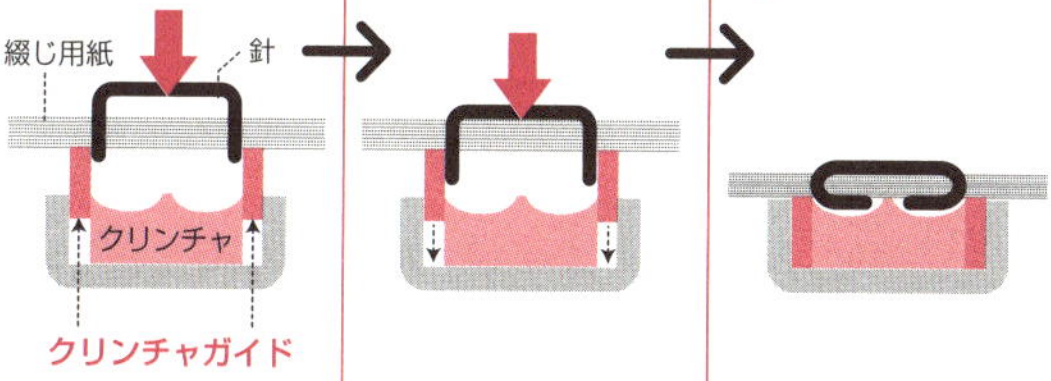

① 綴じ用紙に針が貫通する。

② クリンチャガイドが針をまっすぐに押し込む。

③ クリンチャが上がって、綴じ裏が平らになる。

●従来のクリンチの欠点とフラットクリンチのメリット

クリンチした書類を積み重ねると、すわりが悪いが、フラットクリンチでクリンチした書類を積み重ねると、フラットになる。

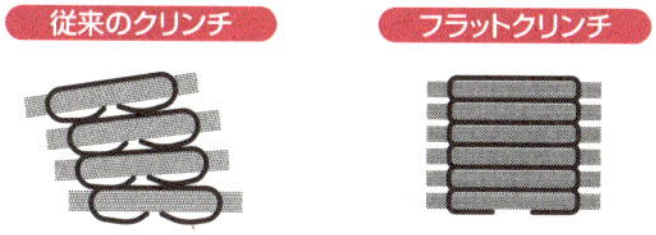

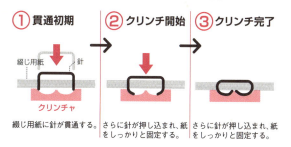

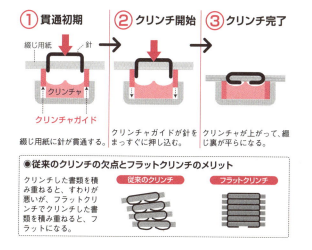

Technology 090

黒板

黒板と呼ばれているが、今の黒板はグリーンが普通。ところで、表面に字が書けるのはどうしてだろうか。

黒板は明治初期に輸入されたが、その名称は英語の「ブラックボード」の直訳である。実際、昔の黒板の表面は黒かった。昭和の中頃に表面の塗料が改良され、目に優しいグリーンの黒板が採用されるようになった。

チョークで文字が書ける秘密は黒板の表面の構造にある。表面は、ミクロに見ると細かく硬い凹凸からできている。白い粉を固めて作ったチョークをこすりつけると、はがれた粉が黒板表面の凹凸に残る。その白粉が黒板の白い文字になるのだ。このしくみのおかげで、チョークの文字は黒板消しでふき取ることができる。これらは、紙に鉛筆で文字を書き、消しゴムで消せるしくみによく似ている。

黒板にチョークで書けるしくみ

黒板表面の塗装は、完全な平面ではなくザラザラしている。このザラザラがチョークの粉を削り取っている。

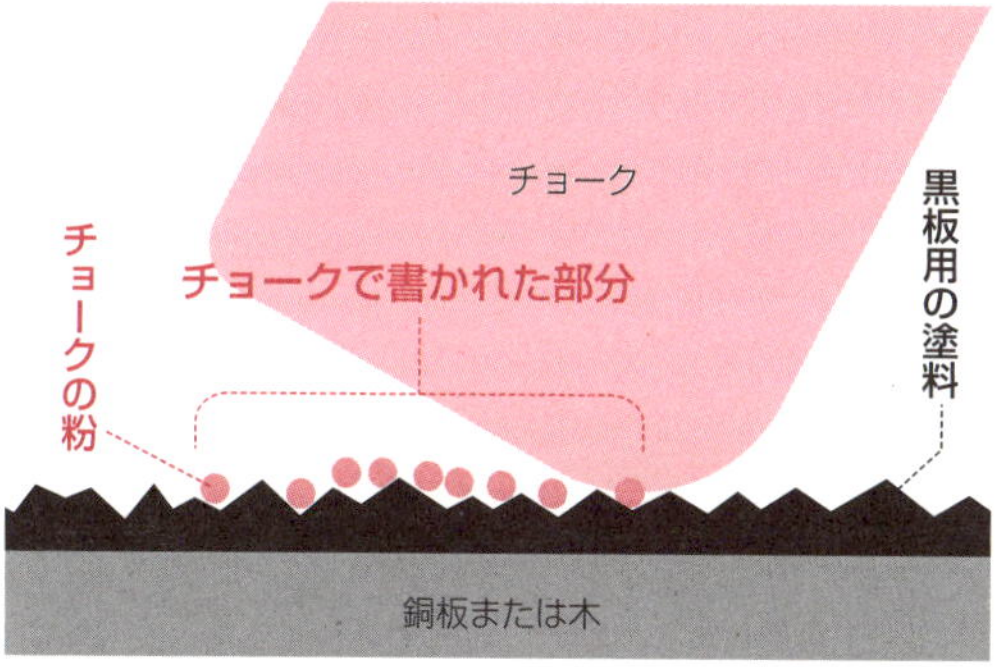

摩擦の原因

黒板の表面をミクロに見ると、黒板表面の塗装とチョークとの接触点で、凝着部分と掘り起こし部分が見られる。これが凝着摩擦と、掘り起こし摩擦の原因だ。

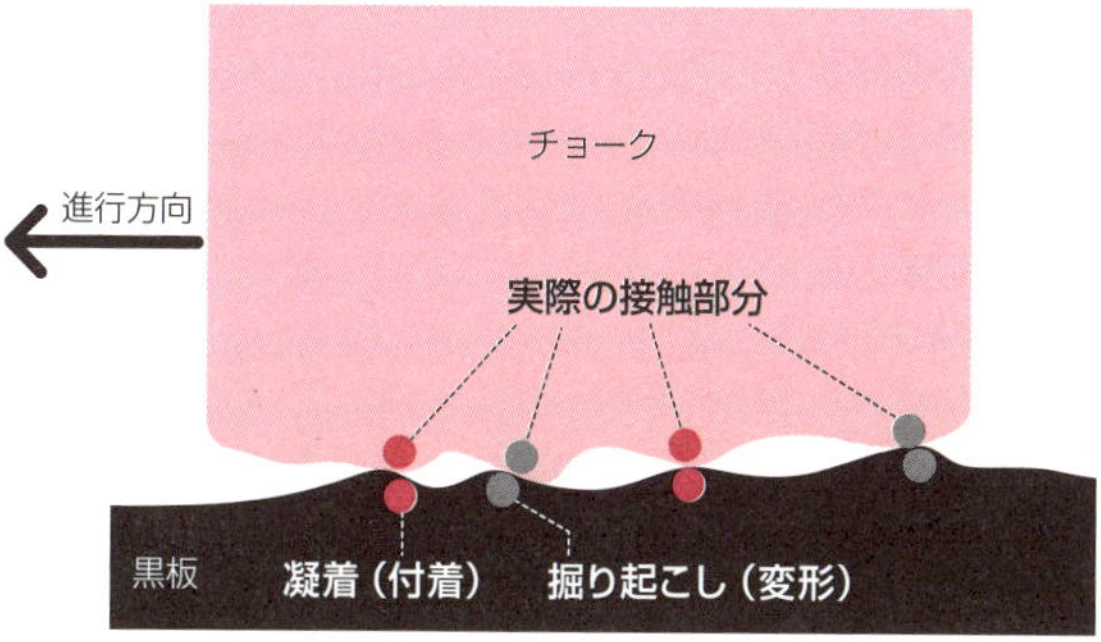

さて、チョークで黒板に書くときには、軽い摩擦《まさつ》の力を感じる。チョークの塊《かたまり》を粉末にするための摩擦力だが、この力の正体は何だろう。摩擦は接触する表面が付着することによる摩擦（**凝着摩擦**《ぎょうちゃく》）と、変形することによる摩擦（**掘り起こし摩擦**）が主な源泉である。チョークと黒板の関係はまさにこの二者の摩擦のしくみを具現化している。チョークと黒板の接点で、チョークが黒板に付着したり（凝着摩擦）、黒板表面の凸部分から掘り起こされたり（掘り起こし摩擦）することで、文字が書けるのである。

次に、チョークについて調べよう。昔は**白墨**とも呼ばれたが、石膏《せっこう》製の軟らかいものと炭酸カルシウム製の硬いものとに分類される。当初はフランスから輸入された石膏製が使われていたが、後にアメリカから炭酸カルシウム製チョークが渡ってくると、石灰石を多く産する日本では、この炭酸カルシウム製が主流になった。また、以前捨てられていた貝殻や卵の殻も原料にできるので、炭酸カルシウムは自然にやさしいチョークにもなる。

蛇足だが、愛媛・宮崎・鹿児島の3県では黒板消しを「ラーフル」と呼ぶ。ラーフルとはオランダ語で「こする」の意味だが、どうして3県だけに文明開化以前の言葉が残ったかは謎という。

ホワイトボードマーカーにははく離剤が混じっている

ホワイトボードマーカーのインクには、溶剤（主にアルコール）、顔料、樹脂のほか、はく離剤も混じり合っている。文字が簡単に消せる秘密は、このはく離剤にある。

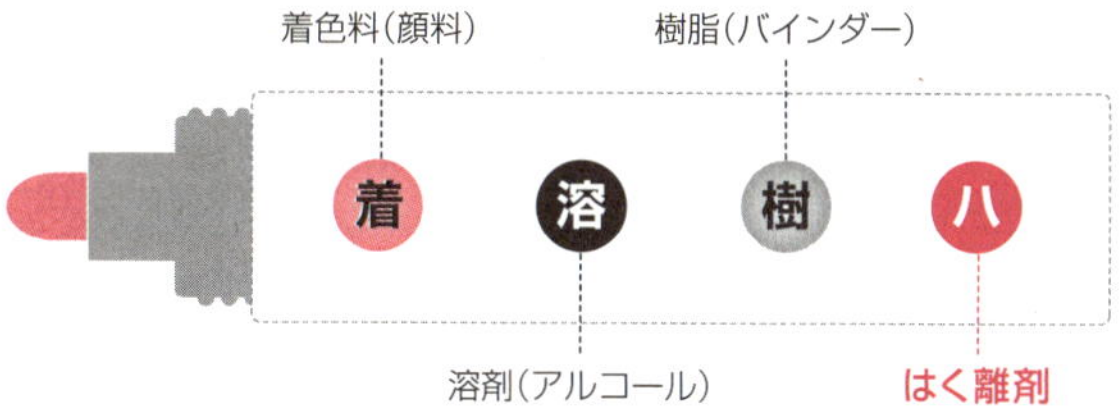

ホワイトボードマーカーが消えるしくみ

ホワイトボードに文字を書いた後、布やスポンジで拭くと文字が消える。これは、はく離剤のおかげで皮膜が「浮かんだ」状態になっているからだ。

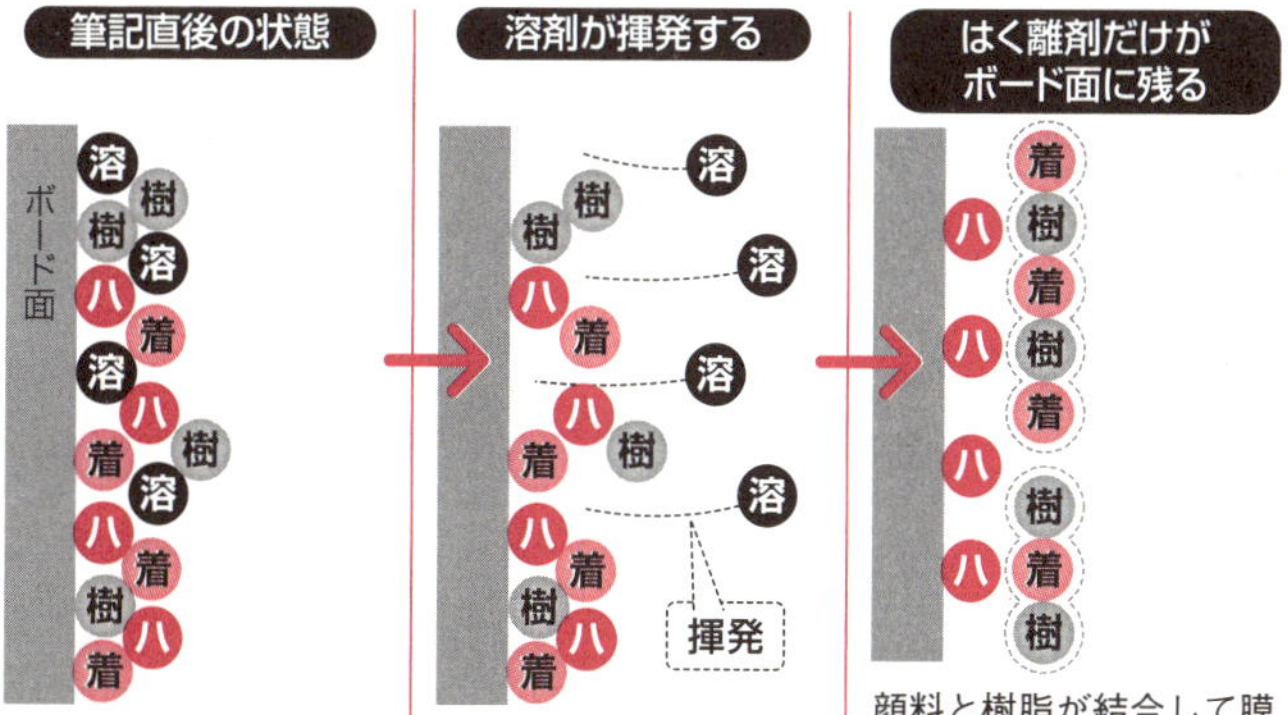

顔料、樹脂、アルコール、はく離剤のすべての物質が混じった状態でボードにのる。

ほどなく、インクの中の溶剤（アルコール）だけが揮発する。

顔料と樹脂が結合して膜を作り、はく離剤の上に浮いた状態になって固まる。こうして、インクがはがれやすくなっている。

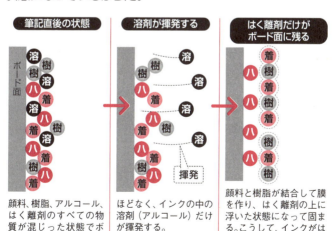

Technology 091

和紙

近年、〝特別な紙〟として和紙が人気だ。卒業証書や創作折り紙の素材として、伝統紙が再評価されているのだ。

明治時代に入るまで、日本で紙といえば和紙だった。パルプを用いた近代的製紙法が輸入されてから生産は激減したが、それでも和紙の人気は絶えることがない。その独特の風合いが、日本人の心を引きつけるのだろう。例えば、**千代紙**《ちよがみ》は紋《もん》や柄《がら》で飾られた和紙である。日本の伝統的な折り紙や紙人形の衣装、工芸品の装飾に用いられている。近年では、卒業証書に和紙を利用するのがブームになっている。

紙の製法が日本に伝わったのは、今から1400年近く前の飛鳥《あすか》時代の頃だ。それから改良が加えられ、現在の和紙に至っている。

和紙は現在大量に流通する紙（**洋紙**）とどこが違うのだろうか。どちらも植物から繊維質

和紙と洋紙の繊維

現在、大量に流通しているのは洋紙である。日本古来の和紙とはどのように違うのだろうか。

和紙

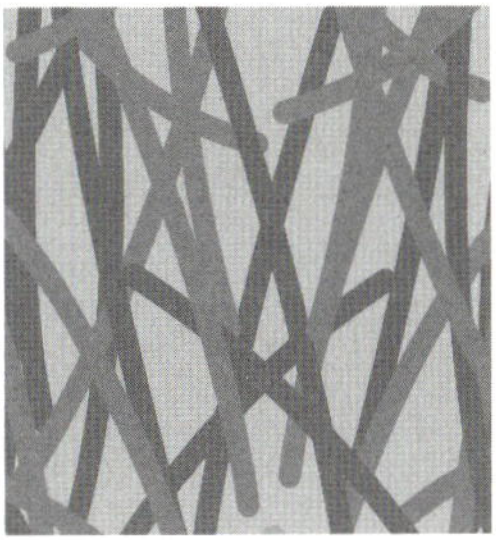

木の中皮部分の繊維。洋紙に比べて繊維が長く、表面は荒くて不均一。

洋紙

木質部分の繊維。和紙に比べて繊維が短く、表面は滑らかで均一。

植物繊維の結合

植物繊維の素はセルロースだが、それらは自然の力（水素結合）で弱くくっついている。紙を折ったり破ったりできるのは、この弱さに理由がある。また、紙が水に弱いのは、この力が水でほぐされてしまうからだ。

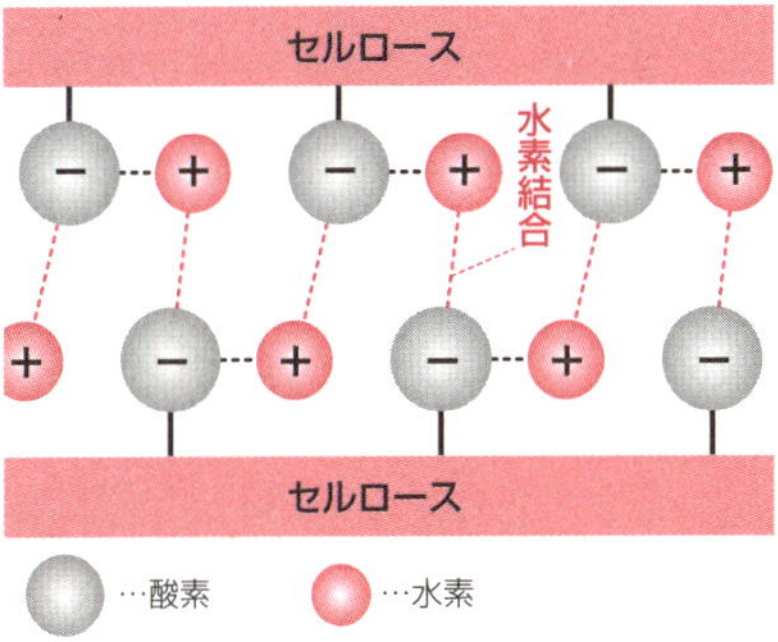

を取り出して抄《す》くことは同じだ。違いはその繊維の取り出し方にある。

和紙作りは、原料を煮て繊維を取り出し、叩《たた》いてほぐし、網ですくい上げ（これを**抄く**という）、乾燥させる。それに対して、現代の洋紙作りは木材を機械的にすりつぶし、薬品を加えて煮て植物繊維を取り出すのが主流だ。和紙はどちらかというと物理的に、洋紙は化学的に作られるのである。

この製造法からわかるように、和紙は繊維が長く、丈夫で劣化が少なく、保存性に優れている。それに比べ、洋紙は繊維が緻密で大量生産に向き、品質が均一で加工が容易だ。

ところで、紙はなぜ折ったり破ったりできるのだろう。それは原料の植物繊維が絡み合い、本来持っている接着力（**水素結合**という）でくっついてできているからだ。このくっつく力は物を近づけると生まれる力で、強くはない。紙が折ったり破ったりできるのは、ここに理由がある。強い力で結合しているなら、ガラスのように折ると壊れてしまう（この弱さを補強するために、製紙の際に糊成分を添加する）。

紙を水に浸すと弱くなってバラバラになる性質も、この結合の弱さで説明がつく。弱い結合は水でほぐされ、繊維同士がバラバラになるためだ。

Technology 092

インクジェット用紙

文具店に行ってインクジェット用の紙を買おうと思うと、多くの種類があることに気づく。どう違うのだろう。

年賀はがきには**インクジェット用紙**や**インクジェット写真用**が販売されている。また、文具店や家電量販店でプリンターの用紙を探すと、**マット紙**や**写真用紙**、**スーパーファイン紙**などが販売されている。これらはどんな用紙なのだろう。

インクジェット用紙の種類を理解するには、まず**塗工紙**《とこうし》を知る必要がある。パルプを抄《す》いてできた紙の表面には凹凸がある。そこで、表面をツルツルにするため、塗料を塗って化粧を施す。それが塗工紙だ。こうすることで表面の凹凸がなくなる。また、塗料が印刷インキを吸収するので、印刷がきれいに仕上がる。ちなみに、塗工紙でない原紙を**非塗工紙**と呼ぶ。コピー用紙やノートの紙は非塗工紙である。

塗工紙製造には抄紙工程にコート工程が加えられる。そのための機械を**コーター**と呼ぶが、そこで塗られる材料によって塗工紙は大きく光沢を抑えた**マットコート紙**と光沢感のあるグロスコート紙に分けられる。**グロスコート紙**よりさらに光沢感を出すために表面加工を施したものには**光沢紙**がある。

具体的に見てみよう。**スーパーファイン紙**は上質な普通紙で非塗工紙だ。文字印刷はきれいにできるが、写真には難がある。**マット紙**はマットコート紙の略で、ツヤ消し処理した塗工紙だ。年賀はがきのインクジェット紙はこれに相当する。**写真用紙**は光沢紙が利用されている。年賀はがきのインクジェット写真用がこれだ。

プリンターの印刷の仕上がりは用紙で決まる。デジカメの写真をきれいに印刷しようとするなら、専用のコーティングが施されたインクジェット専用紙の光沢紙が必要だ。光沢紙には、**高分子系のコート**を施したものと、**多孔性微粒子系のコート**を施したものがある。高分子系はゼラチンを、多孔性微粒子系はシリカゲルを想像してもらえればいい。これまでは高分子系の商品が主流だったが、今後はインクののりがよく速乾性の多孔性微粒子系の用紙が主流となっていくと考えられる。

グロスコート紙とマットコート紙

塗工紙は、光沢感のあるグロスコート紙と、光沢を抑えたマットコート紙に分類できる。それぞれの違いを見てみよう。

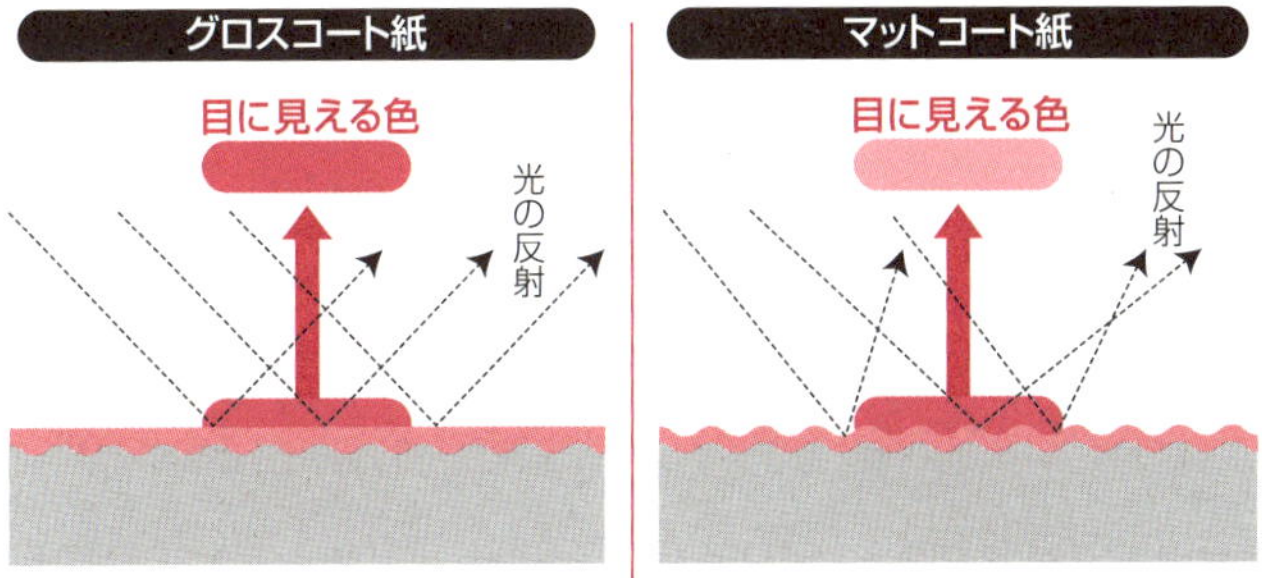

表面が滑らかなため、光の反射の関係で鮮やかな色再現と光沢が出る。

光の乱反射によって光沢が抑えられるよう、表面処理が施されている。

多孔性微粒子系コートと高分子系コート

インクジェット専用の光沢紙には、多孔性微粒子系のコートを施したものと、高分子系のコートを施したものがある。

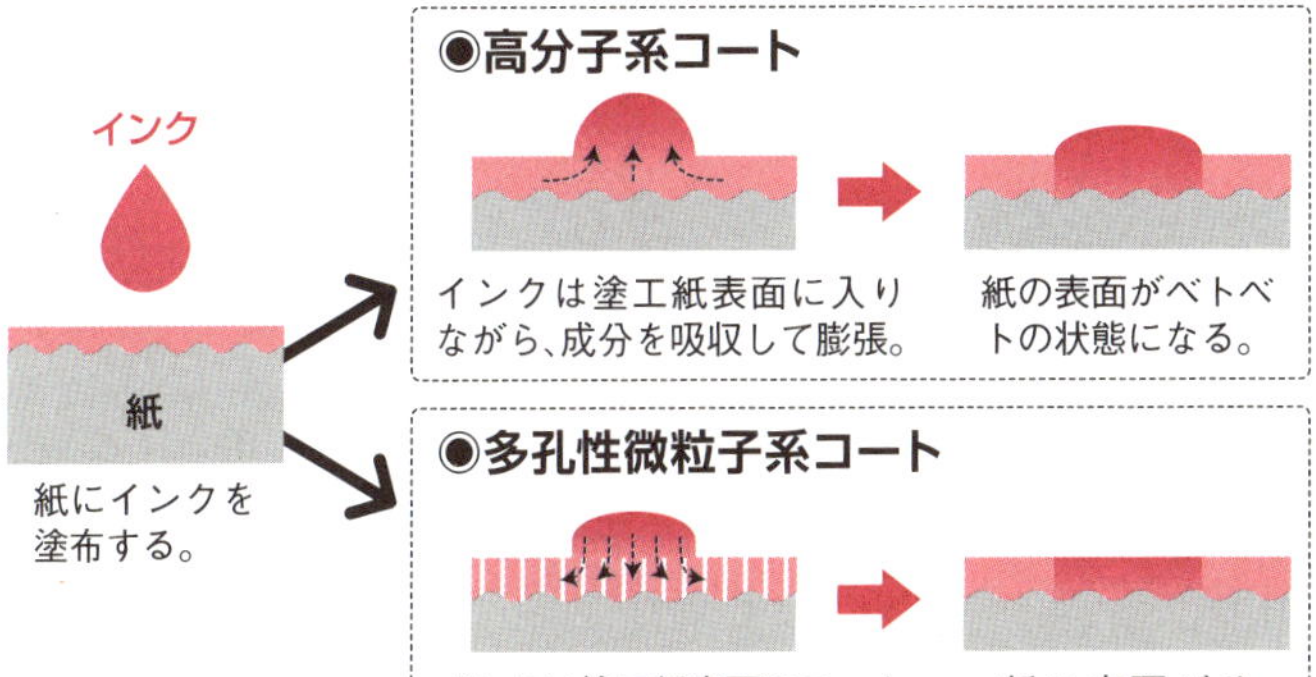

紙にインクを塗布する。

◉高分子系コート

インクは塗工紙表面に入りながら、成分を吸収して膨張。

紙の表面がベトベトの状態になる。

◉多孔性微粒子系コート

インクは塗工紙表面のコート剤の小さい隙間に入り込む。

紙の表面がサラサラになる。

Technology 093

ノーカーボン紙

複写式の領収書や納品書を受け取ると、ノーカーボン紙が利用されていることが多い。手が汚れず便利な紙だ。

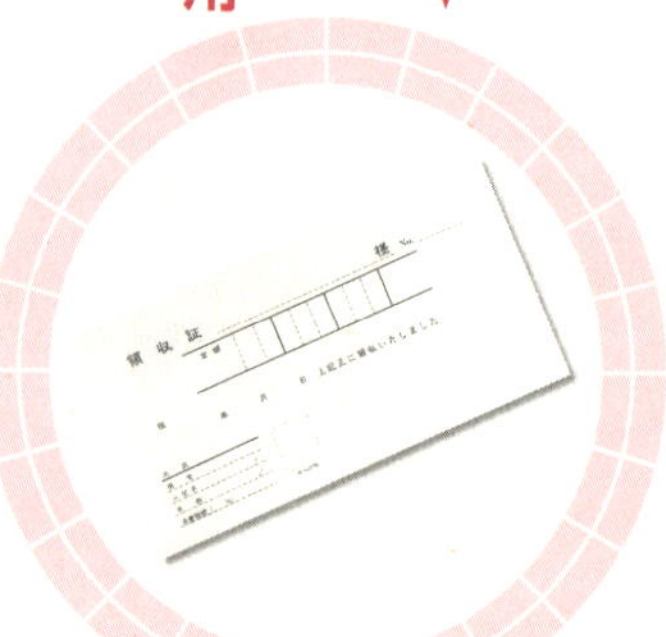

ノーカーボン紙は生活のさまざまなシーンで利用されている。銀行の振込用紙や宅配便の伝票など、控《ひか》えが必要な場所で活躍している。

ノーカーボン紙があるなら、当然**カーボン紙**もある。例えば宅配便の伝票で、自社用控えにこれが利用されている。1面の裏にカーボン（炭の粉）を塗り、筆圧で2面の紙に印字する方式だ。このしくみからわかるように安価だが、触ると手が汚れる場合がある。

カーボン紙で手が汚れるという問題を解消する製品がノーカーボン紙だ。1953年に米国で発明された製品だが、どのようなしくみなのだろう。

ノーカーボン紙にはミクロン単位の大きさの**マイクロカプセル**が利用されている。ペンの

カーボン紙の転写のしくみ

宅配便の伝票などに利用されるカーボン紙。単純なしくみなため安価だが、触ると手が汚れることもある。

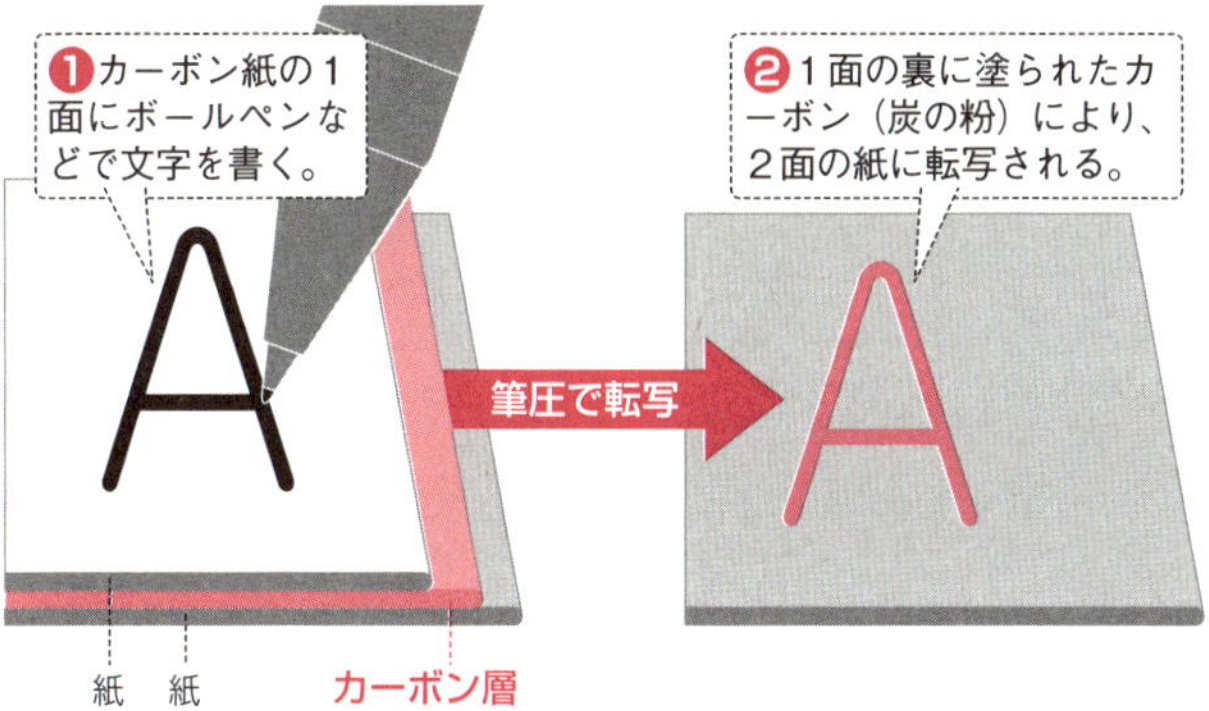

ノーカーボン紙で文字が写るしくみ

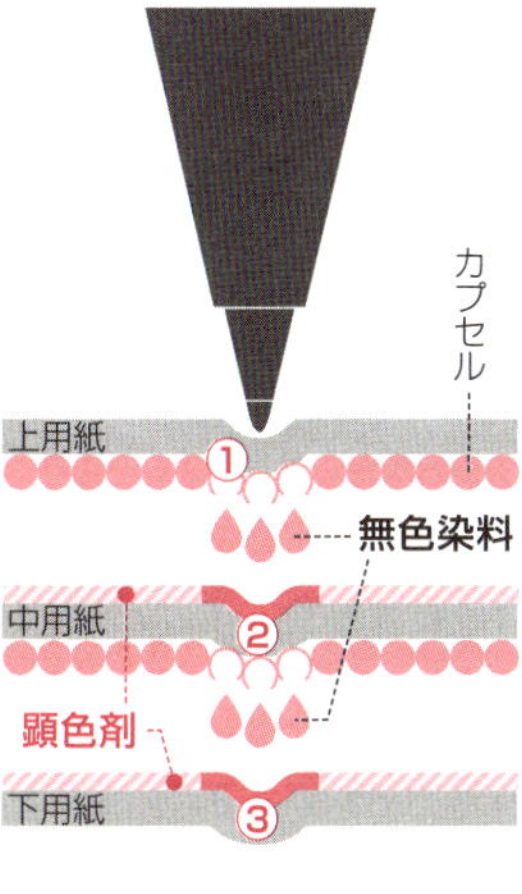

ボールペンの筆圧でロイコ染料（最初は無色）の入ったマイクロカプセルがつぶれ、顕色剤と化学反応して色が出る。左図は3枚複写の場合。

① ボールペンの筆圧で上用紙のマイクロカプセルがつぶれる。

② 顕色剤との化学反応で中用紙に色が出て、マイクロカプセルがつぶれる。

③ 同様に顕色剤と化学反応が起こり、下用紙に色が出る。

筆圧が加えられると、1面の裏面に塗布してあるカプセルが壊れ、中に入っている無色の**発色剤**が染み出す。すると、2面表に塗ってある**顕色剤**と化学反応し、色が現れる。これが控えの紙の文字になる。

この発色のしくみから、「消せるボールペン」（346ページ）で調べたロイコ染料と顕色剤の組み合わせが思い起こされる。実際、マイクロカプセルに入っている発色剤はロイコ染料の一種なのだ。ただし、「消せるボールペン」のインクとは異なり、ノーカーボン紙の場合は普通の温度では変化しない性質のものを利用する。ゴムでこすって消えては困るからだ。

ノーカーボン紙と同様の印字のしくみは、**熱転写用紙**にも活用されている。熱転写用紙はFAXやレシートの用紙に利用されているが、プリンターヘッドの熱パターンがそのまま転写される用紙である。紙表面に発色剤と顕色剤を混合しておき、熱でこれらふたつを化学反応させるしくみだ。

カーボンを使っていないという意味で、ここで調べたノーカーボン紙とは異なる方式のノーカーボン紙も存在する。パイロットが実用化した**プラスチックカーボン紙**だ。プラスチック層にインクを含ませた構造を採用し、手が汚れないように工夫されている。

マイクロカプセルはミクロン単位

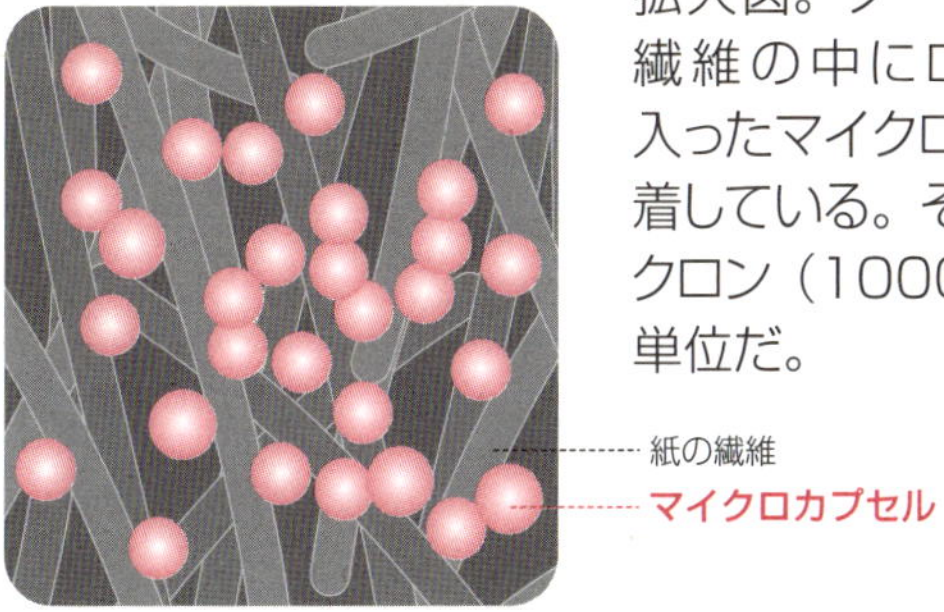

左図はノーカーボン用紙の拡大図。ノーカーボン紙の繊維の中にロイコ染料の入ったマイクロカプセルが付着している。その大きさはミクロン（1000分の１ミリ）単位だ。

感熱紙のしくみ

レシートなどに使われている感熱紙。感熱紙の表面には、顕色剤とロイコ染料がバインダー（糊のようなもの）の中に塗りこまれている。

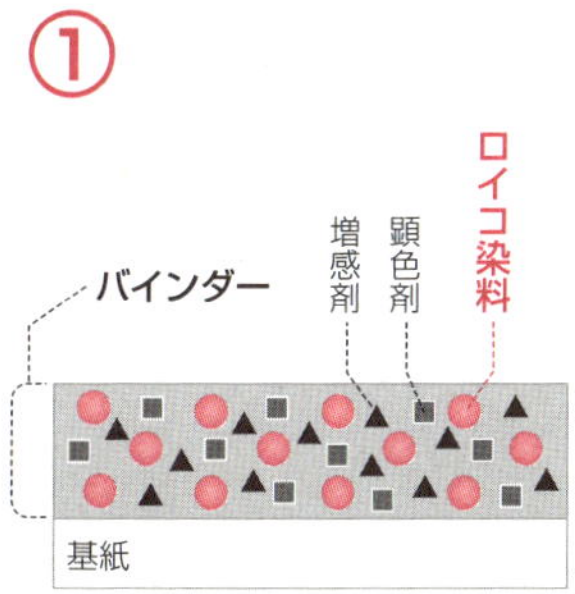

紙表面のバインダーに、顕色剤とロイコ染料が塗りこまれている。増感剤はこれらの化学反応を起こりやすくする薬品だ。

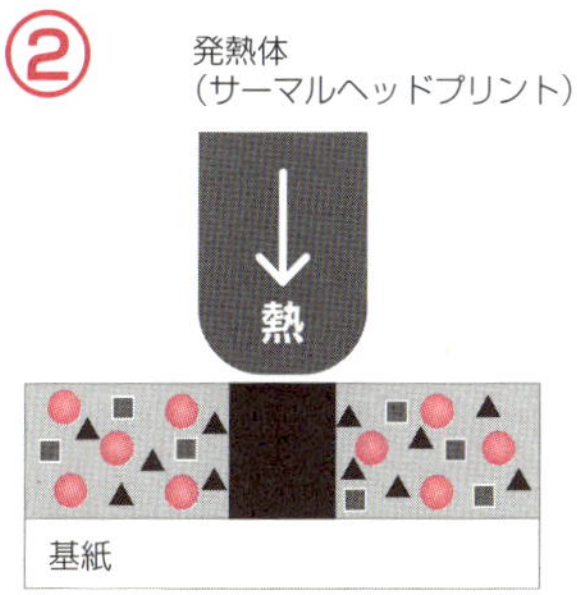

熱が加わると、顕色剤とロイコ染料が溶けて合体し、化学反応を起こして黒くなる。

涌井良幸・涌井貞美（わくい　よしゆき・わくい　さだみ）
良幸／1950年、東京都生まれ。東京教育大学（現・筑波大学）数学科を卒業後、千葉県立高等学校の教職に就く。教職退職後の現在は著作活動に専念している。貞美の実兄。
貞美／1952年、東京都生まれ。東京大学理学系研究科修士課程修了後、富士通に就職。その後、神奈川県立高等学校教員を経て、サイエンスライターとして独立。現在は書籍や雑誌の執筆を中心に活動している。良幸の実弟。
著書は、『Excelでわかるディープラーニング超入門』『ディープラーニングがわかる数学入門』（以上、技術評論社）、『「物理・化学」の法則・原理・公式がまとめてわかる事典』（ベレ出版）、『図解・ベイズ統計「超」入門』（SBクリエイティブ）など多数。

雑学《ざつがく》科《か》学《がく》読本《どくほん》　身《み》のまわりのすごい技術《ぎじゅつ》大《だい》百科《ひゃっか》

2018年3月1日　初版発行
2018年8月30日　6版発行

著者／涌井《わくい》 良幸《よしゆき》　涌井《わくい》 貞美《さだみ》

発行者／川金 正法

発行／株式会社KADOKAWA
〒102-8177　東京都千代田区富士見2-13-3
電話　0570-002-301(ナビダイヤル)

印刷所／株式会社暁印刷

製本所／本間製本株式会社

DTP／ニッタプリントサービス

ISBN 978-4-04-602234-9　C0050